Herausgeber: Dr. H. Christ, Dr. F. Lammert, Dr. K. H. Schneider

Dr. Jürgen Bohla
Dr. Werner Schauerte
Günter Stolzenberg

Fachschule
für
Wirtschaft

HANDLUNGSFELD MATHEMATIK

Stam 1679.

Euro-Hinweis

Immer dann, wenn Verordnungen und Abkommen offiziell bereits in Euro festgelegt sind, wird dies im vorliegenden Lehrbuch entsprechend berücksichtigt. Die Beiträge, die in der Übergangsphase noch nicht in der europäischen Währung festgesetzt sind, werden bis auf weiteres in DM aufgeführt.

 www.stam.de

Stam Verlag
Fuggerstraße 7 · 51149 Köln

ISBN 3-8237-**1679**-4

© Copyright 2001: Verlag H. Stam GmbH · Köln
Das Werk und seine Teile sind urheberrechtlich geschützt. Jede Verwertung in anderen als den gesetzlich zugelassenen Fällen bedarf deshalb der vorherigen schriftlichen Einwilligung des Verlages.

Vorwort zum Handlungsfeld Mathematik

Handlungskompetenz einer Person in Beruf, Gesellschaft und Privatleben ist das Ziel schulischer und betrieblicher Ausbildung. Handlungsorientierung, basierend auf möglichst realitätsnahen Szenarios und Handlungssituationen, ist ein Konzept moderner Bildung, um diese Qualifikation zu erreichen.

Aus der Sicht einer handelnden Person treffen in wirtschaftlichen Situationen insbesondere folgende Aspekte zusammen:
- es gilt, eine Zielvorstellung zu verwirklichen
- oft sind verschiedene Handlungsalternativen zu berücksichtigen und zu bewerten
- der Handlungsspielraum ist durch Rahmenbedingungen eingeschränkt
- das angestrebte Ergebnis ist von der Entwicklung des Handlungsfeldes im Zeitablauf abhängig
- bei einer Handlung sind oft nur begrenzte Informationen verfügbar, so dass Handlungen mit unsicheren Erwartungen im Hinblick auf künftige Entwicklungen behaftet sind

Die Inhalte traditioneller Mathematiklehrbücher orientieren sich zu selten an wirtschaftlichen Realsituationen. Der dort als wichtig dokumentierte Lehrstoff bleibt abstrakt und ohne Bezug zur angestrebten Erkenntnis. Der Nutzen mathematischer Kenntnisse als einer Schlüsselqualifikation für die Lösung einer Vielzahl fachlicher Probleme wird nicht einsichtig.

Welche Beiträge zum wirtschaftlichen Handeln kann nun ausgerechnet das Fach „Mathematik" leisten, dessen Lehrsätze so scheinbar beziehungslos neben der ökonomischen Realität existieren?

In vielen Fällen lässt sich zeigen, dass eine Handlungssituation so in ein Modell transformiert werden kann, dass die Anwendung mathematischer Methoden zur Ermittlung einer Lösung im Sinne eines Handlungsresultats sinnvoll, ja sogar notwendig wird.

Daher beginnt jedes Kapitel dieses Buches mit einer Handlungssituation, deren ökonomischer Inhalt fachwissenschaftlich und möglichst realitätsnah aufbereitet wird. Im Zuge der Aufgabenlösung werden die mathematischen Begriffe, Methoden, Formeln, Algorithmen erklärt, abgeleitet und begründet. Der Lernende soll die Leistungsfähigkeit und die Bedeutung der Mathematik für rationales Handeln erkennen. Die mathematische Systematik wird sukzessive entwickelt und präzisiert.

Wir gehen anfänglich von einem „naiven" Zahlenverständnis aus. Als Grundmenge für alle Rechenoperationen sollen zunächst die rationalen Zahlen in der Form von Dezimalzahlen mit zwei Nachkommastellen Genauigkeit dienen. Dieses Vorgehen erscheint gerechtfertigt, wenn man alsbald Ergebnisse in der Hand halten möchte.

Wir dürfen die Tatsache nicht übersehen, dass sich heutzutage leistungsfähige Computer-Hardware und -Software einen festen Platz in Praxis und Ausbildung erobert haben. Daher werden auch PC-gestützte Lösungsalgorithmen angeboten und demonstriert. Die Tabellenkalkulation „MS-EXCEL" kann in vielen Fällen wertvolle Hilfe leisten, jedoch sind auch andere Programme für die Lösung wirtschaftsmathematischer Probleme gut verwendbar.

Kritische Anregungen sind den Verfassern jederzeit willkommen.

Die Verfasser

Inhaltsverzeichnis

Handlungs- und Lernbereich 1: Lineare Gleichungen und Lineare Algebra als Hilfsmittel zur Lösungsfindung in wirtschaftlichen Handlungssituationen

1	**Lineare Gleichungen mit einer Variablen**	9
1.1	Lineare Gleichungen mit einer Variablen ohne Brüche	9
1.2	Lineare Gleichungen mit einer Variablen, in denen Brüche auftreten	13
1.2.1	Gleichungen, bei denen x nicht im Nenner auftritt	13
1.2.2	Gleichungen, bei denen x auch im Nenner auftritt	15
1.3	Lineare Ungleichungen mit einer Variablen	16
1.3.1	Ungleichungen, bei denen die Variable x nicht im Nenner auftritt	16
1.3.2	Ungleichungen, bei denen die Variable x auch im Nenner auftritt	19
2	**Lineare Gleichungen und lineare Gleichungssysteme mit zwei Variablen**	21
2.1	Die lineare Gleichung mit zwei Variablen als Funktion	21
2.2	Der Graph der linearen Funktion im rechtwinkeligen Koordinatensystem	24
2.3	Steigungsmaß m, y-Achsenabschnitt, Nullstelle als charakteristische Eigenschaften linearer Funktionen	27
2.4	Die Ermittlung linearer Funktionen aus vorgegebenen Eigenschaften	31
2.5	Die Verfahren zur Lösung linearer Gleichungssysteme (LGS) mit zwei Variablen	33
2.5.1	Das Gleichsetzungsverfahren	33
2.5.2	Additionsverfahren – der Gauß'sche Algorithmus	35
2.5.3	Das Determinantenverfahren	39
3	**Lineare Optimierung mit zwei Variablen**	46
4	**Die Lösung ökonomischer Probleme mit Hilfe der Matrizenrechnung**	56
4.1	Matrizen als Darstellungsform technisch-wirtschaftlicher Prozesse	56
4.2	Zeilen- und Spaltenvektoren als spezielle Matrizen	60
4.3	Rechenoperationen mit Matrizen	63
4.3.1	Addition und Subtraktion von Matrizen	63
4.3.2	Multiplikation einer Matrix mit einer Zahl (s-Multiplikation)	65
4.3.3	Das Produkt von Zeilen- und Spaltenvektor (Skalarprodukt)	68
4.3.4	Ein einfaches Input-Output-Modell der Handelsunternehmung	70
4.3.5	Die Multiplikation von Matrizen	73
4.3.6	Anwendungen der Matrizenrechnung	80
4.3.6.1	Ein Input-Output-Modell einer Produktionsunternehmung	80
4.3.6.2	Ein Input-Output-Modell mit unternehmensinternem Leistungsaustausch	89

5	**Lineare Gleichungssysteme (LGS) mit mehreren Variablen**	**96**
5.1	Gauß'scher Algorithmus	96
5.1.1	Die Lösung eines Produktionsproblems	96
5.1.2	LGS in Matrizenform – Verallgemeinerung des Verfahrens	98
5.2	Erweiterter Gauß'scher Algorithmus	102
5.3	Lösung mit Hilfe der inversen Matrix	104
5.4	Die Lösbarkeit von LGS	110
5.4.1	Rang einer Matrix, Basis, Dimension eines Vektorraums	110
5.4.2	Inhomogene LGS	113
5.4.3	Homogene LGS	116
6	**Exkurs: Lineare Optimierung (LO) mit mehr als zwei Variablen – die reguläre Simplexmethode**	**118**

Handlungs- und Lernbereich 2: Nichtlineare Funktionen und Differentialrechnung als Hilfsmittel zur Lösungsfindung in wirtschaftlichen Handlungssituationen

1	**Eigenschaften und Verlaufsbeschreibungen nichtlinearer Funktionen**	**126**
1.1	Vorbemerkung	126
1.2	Der Funktionsbegriff und Kriterien für die Untersuchung von Funktionen	128
1.3	Die Potenzfunktion	132
1.4	Die Wurzelfunktion	135
1.5	Die reellen Zahlen	137
2	**Die ganzrationale Funktion (GRF)**	**140**
2.1	Grad der GRF, Nullstellenermittlung und Linearfaktordarstellung	141
2.2	Das Hornersche Schema als Hilfsmittel zur Berechnung von Funktionswerten bei GRF	156
2.3	Ganzrationale Funktionen in der Wirtschaftslehre	158
3	**Die gebrochenrationale Funktion**	**166**
3.1	Begriff und Eigenschaften der gebrochenrationalen Funktion ...	166
3.2	Die Potenzfunktion mit negativem Exponenten	166
3.3	Andere gebrochenrationale Funktionen	171
3.4	Gebrochenrationale Funktionen in der Kostentheorie	176
3.4.1	Lineare Kostenfunktionen	176
3.4.2	Nichtlineare Kostenfunktionen	181
4	**Die Exponentialfunktion**	**186**
5	**Die Logarithmusfunktion**	**193**

6		Ermittlung von Funktionstermen durch Interpolation	197
6.1		Die Interpolation von Beobachtungsreihen mit Hilfe ganzrationaler Funktionen	197
6.2		Die Interpolation von Beobachtungsreihen mit Hilfe der Exponentialfunktion	202
7		**Einführung in die Differentialrechnung**	**205**
7.1		Vorbemerkung – das Tangentenproblem	205
7.2		Die 1. Ableitung einer Funktion	206
7.3		Ableitungsfunktion, Ableitungsregeln und höhere Ableitungen	212
7.3.1		Die Ableitungsfunktion	212
7.3.2		Wichtige Ableitungsregeln	214
7.3.3		Höhere Ableitungen von Funktionen	219
7.3.4		Die Bedeutung der Ableitungen für den Verlauf einer Funktion	220
7.4		Die Ermittlung der Eigenschaften von Funktionen mit Hilfe der Kurvendiskussion	224
7.4.1		Kriterien für eine Kurvendiskussion	224
7.4.2		Die Diskussion ganzrationaler Funktionen	226
7.4.3		Die Diskussion gebrochenrationaler Funktionen	230
7.4.4		Die Diskussion der Exponentialfunktion	231
7.4.5		Ermittlung von Funktionstermen aus vorgegebenen Eigenschaften	233
8		**Die Ermittlung optimaler Werte in ökonomischen Handlungssituationen**	**235**
8.1		Erlös-, Kosten- und Gewinnanalysen in der Einproduktunternehmung	235
8.1.1		Die Gewinnmaximierung eines Angebotsmonopolisten bei linearem Kostenverlauf	235
8.1.2		Die Gewinnmaximierung eines Polypolisten bei s-förmigem Kostenverlauf	242
8.1.3		Die Gewinnmaximierung eines Polypolisten bei linearem Kostenverlauf	248
8.2		Die Ermittlung der optimalen Bestellmenge	255
8.3		Rechnungen zur Minimalkostenkombination	258
8.4		Weitere Extremwertaufgaben mit Nebenbedingungen und ökonomischen Bezügen	263

Handlungs- und Lernbereich 3: Finanzmathematik

1		**Finanzmathematische Handlungsfelder bei kurzfristiger Betrachtung**	**267**
1.1		Rentabilität als Kriterium für wirtschaftlichen Erfolg	267
1.1.1		Eigenkapitalrentabilität	267
1.1.2		Gesamtkapitalrentabilität	268
1.1.3		Umsatzrentabilität	268
1.2		Effektivverzinsung als Vergleichskriterium unterschiedlicher Anlage- und Kreditangebote	268
1.2.1		Bruttorendite einer Anleihe mit festem Rückzahlungstermin	269
1.2.2		Bruttorendite einer Anleihe mit fortlaufender Tilgung	269

1.2.3	Bruttorendite von Aktien	270
1.2.4	Effektivverzinsung von Kreditgeschäften	271
1.2.4.1	Effektivverzinsung ohne Tilgung während der Laufzeit	271
1.2.4.2	Effektivverzinsung mit Tilgung während der Laufzeit	271
1.2.4.3	Effektivverzinsung unter Berücksichtigung eines Disagios	272
1.2.4.4	Effektivverzinsung von Leasinggeschäften	273
2	**Finanzmathematische Handlungsfelder bei langfristiger Betrachtung**	276
2.1	Zinseszinsrechnung	276
2.1.1	Aufzinsen einmaliger Zahlungen bei ganzjährigen Zinsperioden	276
2.1.2	Abzinsen einmaliger Zahlungen bei ganzjährigen Zinsperioden	277
2.1.3	Die Ermittlung von Zeit und Zinssatz	278
2.1.3.1	Laufzeitberechnungen	278
2.1.3.2	Zinssatzberechnungen	278
2.1.4	Unterjährliche Verzinsung	278
2.2	Rentenrechnung	281
2.2.1	Nachschüssige endliche Renten	281
2.2.2	Vorschüssige endliche Renten	283
2.2.3	Ewige Renten	283
2.2.4	Kapitalaufbau und Kapitalabbau	284
2.3	Abschreibungen	285
2.3.1	Abschreibung in gleich bleibenden Beträgen	286
2.3.2	Abschreibung in fallenden Beträgen	287
2.4	Tilgungsrechnen	289
2.4.1	Grundbegriffe des Tilgungsrechnens	289
2.4.2	Ratentilgung	290
2.4.3	Annuitätentilgung	291
3	**Exkurs: Die Lehre von den Folgen und Reihen**	297
3.1	Arithmetische Folgen und Reihen	297
3.2	Geometrische Folgen und Reihen	298

Handlungs- und Lernbereich 4: Statistik und Wahrscheinlichkeitsrechnung als Hilfsmittel zur Lösungsfindung in wirtschaftlichen Handlungssituationen

1	**Beschreibende Statistik, Auswertung von Vergangenheitsdaten für ökonomische Anwendungen**	301
1.1	Vorbemerkung: Ziele und Grundbegriffe der Statistik	301
1.2	Tabellen und Diagramme als Erfassungs- und Darstellungsmittel statistischer Zusammenhänge	302
1.2.1	Aufbau und Struktur von Tabellen	302
1.2.2	Graphische Darstellungsformen	303
1.3	Auswertung von Tabellen	310
1.3.1	Absolute und relative Häufigkeiten	310
1.3.2	Messzahlen	312
1.3.2.1	Gliederungszahlen	312
1.3.2.2	Beziehungszahlen	314
1.3.2.3	Indexzahlen	316
1.3.2.4	Preisindizes	318

2		Parameter zur Beschreibung von Grundgesamtheiten und ihrer Entwicklung	320
2.1		Mittelwerte	320
2.1.1		Mittelwert: Einfaches und gewogenes arithmetisches Mittel (einfacher und gewogener Durchschnittswert)	320
2.1.2		Median (Zentralwert) und Modus (häufigster Wert)	322
2.1.3		Das geometrische Mittel	324
2.2		Streuungsmaße	326
2.2.1		Varianz, Standardabweichung (Streuung) und Variationskoeffizient	326
2.2.2		Durchschnittliche Abweichung, Spannweite, größter und kleinster Wert	329
2.3		Die Analyse von Zeitreihen	333
2.3.1		Die Bereinigung von Saisoneinflüssen	333
2.3.2		Die Ermittlung einer linearen Trendfunktion	337
2.4		Die Analyse zweier Merkmale: Regression und Korrelation	342

Literaturangaben ... 349

Übersicht über die verwendeten mathematischen Zeichen und Symbole .. 350

Sachwortverzeichnis ... 351

1 Lineare Gleichungen mit einer Variablen

1.1 Lineare Gleichungen mit einer Variablen ohne Brüche

Süßwarenfabrikant S beauftragt seinen Betriebsleiter, aus zwei Bonbonsorten eine „edle" Mischung von 100 kg zu 10,00 EUR je kg herzustellen. Sorte I kostet 6,00 EUR je kg, Sorte II 16,00 EUR je kg.

Aufgabe	Entwicklung eines Lösungsverfahrens
1. Welche Mengen müsste der Betriebsleiter von jeder Sorte für die Mischung nehmen?	Man geht von den bekannten Größen aus: Preis Sorte I: 6,00 EUR/kg Preis Sorte II: 16,00 EUR/kg Preis der Mischung: 10,00 EUR/kg
Arbeitsschritte:	Wert der Mischung = Menge · Preis $\qquad$ = 100 · 10 = 1 000,00 EUR Gesucht: Menge von Sorte I und Sorte II
Definition der Variablen zur Lösung der Aufgabe:	Man setzt: x = Menge von Sorte I in kg $\qquad$ 100 − x = Menge von Sorte II in kg
Ansatz bilden:	6 · x + 16 · (100 − x) = 100 · 10
Nach Klammerauflösung ergibt sich:	⇔ 6 · x + 1600 − 16 · x = 1000 | − 1600 ⇔ $\qquad$ − 10 · x = − 600 | : (− 10) also $\qquad$ **x = 60**
Rückkehr zum Ansatz:	Sorte I: $\qquad$ x = 60 kg und Sorte II: 100 − x = 40 kg Probe: 6 · 60 + 16 · 40 = 100 · 10 $\qquad$ 360 + $\qquad$ 640 = 1000 $\qquad\qquad\qquad$ 1000 = 1000

◆ Erklärung der mathematischen Zeichen, Grundbegriffe und Rechenoperationen.

Erklärung wichtiger Grundbegriffe

Beginnen wir mit den Operatoren: $\boxed{+, -, \cdot, : \text{ (bzw. /)}}$

Operatoren sind Zeichen, die je zwei **Operanden**, das sind Zahlen *(z.B. −3, 5, 7, 82)* oder Variable/Platzhalter *(z.B. a, b, x, y, ...)*, durch eine spezielle Rechenvorschrift (-operation) miteinander verknüpfen:

$\boxed{+}$ steht für die **Addition** zweier **Summanden**, das Ergebnis einer Addition bezeichnen wir als **Summe**, z.B.:

$$2 + 7 = 9;\ a + b = c;\ 6 \cdot x + 16 \cdot (100 - x) = 1000$$

$\boxed{-}$ steht für die **Subtraktion** der zwei Größen **Minuend** und **Subtrahend**, das Ergebnis dieser Operation bezeichnen wir als **Differenz**:

Minuend	−	Subtrahend	=	Differenz
100	−	60	=	40

$\boxed{\cdot}$ steht für die **Multiplikation** zweier **Faktoren**, das Ergebnis dieser Operation ist das **Produkt**:

Faktor 1 ·	Faktor 2	=	Produkt
6 ·	60	=	360

Das Zeichen · darf auch fehlen. Lies dann ab = a · b.

Bei der Multiplikation gelten folgende **Vorzeichenregeln**:

+ · + = +
− · + = −
+ · − = −
− · − = +

$\boxed{:}$ (oder auch: $\boxed{/}$) steht für die **Division** der zwei Größen **Dividend** und **Divisor** (in Bruchschreibweise **Zähler** und **Nenner** genannt), das Ergebnis der Division ist der **Quotient**, z. B.:

Dividend	:	Divisor	=	Quotient
12	:	3	=	4
18	/	4	=	4,5

oder als Bruch: $\frac{28}{7} = 4$. Diese Rechenoperationen sind in der Menge ℚ der rationalen Zahlen ausführbar. Die Menge ℚ kann auf einer Zahlengeraden abgebildet werden.

Es gelten die gleichen Vorzeichenregeln wie bei der Multiplikation:

+ : + = +
− : + = −
+ : − = −
− : − = +

Natürlich können mehrere Rechenoperationen miteinander verkettet werden, z. B.: 6 · x + 16 · (100 − x)

Das Ergebnis dieser Verkettung nennen wir einen **Term** (= Rechenausdruck) T. Zwei wertgleiche Terme T_1 und T_2 dürfen wir gleichsetzen und erhalten so eine Aussageform, die wir als **Gleichung** bezeichnen:

T_1	=	T_2
6 · x + 16 · (100 − x)	=	1 000

Um nun die Gleichung zu lösen, d. h. den Wert für x zu ermitteln, für den die Aussageform zu einer wahren Aussage wird, muss die Gleichung zielgerichtet so umgeformt werden, dass x schließlich auf einer Seite, am besten auf der linken Seite, übrigbleibt (s. o.).

Äquivalenzumformungen Wir bezeichnen diese Umformungen der Gleichung als „Äquivalenzumformungen", weil dabei die Gleichwertigkeit der Terme erhalten bleibt, auch wenn sich die Terme in ihrer Gestalt verändern.

Äquivalenzumformungen bringen wir durch das Zeichen $\boxed{\Leftrightarrow}$ zum Ausdruck.
Oft gebraucht man auch den Vergleich mit einer Balkenwaage; auch hier darf man die Gewichte in den Waagschalen ändern, aber immer nur im gleichen Umfang, wenn das Gleichgewicht erhalten bleiben soll.

Dabei sind folgende Regeln zu beachten:
1. Klammerausdrücke haben Vorrang vor Rechenoperationen; sie sind von innen nach außen aufzulösen.
2. $\cdot$, / gehen vor $+$, $-$ („Punkt- vor Strichrechnung").
3. Bei einem $-$ Zeichen vor der Klammer wechseln die Vorzeichen der Klammerinhalte bei Auflösungt der Klammer.
4. Ist ein Summand aus einem Term zu entfernen, so ist dieser Summand von beiden Seiten der Gleichung zu subtrahieren, ist ein Faktor vor einem Ausdruck zu entfernen, so ist die Gleichung durch diesen Faktor zu dividieren.

Aufgabe (Fortsetzung)	Entwicklung eines Lösungsverfahrens
2. Welcher Preis müsste für die Mischung kalkuliert werden, wenn Sorte II 18,00 EUR/kg kostet und 70 kg von Sorte I mit 30 kg von Sorte II gemischt werden sollen?	Man geht von den bekannten Größen aus: Preis Sorte I: 6,00 EUR/kg Preis Sorte II: 18,00 EUR/kg Menge Sorte I: 70 kg Menge Sorte II: 30 kg Menge der Mischung: 100 kg Gesucht: x = Preis der Mischung je kg Ein Ansatz wäre: $T_1 = T_2$ $6 \cdot 70 + 18 \cdot 30 = 100 \cdot x$
Die Zusammenfassung ergibt:	$420 + 540 = 100 \cdot x$ $960 = 100 \cdot x \quad \vert :100$ $9{,}60 = x$ oder: $\boxed{x = 9{,}60 \text{ EUR/kg}}$ Probe: $6 \cdot 70 + 18 \cdot 30 = 100 \cdot 9{,}60$ $420 + 540 = 960$ $960 = 960$

A Aufgaben

1. Folgende Gleichungen sind zu lösen:
   a) $x + 8 = 17$ b) $12 + x = 12$ c) $13 - x = 6$
   d) $4 \cdot x = 20$ e) $10 \cdot x = 0$ f) $12 \cdot x - 80 = -104$
   g) $7 \cdot x = 2 \cdot x$ h) $x + 2 \cdot (10 + x) = 25 - 5 + 3 \cdot x$
   i) $2 \cdot (4 - 2 \cdot x) = 3 - 7$ j) $7 \cdot x - (2 \cdot x - 9) = 5 - ((3 \cdot x + 8) - (5 \cdot x + 6))$

2. Erklären Sie folgende Begriffe, ggf. mit Beispielen:
   a) Term   b) Addition   c) Division
   d) Äquivalenzumformung   e) Gleichung   f) Faktor
   g) Quotient   h) Summe   i) Subtrahend

3. Lösen Sie folgende Aufgaben jeweils mit Hilfe einer Gleichung:
   a) Wie hoch ist die jährliche lineare Abschreibung einer Maschine mit einer Nutzungsdauer von 6 (10, 12) Jahren, deren Anschaffungskosten 30 000,00 EUR betragen?
   b) Der Umsatz eines Geschäftes erhöhte sich um 6%, das entspricht 72 000,00 EUR. Wie hoch ist der Umsatz nun und wie hoch war er zuvor?
   c) Das Gehalt eines Angestellten wird von 3 200,00 EUR auf 3 320,00 EUR erhöht. Wie viel % betrug die Gehaltserhöhung?

d) Eine Maschine wird degressiv mit 20% abgeschrieben. Die erste Abschreibung beträgt 16 840,00 EUR. Wie hoch sind die Anschaffungskosten und der Buchwert nach dem 1. Jahr?
e) Die Selbstkosten einer Ware betragen 720,00 EUR, der Barverkaufspreis beträgt 900,00 EUR. Wie hoch ist der Gewinn in EUR und %?
f) Wie groß ist die Handelsspanne, wenn der Kalkulationszuschlag 25% ($33\frac{1}{3}$%, 40%, 100%) beträgt?
g) Wie groß ist der Kalkulationszuschlag, wenn die Handelsspanne 10% (20%, 40%) beträgt?
h) Ein Küchenautomat kostet bei Barzahlung 398,00 EUR. Bei Ratenzahlung sind 38,00 EUR Anzahlung und 12 Monatsraten zu je 35,00 EUR zu zahlen. Wie viel Prozent Aufpreis sind beim Ratengeschäft zu zahlen?
i) Nach dem Gesellschaftsvertrag einer BGB-Gesellschaft ist der Gewinn zwischen den Gesellschaftern A, B, C so zu verteilen, dass A 6 000,00 EUR weniger als das Doppelte von C und B 8 000,00 EUR mehr als A erhält. Wie viel EUR erhält dann jeder Gesellschafter vom Jahresgewinn von 196 000,00 EUR?
j) Am Kapital einer oHG in Höhe von 980 000,00 EUR sind die Gesellschafter A, B, C beteiligt. Wie hoch sind die Anteile der Gesellschafter in EUR und Prozent, wenn der Anteil von A halb so groß ist wie der Anteil von B und der Anteil von C 60 000,00 EUR höher ist als der Anteil von A?
k) An einer Kommanditgesellschaft ist A mit 120 000,00 EUR, B mit 200 000,00 EUR und C mit 160 000,00 EUR beteiligt. Vom Gewinn in Höhe von 296 000,00 EUR erhält der Komplementär A vorweg 56 000,00 EUR für die Geschäftsführung. Wie viel erhält jeder Gesellschafter, wenn der Rest des Gewinns im Verhältnis der Kapitaleinlagen verteilt wird?
l) 150 kg zu 16,00 EUR/kg werden mit 50 kg einer zweiten Sorte gemischt. Wie viel EUR kostet ein kg der zweiten Sorte, wenn ein kg der Mischung 15,00 EUR kosten soll?
m) Zwei Sorten zu 16,00 EUR bzw. 12,00 EUR je kg werden gemischt, wobei von der 1. Sorte 30 kg weniger als von der 2. Sorte genommen werden. Welche Mengen sind von jeder Sorte zu nehmen, wenn ein kg 13,00 EUR kosten soll?
n) Nach den Zahlungsbedingungen des Lieferers darf der Käufer vom Einkaufspreis 25% Rabatt und vom Zieleinkaufspreis nochmals 2% Skonto abziehen. Wie hoch war der Einkaufspreis, wenn der Käufer 1470,00 EUR überwiesen hat?
o) Eine Anlage wurde 2 Jahre hintereinander mit $\frac{1}{6}$ vom Buchwert abgeschrieben und hat nun einen Wert von 100 000,00 EUR. Wie hoch waren die Anschaffungskosten?
p) Für ein Darlehen wurden für 105 Tage zu 6% und für eine zweites Darlehen für 135 Tage zu 7% zusammen 490,00 EUR Zinsen bezahlt. Wie groß sind die beiden Darlehen, wenn das zweite Darlehen 2 000,00 EUR größer ist als das erste?
q) Ein Darlehen von 16 200,00 EUR wird zu 8%, ein zweites Darlehen von 8 200,00 EUR wird zu 6% ausgeliehen. Nach wie viel Tagen ist das erste Darlehen einschließlich Zinsen doppelt so groß wie das zweite Darlehen einschließlich Zinsen?

1.2 Lineare Gleichungen mit einer Variablen, in denen Brüche auftreten

1.2.1 Gleichungen, bei denen x nicht im Nenner auftritt

Um eine Großbaustelle für ein Bauprojekt termingemäß und unter Vermeidung einer Vertragsstrafe von 49 800,00 EUR je Tag des Verzugs vorzubereiten, müssen 6 Planierraupen 24 Tage eingesetzt werden. Wider Erwarten ist der Auftrag aber nach 20 Tagen erst zur Hälfte erledigt.

Aufgaben	Entwicklung eines Lösungsverfahrens
1. Wie viel Maschinen müssen zusätzlich eingesetzt werden, wenn der Auftrag termingerecht ausgeführt werden soll?	Ein möglicher Ansatz wäre: Die Hälfte des Auftrags ist in 4 Tagen zu erledigen. 6 Maschinen bräuchten dafür nach den bisherigen Erfahrungen 12 Tage. Um den Termin einzuhalten, ist der Einsatz an Maschinen um die Anzahl x zu erhöhen. x: $$T_1 = T_2$$ $$\frac{6\,P}{4\,T} = \frac{(x+6)\,P}{12\,T}$$
Arbeitsschritte:	
Ansatz als Verhältnisgleichung (Proportion); je weniger Zeit, desto mehr Maschinen sind nötig, um die Leistung zu erbringen. (siehe dazu auch: Dreisatz mit ungeradem Verhältnis / indirekte Proportionalität)	Man braucht **gleichnamige Brüche**; das **kgV (kleinste gemeinsame Vielfache)** der Nenner, der sog. Hauptnenner ist 12
Nenner durch Erweitern der Zähler gleichnamig machen: Faktor 3.	$$\frac{6 \cdot 3}{4 \cdot 3} = \frac{x+6}{12} \qquad \mid \cdot 12$$
Gleichung mit 12 multiplizieren (erweitern)	$$\Leftrightarrow \frac{6 \cdot 3 \cdot 12}{12} = \frac{(x+6) \cdot 12}{12} \qquad \mid : 12$$
Gleichung mit 12 dividieren (kürzen)	$$\Leftrightarrow 6 \cdot 3 = x + 6$$ $$\Leftrightarrow x + 6 = 18 \qquad \mid -6$$ also $\boxed{x = 12}$ also 12 Planierraupen zusätzlich Probe: $6 : 4 = (12 + 6) : 12 = 1{,}5$
2. Die 12 Planierraupen müssen angemietet werden. Wie hoch dürfte die Miete je Maschine und Tag höchstens sein, wenn die Miete nicht teurer sein soll als die Bezahlung der Vertragsstrafe?	x = Miete je Maschine und Tag $$T_1 \qquad T_2$$ $$\frac{x}{1} = \frac{49\,800}{12} \qquad \mid \cdot 1$$
Direkt proportional (je höher die Vertragsstrafe, desto höher die wirtschaftlich tragbare Miete je Maschine und Tag)	$$\Leftrightarrow x = \frac{49\,800}{12}$$ $\Leftrightarrow \boxed{x = 4150{,}00}$ EUR

Verhältnisgleichungen

◆ **Erklärungen und Begriffe**

Aufgabenstellungen dieses Typs sind unter dem Begriff „**Dreisatz**" bereits aus dem Wirtschaftsrechnen/Kaufmännischen Rechnen bekannt. Diese Aufgaben können mit Hilfe von Gleichungen gelöst werden. Die so entstehenden Gleichungen nennt man „**Verhältnisgleichungen**" oder „**Proportionen**". Ausgangspunkt aller Ansätze ist stets die Frage nach der Art des Verhältnisses:

> je mehr – desto mehr (gerades Verhältnis/direkt proportional)
> je weniger – desto weniger

oder

> je mehr – desto weniger (ungerades Verhältnis/indirekt proportional)
> je weniger – desto mehr

Direkte Proportionalität findet man beispielsweise in der
– Prozentrechnung,
– Währungsrechnung,
– Verteilungsrechnung.

Indirekte Proportionalität ist meist anzuwenden bei Aufgaben, in denen der Zeitfaktor oder Leistungsgrößen zu beachten sind. Meist handelt es sich um Aufgaben, bei denen eine bestimmter Endwert mit verschiedenen Aktionen zu erreichen ist. Die Aktivitäten sind dabei teilweise austauschbar.

Bei der Lösung von Gleichungen mit Brüchen ist zu beachten:
1. Man benötigt zunächst den **Hauptnenner HN** (= kgV) der einzelnen Nenner (Produkt der Primfaktoren bilden!).
2. Die Brüche müssen auf den gemeinsamen Hauptnenner gebracht werden, d. h. gleichnamig gemacht werden, dazu bedarf es passender Erweiterungsfaktoren = HN/Nenner, mit denen die jeweiligen Zähler zu erweitern sind.
3. Die Gleichung wird mit dem Hauptnenner multipliziert; dann entfallen die einzelnen Nenner nach Kürzung.
4. Die Gleichung ist nach den bekannten Grundsätzen für Äquivalenzumformungen zu lösen.

Bezeichnet man in der Proportion $\boxed{a:b = c:d}$ sowie a und d als Außen- und b und c als Innenglieder, so gilt der Satz: $\boxed{a \cdot d = b \cdot c}$, d. h. das Produkt der Außen- ist gleich dem Produkt der Innenglieder. Durch Division kann dann die gesuchte Größe ermittelt werden.

Bildet man zu einer rationalen Zahl (= ganze Zahl oder Bruch) $a \neq 0$ ihren Reziprokwert (Kehrwert) $\frac{1}{a}$, so nennt man die Zahl $\frac{1}{a}$ auch das inverse Element bezüglich a.

A Aufgaben

Gegeben ist die Grundmenge ℚ der rationalen Zahlen; die Ergebnisse sind auf 2 Nachkommastellen Genauigkeit zu ermitteln.

1. Lösen Sie folgende Gleichungen (mit Probe):

   a) $\frac{x}{3} - \frac{x}{4} = 2;$

   b) $\frac{x}{2} + \frac{3 \cdot x}{7} = -8;$

   c) $\frac{x+3}{5} - \frac{x-1}{11} = 3$

d) $\dfrac{8 \cdot x - 1}{6} = 4 - \dfrac{7 \cdot x + 1}{10}$ 　　　 e) $\dfrac{18 \cdot x + 2}{8} - \dfrac{6 \cdot x + 8}{10} = 0$

f) $\dfrac{1}{3} - \dfrac{x}{4} - \dfrac{5}{6} + x = \dfrac{3 \cdot x}{4} - \dfrac{1}{2}$ 　　　 g) $\dfrac{5 \cdot x - 1}{3} = \dfrac{2 \cdot x + 3}{6} - \dfrac{3 \cdot x - 5}{9}$

h) $\dfrac{1}{3} - \dfrac{x}{4} = \dfrac{1}{6}$ 　　　 i) $\dfrac{4 \cdot x + 5}{5} - \dfrac{x - 1}{2} = \dfrac{8 \cdot x + 9}{10} - \dfrac{2 \cdot x - 3}{4}$

2. Stellen Sie bei folgenden Aufgaben zunächst fest, ob direkte oder indirekte Proportionalität vorliegt und ermiteln Sie dann das Ergebnis.
   a) Drei Maschinen benötigen zur Ausführung eines Auftrags 20 Tage; wie viel Tage benötigen 2 Maschinen für diesen Auftrag?
   b) Ein Pkw verbraucht auf 100 km durchschnittlich 9,5 l Benzin; wie viel l verbraucht er für eine Strecke von 68 (475) km?
   c) Ein Grundstück von 30 m Länge und 25 m Breite kostet 22 500,00 EUR; wie viel EUR kostet ein gleichartiges Grundstück von 25 m Länge und 24 m Breite?
   d) Bei einer Bodenreform soll ein Grundstück von 180 m Länge und 70 m Breite in ein gleichwertiges Grundstück von 120 m Länge umgetauscht werden. Welche Breite müsste dieses Grundstück dann haben?
   e) Ein Stoff von 3 m Länge und 1,2 m Breite kostet 17,00 EUR/m. Wie viel EUR kosten dann 15 m des gleichen Stoffs?

1.2.2 Gleichungen, bei denen x auch im Nenner auftritt

Die fixen Kosten eines Produktes betragen 50 000 EUR. Das Produkt wird zu einem Stückpreis von 40,00 EUR verkauft.

Aufgabe	Entwicklung eines Lösungsverfahrens
Bei welcher Verkaufsmenge werden die stückfixen Kosten vom Preis gedeckt?	Ein möglicher Ansatz wäre: x = verkaufte Menge, für die gilt: Stückfixe Kosten = Preis $T_1 = T_2$
Arbeitsschritte: Multiplikation mit Hauptnenner $x \neq 0$	$\dfrac{50\,000}{x} = 40$ 　　　$\vert \cdot x$ (Die Division ist nur gültig für $x \neq 0$!)
Division durch 40	$\Leftrightarrow \quad 50\,000 = 40 \cdot x \quad \vert : 40$ $\Leftrightarrow 50\,000 : 40 = 1\,250 = x$ $\Leftrightarrow \quad \boxed{x = 1250}$ Stück Probe: $50\,000 : 1250 = 40 \Leftrightarrow 40 = 40$

◆ **Erläuterungen:**
Bei der Lösung von Bruchgleichungen, bei denen x auch im Nenner auftritt, ist zu beachten, dass vor der Lösung der Aufgabe die Festlegung des Definitionsbereiches D erfolgen muss. Aus der Grundmenge $\mathbb{Q}$ der möglichen Zahlenwerte für x müssen diejenigen Elemente ausgesondert werden, für die eine Division durch 0 entstehen könnte.
Diese Division ist nicht definiert, d. h. der Quotient geht nicht in eine beliebig große oder beliebig kleine (endliche) Zahl über, wenn die Division ausgeführt wird. Im obigen Fall wäre dies die Zahl x = 0. (50 000 : 0 ist nicht definiert.)
Der Definitionsbereich D ist also: $D = \mathbb{Q} \setminus \{0\}$; lies: $\mathbb{Q}$ ohne 0

Beispiel   Bei der Bruchgleichung: $\dfrac{3}{x-3} = \dfrac{5}{x-5}$ ist $D = \mathbb{Q} \setminus \{3; 5\}$ und:
HN = (x − 3) · (x − 5); Lösungsweg:

$$\dfrac{3}{x-3} = \dfrac{6}{x-5} \quad | \cdot HN \quad \Leftrightarrow \quad 3 \cdot (x-5) = 6 \cdot (x-3)$$
$$\Leftrightarrow 3 \cdot x - 15 = 6 \cdot x - 18 \quad | -6 \cdot x + 15$$
$$\Leftrightarrow \quad -3 \cdot x = -3 \quad | : (-1)$$
$$\boxed{x = 1} \in D$$

Probe: $\dfrac{3}{1-3} = \dfrac{6}{1-5}; \quad \dfrac{3}{-2} = \dfrac{6}{-4}; \quad -1{,}5 = -1{,}5$

Nach der Festlegung des Definitionsbereiches D kann die Bruchgleichung nach den bereits bekannten Regeln gelöst werden.

Beachte:
Die Multiplikation einer Gleichung mit 0 ist keine Äquivalenzumformung.

A   Aufgaben

Zunächst ist der Definitionsbereich zu ermitteln!

a) $\dfrac{2}{x} - 1 = \dfrac{6}{5}$ b) $\dfrac{3}{2 \cdot x} - \dfrac{2}{3} = \dfrac{5}{6 \cdot x}$ c) $\dfrac{4}{x} = \dfrac{5}{x+1}$

d) $\dfrac{10}{x-3} = \dfrac{4}{3-x}$ e) $\dfrac{7}{2 \cdot x - 3} = \dfrac{2}{7 \cdot x}$ f) $\dfrac{3}{5 \cdot x} + 1 = \dfrac{9}{10 \cdot x} - \dfrac{1}{2 \cdot x}$

g) $\dfrac{3}{2 \cdot x} = \dfrac{2}{x-2}$ h) $\dfrac{x+2}{x} = \dfrac{x+5}{x+2}$

1.3   Lineare Ungleichungen mit einer Variablen

1.3.1   Ungleichungen, bei denen die Variable x nicht im Nenner auftritt

Der Deckungsbeitrag eines Produktes beträgt 4,35 EUR pro Stück. Die fixen Kosten dieses Produktes betragen 2 501,25 EUR.
Der Deckungsbeitrag pro Stück eines Produktes ist die Differenz von Stückpreis und variablen Kosten je Stück.

Lineare Gleichungen mit einer Variablen

Aufgaben	Entwicklung eines Lösungsverfahrens
1. Ab welcher Absatzmenge wird dieses Produkt mit Gewinn verkauft? Arbeitsschritte: Addition: $+2\,501{,}25$ Division mit $4{,}35$	Ein möglicher Ansatz wäre: $x =$ verkaufte Menge, für die gilt: Gewinn $-$ fixe Kosten > 0 $4{,}35 \cdot x - 2\,501{,}25 > 0 \qquad \vert +2\,501{,}25$ $\Leftrightarrow \qquad 4{,}35 \cdot x > 2\,501{,}25 \qquad \vert :4{,}35$ $\Leftrightarrow \qquad \boxed{x > 575}$ Stück d.h. ab der 576. Einheit wird dieses Produkt mit Gewinn verkauft. Probe: $4{,}35 \cdot 576 - 2\,501{,}25 > 0$ $\qquad 2\,505{,}60 - 2\,501{,}25 > 0$ $\qquad 4{,}35 > 0$
2. Lösen Sie die Aufgabe unter der Bedingung, dass beim Verkauf des Produktes kein Verlust entstehen darf.	Ansatz: vgl. oben $4{,}35 \cdot x - 2\,501{,}25 \geq 0$ $\Rightarrow \qquad \boxed{x \geq 575}$ Stück d.h. ab der 575. Einheit wird dieses Produkt ohne Verlust verkauft.
3. Stellen Sie die Lösungen auch graphisch dar.	Zahlengerade: $\quad 0 \quad 1 \qquad\qquad 574 \ 575 \ 576 \ 577$ $\;\vert\!-\!\!\vert\cdots\vert\!-\!\vert\!-\!\vert\!-\!\vert$ $x > 575 \qquad\qquad\longrightarrow$ Lösungsmenge $\mathbb{L}(x) = \{576, 577, 578, \ldots\}$ (Ganzzahligkeit für x vorausgesetzt) $x \geq 575 \qquad\qquad\longrightarrow$ Lösungsmenge $\mathbb{L}(x) = \{575, 576, 577, 578, \ldots\}$

◆ **Erläuterungen und Regeln**

Aus der Anordnung der Zahlen auf der Zahlengeraden ergeben sich für zwei Zahlen $a, b \in \mathbb{Q}$ folgende Beziehungen:
$a > b$, $a = b$, $a < b$, d.h. a größer b, a gleich b, a kleiner b.
Wenn demgemäß zwischen zwei Termen T_1 und T_2 eine Beziehung der Form
$T_1 > T_2$, $T_1 \geq T_2$, $T_1 < T_2$, $T_1 \leq T_2$
besteht, so bezeichnet man diese Aussageform als **Ungleichung**. Dabei stehen die **Vergleichsoperatoren**

> Ungleichung

> $>$ für: größer, mehr als,
> $\geq$ für: größer gleich, mindestens; das Randelement gehört zu $\mathbb{L}$
> $<$ für: kleiner, weniger als
> $\leq$ für: kleiner gleich, höchstens; das Randelement gehört zu $\mathbb{L}$

mit $\mathbb{L} =$ Lösungsmenge der Ungleichung

Lösung von Ungleichungen

Während man bei bisherigen Aufgaben als Lösung nur einen einzigen Wert erhalten hat, wenn die Gleichung als gültig anzusehen war, ergeben sich bei der Lösung von Ungleichungen Zahlenmengen, die bis zu unendlich viele Elemente enthalten können. Diese Lösungsmengen sind Teilmengen der Grundmenge $\mathbb{Q}$.

Bei der Lösung von Ungleichungen gelten folgende Regeln für a, b, c $\in \mathbb{Q}$ und a, b, c $\neq$ 0.

Regel:	Beispiel:
Monotoniegesetz der Summe: a > b $\Leftrightarrow$ a $\pm$ c > b $\pm$ c	a = 5; b = 3; c = 2 5 > 3; 5 + 2 > 3 + 2 7 > 5
Monotoniegesetz des Produkts, bzw. Quotienten a > b $\Leftrightarrow$ a · c > b · c und a : c > b : c für c > 0	a = 5; b = 3; c = 2 5 > 3; 5 · 2 > 3 · 2; 10 > 6 5 : 2 > 3 : 2; 2,5 > 1,5
Inversionsgesetz des Produkts, bzw. Quotienten a > b $\Leftrightarrow$ a · c < b · c und a : c < b : c für c < 0	a = 5; b = 3; c = $-$2 5 > 3; 5 · ($-$2) < 3 · ($-$2); $-$10 < $-$6 5 : ($-$2) < 3 : ($-$2); $-$2,5 < $-$1,5
Inversionsgesetz bei Kehrwertbildung a > b $\Leftrightarrow \dfrac{1}{a} < \dfrac{1}{b}$	a = 5; b = 3 5 > 3 $\Leftrightarrow \dfrac{1}{5} < \dfrac{1}{3}$

Diese Rechengesetze gelten analog für die a < b-Relation.

A Aufgaben

1. Lösen Sie folgende Ungleichungen in der Grundmenge $\mathbb{Q}$.
   a) x $-$ 4 < 13   b) x + 7 > 5   c) $-$x + 4 $\geq$ $-$8
   d) $-$2 · x $-$ 3 $\leq$ 13   e) x $-$ 6 > 5 · x + 2   f) 10 · x $\geq$ 0
   g) 2 · (x $-$ 4) > $-$3   h) (x $-$ 2)/4 $\leq$ (5 $-$ x) · 3   i) $-$x + 4 > 2 $-$ x
   j) x $-$ 4 < 13 und x $\geq$ 13   k) 3 · x $-$ 7 < $-$4 und 2 · x > $-$1
   l) 2 · (3 · x $-$ 4) + 12 < $-$10 + 6 · (0,7 $-$ 2 · x)   m) 0,15 · x $-$ 1,75 $\geq$ 1,8 + 1,73 · x
   n) Stellen Sie die Lösungsmengen auch graphisch auf der Zahlengeraden dar. Verwenden Sie dabei einschließende oder ausschließende Klammern, um zu zeigen, ob ein Randelement zur Lösungsmenge $\mathbb{L}$(x) gehört oder nicht, z.B.

   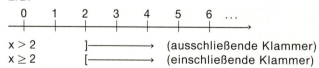

   x > 2   ]————→   (ausschließende Klammer)
   x $\geq$ 2   [————→   (einschließende Klammer)

1.3.2 Ungleichungen, bei denen die Variable x auch im Nenner auftritt

Aufgabe	Entwicklung eines Lösungsverfahrens
Bestimmen Sie die Lösungsmenge der Ungleichung $\frac{1}{x-1} < 3$.	Definitionsbereich: $\mathbb{D} = \mathbb{Q}\setminus\{1\}$ Hauptnenner: $x - 1$ Fall 1: $x - 1 > 0 \Leftrightarrow x > 1$ $\quad \frac{1}{x-1} < 3 \qquad \mid \cdot (x-1)$ $\Leftrightarrow \quad 1 < 3 \cdot (x - 1) \quad \mid :3$ $\quad \frac{1}{3} < x - 1 \qquad \mid +1$ $\quad \frac{4}{3} < x$ $\quad x > \frac{4}{3} \Rightarrow \mathbb{L}_1(x) = \{x \mid x > \frac{4}{3}\}$ Als Lösungsmenge $\mathbb{L}_1$ kommen nur Werte $> \frac{4}{3}$ in Frage. Diese Zahlen sind zugleich auch > 1. Fall 2: $x - 1 < 0 \Leftrightarrow x < 1$ $\quad \frac{1}{x-1} < 3 \qquad \mid \cdot (x-1)$ $\Leftrightarrow \quad 1 > 3 \cdot (x - 1) \quad \mid :3$ $\quad \frac{1}{3} > x - 1 \qquad \mid +1$ $\quad \frac{4}{3} > x$ $\quad x < \frac{4}{3} \Rightarrow \mathbb{L}_2(x) = \{x \mid x < 1\}$ Als Lösungsmenge $\mathbb{L}_2$ kommen nur Zahlen < 1 in Frage. Diese Zahlen sind zugleich auch $< \frac{4}{3}$. Als Grafik dargestellt: $\quad -1 \quad 0 \quad 1\,\tfrac{4}{3} \quad 2 \quad 3 \quad 4$ $\mathbb{L}_1 : x > \frac{4}{3}$ $\mathbb{L}_2 : x < 1$ Zur gemeinsamen Lösungsmenge $\mathbb{L}(x)$ gehören somit alle Zahlen, die die Voraussetzungen der jeweiligen Fallunterscheidung vollständig erfüllen. $\mathbb{L}(x) = \mathbb{L}_1(x) + \mathbb{L}_2(x) = \mathbb{Q} \setminus \{x \mid 1 \leq x \leq \frac{4}{3}\}$ (Anm.: In der Mengenlehre spricht man nicht von der „Summe" der Lösungsmengen, sondern nur von ihrer „Vereinigungsmenge".)
Arbeitsschritte: Multiplikation der Gleichung mit dem Nenner $x - 1$. Da nicht von vornherein vorausgesetzt werden kann, dass der Nenner $x - 1 > 0$, d.h. positiv ist, müssen wir wegen der Regeln für die Äquivalenzumformungen von Ungleichungen die beiden Fälle 1. $x - 1 > 0 \Leftrightarrow x > 1$ 2. $x - 1 < 0 \Leftrightarrow x < 1$ berücksichtigen. $x - 1 = 0$ ist nicht zulässig.	

◆ **Erläuterungen zur Vorgehensweise**
1. Bestimmen Sie den Definitionsbereich $\mathbb{D}$ und den Hauptnenner.
2. Stellen Sie fest, für welche Fälle der Hauptnenner positive bzw. negative Werte annimmt.
3. Lösen Sie die Ungleichung für die verschiedenen Fälle unter Beachtung der Regeln für das Rechnen mit Ungleichungen.
4. Ermitteln Sie für jede Fallunterscheidung die Teillösungsmenge; die Bruchungleichung ist für alle Zahlen gültig, bei denen zwischen der Voraussetzung der Fallunterscheidung und dem errechneten Ergebnis kein Widerspruch auftritt. Existieren keine Zahlen mit dieser Eigenschaft, dann ist die Lösungsmenge leer ($= \{\ \}$).
5. Bilden Sie die gemeinsame Lösungsmenge aller Teillösungen; stellen Sie die Lösungsmenge auch graphisch auf der Zahlengeraden dar.

A Aufgaben

Bestimmen Sie die Lösungsmenge der folgenden Ungleichungen (Grundmenge $= \mathbb{Q}$).

a) $\dfrac{3}{x+1} \geq 1$ b) $\dfrac{2}{3} > \dfrac{4}{x-3}$ c) $\dfrac{x-3}{x-5} < 10$

d) $\dfrac{x}{x-3} < 4$ e) $\dfrac{8}{2 \cdot x - 3} > 5$ f) $\dfrac{2}{5-x} \leq 10$

2 Lineare Gleichungen und lineare Gleichungssysteme mit zwei Variablen

2.1 Die lineare Gleichung mit zwei Variablen als Funktion

Ein Unternehmer plant die Anschaffung einer neuen Maschine. Er kalkuliert die jährlichen Kosten des Anlagegutes, dessen Anschaffungskosten 10 000,00 EUR betragen, bei einer Nutzungsdauer von 10 Jahren wie folgt:

Produktionsunabhängige Kosten (Fixe Kosten)	
Abschreibungen: 10 000,00 EUR : 10 Jahre =	1 000,00 EUR
Finanzierungskosten der Anlage	100,00 EUR
Fixe Kosten K_F	1 100,00 EUR

Produktionsabhängige Kosten (Variable Kosten)	
Lohnkosten	0,25 EUR je Stück
Verwaltungskosten	0,05 EUR je Stück
Instandhaltung und Wartung	0,10 EUR je Stück
Variable Kosten K_V	0,40 EUR je Stück

Aufgaben	Entwicklung eines Lösungsverfahrens
1. Der Unternehmer möchte, dass ihm der Zusammenhang von produzierter Menge und entstehenden Kosten auf eine einfache Weise dargestellt wird.	Ein möglicher Ansatz wäre: K_F = Fixe Kosten = 1 100,00 EUR k_v = Variable Kosten/Stück = 0,40 EUR x = produzierte Menge $K_V(x) = k_v \cdot x = 0,40 \cdot x$ = gesamte variable Kosten $K(x)$ = Gesamte Jahreskosten der Produktion, die vereinfachend auch mit y bezeichnet werden können.
Arbeitsschritte:	Man erhält als Aussageform: $K(x) = K_V(x) + K_F$ $= k_v \cdot x + K_F$ $K(x) = 0,40 \cdot x + 1 100$ oder
Bildung einer Gleichung	$\boxed{y = 0,40 \cdot x + 1 100}$ Diese Aussageform ist von den beiden Variablen x und y abhängig. Mit Hilfe dieser Gleichung kann eine Wenn-Dann-Aussage gemacht werden, welche Kosten entstehen, wenn eine bestimmte Produktion zugrunde gelegt wird. Man kann vereinbaren, dass x die so genannte unabhängige Variable sein soll und y die abhängige Variable. Durch den Term $0,40 \cdot x + 1 100$ wird dann jeder Produktion x ein bestimmter Kostenbetrag y (bzw. K(x)) zugeordnet.

2. Darüber hinaus will der Unternehmer wissen, welche Gesamtkosten/Jahr entstehen, wenn folgende Stückzahlen produziert werden: 0 Stück 100 Stück 200 Stück 500 Stück 1 000 Stück 2 000 Stück 3 000 Stück	Wenn man den Zusammenhang von y und x kennt, kann die Zuordnung der Kosten zu bestimmten Produktionsmengen mit Hilfe geordneter Paare (x; y) in einer so genannten Wertetabelle dargestellt werden, für $y = 0{,}40 \cdot x + 1100$ folgt daraus: | x	0	100	200	500	1000	2000	3000
y	1100	1140	1180	1300	1500	1900	2300 | Das geordnete Paar (200; 1180) sagt z. B. aus, dass bei der Produktion von 200 Stück mit Gesamtkosten von 1 180,00 EUR zu rechnen ist.
---	---

◆ **Erläuterungen**

In bestimmten Fällen kann ein realer Zusammenhang durch eine Aussageform bzw. Gleichung mit zwei Variablen beschrieben werden. Aus mathematischer Sicht bedeutet dies, dass die Elemente x einer Zahlenmenge durch eine bestimmte Rechenvorschrift auf die Elemente y einer anderen Zahlenmenge abgebildet werden.

Definitionsbereich

Die Menge aller Elemente, die für x in die Aussageform bzw. Gleichung eingesetzt werden können, bezeichnet man als **Definitionsbereich** D. Dieser Definitionsbereich entspricht im Beispiel den natürlichen Zahlen. Sofern keine Einschränkung des Definitionsbereichs D aus der realen Situation heraus geboten erscheint, soll für D die Grundmenge $\mathbb{Q}$ der rationalen Zahlen vorausgesetzt werden.
Enthält die Grundmenge $\mathbb{Q}$ Zahlen (Elemente, die bei Einsetzen in die Gleichung zu einer ungültigen Aussage führen) – siehe dazu die Abschnitte Bruchgleichungen und Bruchungleichungen –, so ist D gleich der Grundmenge $\mathbb{Q}$, die um diese Zahlen (Elemente) verkleinert wurde. Vereinfacht gilt für D:
$D = \mathbb{Q} \setminus \{$Zahlen, für die eine ungültige Aussage entsteht$\}$ ($\setminus$ steht für „ohne")
D ist dann die Menge aller für die Gleichung zulässigen Zahlen.

Wertemenge

Die Menge aller möglichen Elemente y, die durch Einsetzen von Zahlen $x \in D$ in die Gleichung entsteht, nennt man **Wertemenge** $\mathbb{W}$. Als größtmögliche Wertemenge lässt man auch hier die Menge $\mathbb{Q}$ zu. Die Wertemenge kann aber auch kleiner als $\mathbb{Q}$ sein. Im vorliegenden Beispiel wird die Wertemenge $\mathbb{W}$ durch die rationalen Zahlen mit $y \geq 1100$ bestimmt.

Pfeildiagramm

Die Abbildung der $x \in D$ auf die $y \in \mathbb{W}$ lässt sich mit Hilfe eines so genannten **Pfeildiagramms** veranschaulichen:

```
       D(f)                    f(x)                    W(f)
       x₁  ─────────────────────────────────────────▶  y₁
       x₂  ─────────────────────────────────────────▶  y₂
       x₃  ─────────────────────────────────────────▶  y₃
```

Funktion

Man bezeichnet eine Abbildung, die jedem Element x aus D eindeutig über eine bestimmte Zuordnungsvorschrift (z. B. einen Term) ein bestimmtes Element y aus $\mathbb{W}$ zuweist, als **Funktion**. Man sagt dann, y ist eine Funktion von x, oder kurz:

$\boxed{y = f(x)}$ z. B.: $y = f(x) = 0{,}40 \cdot x + 1100$ mit $D = \{x | x \geq 0\}$ und $\mathbb{W} = \{y | y \geq 1100\}$

Die nach y aufgelöste Funktionsgleichung ist die „explizite Form" der Funktionsgleichung.

Lineare Gleichungen und lineare Gleichungssysteme mit zwei Variablen

Der Funktionsbegriff gehört zu den fundamentalen Begriffen der Mathematik und ermöglicht ihre Anwendung zur Lösung vieler praktischer Probleme. Alternative Darstellungen der Funktion sind auch:

$$f: x \rightarrow f(x) \text{ mit } D(f) = \mathbb{Q} \quad \text{oder} \quad y = g(x) \text{ mit } D(g) = \mathbb{Q} \ldots$$

In diesem Buch werden alle Darstellungsformen für f gleichberechtigt verwendet. Die x-Werte bilden die Argumente, die y-Werte die Funktionswerte der Abbildung. Geordnete Wertepaare (x; y) nennen zunächst immer den x- und dann den y-Wert. Funktionsgleichungen (eindeutige Abbildungen) können nach gewissen Gesichtspunkten noch näher klassifiziert werden:

1. Wird durch eine Funktion jedem $x \in D$ genau ein $y \in W$ zugewiesen und gehört umgekehrt zu jedem $y \in W$ genau ein $x \in D$, so handelt es sich um eine **eineindeutige** (umkehrbar eindeutige, bijektive) **Funktion**.
2. Treten bei einer Funktionsgleichung nur eine Konstante b (z. B. 1100) und die Variable x in Verbindung mit einem konstanten Koeffizienten a (z. B. 0,40 · x) auf, so handelt es sich um eine **lineare Funktion**.

$$\boxed{y = f(x) = a \cdot x + b}$$

bzw.: $f: x \rightarrow a \cdot x + b; \ x, a, b \in \mathbb{Q}$

(Man sagt auch: x kommt nur in der 1. Potenz vor.)

3. Werden Funktionsgleichungen durch die Auswertung tatsächlich beobachteter Vorgänge oder Prozesse gewonnen, so bezeichnet man diese Funktionen als „empirische", d. h. aus der Erfahrung abgeleitete, Funktionen.

◆ **Anmerkung**

Nicht eindeutige Abbildungen sind auch möglich, stellen aber keine Funktionen dar. Alle Abbildungen werden allgemein als Relationen bezeichnet. Funktionen sind also Relationen mit den oben genannten, besonderen Eigenschaften.

Relationen

Die Produktmenge A × B (sprich: A kreuz B) ist die Grundmenge $\mathbb{G}$, die aus der Verknüpfung zweier Mengen A und B entsteht. Die Menge aller geordneten Paare (a; b) bildet die Produktmenge A × B.

$$A \times B = \{(a; b) \mid a \in A \text{ und } b \in B\}$$

Bei unseren Aufgaben werden wir uns vorerst auf die Produktmenge $\mathbb{Q} \times \mathbb{Q}$ beschränken.

A Aufgaben

1. Gegeben sind die Funktionen $y = f(x) : D(f) = \mathbb{Q}$
    a) $f(x) = -2 \cdot x + 1$ b) $f(x) = 0,5 \cdot x + 3$ c) $f(x) = -x - 5,2$
    Berechne die geordneten Paare (x; f(x)) in folgenden Wertetabellen:

x	−5	−2,85	−1,5	−1	−0,2	0	0,35	0,8	1	7	20
$y = -2 \cdot x + 1$											
$y = 0,5 \cdot x + 3$											
$y = -x - 5,2$											

2. Im Folgenden sind die Funktionsterme zu ökonomischen Problemstellungen zu bilden und die Wertetabellen in bestimmten Intervallen (= Bereichen) der x-Achse zu berechnen.
    a) Welcher Definitionsbereich kann für viele ökonomische Fragestellungen nur als sinnvoll angesehen werden?

b) Erstellen Sie jeweils eine lineare Kostenfunktion und berechnen Sie die dazugehörigen Wertetabellen, wenn folgende Bedingungen gelten sollen:

x	0	100	200	500	1 000	2 000	3 000
y							

ba) Die fixen Kosten betragen 800,00 EUR.
bb) Die variablen Stückkosten betragen 0,50 EUR.
bc) Die variablen Stückkosten betragen 0,35 EUR und die fixen Kosten betragen 1200,00 EUR.
bd) Vergleichen Sie die Funktionsterme ba) bis bc) mit dem Funktionsterm $y = 0{,}40 \cdot x + 1100$ und analysieren Sie die Auswirkungen der geänderten Bedingungen auf den Kostenverlauf.

3. Der Stückpreis eines Produktes beträgt 1,80 (0,60; 2,70) EUR. Stellen Sie eine Funktionsgleichung $y = f(x)$ auf, die die Abhängigkeit des Umsatzes (bzw. Erlöses) von der abgesetzten Menge beschreibt. Wie hoch ist der Umsatz bei 0, 500, 1 500, 10 000 Stück?

4. Ein Kapital von 5 000,00 EUR wird mit 3,6 % p.a. (= pro Jahr) verzinst. Stellen Sie eine Funktionsgleichung auf, die die Zinsentwicklung bei einfacher Verzinsung, d.h. ohne Zinseszins, in Abhängigkeit von der Zeit beschreibt und berechnen Sie die Zinsen für 1 Monat, 7 Monate, 3 Jahre, 10 Jahre.

5. Die Telefongesellschaft A berechnet eine monatliche Grundgebühr von 15,00 EUR und 0,05 EUR je telefonierte Einheit. Wie lautet die Kostenfunktion des Telefonkunden?

2.2 Der Graph der linearen Funktion im rechtwinkligen Koordinatensystem

Die Stadt Longwyhl besteht aus gleich großen, quadratischen Wohnblöcken, so dass das Straßennetz durch die Stadt in Nord-Süd-Richtung und in West-Ost-Richtung in zueinander parallelen Straßen verläuft. Die beiden Hauptstraßen: Südnordstraße und Weststraße kreuzen sich in der Stadtmitte, wo sich der Handlungsreisende Robert Rieker gerade befindet.

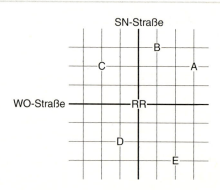

Aufgabe	Entwicklung eines Lösungsverfahrens
Robert Rieker (RR) möchte seine Kunden A, B, C, D und E besuchen. Da er sich in Longwyhl nicht auskennt, fragt er einen Verkehrspolizisten, in welchen Abständen, von der Kreuzung aus gerechnet, sich die Kunden befinden.	Ein möglicher Ansatz wäre: Bewegt man sich von der Kreuzung SN-Straße/WO-Straße nach rechts oder oben, so zählt man die überfahrenen Nebenstraßen mit positivem Vorzeichen, andernfalls mit negativen Vorzeichen. Die Auskunft könnte also in geordneten Paaren lauten: A(+3; +2) B(+1; +3) C(−2; +2) D(−1; −2) E(+2; −3)

◆ **Erläuterung und Verallgemeinerung**

Bildet man ein Achsenkreuz zweier Zahlengeraden, die sich im rechten Winkel jeweils an der Stelle 0 schneiden, so wird die Ebene durch dieses Achsenkreuz in 4 Felder (Quadranten: I, II, III, IV) eingeteilt. Die waagerechte Achse ist dabei die x-Achse **(Abszisse)**, die senkrechte Achse die y-Achse **(Ordinate)**, der Schnittpunkt der Zahlengeraden ist der Nullpunkt oder Ursprung. Die Quadranten werden im mathematisch positiven Sinne, d.h. gegen den Uhrzeigersinn, gezählt.

Das ganze Gebilde bezeichnet man nach dem französischen Mathematiker Rene Descartes (1596–1650) als **Kartesisches Koordinatensystem** (rechtwinkliges Koordinatensystem).

Kartesisches Koordinatensystem

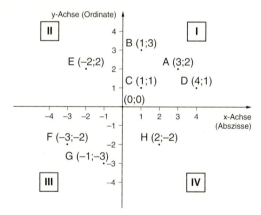

Man erhält so eine Zahlenebene. Die Skalierung der x- und y-Achse darf dabei auch verschieden sein.
Jeder Punkt der Zahlenebene wird durch die zwei Koordinaten eines geordneten Paares (x; y) eindeutig beschrieben, und umgekehrt entspricht jedem geordneten Paar genau ein Punkt im Koordinatensystem.

Beachte: Als **Stelle** bezeichnet man die Koordinate auf einer Achse, als **Punkt** ein Element der Zahlenebene, das durch zwei Koordinaten beschrieben wird.

Bis auf weiteres gebrauchen wir nur kartesische Koordinatensysteme.
Die gewonnenen Erkenntnisse haben weit reichende Konsequenzen. Wenn man für die lineare Funktionsgleichung

$$y = f(x) = 0{,}5 \cdot x + 1 \quad \text{auf } \mathbb{Q} \times \mathbb{Q}$$

eine Wertetabelle im Intervall $x \in [-4; 5]$, d. h. für $-4 \leq x \leq 5$ berechnet hat, kann man die so berechneten Wertepaare in ein Koordinatensystem übertragen und erhält einen **Graphen** (= Schaubild), der den Verlauf der Funktion veranschaulicht.

Graph

x	−4	−3	−2	−1	0	1	2	3	4	5
y = 0,5 · x + 1	−1	−0,5	0	0,5	1	1,5	2	2,5	3	3,5

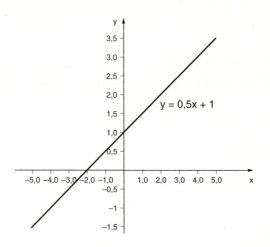

Eine nähere Betrachtung des Graphen, wenn man z. B. ein Lineal durch diese Punkte legt, zeigt, dass diese Punkte alle auf einer Geraden liegen. Ohne Verletzung irgendwelcher Vorgaben dürfen wir für die Stelle x auch Dezimalzahlen oder Brüche wählen, z. B.:

$x = -0{,}37 \Rightarrow y = 0{,}5 \cdot (-0{,}37) + 1 = 0{,}815$

$x = \dfrac{2}{3} \Rightarrow y = 0{,}5 \cdot \dfrac{2}{3} + 1 = \dfrac{4}{3}$

Auf diese Weise können wir die Wertetabelle beliebig „dicht" auffüllen, so dass die Punkte im Koordinatensystem immer näher aneinanderrücken und allmählich das Bild einer zusammenhängenden Geraden ergeben. Abschließend darf daher festgestellt werden:

> Der Graph einer linearen Funktion ist eine Gerade im Koordinatensystem.
> Jeder Geraden im Koordinatensystem entspricht eine lineare Gleichung.

A Aufgaben

1. Folgende Punkte sind in ein Koordinatensystem einzuzeichnen:
   A (2; 1,5)   B (−5; −7)   C (2; −3,7)   D (−4; −6)   E (1; −5)   F (0; −3)
   G (5,5; 0)   H (−2; 0)

2. Wie verlaufen die Graphen folgender Gleichungen im Koordinatensystem?
   a) y = −2   b) x = 3   c) y = 0   d) x = 0   e) y = 2

3. Gegeben sind die linearen Funktionen auf $\mathbb{Q} \times \mathbb{Q}$, für welche die Wertetabelle und das Schaubild im vorgegebenen Intervall zu ermitteln sind.
   a) $y = -2 \cdot x + 3 \quad x \in [-6; 4]$
   b) $y = 0{,}4 \cdot x - 2 \quad x \in [-5; 5]$
   c) $y = -x + 1{,}5 \quad x \in [-6; 4]$
   d) $y = 2{,}25 \cdot x \quad x \in [-5; 5]$
   e) $y = x \quad x \in [-5; 5]$
   f) $y = 5 \cdot x - 1 \quad x \in [-5; 5]$

4. Bei den folgenden Kostenfunktionen auf $\mathbb{Q} \geq 0 \times \mathbb{Q} \geq 0$ ist die Skalierung für die geeignete Darstellung im angegebenen Intervall selbst zu wählen.
   a) $K(x) = 0{,}02 \cdot x + 10\,000 \quad x \in [0; 100\,000]$
   b) $y = 5 \cdot x + 20\,000 \quad x \in [0; 50\,000]$

2.3 Steigungsmaß m, y-Achsenabschnitt, Nullstelle als charakteristische Eigenschaften linearer Funktionen

Ein Unternehmen hat ein Produkt mit einem Stückpreis von 0,50 EUR, ein zweites Produkt mit einem Stückpreis von 1,00 EUR und ein drittes mit einem Stückpreis von 3,00 EUR im Angebot.

Aufgabe	Entwicklung eines Lösungsverfahrens						
Bilden Sie zu jedem Produkt die Erlösfunktion; stellen Sie je eine Wertetabelle für $x \in [0; 5]$ auf.	Erlösfunktionen: Produkt 1: $y = E_1(x) = 0{,}5 \cdot x$ Produkt 2: $y = E_2(x) = x$ Produkt 3: $y = E_3(x) = 3 \cdot x$						
	Wertetabellen						
	x	0	1	2	3	4	5
	$E_1(x) = 0{,}5 \cdot x$	0	0,5	1	1,5	2	2,5
	$E_2(x) = x$	0	1	2	3	4	5
	$E_3(x) = 3 \cdot x$	0	3	6	9	12	15
Untersuchen Sie den Zusammenhang zwischen Preis und der jeweiligen Erlösfunktion $E(x)$ mit Hilfe des Graphen und der Wertetabelle.	Graph 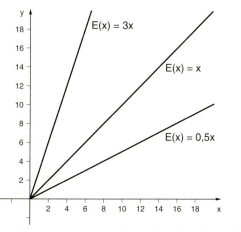						

Der Vergleich ergibt:
1. Die Erlösfunktionen steigen umso stärker an, je höher der Stückpreis ist.
2. Eine lineare Erlösfunktion hat in jedem Abschnitt ihres Definitionsbereichs das gleiche Steigungsmaß.

Aus der Wertetabelle kann man ablesen:
Erhöht sich der Absatz x um eine Mengeneinheit auf $x + 1$, so nimmt $E_1(x)$ um 0,50 EUR, $E_2(x)$ um 1,00 EUR, $E_3(x)$ um 3,00 EUR zu. Steigert man x auf $x + 2$ ME, so steigt $E_1(x)$ um 1,00 EUR, $E_2(x)$ um 2,00 EUR, $E_3(x)$ um 6,00 EUR usw.
Offenbar gilt für alle $E(x)$, $x_2 \neq x_1$:

$$\frac{E(x_2) - E(x_1)}{x_2 - x_1} = \frac{y_2 - y_1}{x_2 - x_1} = \text{konstant}$$

Man kann an eine lineare Funktion in einem beliebigen Abschnitt ein so genanntes rechtwinkliges Steigungsdreieck anlegen. Das Verhältnis der Gegenkathete $y_2 - y_1$ zur Ankathete $x_2 - x_1$ ist immer gleich und damit ein geeignetes Maß für die Messung der Steigung einer Geraden im Koordinatensystem.

◆ **Erläuterung und Verallgemeinerung**

Differenzenquotient

Als **Steigungsmaß m** einer Geraden bezeichnen wir den **Differenzenquotienten**.

$$m = \frac{\Delta y}{\Delta x} = \frac{f(x_2) - f(x_1)}{x_2 - x_1} = \frac{y_2 - y_1}{x_2 - x_1}$$

Das Steigungsmaß m wird zwischen zwei verschiedenen Punkten $(x_1; f(x_1))$ und $(x_2; f(x_2))$ der Geraden ermittelt. (Δ, sprich: Delta, ist ein griechischer Buchstabe und steht als Abkürzung für die Differenz zweier Größen.)
Durch das Steigungsmaß m ist der Verlauf einer linearen Funktion wesentlich geprägt. Anschaulich kann man unter der Differenz $y_2 - y_1$ auch den „Höhenunterschied" und unter der Differenz $x_2 - x_1$ den „Horizontalunterschied" der Funktion zwischen zwei Punkten verstehen. m stellt einen Proportionalitätsfaktor in der Geradengleichung dar; man kann m auch als „Formvariable" betrachten, da m als zusätzlicher Platzhalter für beliebige Steigungsfaktoren gewählt werden kann.
Wir haben im speziellen Falle Geraden betrachtet, die durch den Ursprung (= „Ursprungsgeraden") liefen. Die Ergebnisse haben jedoch für alle beliebigen Geraden $y = m \cdot x + b$ Gültigkeit.
Aus der Trigonometrie kennt man die Winkelfunktion Tangens $(\alpha) = tg(\alpha)$. Nimmt man α als den Winkel, den eine Gerade mit der x-Achse oder einer Parallelen zur x-Achse bildet, so ist der $tg(\alpha)$ das Winkelmaß, das sich aus dem Verhältnis Gegenkathete : Ankathete im Steigungsdreieck errechnet, und es gilt $tg(\alpha) = m$.

A Aufgaben

1. Eine Ursprungsgerade geht durch den Punkt (4; 3), eine andere durch den Punkt (−3; 1). Wie lauten die Steigungsmaße und Gleichungen der beiden Geraden?

2. Zwei Geraden sind zueinander parallel (nicht parallel). Was lässt sich über ihr Steigungsmaß aussagen?

3. Wir betrachten die „Geradenschar" y = m · x. Erstellen Sie eine Wertetabelle für x ∈ [−5; 5] für folgende Ansätze für den Koeffizienten („Parameter", „Formvariable") m und zeichnen Sie die dazugehörigen Graphen:
a) m = 0,5   b) m = 1   c) m = 2   d) m = 3   e) m = −0,5
f) m = −1   g) m = −2   h) m = −3   i) m = 0
Was kann über den Geradenverlauf für m > 0 bzw. m < 0 ausgesagt werden? Welche besondere Bedeutung hat die Gerade mit m = 1?

4. Zwei Geraden mit $m_1 \cdot m_2 = -1$ schneiden sich im rechten Winkel, d. h. sie sind orthogonal zueinander. Zeigen Sie dies beispielhaft anhand einer Zeichnung.

Gegeben ist die lineare Funktionsgleichung mit der Formvariablen b:
$$f: x \rightarrow y = f(x) = 0{,}5\,x + b \quad mit\ D(f) = [-5;\ 5]$$

Aufgabe	Entwicklung eines Lösungsverfahrens					
Untersuchen Sie die Abhängigkeit der linearen Funktion von Änderungen der Formvariablen b.	I. b = 2: x → 0,5 · x + 2 II. b = 0: x → 0,5 · x III. b = −1: x → 0,5 · x − 1					
	Wertetabellen					
	x	−5	−2	0	2	5
	0,5 · x + 2	−0,5	1	2	3	4,5
	0,5 · x	−2,5	−1	0	1	2,5
	0,5 · x − 1	−3,5	−2	−1	0	−1,5
Geradenschar für veränderliche b	Im Graphen:					

(Graph: drei parallele Geraden y = 0,5x + 2, y = 0,5x, y = 0,5x − 1)

◆ **Erläuterungen**

Wertetabelle und Graph zeigen, dass Änderungen der Formvariablen b eine senkrechte Parallelverschiebung der Geraden nach oben (b > 0) bzw. nach unten (b < 0) bewirken. Für x = 0 erhalten wir den Schnittpunkt der Geraden mit der y-Achse (s. Wertetabelle). Es gilt

für y = f(x) = 0,5 · x + b: wegen x = 0 ⇒ y = f(0) = 0,5 · 0 + b ⇒ $\boxed{b = b}$

Den Punkt (0; b) nennt man auch **Nullstelle** auf der y-Achse oder **y-Achsenabschnitt**, die Formvariable b der Funktionsgleichung y = 0,5 · x + b auch additive Konstante.

Durch Variation von b kann man eine parallele Geradenschar im Koordinatensystem erzeugen.

A Aufgaben

Nennen Sie 3 Beispiele aus dem Bereich der Ökonomie, die zu Parallelverschiebungen einer linearen Funktion führen.

In der Wirtschaftstheorie werden zur Erforschung der Realität oft Modelle entwickelt. Modelle können zwar die Wirklichkeit nicht in ihrer vollen Komplexität erfassen, sie sollen aber die wichtigsten Merkmale des betrachteten Wirtschaftsprozesses richtig abbilden. Das Nachfrageverhalten kann z.B. auf der Grundlage bestimmter Annahmen mit Hilfe einer Preis-Absatz-Funktion untersucht werden. Durch eine Preis-Absatz-Funktion beschreibt man in der Wirtschaftslehre den Zusammenhang von Stückpreis eines Produkts und nachgefragter Menge. Im Normalfall geht man von einer im I. Quadranten von „links oben nach rechts unten" verlaufenden Nachfragefunktion aus. Dies soll die Erfahrungstatsache widerspiegeln, dass von einem Gut umso weniger nachgefragt wird, je höher der geforderte Preis ist.
In der Kleinstadt kann die Nachfrage der privaten Haushalte nach einer 500-g-Packung Bohnenkaffee durch die Preis-Absatz-Funktion

$$f: x \to p(x) = -0{,}02 \cdot x + 20$$

mit p(x) als Verkaufspreis und x als nachgefragter Menge beschrieben werden.

Aufgabe	Entwicklung eines Lösungsverfahrens
Ein in der Kleinstadt ansässiger Einzelhändler möchte für seine Verkaufsplanung wissen, zu welchem Preis a) 200 Packungen b) 500 Packungen c) 700 Packungen verkauft werden könnten und wann d) der Markt „gesättigt" wäre, d.h. unabhängig vom Preis keine Ware mehr verkauft werden könnte.	Die möglichen Verkaufspreise lassen sich durch Einsetzen in die Funktionsgleichung für p(x) errechnen: a) $p(200) = -0{,}02 \cdot 200 + 20 = 16$ b) $p(500) = -0{,}02 \cdot 500 + 20 = 10$ c) $p(700) = -0{,}02 \cdot 700 + 20 = 6$ Der Preis muss umso weiter herabgesetzt werden, je mehr Kaffee verkauft werden soll. Führt man diese Überlegung bis zu ihrem (allerdings nur theoretischen) Ende fort, dann muss sich die maximale Absatzmenge (= Marktsättigungsmenge) bei einem Preis von 0 ergeben. $\quad 0 = -0{,}02 \cdot x + 20 \quad \vert\ +0{,}02 \cdot x$ $\Leftrightarrow\ 0{,}02 \cdot x = 20 \quad\quad\quad\ \vert\ : 0{,}02$ $\Leftrightarrow\ $ d: $\boxed{x = 1000}$ Stück Marktsättigung bei $x_{max} = 1000$. Im Graphen: 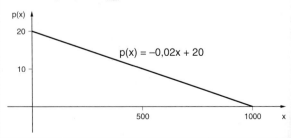

Lineare Gleichungen und lineare Gleichungssysteme mit zwei Variablen

◆ **Erläuterungen**

Um den Schnittpunkt der Funktion $y = m \cdot x + b$ mit der x-Achse zu ermitteln, also die Stelle zu bestimmen, für welche der Funktionswert $y = 0$ wird, setzt man:

$$y = m \cdot x + b = 0 \quad \Rightarrow \quad \boxed{x_0 = -\frac{b}{m}}$$

x_0 ist dann die „Lösung" der Gleichung $m \cdot x_0 + b = 0$. x_0 nennt man auch „Nullstelle" der Funktionsgleichung $y = m \cdot x + b$ oder Achsenabschnitt auf der x-Achse.

Nullstelle

Am Steigungsmaß m, y-Achsenabschnitt und Nullstelle auf der x-Achse erkennt man die charakteristischen Eigenschaften einer linearen Funktion.

A Aufgaben

Die Nullstellen folgender Gleichungen auf der x- und y-Achse sind zu ermitteln:
a) $y = -3 \cdot x - 0,5$ b) $2 \cdot x - 3 \cdot y = 8$ c) $y - 8 = 0,5 \cdot x$
Überprüfen Sie die Ergebnisse auch mit Hilfe eines Graphen.

2.4 Die Ermittlung linearer Funktionen aus vorgegebenen Eigenschaften

Von einer linearen Preis-Absatz-Funktion $y = m \cdot x + b$ sind die beiden Punkte P_1, P_2 mit folgenden Koordinaten bekannt: $P_1(1; 12)$ und $P_2(21; 2)$

Aufgabe	Entwicklung eines Lösungsverfahrens
Wie lautet die Gleichung der Preis-Absatz-Funktion, die durch diese beiden Punkte läuft?	Ausgehend von der Überlegung, dass die Steigung einer Geraden überall im Koordinatensystem einen konstanten Wert hat, lässt sich folgender Ansatz konstruieren:
Arbeitsschritte:	Die Punkte P_1 und P_2 liefern zunächst die Ausgangsdaten für den Differenzenquotienten $$\frac{y_2 - y_1}{x_2 - x_1} \quad (1)$$ zur Berechnung der Steigung m. Nimmt man nun einen beliebigen Punkt $P(x; y)$ auf der Geraden hinzu, so kann man einen weiteren Differenzenquotienten, z. B. $$\frac{y - y_1}{x - x_1} \quad (2)$$ bilden, dessen Wert mit dem von (1) übereinstimmen muss. Daher ist die Gleichsetzung von (2) und (1) statthaft: $$\frac{y - y_1}{x - x_1} = \frac{y_2 - y_1}{x_2 - x_1}$$

Zwei-Punkte-Form der Geradengleichung	Dies führt zur so genannten „Zwei-Punkte-Form der Geradengleichung". Durch Einsetzen der Punktkoordinaten und Umstellen ergibt sich:
Lösung der Aufgabe:	$\dfrac{y-12}{x-1} = \dfrac{2-12}{21-1} = \dfrac{-10}{20} = -0{,}5 \quad \vert \cdot (x-1)$ $y - 12 = -0{,}5 \cdot (x-1) = -0{,}5 \cdot x + 0{,}5 \quad \vert +12$ Preis-Absatz-Funktion: $\boxed{y = -0{,}5 \cdot x + 12{,}5}$ Punktprobe für $P_1(1;12)$: $12 = -0{,}5 \cdot 1 + 12{,}5; \quad 12 = 12$
Zeichnung	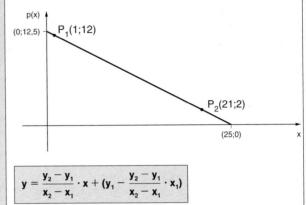
Explizite Form der Geradengleichung bei zwei bekannten Punkten:	$\boxed{y = \dfrac{y_2 - y_1}{x_2 - x_1} \cdot x + \left(y_1 - \dfrac{y_2 - y_1}{x_2 - x_1} \cdot x_1\right)}$

◆ **Erläuterungen**

Zwei-Punkte-Form der Geradengleichung

Kennt man von einer Geraden zwei Punkte, dann kann man durch Gleichsetzung der Differenzenquotienten die Funktionsgleichung dieser Geraden mit Hilfe der „**Zwei-Punkte-Form der Geradengleichung**" ermitteln.

Zwei-Punkte-Form der Geradengleichung:

$$\boxed{\dfrac{y - y_1}{x - x_1} = \dfrac{y_2 - y_1}{x_2 - x_1}}$$

Durch Äquivalenzumformungen erhält man als explizite Darstellung:

$$\boxed{y = \dfrac{y_2 - y_1}{x_2 - x_1} \cdot x + \left(y_1 - \dfrac{y_2 - y_1}{x_2 - x_1} \cdot x_1\right)}$$

Sind von einer linearen Funktion ein Punkt $(x_1; y_1)$ und ihr Steigungsmaß m bekannt, dann kann man folgenden Ansatz zur Ermittlung der Funktionsgleichung benutzen:

Punkt-Steigungs-Form der Geradengleichung

Punkt-Steigungs-Form der Geradengleichung

$$\boxed{\dfrac{y - y_1}{x - x_1} = m}$$

Nach y aufgelöst ergibt sich:

$$\boxed{y = m \cdot x + (y_1 - m \cdot x_1)} \quad \text{oder} \quad \boxed{y = m(x - x_1) + y_1}$$

Zwei-Punkte-Form und Punkt-Steigungsform der Geradengleichung sind wichtige Verfahren zur Ermittlung linearer Funktionsgleichungen.

A Aufgaben

1. Wie lauten die Funktionsgleichungen der Geraden, von denen folgende Punktepaare stammen:
   a) $A_1(-5; -3)$ $A_2(3; 3)$
   b) $B_1(2; 0)$ $B_2(4; -6)$
   c) $C_1(0; 10)$ $C_2(4; -9)$
   d) $D_1(-4,5; 3,8)$ $D_2(2,8; 1,8)$
   e) $E_1(-4; -3)$ $E_2(4; 1)$
   f) $F_1(-1; -7)$ $F_2(9; 3)$
   Machen Sie auch die entsprechenden Punktproben.

2. Die Punkte $(-2; 5)$, $(6; 1)$, $(-1; -7)$ bilden ein Dreieck. Berechnen Sie die Geradengleichungen der Seiten.

3. Welche lineare Kostenfunktion läuft durch die Punkte $(0; 2000)$ und $(1000; 6000)$?

4. Welche Ursprungsgerade läuft durch den Punkt $(8; 6)$?

5. a) Welche Gerade mit der Steigung $m = 0,25$ geht durch den Punkt $(5; -2)$?
   b) Wie lautet der Funktionsterm der zu a) parallelen Geraden durch den Punkt $(4; 3)$?

6. Welche Steigung m muss die Gerade $y = m \cdot x + 1$ haben, wenn sie durch den Punkt $(-5; 8)$ laufen soll?

2.5 Die Verfahren zur Lösung linearer Gleichungssysteme (LGS) mit zwei Variablen

2.5.1 Das Gleichsetzungsverfahren

Zur Herstellung einer Ware kann eine Unternehmung zwischen 2 Produktionsverfahren wählen, zu denen 2 verschiedene Maschinen mit unterschiedlichem Arbeitseinsatz herangezogen werden müssen:
1. Verfahren I ist arbeitsintensiver als Verfahren II; die fixen Kosten der Produktion betragen 1 000,00 EUR, die variablen Stückkosten 2,00 EUR (statt des Begriffs „variable" Stückkosten verwendet man auch den Begriff „proportionale" Stückkosten).
2. Verfahren II ist das kapitalintensivere Verfahren; daher betragen die fixen Kosten 1 500,00 EUR, aber die variablen Stückkosten nur 0,75 EUR.

Es ist davon auszugehen, dass höchstens 1 000 Stück der Ware je Rechnungsperiode verkauft werden können.

Aufgabe	Entwicklung eines Lösungsverfahrens
Die Unternehmensleitung will wissen, bei welchen Produktionszahlen einem bestimmten Verfahren unter Kostengesichtspunkten der Vorzug zu geben ist, insbesondere, wann ein Verfahrenswechsel zu empfehlen wäre.	Man stellt zunächst die beiden linearen Kostenfunktionen für die Produktionsverfahren bei der Produktion $x \in [0; 1000]$ auf. I. $y = K_1(x) = 2 \cdot x + 1000$ II. $y = K_2(x) = 0{,}75 \cdot x + 1500$ Diese Funktionen lassen sich im Koordinatensystem skizzieren: 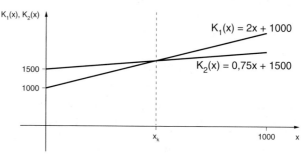
Arbeitsschritte: Die Funktionsgleichungen führen zu einem Linearen Gleichungssystem mit zwei Variablen. Zeichnung des Gleichungssystems	
Kostenminimaler Verlauf	Die Unternehmung handelt mit dem Ziel der Kostenminimierung. Der kostengünstigste Verlauf kann formal durch die Zielvorgabe $\min(K_1(x), K_2(x))$ über $x \in [0; 1000]$ beschrieben werden. Anschaulich entspricht der kostenoptimale Verlauf dem Verlauf der jeweils kleineren Kostenfunktion, also einer Linie mit „Knick". Die Knickstelle x_k markiert dabei einen „kritischen Punkt". Links davon ist offenbar $K_1(x)$ kostenoptimal, rechts davon $K_2(x)$.
Bestimmung des kritischen Übergangspunktes durch Gleichsetzen der Kostenfunktionen.	Wir setzen daher $K_1(x) = K_2(x)$ $\quad 2 \cdot x + 1000 = 0{,}75 \cdot x + 1500 \quad \vert -0{,}75 \cdot x - 1000$ $\Leftrightarrow 1{,}25 \cdot x = 500 \quad \vert : 1{,}25$ $\Leftrightarrow \boxed{x = 400}$ Stück Eingesetzt in $K_1(x)$: $K_1(400) = 2 \cdot 400 + 1000 = 1800{,}00$ EUR $= (K_2(400))$ Der „kritische Punkt" $(x_k; K_1(x_k)) = (x_k; K_2(x_k))$ markiert den Wechsel von Verfahren I zu Verfahren II, wenn der Unternehmer das Ziel der Kostenminimierung verfolgt, oder in alternativer Schreibweise: $\min(K_1(x), K_2(x)) = \begin{cases} K_1(x) & \text{für } x < 400 \\ K_2(x) & \text{für } x > 400 \end{cases}$ Bei $x = 400$ sind beide Verfahren gleichwertig.

◆ **Erläuterung und Verallgemeinerung**

Hat man bei der Lösung eines Problems mehrere Gleichungen gleichzeitig zu berücksichtigen, so bezeichnet man den Komplex aller Gleichungen als Gleichungssystem, bei ausschließlich linearen Gleichungen als lineares Gleichungssystem (LGS).
Liegen zwei lineare Funktionen in expliziter Form vor, z. B.

I. $y_1 = m_1 \cdot x + b_1$ und   II. $y_2 = m_2 \cdot x + b_2$,

deren Lösung zu ermitteln ist, dann bietet sich in vielen Fällen das **„Gleichsetzungsverfahren"** I = II, d. h. $y_1 = y_2$ mit Auflösung nach x an:

$$x = \frac{b_2 - b_1}{m_1 - m_2}$$

Gleichsetzungsverfahren

Die y-Koordinate ergibt sich durch Einsetzen von x in eine der beiden Ausgangsfunktionen y_1 bzw. y_2. Die Lösungsmenge $\mathbb{L}(x; y)$ ist dann das geordnete Paar $\{(x; y_1(x))\}$, das beide Gleichungen des linearen Gleichungssystems gleichzeitig erfüllt, d. h. die beiden Aussageformen zugleich zu einer wahren Aussage macht. In der Zeichnung entspricht dieser Lösung des linearen Gleichungssystems I und II der Punkt $(x; y_1(x))$.

Aus der Bestimmungsgleichung für x lässt sich unmittelbar ablesen:
Wegen $m_1 - m_2 = 0$ ($m_1 = m_2$) existiert bei parallelen Geraden keine Lösung, da der Nenner nicht zu 0 werden darf. Gilt zusätzlich noch $b_1 = b_2$, so sind die beiden Gleichungen identisch und das Gleichungssystem hat wegen x = 0/0 unendlich viele Lösungen; d. h., die beiden Geraden fallen im Graphen zusammen.

2.5.2 Das Additionsverfahren – der Gauß'sche Algorithmus

Ein Futtermittelhersteller mischt zwei Grundstoffe zu zwei Tierfuttersorten I und II verschiedener Qualität:
Mischung I: setzt sich zusammen aus 80 kg von Grundstoff 1 und aus 70 kg von Grundstoff 2 und soll 7,40 EUR je kg kosten.
Mischung II: setzt sich zusammen aus 50 kg von Grundstoff 1 und 100 kg von Grundstoff 2 und soll 8,00 EUR je kg kosten.

Aufgabe	Entwicklung eines Lösungsverfahrens
Zu welchen Preisen müssen die Grundstoffe eingekauft werden, wenn die Kostenkalkulation des Futtermittelproduzenten aufgehen soll?	Die beiden unbekannten Preise ersetzt man zunächst durch Variablen: x = Preis je kg Grundstoff 1 y = Preis je kg Grundstoff 2 und kann dann für Mischung I und II folgendes LGS als Ansatz bilden: I: $80 \cdot x + 70 \cdot y = 150 \cdot 7{,}40 = 1110 \quad \mid \cdot (-5)$ II: $50 \cdot x + 100 \cdot y = 150 \cdot 8 = 1200 \quad \mid \cdot 8$
Arbeitsschritte: Lineares Gleichungssystem mit zwei Variablen: 1. Lösung mit Hilfe des „Additionsverfahrens" durch Entfernen der Variablen x und Reduktion des LGS auf eine Gleichung mit einer Variablen y; man ermittelt zu diesem Zweck das kgV der Koeffizienten der zu entfernenden Variablen und sorgt ggf. durch Multiplikation mit (-1) dafür, dass die Koeffizienten dieser Variablen verschiedene Vorzeichen erhalten. Den Wert der Variablen x erhält man durch Einsetzen von y in eine der Ausgangsgleichungen.	I': $-400 \cdot x - 350 \cdot y = -5550$ II': $400 \cdot x + 800 \cdot y = 9600$ I' + II': $0 \cdot x + 450 \cdot y = 4050$ $ 450 \cdot y = 4050 \quad \mid : 450$ $\boxed{y = 9}$ EUR/kg y eingesetzt in I („Einsetzungsverfahren"): I: $80 \cdot x + 70 \cdot 9 = 1110 \quad \mid -630$ $ 80 \cdot x = 480 \quad \mid : 80$ $\boxed{x = 6}$ EUR/kg $L(x; y) = \{(6; 9)\}$ Probe für II: $50 \cdot 6 + 100 \cdot 9 = 1200$ $ 1200 = 1200$ Grundstoff 1 darf also 6,00 EUR, Grundstoff 2 darf 9,00 EUR je kg kosten.
2. Gauß'scher Algorithmus Lineares Gleichungssystem mit zwei Variablen wie beim Additionsverfahren als Ausgangspunkt. I wird beibehalten; II' entsteht aus Addition von $5 \cdot I - 8 \cdot II$: $5 \cdot 80 - 8 \cdot 50 = 0$ $5 \cdot 70 - 8 \cdot 100 = -450$ $5 \cdot 1110 - 8 \cdot 1200 = -4050$ Man erhält wieder eine Gleichung mit einer Variablen y, die zu lösen ist. Diese Lösung für y wird in I eingesetzt, so dass die zweite Variable x ermittelt werden kann.	I: $80 \cdot x + 70 \cdot y = 1110 \quad \mid \cdot 5$ II: $50 \cdot x + 100 \cdot y = 1200 \quad \mid \cdot (-8)$ I: $ 80 \cdot x + 70 \cdot y = 1110$ II': $ 0 \cdot x - 450 \cdot y = -4050$ oder kürzer: I: $80 \cdot x + 70 \cdot y = 1110$ II': $ -450 \cdot y = -4050 \quad \mid : (-450)$ $\boxed{y = 9}$ EUR/kg y in I: $80 \cdot x + 70 \cdot 9 = 1110 \quad \mid -630$ $ 80 \cdot x = 480$ $\boxed{x = 6}$ EUR/kg $L(x; y) = \{(6; 9)\}$

Additionsverfahren

◆ **Erläuterung und Verallgemeinerung**

Das Additionsverfahren ist ein „klassisches", vielfach anwendbares Verfahren zur Lösung von LGS mit zwei Variablen. Es ist leicht zu verstehen und schnell zu erlernen. Ebenso wie beim „Gleichsetzungsverfahren" lassen sich alle grundsätzlichen Erkenntnisse über LGS mit diesem Verfahren gewinnen.

Auf den ersten Blick scheint der Gauß'sche Algorithmus daher nicht notwendigerweise zur Lösung von LGS erforderlich zu sein. Unter einem **„Algorithmus"** verstehen wir dabei ein Rechenprogramm, das nach endlich vielen Schritten mit einer – oder im Falle der Nichtlösbarkeit eines Problems ohne eine – Lösung endet. Der **Gauß'sche Algorithmus** ist nach dem deutschen Mathematiker Carl Friedrich Gauß (1777–1855) benannt. Die Stärke dieses Verfahrens besteht darin, dass

Gauß'scher Algorithmus

1. es sich formal sehr gut darstellen lässt; es ist daher auch gut für die Lösung von LGS mit Hilfe von Rechenautomaten geeignet,
2. es alle Ergebnisse in einem Rechengang liefert,
3. seine Grundsätze auf LGS höherer Ordnung übertragen werden können (s. Kapitel 6).

Voraussetzung für die Anwendung des Gauß'schen Algorithmus ist, dass das LGS auf die Form

$$\begin{aligned} \text{I} \quad & a_1 \cdot x + b_1 \cdot y = c_1 \\ \text{II} \quad & a_2 \cdot x + b_2 \cdot y = c_2 \end{aligned}$$

gebracht wird. In der folgenden Tabelle werden verschiedene Fälle von LGS mit zwei Variablen sowie die Lösungsansätze dargestellt.

Algorithmus	1. Beispiel	Graphik
I $a_1 \cdot x + b_1 \cdot y = c_1$ | $\cdot a_2$ II $a_2 \cdot x + b_2 \cdot y = c_2$ | $\cdot (-a_1)$	I $3 \cdot x + 4 \cdot y = 17$ | $\cdot 4$ II $4 \cdot x - 3 \cdot y = 6$ | $\cdot (-3)$	Aus I, II folgt: $g_1: y = -\dfrac{3}{4} \cdot x + \dfrac{17}{4}$ $g_2: y = \dfrac{4}{3} \cdot x - 2$

I wird beibehalten
 II' entsteht aus II durch gliedweise Berechnung gemäß Beispiel
 II' = $a_2 \cdot$ I $- a_1 \cdot$ II
 II' $a_1 \cdot a_2 \cdot x - a_2 \cdot a_1 \cdot x = 0$
  $a_2 \cdot b_1 \cdot y - a_1 \cdot b_2 \cdot y = b'_2 \cdot y$
  $a_2 \cdot c_1 - a_1 \cdot c_2 = c'_2$
	= Elementare Gaußumformungen durch Multiplikation $\neq 0$
	
	 II' = 4 · I − 3 · II
	 II' 12 · x − 12 · x = 0
	  16 · y + 9 · y = 25 · y
	  68 − 18 = 50
		Zeichnung:

Zusammenfassung: I $a_1 \cdot x + b_1 \cdot y = c_1$ II' $b'_2 \cdot y = c'_2$ Aus II' folgt $y = \dfrac{c'_2}{b'_2}$	I $3 \cdot x + 4 \cdot y = 17$ II' $25 \cdot y = 50$ | : 25 $\Leftrightarrow$ $\boxed{y = 2}$ y in I: $3 \cdot x + 4 \cdot 2 = 17$ | -8 $3 \cdot x = 9$ | : 3 $\boxed{x = 3}$ $\mathbb{L} = \{(3; 2)\}$	$y = \dfrac{4}{3}x - 2$ S(3;2) I, II $y = -\dfrac{3}{4}x + \dfrac{17}{4}$
Nachdem progressiv x aus dem LGS eliminiert wurde, blieb eine Gleichung mit y übrig, die nun gelöst werden kann. Das Ergebnis für y setzt man retrograd in I ein und ermittelt x.	Probe x, y in II: $4 \cdot 3 - 3 \cdot 2 = 6$ $12 - 6 = 6$ $6 = 6$	g_1 und g_2 schneiden sich; die Schnittpunktkoordinaten entsprechen der Lösung des LGS.

	2. Beispiel	
Rechenschritte gemäß Beispiel Zusammenfassung: $II' = I + II$ $a_1 = -a_2: a_1 \cdot x + a_2 \cdot x = 0 \cdot x = 0$ $b_1 = -b_2: b_1 \cdot x + b_2 \cdot y = 0 \cdot y = 0$ $\ c_1 + c_2 \neq 0$ I $\ a_1 \cdot x + b_1 \cdot y = c_1$ II' $0 \cdot x + 0 \cdot y = c_2'$ Wegen $c_2' \neq 0$ tritt ein Widerspruch bei II' auf; das LGS ist nicht lösbar. $\mathbb{L}(x;y) = \{\ \}$, die Lösungsmenge ist die Leere Menge.	I $\ \ 3 \cdot x + 4 \cdot y = 17$ II $-3 \cdot x - 4 \cdot y = 12$ $II' = I + II$ II' $3 \cdot x - \ \ 3 \cdot x = 0$ $\ \ 4 \cdot y - \ \ 4 \cdot y = 0$ $\ \ 17 + 12 = 29$ I $\ \ 3 \cdot x + 4 \cdot y = 17$ II' $0 \cdot x + 0 \cdot y = 29$ $0 = 29$ Widerspruch: $0 \neq 29$ Es existiert keine Lösung für das LGS: $\mathbb{L}(x;y) = \{\ \}$	Aus I, II folgt: $g_1: y = -\dfrac{3}{4} \cdot x + \dfrac{17}{4}$ $g_2: y = -\dfrac{3}{4} \cdot x - 3$ Zeichnung: 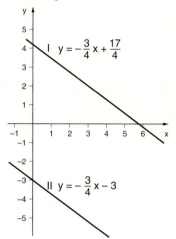 g_1 und g_2 laufen parallel zueinander (gleiche Steigung).
	3. Beispiel	
Rechenschritte gemäß Beispiel Zusammenfassung: $II' = 2 \cdot I - II$ $2 \cdot a_1 \cdot x - a_2 \cdot x = 0$ $2 \cdot b_1 \cdot y - b_2 \cdot y = 0$ $2 \cdot c_1 \ \ - c_2 \ \ = 0$ I $\ a_1 \cdot x + b_1 \cdot y = c_1$ II' $0\ \cdot x + 0\ \cdot y = 0$ Wegen $0 \cdot x + 0 \cdot y = 0$, $0 = 0$ ist II' für alle $x, y \in \mathbb{Q}$ erfüllt. Die Gleichungen I, II sind äquivalent. II ist ein k-Vielfaches von I: $k \cdot I = II$ I und II sind linear abhängig. Mit $k = 2$ beim dargestellten Fall.	I $\ \ 3 \cdot x + 4 \cdot y = 17\ \ \vert \cdot 2$ II $\ 6 \cdot x + 8 \cdot y = 34\ \ \vert \cdot (-1)$ $II' = 2 \cdot I - II$ II' $6 \cdot x - 6 \cdot x = 0$ $\ 8 \cdot y - 8 \cdot y = 0$ $\ 34 - 34 = 0$ I $\ \ 3 \cdot x + 4 \cdot y = 17$ II' $0 \cdot x + 0 \cdot y = \ \ 0$ $0 = 0$ Es existieren unendlich viele Lösungen: $\mathbb{L}(x;y)$ $= \{(x;y)\,\vert\,3 \cdot x + 4 \cdot y = 17\}$	Aus I, II folgt: $g_1: y = -\dfrac{3}{4} \cdot x + \dfrac{17}{4}$ $g_2: y = -\dfrac{3}{4} \cdot x + \dfrac{17}{4}$ Zeichnung: g_1 und g_2 fallen zusammen (koinzidieren).

Damit sind die möglichen Fälle dargestellt. Der aufmerksame Leser wird erkannt haben, dass sich die Rechnung noch weiter verkürzen lässt. Voraussetzung ist, dass das LGS in der Form

$$\text{I} \quad a_1 \cdot x + b_1 \cdot y = c_1$$
$$\text{II} \quad a_2 \cdot x + b_2 \cdot y = c_2$$

vorliegt. Da nur mit den Koeffizienten gerechnet wird, genügt es, diese in einer Tabelle zusammenzufassen.

	x	y	
I	a_1	b_1	c_1
II	a_2	b_2	c_2

Wenn $a_2 \neq 0$ ist, wird II mit dem Faktor $-\dfrac{a_1}{a_2}$ multipliziert:

$$\Rightarrow \boxed{\text{II}' = \text{I} - \dfrac{a_1}{a_2} \cdot \text{II}}$$

Dann ergibt sich folgende Tabelle mit $a_1 - \dfrac{a_1}{a_2} \cdot a_2 = 0$

	x	y	
I:	a_1	b_1	c_1
II':		$b_2' = b_1 - \dfrac{a_1}{a_2} \cdot b_2$	$c_2' = c_1 - \dfrac{a_1}{a_2} \cdot c_2$

Die Auflösung nach $y = c_2'/b_2'$ und x erfolgt dann wie oben dargestellt.

2.5.3 Das Determinantenverfahren

Wenn zur Lösung mathematischer Probleme Rechenautomaten (Computer) eingesetzt werden sollen, benötigt man Lösungsverfahren für LGS mit zwei Variablen, die auf einfache Weise in Programme umgesetzt werden können. Wir gehen von folgendem LGS aus:

$$\text{I} \quad a_1 \cdot x + b_1 \cdot y = c_1$$
$$\text{II} \quad a_2 \cdot x + b_2 \cdot y = c_2$$

Alle Koeffizienten sollen $\neq 0$ sein. Wie sich oben bereits zeigte, ist die Lösung $L(x; y)$ von der Struktur der Koeffizienten abhängig.

◆ **Aufgabe**

Mit Hilfe elementarer Umformungen, d.h. Multiplikation und Addition von geeigneten Faktoren und Summanden, soll die Lösung $L(x; y)$ in Abhängigkeit von den Koeffizienten $a_1, \ldots, c_2$ dargestellt werden.

Entwicklung eines Lösungsverfahrens	
für die Variable x	für die Variable y
I $a_1 \cdot x + b_1 \cdot y = c_1 \quad \vert \cdot b_2$ II $a_2 \cdot x + b_2 \cdot y = c_2 \quad \vert \cdot (-b_1)$	I $a_1 \cdot x + b_1 \cdot y = c_1 \quad \vert \cdot (-a_2)$ II $a_2 \cdot x + b_2 \cdot y = c_2 \quad \vert \cdot a_1$
I $a_1 \cdot b_2 \cdot x + b_1 \cdot b_2 \cdot y = c_1 \cdot b_2$ II $-a_2 \cdot b_1 \cdot x - b_1 \cdot b_2 \cdot y = -c_2 \cdot b_1$	I $-a_1 \cdot a_2 \cdot x - a_2 \cdot b_1 \cdot y = -a_2 \cdot c_1$ II $a_1 \cdot a_2 \cdot x + a_1 \cdot b_2 \cdot y = a_1 \cdot c_2$
I+II $(a_1 \cdot b_2 - a_2 \cdot b_1) \cdot x = (c_1 \cdot b_2 - c_2 \cdot b_1)$	I+II $(a_1 \cdot b_2 - a_2 \cdot b_1) \cdot y = (a_1 \cdot c_2 - a_2 \cdot c_1)$
$x = \dfrac{c_1 \cdot b_2 - c_2 \cdot b_1}{a_1 \cdot b_2 - a_2 \cdot b_1}$	$y = \dfrac{a_1 \cdot c_2 - a_2 \cdot c_1}{a_1 \cdot b_2 - a_2 \cdot b_1}$

Damit wurden die Abhängigkeiten der Lösungsvariablen x, y von den Werten der Koeffizienten $a_1, \ldots, c_2$ aufgezeigt. Für die L(x; y) gilt:

$$L(x; y) = \left\{ \left(\frac{c_1 \cdot b_2 - c_2 \cdot b_1}{a_1 \cdot b_2 - a_2 \cdot b_1} ; \frac{a_1 \cdot c_2 - a_2 \cdot c_1}{a_1 \cdot b_2 - a_2 \cdot b_1} \right) \right\}$$

Das LGS ist nur lösbar für: $a_1 \cdot b_2 - a_2 \cdot b_1 \neq 0$

zweireihige Determinante

Unter einer zweireihigen Determinante |D| verstehen wir ein quadratisches Zahlenschema

$$|D| = \begin{vmatrix} a & c \\ b & d \end{vmatrix} \quad \text{mit} \quad |D| = a \cdot d - b \cdot c, \quad \text{z. B.} \quad |D| = \begin{vmatrix} 2 & 3 \\ 1 & 4 \end{vmatrix} = 2 \cdot 4 - 3 \cdot 1 = 5,$$

dem aufgrund der Rechenvorschrift $a \cdot d - b \cdot c$ (also Produkt der so genannten Hauptdiagonale $a \cdot d$ minus Produkt der so genannten Nebendiagonale $b \cdot c$) eine rationale Zahl bzw. ein Wert |D| zugeordnet wird. Übertragen auf L(x; y) bedeutet das

$$|D| = \begin{vmatrix} a_1 & b_1 \\ a_2 & b_2 \end{vmatrix}; \quad |D_1| = \begin{vmatrix} c_1 & b_1 \\ c_2 & b_2 \end{vmatrix}; \quad |D_2| = \begin{vmatrix} a_1 & c_1 \\ a_2 & c_2 \end{vmatrix}$$

$$L(x; y) = \left\{ \left(\frac{|D_1|}{|D|} ; \frac{|D_2|}{|D|} \right) \right\}$$

Folgerungen für die Lösbarkeit von LGS mit zwei Variablen:

Gilt: 1. $|D| \neq 0$ so hat das LGS genau eine Lösung (x; y),
     2a. $|D| = 0$ und $|D_1|, |D_2| \neq 0$, so hat das LGS keine Lösung,
     2b. $|D| = 0$ und $|D_1|, |D_2| = 0$, so hat das LGS unendlich viele Lösungen.

Der Aufwand für die Entwicklung dieses Lösungsverfahrens erscheint groß; er wird aber durch die Erleichterung gerechtfertigt, mit der sich nun ein LGS lösen lässt.

Beispiele 1. I $3 \cdot x + 2 \cdot y = 7$
        II $3 \cdot x - 2 \cdot y = -1$

$$|D| = \begin{vmatrix} 3 & 2 \\ 3 & -2 \end{vmatrix} = 3 \cdot (-2) - 2 \cdot 3 = -6 - 6 = -12 \neq 0 \Rightarrow \text{LGS hat 1 Lösung}$$

$$|D_1| = \begin{vmatrix} 7 & 2 \\ -1 & -2 \end{vmatrix} = 7 \cdot (-2) - 2 \cdot (-1) = -14 + 2 = -12$$

$$|D_2| = \begin{vmatrix} 3 & 7 \\ 3 & -1 \end{vmatrix} = 3 \cdot (-1) - 7 \cdot 3 = -3 - 21 = -24$$

$$\boxed{L(x;y) = \left\{ \left(\frac{|D_1|}{|D|} ; \frac{|D_2|}{|D|} \right) \right\} = \left\{ \left(\frac{-12}{-12} ; \frac{-24}{-12} \right) \right\} = \{(1; 2)\}}$$

Probe: I $3 \cdot 1 + 2 \cdot 2 = 3 + 4 = 7$
       II $3 \cdot 1 - 2 \cdot 2 = 3 - 4 = -1$

2. I $3 \cdot x + 2 \cdot y = 7$
   II $6 \cdot x + 4 \cdot y = -1$

$$|D| = \begin{vmatrix} 3 & 2 \\ 6 & 4 \end{vmatrix} = 3 \cdot 4 - 2 \cdot 6 = 12 - 12 = 0$$

$$|D_1| = \begin{vmatrix} 7 & 2 \\ -1 & 4 \end{vmatrix} = 7 \cdot 4 - 2 \cdot (-1) = 28 + 2 = 30 \neq 0$$

$$|D_2| = \begin{vmatrix} 3 & 7 \\ 6 & -1 \end{vmatrix} = 3 \cdot (-1) - 7 \cdot 6 = -3 - 42 = -45 \neq 0$$

Zwar ist $|D_1| \neq 0$ und $|D_2| \neq 0$. Wegen $|D| = 0$ ist das LGS aber nicht lösbar.

$$\boxed{L(x;y) = \{\ \}}$$

3. I $3 \cdot x + 2 \cdot y = 7$
   II $6 \cdot x + 4 \cdot y = 14$

$$|D| = \begin{vmatrix} 3 & 2 \\ 6 & 4 \end{vmatrix} = 3 \cdot 4 - 2 \cdot 6 = 12 - 12 = 0$$

$$|D_1| = \begin{vmatrix} 7 & 2 \\ 14 & 4 \end{vmatrix} = 7 \cdot 4 - 2 \cdot 14 = 28 - 28 = 0$$

$$|D_2| = \begin{vmatrix} 3 & 7 \\ 6 & 14 \end{vmatrix} = 3 \cdot 14 - 7 \cdot 6 = 42 - 42 = 0$$

Wegen $|D_1| = 0$, $|D_2| = 0$, $|D| = 0$ hat das LGS unendlich viele Lösungen.

$$\boxed{L(x;y) = \{(x;y) \mid 3 \cdot x + 2 \cdot y = 7\}}$$

Aus $\frac{3}{6} = \frac{2}{4} = \frac{7}{14} = 0{,}5$ folgt: $0{,}5 \cdot I = II$.

Gleichung I und II sind linear voneinander abhängig, da II durch die elementare Umformung $0{,}5 \cdot I$ aus I abgeleitet werden kann.

A Aufgaben

Folgende LGS sind auf ihre Lösbarkeit zu untersuchen. Soweit die LGS lösbar sind, sind die Lösungen auch zu ermitteln.
Wählen Sie für die Lösung das Ihrer Meinung nach am besten geeignete Verfahren aus.
Sofern die LGS noch keine Form haben, auf welche eines der oben besprochenen Verfahren angewendet werden kann, ist diese Form zunächst herzustellen.
Die Ergebnisse können als Brüche oder Dezimalzahlen angegeben werden.
Die LGS sollten auch in einem Koordinatensystem abgebildet werden. Die Skalierung der Achsen ist nach den Daten der Aufgabenstellung zu wählen.

1.
a) I $x + y = 5$
   II $x - y = 3$

b) I $3x + 2 \cdot y = 44$
   II $5x - 2 \cdot y = 20$

c) I $y = 4 \cdot x - 2$
   II $3 \cdot x = 6 \cdot y - 7$

d) I $5x - 2y = 0$
   II $7x - 3y = 1$

e) I $7 \cdot x + 10 \cdot y = 17$
   II $3 \cdot x + 5 \cdot y = 8$

f) I $x = 3 \cdot y + 2$
   II $2 \cdot y = 7 \cdot x + 9$

g) I $x - 7y = 35$
   II $3x - 6y = 3$

h) I $9 \cdot x - 2 \cdot y = 62$
   II $5 \cdot y + 7 \cdot x = 81$

i) I $-y = 2 \cdot x + 5$
   II $5 \cdot x = 7 \cdot y - 14$

j) I $\frac{1}{4}x + \frac{2}{3}y = 5$
   II $\frac{-2}{5}x - \frac{1}{4}y = 3$

k) I $\frac{-3}{7} \cdot x + \frac{5}{3} \cdot y = 1$
   II $\frac{5}{7} \cdot x - \frac{2}{3} \cdot y = 5$

l) I $0{,}5 \cdot y - 4 \cdot x = 2$
   II $0{,}3 \cdot x - 3 \cdot y = 10$

m) I $(x + 3) \cdot (y - 2) = (x + 1) \cdot (y - 4)$
   II $(x - 3) \cdot (y + 1) = (x - 2) \cdot (y + 2)$

n) I $\frac{x + 7}{6} + \frac{y + 4}{5} = 3$
   II $\frac{4 - x}{2} + \frac{9 - y}{3} = 2$

2. Ein Stellenbewerber für den Außendienst erhält von zwei Firmen folgende Angebote:
   Firma A: Monatliches Fixum 3 600,00 EUR plus 5% Provision vom vermittelten Umsatz
   Firma B: Monatliches Fixum 3 000,00 EUR plus 8% Provision vom vermittelten Umsatz
   a) Bilden Sie die Einkommensfunktionen für beide Angebote.
   b) Ab welchem Umsatz sollte sich der Bewerber für Firma B entscheiden, wenn das erzielbare Einkommen für ihn das einzige Entscheidungskriterium ist?
   c) Formulieren Sie für den Bewerber das Kriterium für optimales Handeln und machen Sie für ihn die Linie optimalen Handelns im Graphen sichtbar.

3. In der Fertigungsabteilung eines Haushaltsgeräteherstellers fallen für einen bestimmten Artikel monatliche Fixkosten von 50 000,00 EUR an. Die variablen Stückkosten (auch als „proportionale" Kosten bezeichnet) betragen 150,00 EUR; der Artikel wird für 275,00 EUR je Stück verkauft.
   a) Wie lauten die Funktionsgleichungen für die Gesamtkosten $y = K(x)$ und den Gesamterlös $y = E(x)$ mit x für die produzierte und verkaufte Menge?
   b) Bei welcher Produktionsmenge sind Gesamtkosten und -erlös gleich hoch (Nutzenschwelle)?
   c) Beschreiben Sie die Ertragssituation bei einer Produktion von 300 bzw. 500 Stück.
   d) Die Unternehmung strebt einen Gewinn von 25 000,00 EUR an. Wie viel Stück müssen dafür hergestellt und verkauft werden?

4. Der Bilanzgewinn einer Kommanditgesellschaft mit den beiden Gesellschaftern Meier und Müller beträgt 192 000,00 EUR. Wie viel EUR erhält jeder Gesellschafter, wenn der Gewinn im Verhältnis 5:3 verteilt werden soll?

5. Zwei Händler A und B beziehen über einen Einkaufskommissionär gemeinsam 160 kg einer Ware. Die Bezugskosten betragen 36,80 EUR und sollen nach dem Gewicht der bezogenen Waren verteilt werden. Welche Bezugskosten entfallen auf A und B, wenn A 120 kg und B 40 kg der Ware bezogen hat?

6. Die leitenden Angestellten A und B eines Unternehmens beziehen Jahresgehälter von 120 000,00 und 105 000,00 EUR. Am Jahresende erhalten sie eine gemeinsame Umsatzbeteiligung von 36 000,00 EUR. Wie viel erhält jeder der beiden, wenn die Umsatzbeteiligung im Verhältnis der Gehälter verteilt wird?

7. In einem Teeladen wird aus den beiden Teesorten „Darjeeling" und „Assam" eine Mischung hergestellt. Der Preis eines kg „Darjeeling" beträgt 26,00 EUR, der eines kg „Assam" 20,00 EUR. Der Preis je kg der Mischung beträgt 22,00 EUR. Würden von der Sorte „Darjeeling" 3 kg mehr und von der Sorte „Assam" 3 kg weniger genommen, so würde der Preis je kg 23,20 EUR betragen. Wie viel kg wurden von jeder Sorte genommen?

8. Ein Lebensmittelmarkt kauft 160 Dosen „Prinzessbohnen" und 200 Dosen „Feinerbsen" für insgesamt 344,00 EUR. Die Bohnen werden mit 20% Zuschlag, die Erbsen mit 15% Zuschlag je Dose verkauft. Der Verkaufserlös betrug insgesamt 404,80 EUR. Wie hoch war der Einstandspreis je Dose Bohnen bzw. Erbsen?

9. Ein Kaufmann erhält 2 Rechnungen. Vom 1. Rechnungsbetrag zieht er 2% Skonto, vom 2. Betrag 3% Skonto, zusammen 90,60 EUR, ab. Wenn er von jedem Betrag 2,5% Skonto abziehen würde, würde der Abzug insgesamt 86,00 EUR betragen. Über welchen Betrag lautet jede Rechnung?

10. Die Luxusausführung eines Autos ist 850,00 EUR teurer als die Standardausführung. Im Zuge einer Preisanpassung erhöht der Hersteller den Preis für das Luxusmodell um 8% und für das Standardmodell um 5%, so dass der Preisunterschied nun 1 116,00 EUR beträgt. Wie teuer waren die Modelle vor der Preiserhöhung, wie teuer sind sie nach der Erhöhung?

11. Ein Kapital bringt in einem Jahr 506,00 EUR Zinsen. Bei einem um 1% höheren Zinssatz würde sich für die gleiche Zeit ein Zinsertrag von 598,00 EUR ergeben. Wie hoch sind Kapital und Zinssatz?

12. Ein Kreditnehmer hat für ein Baudarlehen jährlich 1760,00 EUR Zinsen zu zahlen. Da die tatsächlichen Baukosten um 6 000,00 EUR höher ausfallen, wird die Schuld um diesen Betrag erhöht. Die Zinsen belaufen sich nun auf jährlich 2 240,00 EUR. Wie hoch sind Darlehen und Zinssatz?

13. Ein Bankkunde kann einen Überziehungskredit in Höhe von 3 000,00 EUR 3 Monate früher als vorgesehen zurückzahlen und damit seine Zinsen von 200,00 EUR auf 125,00 EUR reduzieren. Zu welchem Zinssatz und für wie viele Monate war der Kredit gewährt worden?

14. Zwei Gesellschafter sind mit Kapitaleinlagen im Verhältnis 3 : 4 an einer Gesellschaft beteiligt. Nachdem der erste Gesellschafter seine Einlage um 13 000,00 EUR und der zweite seine Einlage um 4 000,00 EUR erhöht hat, sind beide Einlagen gleich. Wie hoch sind die Einlagen der Gesellschafter?

15. Auf einem Markt kann das Verhalten der Anbieter durch die Angebotsfunktion $p_A(x) = 0{,}46 \cdot x + 39{,}1$ und das Verhalten der Nachfrager durch die Nachfragefunktion $p_N(x) = -0{,}5 \cdot x + 173{,}5$ beschrieben werden. Im Angebotspreis sind 16% Umsatzsteuer einkalkuliert.
   a) Zeichnen Sie $p_A(x)$ und $p_N(x)$ im Intervall $x \in [0; 200]$.
   b) Bestimmen Sie das Marktgleichgewicht, d. h. den Preis und die Menge, bei dem Angebot und Nachfrage gleich groß sind. (Man nennt diese Größen auch Gleichgewichtspreis und Gleichgewichtsmenge.)
   c) Welche neue Angebotsfunktion und welches neue Marktgleichgewicht ergeben sich, wenn der Umsatzsteuersatz von 16 auf 17% erhöht wird?

16. Von der linearen Angebotskurve nach einem Gut sind die Punkte $A_1(90; 58)$ und $A_2(30; 38)$, von der dazugehörigen Nachfragefunktion die Punkte $N_1(100; 10)$ und $N_2(50; 40)$ bekannt.
   a) Wie lauten die Funktionsterme der Angebots- und Nachfragefunktion?
   b) Ermitteln Sie das Marktgleichgewicht.
   c) Wie groß ist der Angebotsüberhang in Mengeneinheiten bei einem Preis von 50, wie groß ist der Nachfrageüberhang bei einem Preis von 30?

M Methodische Empfehlungen

Einsatz der Tabellenkalkulation „EXCEL" von Microsoft zur graphischen Darstellung und rechnerischen Lösung von LGS mit zwei Variablen

Tabelle + Diagramm

	A	B	C	D	E	F	G	H
1		Wertetabellen			Graphen			
2	x	$f1(x) = 3 \cdot x - 5$	$f2(x) = 0{,}5 \cdot x + 3$					
3	0	−5	3					
4	1	−2	3,5					
5	2	1	4					
6	3	4	4,5					
7	4	7	5					
8	5	10	5,5					
9	6	13	6					
10	7	16	6,5					
11	8	19	7					
12	9	22	7,5					
13	10	25	8					
14								
15	Arbeitsschritte zur Erstellung von Wertetabellen und Diagrammen							
16	1. Definitionsbereich festlegen (z. B. Bereich A3:A13) und über die Menüwahl:							
17	**EINFÜGEN / NAMEN / FESTLEGEN** … mit dem Namen „x" belegen							
18	2. Funktionen in die Zellen B2 und C2 eintragen; z. B.: B2: $f1(x) = 2 \cdot x - 2$ und C2: $f2(x) = -0{,}5 \cdot x + 3$							
19	3. Funktionen über die Menüwahl: **BEARBEITEN / KOPIEREN** und **BEARBEITEN / EINFÜGEN**							
20	aus Zelle B2 bzw. C2 in Zelle B3 bzw. C3 übertragen. In Zelle B3 f1(x), in Zelle C3 f2(x) löschen.							
21	4. Zelle B3 in Bereich B4:B13, Zelle C3 in Bereich C4:C13 kopieren: ⇒ Wertetabelle wird berechnet.							
22	5. Diagramm mit Hilfe des **Diagrammassistenten** erstellen: Bereich: A3:C14 markieren; Menüwahl:							
23	**EINFÜGEN / DIAGRAMM / AUF DIESES BLATT** und dem Assistenten **(2. Punkt (XY), 6. Linien)** folgen.							
24	6. Diagramm ändern: Diagramm doppelt anklicken und mit rechter Maustaste über Menü bearbeiten.							
25								
26								

Lineare Gleichungen und lineare Gleichungssysteme mit zwei Variablen

LGS mit 2 Variablen lösen

Lineare Gleichungssysteme (LGS) mit zwei Variablen / Lösung nach dem Determinantenverfahren

Koeffizienten des LGS in die weißen Zellen eingeben:

$f_1(x)$: $\quad 2 \cdot x + 3 \cdot y = 6$
$f_2(x)$: $\quad 2 \cdot x + 6 \cdot y = 7$

Wert D einer zweireihigen Determinante:

$$\begin{vmatrix} a & c \\ b & d \end{vmatrix}$$

$D = a \cdot d - b \cdot c$

$$D = \begin{vmatrix} 2 & 3 \\ 2 & 6 \end{vmatrix} = 6$$

$$D_1 = \begin{vmatrix} 6 & 3 \\ 7 & 6 \end{vmatrix} = 15$$

$$D_2 = \begin{vmatrix} 2 & 6 \\ 2 & 7 \end{vmatrix} = 2$$

Lösung:

x = D1/D =	2,5000
y = D2/D =	0,3333

Beispiele:
K 14 = G16/G12
G 12 = C11 · E13 − C13 · E11

3 Lineare Optimierung mit zwei Variablen

Im Wirtschaftsleben sieht sich eine handelnde Person oft vor die Aufgabe gestellt, unter einer Vielzahl von Handlungsalternativen die bestmögliche (optimale) Lösung zu ermitteln. Der Handlungsspielraum ist in aller Regel durch reale Gegebenheiten (vorhandenes Kapital, Arbeitskräfte...) eingeschränkt. Eine praktische Aufgabe kann als lineares Optimierungsmodell formuliert werden, wenn sich die Zielvorstellungen und die realen Nebenbedingungen durch lineare Funktionen darstellen lassen. Soll eine Zielgröße maximiert werden, dann spricht man von einem Maximierungsproblem, soll dagegen eine Zielgröße minimiert werden, von einem Minimierungsproblem.

In einer chemischen Fabrik werden zwei Kunststoffmassen K_1 und K_2 auf drei Mischautomaten A_1, A_2, A_3 hergestellt. Kunststoff K_1 durchläuft alle drei Automaten, Kunststoff K_2 nur die Automaten A_1 und A_2. Der Zeitbedarf je 100 kg von K_1 und K_2 sowie die insgesamt je Automat verfügbare Zeit ist aus nachstehender Tabelle zu ersehen:

	Zeitbedarf/100 in Minuten		Gesamtzeit pro Tag in Minuten
	K_1	K_2	
A_1	5	4	400
A_2	3	6	420
A_3	6	–	360

Beim Verkauf erbringen 100 kg von K_1 30,00 EUR, 100 kg von K_2 40,00 EUR Reingewinn. Bei welcher Produktion von K_1 und K_2 kann die Unternehmung den größtmöglichen Gewinn erzielen?

Aufgaben	Entwicklung eines Lösungsverfahrens
1. Stellen Sie eine Zielfunktion in Form einer linearen Gleichung auf.	Wir setzen zunächst für eine Einheit von 100 kg K_1 die Variable x, für eine Einheit von 100 kg K_2 die Variable y. Unter Berücksichtigung der Gewinnbeiträge für x und y kann man die Zielfunktion für den Gewinn G Zf: G = 30x + 40y → Max formulieren. Der Gewinn soll möglichst groß werden. Welcher Gewinn tatsächlich erzielt werden kann, hängt von den Nebenbedingungen der Produktion ab.

Lineare Optimierung mit zwei Variablen **47**

2. Stellen Sie die Nebenbedingungen (= NB) in Form eines Systems linearer Ungleichungen dar.

Aus den Informationen über die Produktion kann folgendes Ungleichungssystem abgeleitet werden:
- Ia. $x \in \mathbb{Q} \geq 0$, Ib. $y \in \mathbb{Q} \geq 0$;
  (die Produktion beliebig kleiner Teilmengen soll möglich sein; nur nichtnegative Mengeneinheiten sind möglich)
- II. $5x + 4y \leq 400$
- III. $3x + 6y \leq 420$
- IV. $6x \leq 360$

Auflösung der NB nach y

- Ia. $x \in \mathbb{Q} \geq 0$, Ib. $y \in \mathbb{Q} \geq 0$;
- II. $y \leq -1{,}25x + 100$
- III. $y \leq -0{,}5x + 70$
- IV. $x \leq 60$

Die Darstellung der Ungleichung $a \cdot x + b \cdot y \leq c$ in der so genannten Achsenabschnittsform

$$\frac{x}{\frac{c}{a}} + \frac{y}{\frac{c}{b}} \leq 1$$

aus welcher unmittelbar die Achsenabschnitte auf den Koordinatenachsen

$\frac{c}{a}$ (x-Achse), $\frac{c}{b}$ (y-Achse)

abgelesen werden können, ist für die Lineare Optimierung besonders zweckmäßig.

Darstellung des Ungleichungssystems der NB in Achsenabschnittsform:
- Ia. $x \in \mathbb{Q} \geq 0$ Ib. $y \in \mathbb{Q} \geq 0$
- II. $\dfrac{x}{80} + \dfrac{y}{100} \leq 1$
- III. $\dfrac{x}{140} + \dfrac{y}{70} \leq 1$
- IV. $\dfrac{x}{60} \leq 1$

3. Bilden Sie den Lösungsraum, der sich aus dem System der NB nach 2. ergibt (10 Stück = 1 LE) in einem Koordinatensystem. Wie lauten die Koordinaten der Eckpunkte?

Die Koordinaten der Eckpunkte ergeben sich als Schnittpunktkoordinaten der Rand- bzw. Grenzgeraden Ia–IV:

- Ia × Ib: ⇒ A (0; 0)
- Ia × IV: ⇒ B (60; 0)
- II × IV: ⇒ C (25; 60)
- II × III: ⇒ D (40; 50)
- Ib × III: ⇒ E (0; 70)

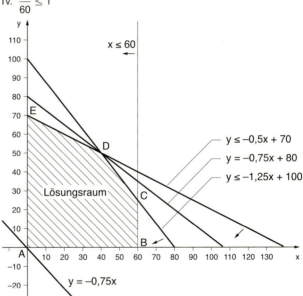

Die optimale Lösung ist nun mit Hilfe des sich aus dem Ungleichungssystem ergebenden Lösungsraums (hier als Planungsfünfeck abgebildet) zu finden. Ausgehend von der Zielfunktion

Zf: $G = 30x + 40y \rightarrow$ Max

formen wir um:

$y = -0{,}75x + \dfrac{G}{40}$

4. Ermitteln Sie die Zielwerte (Gewinne), die den Eckpunktkoordinaten entsprechen. Welcher Eckpunkt entspricht dem Gewinnmaximum (Optimalwert)?

(x; y)	G = 30x + 40y
A (0; 0)	G = 0
B (60; 0)	G = 1 800
C (60; 25)	G = 2 800
D (40; 50)	G = 3 200
E (0; 70)	G = 2 800

G_{max} im Punkt D (40; 50)

Die Produktion x = 40 und y = 50 erbringt den maximalen Gewinn. Man bezeichnet diese Art der rechnerischen Lösung auch als „Eckpunktverfahren".

5. Zeichnen Sie den Graphen der Zielfunktion ins Koordinatensystem und ermitteln Sie die zieloptimale Produktion.

Jedem Punkt (x; y) des Lösungsraums entspricht ein bestimmter Gewinn. Die jeweils größten Produktionsmengen findet man auf den Randgeraden II, III, IV des Lösungsraums, die der Vollauslastung der Automaten entsprechen. Hier wird man offensichtlich die optimale Lösung suchen müssen.

Der Graph der Zielfunktion ist eine Gerade mit der Steigung −0,75 und dem y-Achsenabschnitt G/40. Greift man eine beliebige Gerade heraus, die durch den Lösungsraum läuft, so führen alle Mengenkombinationen (x; y), die den Bildpunkten entsprechen, zum gleichen Gewinn. Diese Gerade ist eine Iso-Gewinngerade. Daher ist es auch zulässig, mit einer Gewinnerwartung von 0 zu starten, d. h. mit der Zielfunktion

y = −0,75x.

Eine Parallelverschiebung dieser Funktion in Richtung des I. Quadranten in den Lösungsraum hinein erhöht nun den Zielwert „Gewinn", den wir am y-Achsenabschnitt ablesen und über G = 40 · y errechnen können.

Den maximalen Gewinn erzielen wir durch weitestmögliche Verschiebung in einen Eckpunkt des Lösungsraums. Man erkennt an der Zeichnung, dass dies der Schnittpunkt der Randgeraden zu den NB II. und III. ist, den wir mit Hilfe des Gleichsetzungsverfahrens

−1,25x + 100 = −0,5x + 70

⇒ $\boxed{x = 40}$ und

y = −1,25 · 40 + 100

⇒ $\boxed{y = 50}$

ermitteln können. Der Produktkombination (40; 50) (= 40 · 100 = 4 000 kg; 50 · 100 = 5 000 kg) entspricht dann der maximale Gewinn von

30 · 40 + 40 · 50 = 1 200 + 2 000 = 3 200

s. Gerade: y = −0,75 x + 80
im Eckpunkt D (40; 50)

Zur Veredelung der beiden Erze E_1 und E_2 werden in einer Eisenhütte die drei Veredelungsstoffe V_1, V_2, V_3 beigemischt. In der folgenden Tabelle sind alle Angaben zusammengefasst, die bei der Mischung zu beachten sind.

	Menge der Bestandteile je Tonne t		Mindestbedarf für die Mischung
	E_1	E_2	
V_1	0,1	–	0,3
V_2	0,1	0,1	1,0
V_3	0,1	0,2	1,4

Die Kosten je t von E_1 betragen 4,00 EUR und die Kosten je t von E_2 3,00 EUR. Die Mischung soll möglichst kostengünstig erstellt werden.

Lineare Optimierung mit zwei Variablen

Aufgaben	Entwicklung eines Lösungsverfahrens
1. Stellen Sie eine Zielfunktion in Form einer linearen Gleichung auf.	Wir setzen zunächst für eine t von E_1 die Variable x, für eine t von E_2 die Variable y. Unter Berücksichtigung der Kostenbeiträge für x und y kann man die Zielfunktion für die Kosten K Zf: $K = 4 \cdot x + 3 \cdot y \to Min$ formulieren. Die Kosten sollen möglichst gering sein.
2. Stellen Sie die Nebenbedingungen in Form eines Systems linearer Ungleichungen dar.	Aus den Informationen über die Produktion kann folgendes Ungleichungssystem abgeleitet werden: I. $x, y \in \mathbb{Q} \geq 0$; (nur nichtnegative, beliebig kleine Mengen sind möglich) II. $0{,}1 \cdot x \geq 0{,}3$ III. $0{,}1 \cdot x + 0{,}1 \cdot y \geq 1$ IV. $0{,}1 \cdot x + 0{,}2 \cdot y \geq 1{,}4$
Auflösung der NB nach y	I. $x, y \in \mathbb{Q} \geq 0$; II. $x \geq 3$ III. $y \geq -x + 10$ IV. $y \geq -0{,}5 \cdot x + 7$
Die Darstellung der Ungleichung $a \cdot x + b \cdot y \leq c$ in der so genannten Achsenabschnittsform $$\frac{x}{\frac{c}{a}} + \frac{y}{\frac{c}{b}} \leq 1,$$ aus welcher unmittelbar die Achsenabschnitte auf den Koordinatenachsen $\frac{c}{a}$ (x-Achse), $\frac{c}{b}$ (y-Achse) abgelesen werden können, ist für die Lineare Optimierung besonders zweckmäßig.	Darstellung des Ungleichungssystems der NB in Achsenabschnittsform I. $x, y \in \mathbb{Q} \geq 0$ II. $\frac{x}{3} \geq 1$ III. $\frac{x}{10} + \frac{y}{10} \geq 1$ IV. $\frac{x}{14} + \frac{y}{7} \geq 1$
3. Bilden Sie den Lösungsraum, der sich aus dem System der NB nach 2. ergibt (10 Stück = 1 LE) in einem Koordinatensystem ab und zeichnen Sie den Graphen der Zielfunktion ins Koordinatensystem. Ermitteln Sie die zieloptimale Produktion.	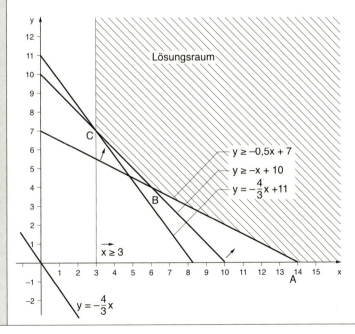

Die optimale Lösung ist nun mit Hilfe des sich aus dem Ungleichungssystem ergebenden Lösungsraums zu finden. Ausgehend von der Zielfunktion

Zf: $K = 4 \cdot x + 3 \cdot y \to \text{Min}$

formen wir um:

$$y = -\frac{4}{3} \cdot x + \frac{K}{3}$$

Jedem Punkt (x; y) des Lösungsraums entsprechen bestimmte Kosten. Die jeweils kleinsten Mischungsmengen findet man auf den Randgeraden II, III, IV des Lösungsraums, die dem Mindesteinsatz der Erze entsprechen. Hier wird man offensichtlich die optimale Lösung suchen müssen.

Der Graph der Zielfunktion ist eine Gerade mit der Steigung $-\frac{4}{3}$ und dem y-Achsenabschnitt $\frac{K}{3}$. Greift man eine beliebige Gerade heraus, die durch den Lösungsraum läuft, so führen alle Mengenkombinationen (x; y), die den Bildpunkten entsprechen, zu gleichen Kosten. Diese Gerade ist eine Iso-Kostengerade. Daher ist es auch zulässig, mit einem Kostenansatz von 0 zu starten, d. h. mit der Zielfunktion

$$y = -\frac{4}{3} \cdot x.$$

Allerdings gehört diese Zielfunktion nicht zum Lösungsraum, verletzt also die Nebenbedingungen.
Eine Parallelverschiebung dieser Funktion in Richtung des I. Quadranten in den Lösungsraum hinein erhöht nun den Zielwert „Kosten", den wir am y-Achsenabschnitt ablesen und über $K = 3 \cdot y$ errechnen können.
Die minimalen Kosten erzielen wir durch Verschiebung in einen Eckpunkt des Lösungsraums. Man erkennt an der Zeichnung, dass dies der Schnittpunkt C der Randgeraden zu den NB II. und III. ist.
Aus II. folgt:

$\boxed{x = 3}$ und x in III

$y = -3 + 10$

$\Rightarrow$ $\boxed{y = 7}$

Der Produktkombination (3 t; 7 t) entsprechen dann die minimalen Kosten von

$4 \cdot 3 + 3 \cdot 7 = 12 + 21 = 33$

s. Gerade: $y = -\frac{4}{3}x + 11$

Eckpunkte:

(x; y)	K = 4x + 3y
A (14; 0)	K = 42
B (6; 4)	K = 36
C (3; 7)	K = 33

◆ Zusammenfassung

Es gibt zwei Standardmodelle von linearen Optimierungsproblemen mit zwei Variablen:

1. Das Maximumproblem	2. Das Minimumproblem
Zielfunktion Zf mit Zielgröße Z: $Z = c_1 \cdot x + c_2 \cdot y \to \text{Max}$ Nebenbedingungen NB: $a_{11} x + a_{12} y \leq b_1$ $\vdots \quad \vdots \quad \vdots$ $a_{m1} x + a_{m2} y \leq b_m$ $x, y \geq 0$	Zielfunktion Zf mit Zielgröße Z: $Z = c_1 \cdot x + c_2 \cdot y \to \text{Min}$ Nebenbedingungen NB: $a_{11} x + a_{12} y \geq b_1$ $\vdots \quad \vdots \quad \vdots$ $a_{m1} x + a_{m2} y \geq b_m$ $x, y \geq 0$

Die Lösung eines linearen Optimierungsproblems erfolgt in folgenden Schritten:
1. Zielfunktion als lineare Gleichung formulieren. Nebenbedingungen durch ein System von linearen Ungleichungen und/oder Gleichungen ausdrücken.
2. Den Graphen des Systems in ein Koordinatensystem zeichnen. Der Lösungsraum ergibt sich als Schnittmenge (Konjunktion) aller zulässigen Lösungen aus dem System der Nebenbedingungen. Die Eckpunkte findet man als Schnittpunkte (siehe dazu Lösungsverfahren linearer Gleichungssysteme mit zwei Variablen) der Randgeraden des Lösungsraums.
3. Die optimale Lösung ist in den Eckpunkten des Lösungsraums zu suchen. Aus der Parallelenschar der Zielfunktionen, die den Lösungsraum durchläuft, wird bei der Maximierungsaufgabe diejenige Gerade ermittelt, die den Eckpunkt schneidet, der am weitesten vom Ursprung entfernt liegt (bei der Minimierungsaufgabe, die dem Ursprung am nächsten liegt). Man kann bei der Ermittlung der zieloptimalen Geraden im Ursprung mit der Geraden

$$y = -\frac{c_1}{c_2} \cdot x + \frac{Z}{c_2} \quad (c_2 \neq 0)$$

mit $Z = 0$ starten und durch Parallelverschiebung in den „äußersten" zulässigen Eckpunkt des Lösungsraums graphisch die optimale Lösung (x_{opt}; y_{opt}) ermitteln.
4. Den rechnerischen Optimalwert der Zielfunktion erhält man dann
   a) durch Ablesen des y-Achsenabschnitts der Zielfunktion; dann ist $Zf_{opt} = y \cdot c_2$, oder
   b) durch Einsetzen der zielwertoptimalen Eckpunktkoordinaten; dann ist $Zf_{opt} = c_1 \cdot x_{opt} + c_2 \cdot y_{opt}$.
   Man kennt nun den zieloptimalen Wert. Die Eckpunktkoordinaten der Lösung geben den Plan für optimales Handeln vor.
5. Oft ist es sinnvoll, die Fragestellung zu erweitern. Man will z. B. wissen, welche Auswirkungen auf den optimalen Handlungsplan sich ergeben, wenn
   – sich die Zielbeiträge c_1, c_2 oder/und
   – die Koeffizienten der Nebenbedingungen, a_{11}, ..., b_m
   ändern. Auf diese Weise kann man prüfen, wie „stabil" das Optimum gegenüber wechselnden Einflüssen ist. Für solche Simulationsrechnungen ist der Einsatz von computergestützten Verfahren zu empfehlen.

Weitere Anmerkungen zur Existenz von Lösungen für Optimierungsaufgaben:
1. Der Lösungsraum muss eine konvexe Punktmenge sein. Eine Punktmenge M, die aus mehr als einem Punkt besteht, ist dann konvex, wenn für zwei beliebige Punkte P_1, $P_2 \in M$ auch alle Punkte der Verbindungsstrecke $P_1P_2 \in M$ sind.

Beispiele für konvexe Punktmengen auf $\mathbb{Q} \times \mathbb{Q}$:

Die Punkte einer Geraden

Die Punkte einer Ebene

Die Punkte einer Dreiecksfläche

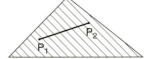

Die Punkte einer Rechtecksfläche

Die Punkte einer Kreisfläche

Die Punkte der Polyederfläche

Beispiele für nicht konvexe Punktmengen auf $\mathbb{Q} \times \mathbb{Q}$:

Die Punkte der Dreiecksseiten

Die Punkte eines Kreises

Die Punkte folgender Graphen

2. Kommt im System der Ungleichungen neben Ungleichungen auch eine Gleichung vor, dann schrumpft der Lösungsraum auf die Linie (oder bei mehreren Gleichungen: auf den Punkt) zusammen, die alle Nebenbedingungen gemeinsam erfüllt.
3. Bei einem System einander widersprechender Nebenbedingungen ist der Lösungsraum die Leere Menge { }. Daher existiert in diesem Falle auch kein Optimum.
4. Ist der Lösungsraum beim Maximumproblem nach oben (beim Minimumproblem: nach unten) offen, dann existiert kein endlicher Optimalwert der Zielfunktion.
5. Ist das Steigungsmaß einer Nebenbedingung gleich dem Steigungsmaß der Zielfunktion, dann fällt das Optimum ganz oder in einem bestimmten Abschnitt mit der Randgeraden dieser Nebenbedingungen zusammen. Die Lösungsmenge kann dann unendlich groß sein (mehrdeutige Lösungen).

6. Fordern die Nebenbedingungen Ganzzahligkeit für die realisierbare Handlung, dann lässt sich u. U. das Optimum mit der graphischen Methode nur näherungsweise bestimmen. In diesen Fällen kann es notwendig sein, alle Nachbarpunkte der graphischen Näherungslösung mit Hilfe der Zielfunktion einzeln zu untersuchen, um den Optimalwert zu ermitteln.
7. Ein ähnliches Problem wie unter 6. kann auftreten, wenn in den Nebenbedingungen nur die $<$ bzw. $>$-Relation vorgesehen ist. In diesem Falle gehören die Randwerte nicht mehr zum Lösungsraum. Der Lösungsraum ist dann eine „offene" Punktmenge, im Unterschied zur $\leq$ bzw. $\geq$-Relation, die zu einem „geschlossenen" Lösungsraum führt. Während sich die Eckpunkte des geschlossenen Lösungsraums exakt ermitteln lassen, gibt es beim offenen Lösungsraum nur eine $<$ oder $>$ Aussage bzgl. der Eckpunkte.

A Aufgaben

1. a) Zf.: $x + y \to \max$
   NB.: $2x + 5y \leq 20$
   $2x + y \leq 8$
   $x, y \geq 0$

   b) Zf.: $5x + 4y \to \max$
   NB.: $3x + 2y \leq 18$
   $x + 2y \leq 10$
   $x, y \geq 0$

   c) Zf.: $x + y \to \min$
   NB.: $2x + y \geq 6$
   $x + 2y \geq 6$
   $x, y \geq 0$

   d) Zf.: $x + y \to \max$
   NB.: $3x + 2y \leq 12$
   $x + 2y \leq 8$
   $x, y \geq 0$

   e) Zf.: $2x + 3y \to \max$
   NB.: $x + 3y \leq 15$
   $x - 3 \leq 0$
   $x, y \geq 0$

   f) Zf.: $x + 2y \to \max$
   NB.: $x + y \leq 6$
   $y \leq 2x$
   $y \geq 0.5x$
   $x, y \geq 0$

   g) Zf.: $2x + y \to \max$
   NB.: $x + y \leq 5$
   $x \geq 0.25y$
   $x \leq 1.5y$
   $x, y \geq 0$

   h) Zf.: $4x + 2y \to \max$
   NB.: $x + y \leq 70$
   $y \geq 1.5x$
   $y \leq 6x$
   $x, y \geq 0$

   i) Zf.: $2x + y \to \max$
   NB.: $2x + 6y \leq 300$
   $5x + 5y \leq 350$
   $6x \leq 300$
   $x, y \geq 0$

2. Eine Maschinenbaufirma produziert 2 Teile x und y auf 3 Automaten A, B und C. Nachstehende Tabelle zeigt, wie viele Minuten jeder Automat für die Herstellung je Teil benötigt und für welche tägliche Gesamtzeit jeder Automat zur Verfügung steht.

	Benötigte Zeit in Minuten/Stück		Tägliche Gesamtzeit in Min.
	Teil x	Teil y	
Automat A	3	6	360
Automat B	6	4	360
Automat C	6	–	300

a) Wie viele Teile vom Typ x und y sollten täglich produziert werden, wenn der Gewinn pro Teil x 5,00 EUR, pro Teil y 6,00 EUR beträgt und der Gesamtgewinn möglichst groß werden soll?
b) Lösen Sie Aufgabe a) unter der Annahme, dass der Gewinn pro Teil von x und pro Teil von y jeweils 5,00 EUR beträgt.
c) Lösen Sie Aufgabe a) unter der Annahme, dass der Gewinn pro Teil von x 9,00 EUR und pro Teil y 3,00 EUR beträgt.

3. Eine Maschinenfabrik kann ein Produkt mit Hilfe von 3 Automaten A, B und C nach 2 Verfahren V_1 und V_2 herstellen. Nachstehende Tabelle zeigt, wie viele Minuten jeder Automat für die Herstellung des Produkts nach den verschiedenen Verfahren benötigt und für welche tägliche Gesamtzeit jeder Automat zur Verfügung steht.

	Benötigte Zeit in Minuten/Stück		Tägliche Gesamtzeit in Min.
	V_1	V_2	
Automat A	3	2	480
Automat B	–	3	480
Automat C	3,5	–	420

Eine rentable Produktion erfordert einen täglichen Mindestausstoß von 200 Stück.

a) Die Herstellungskosten je Stück betragen nach Verfahren V_1 1,50 EUR und nach Verfahren V_2 2,00 EUR. Wie viel Stück sind nach jedem Verfahren zu produzieren, wenn die gesamten Herstellungskosten so niedrig wie möglich ausfallen sollen? (Im Graphen: 20 Stück = 1 cm).

b) Lösen Sie Aufgabe a) unter der Annahme, dass die Stückkosten nach Verfahren V_1 auf 0,80 EUR gesenkt werden können (bzw. auf 3,00 EUR steigen).

c) Lösen Sie Aufgabe a) unter der Annahme, dass Automat C nach einer technischen Verbesserung nur noch 2,5 Minuten je Stück benötigt.

d) Berechnen Sie nach den Daten der Aufgabe a) die Stückzahlen (80; 120) und (40; 160) die Herstellungskosten der Tagesproduktion sowie die Auslastungszeiten und Auslastungsgrade der Automaten.

4. Ein Rohstoffspekulant hat 100 Zentner Rohtabak von der Sorte „Brasil" und 150 Zentner Rohtabak von der Sorte „Sumatra" eingekauft. Er kann die Sorte „Brasil" für 240,00 EUR je Zentner und die Sorte „Sumatra" zum Preis von 130,00 EUR je Zentner verkaufen. Er kann jedoch auch eine Mischung beider Sorten herstellen und für 200,00 EUR je Zentner verkaufen. Die Mischung muss jedoch mindestens 20% „Brasil" enthalten.

a) Er will sein Sortiment so zusammenstellen, dass er beim Verkauf den größtmöglichen Erlös erzielt.

b) Wie ändert sich das Ergebnis, wenn die Mischung mindestens 35% „Brasil" enthalten muss?

5. Für die Abteilung „Unterhaltungselektronik" eines Kaufhauses erhält der Abteilungsleiter ein Budget von 21 000,00 EUR, für welches er Fernsehgeräte und Videorecorder einkaufen soll. Die Anzahl der Videorecorder soll wenigstens $\frac{1}{3}$ oder höchstens ebenso viel wie die Anzahl der Fernsehgeräte betragen. Ein Recorder kostet im Einkauf 1 050,00 EUR, ein Fernsehgerät 350,00 EUR. Beim Verkauf eines Recorders werden 100,00 EUR, beim Verkauf eines Fernsehgerätes 50,00 EUR Reingewinn erzielt. Wie viele Geräte jedes Typs müssen eingekauft werden, wenn der Gesamtgewinn aus dem Verkauf möglichst groß werden soll? (Für den Graphen: 5 Stück = 1 cm)

6. Für die Abteilung „Kücheneinrichtung" eines Kaufhauses erhält der Abteilungsleiter ein Budget von 9 600,00 EUR, für welches er Kaffeemaschinen und Küchenmixer einkaufen soll. Die Anzahl der Mixer soll wenigstens $\frac{2}{3}$, aber höchstens das Doppelte der Anzahl der Kaffeemaschinen betragen. Ein Mixer kostet im Einkauf 60,00 EUR, eine Kaffeemaschine 40,00 EUR. Beim Verkauf eines Mixers werden 15,00 EUR, beim Verkauf einer Kaffeemaschine 12,00 EUR Rein-

gewinn erzielt. Wie viele Geräte jedes Typs müssen eingekauft werden, wenn der Gesamtgewinn aus dem Verkauf möglichst groß werden soll? (Für den Graphen: 20 Stück = 1 cm)

7. Ein Spediteur muss 16 Tonnen (t) Ware, von denen 11 t in seinem Lagerhaus L_1 und 5 t in seinem Lagerhaus L_2 gelagert sind, an 3 Kunden K_1, K_2 und K_3 liefern. Kunde K_1 soll 7 t, Kunde K_2 6 t und Kunde K_3 3 t der Ware erhalten. Nachstehende Tabelle zeigt, welche Kosten pro t beim Transport von den Lagerhäusern zu den Kunden entstehen:

	Transportkosten je t zum Kunden in EUR		
	K_1	K_2	K_3
Lagerhaus L_1	18	20	14
Lagerhaus L_2	20	15	23

a) Wie ist die Belieferung der Kunden vorzunehmen, damit die niedrigsten Beförderungskosten entstehen?
b) Bei welcher Belieferung entstünden die höchsten Beförderungskosten?

Lösungshinweis: Setzen Sie für die Beförderung von L_1 zu K_1 = x t und für die Beförderung von L_1 zu K_2 = y t. Stellen Sie dann alle anderen Bedingungen sowie die Zielfunktion in Abhängigkeit von den Variablen x und y dar.

8. Beim Neubau eines Bürogebäudes stehen zwei Kunststoffbodenbeläge zur Wahl. Belag B_1 kostet 30,00 EUR je qm, Belag B_2 20,00 EUR je qm. Die auszulegende Fläche beträgt 10 000 qm. Die jährlichen Reinigungskosten belaufen sich auf 6,00 EUR je qm von B_1 und 2,00 EUR je qm von B_2. Für die Anschaffung des Belags steht ein Betrag von 220 000,00 EUR bis maximal 240 000,00 EUR zur Verfügung. Die Anschaffung soll so erfolgen, dass das vorgesehene Budget eingehalten wird und die jährlichen Reinigungskosten so niedrig wie möglich gehalten werden können.

4 Die Lösung ökonomischer Probleme mit Hilfe der Matrizenrechnung

Wie kann man die Stellung einer Produktionsunternehmung in einer entwickelten, arbeitsteiligen Wirtschaft beschreiben?
Produktionsunternehmungen stellen Konsum- oder Investitionsgüter für ihre Absatzmärkte her. Im Allgemeinen verfügen diese Unternehmungen über ein Sortiment verschiedener Produkte und Leistungen. Für die Herstellung der Leistungen werden Rohstoffe, Dienste, Zwischenprodukte usw. benötigt, die von Beschaffungsmärkten bezogen werden. Die beschafften Faktoren durchlaufen den Produktionsprozess der Unternehmung und werden dabei zu neuen Produkten umgeformt.
Ein Automobilhersteller kauft z. B. Walzbleche, Farben, Motoren, Getriebe etc. von verschiedenen Lieferanten oder stellt diese auch teilweise selbst her und fertigt unter Einsatz von Arbeitskräften und technischen Anlagen daraus Fahrzeuge. Diese Fahrzeuge werden dann auf den Absatzmärkten verkauft. Wenn man sich darauf einigt, den gesamten Einsatz an Produktionsfaktoren als „Input" und das gesamte Produktionsergebnis als „Output" zu bezeichnen, dann erhält man folgendes, natürlich stark vereinfachtes, Unternehmensmodell.

offenes Input-Output-System

Da das System „Unternehmung" mit unternehmensexternen Wirtschaftseinheiten kooperiert, d.h. gegenüber seiner Umwelt offen ist, bezeichnet man die Unternehmung auch als offenes Input-Output-System. Input und Output werden in Mengeneinheiten (ME) angegeben.

4.1 Matrizen als Darstellungsform technisch-wirtschaftlicher Prozesse

Eine Unternehmung stellt aus 4 Grundstoffen G_1, G_2, G_3, G_4 die 3 Endprodukte E_1, E_2, E_3 her. Aus den Stücklisten der Fertigungsabteilung kann entnommen werden, mit welchen Mengen die Grundstoffe G_i (i = 1, 2, 3, 4) in die Endprodukte E_j (j = 1, 2, 3) eingehen. Diese produktionstechnische Beziehung zeigt unser Pfeildiagramm:

Die Lösung ökonomischer Probleme mit Hilfe der Matrizenrechnung

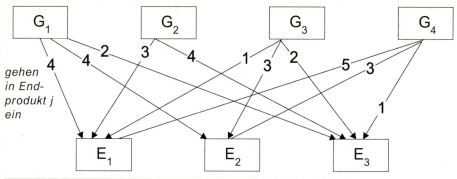

Von Grundstoff G_i gehen ... in Endprodukt j ein

Aufgabe	Entwicklung eines Lösungsverfahrens
Erstellen Sie eine Tabelle, aus deren Zeilen ersichtlich wird, welche Grundstoffe G_i in welchen Mengeneinheiten (ME) beim Herstellungsprozess in die Endprodukte E_j eingehen.	Eine Tabelle, die erkennen lässt, in welchem Umfang die einzelnen Grundstoffe in die Endprodukte eingehen, kann in folgender Weise aufgebaut werden:

nach von ↗		Endprodukt E_j		
		E_1	E_2	E_3
Grundstoff G_i	G_1	4	4	2
	G_2	3	0	4
	G_3	1	3	2
	G_4	5	3	1

Diese Tabelle kann in knapperer Form dargestellt werden, wenn allein die produktionstechnischen Zusammenhänge von Mittelinput und Produktionsoutput von Interesse sind:

Darstellung der produktionstechnischen Zusammenhänge mit Hilfe einer sog. Technologiematrix A

Die Zuordnung der Grundstoffe zu den Zeilen und der Endprodukte zu den Spalten ist zunächst willkürlich. Auch die umgekehrte Zuordnung wäre denkbar. Später wird sich die Zweckmäßigkeit der hier gewählten Form zeigen.

$$\text{von} \nearrow \text{nach} \quad E_1 \; E_2 \; E_3$$

$$A = \begin{pmatrix} G_1 \\ G_2 \\ G_3 \\ G_4 \end{pmatrix} \begin{pmatrix} 4 & 4 & 2 \\ 3 & 0 & 4 \\ 1 & 3 & 2 \\ 5 & 3 & 1 \end{pmatrix}$$

◆ **Verallgemeinerung und Erläuterung**

Für viele Sachverhalte ist die Anordnung von Daten in einer rechteckigen Tabelle eine übersichtliche und hilfreiche Form der Aufbereitung von Informationen. Ein rechteckiges Schema von $m \times n$ Zahlen nennt man in der Mathematik eine **Matrix** (Plural: Matrizen), die man mit einem Großbuchstaben z. B. A, B, C, ... kennzeichnet. Man rahmt die Elemente einer Matrix links und rechts in halbrunde Klammern ein.

Matrix

Die einzelnen Zahlen dieses Schemas heißen „Elemente" der Matrix. Die waagrecht angeordneten Elemente bilden jeweils eine „Zeile" der Matrix, die senkrecht angeordneten Elemente jeweils eine „Spalte" der Matrix.

$$A = \begin{pmatrix} a_{11} & a_{12} & \cdots & a_{1j} & \cdots & a_{1n} \\ a_{21} & a_{22} & \cdots & a_{2j} & \cdots & a_{2n} \\ \vdots & \vdots & & \vdots & & \vdots \\ a_{i1} & a_{i2} & \cdots & a_{ij} & \cdots & a_{in} \\ \vdots & \vdots & & \vdots & & \vdots \\ a_{m1} & a_{m2} & \cdots & a_{mj} & \cdots & a_{mn} \end{pmatrix} = (a_{ij}) \quad \text{mit } 1 \leq i \leq m, \\ 1 \leq j \leq n \\ m, n \in \mathbb{N}$$

Der erste Index i ($1 \leq i \leq m$) ist der Zeilenindex, der zweite Index j ($1 \leq j \leq n$) der Spaltenindex. Es gilt die Regel: Zeile zuerst, Spalte danach. Durch die Indizes ist die Position jedes Elementes in der Matrix bestimmt. a_{12} ist also das Element in der 1. Zeile und in der 2. Spalte, a_{ij} das Element in der i-ten Zeile und j-ten Spalte. Als Zahlen dargestellte Elemente nennt man auch „Skalare".

Skalare

Im obigen Beispiel hat das Element a_{21} den Wert 4, das Element a_{22} den Wert 0, das Element a_{41} den Wert 5.

Insgesamt enthält eine (m × n)-Matrix m · n Elemente. Eine (m × n)-Matrix heißt auch Matrix vom Typ (m × n) bzw. von der Ordnung (m × n). Die Beispielmatrix A enthält als (4 × 3)-Matrix somit 4 · 3 = 12 Elemente und ist eine Matrix vom Typ (4 × 3) bzw. von der Ordnung (4 × 3). Der Zeilenindex der Matrix A lief über die Werte i = 1, 2, 3, 4 und der Spaltenindex über die Werte j = 1, 2, 3.

Matrizen tauchen in der Praxis häufiger auf, als es dem Betrachter bewusst sein mag. So können z. B. Entfernungstabellen zwischen verschiedenen Orten, Betriebsabrechnungsbögen in der Kostenstellenrechnung als Matrizen interpretiert werden. Matrizen ermöglichen die übersichtliche Präsentation komplexer Zusammenhänge.

Spezielle Matrizen

Spezielle Matrizen in der Wirtschaftsmathematik:

1. Die **Nullmatrix**: A = 0, wenn alle $a_{ij} = 0$; zu jedem Matrixtyp existiert eine Nullmatrix; z. B. ist dann folgende Matrix A eine (3 × 2)-Nullmatrix:

$$A = \begin{pmatrix} 0 & 0 \\ 0 & 0 \\ 0 & 0 \end{pmatrix}$$

2. Die **positive Matrix**: A > 0, wenn alle $a_{ij} > 0$. Folgende (2 × 3)-Matrix A ist positiv:

$$A = \begin{pmatrix} 2 & 1 & 5 \\ 1 & 3 & 7 \end{pmatrix}$$

3. Die **semipositive Matrix**: A ≥ 0, wenn mindestens ein $a_{ij} > 0$ und alle übrigen $a_{ij} = 0$. Folgende (2 × 3)-Matrix A ist semipositiv:

$$A = \begin{pmatrix} 0 & 2 & 0 \\ 1 & 0 & 0 \end{pmatrix}$$

4. Die **nichtnegative Matrix A**. Sie liegt vor, wenn A entweder semipositiv (A ≥ 0) oder Nullmatrix (A = 0) ist.

5. Die **quadratische Matrix** (= (n × n)-Matrix): Hier ist die Anzahl der Zeilen (m) gleich der Anzahl der Spalten (n). Die diagonal von links oben nach rechts unten verlaufenden Elemente: a_{11}, a_{22}, ..., a_{nn} bilden die Hauptdiagonale. Die quadratische Matrix wird auch als n-reihige Matrix bezeichnet. A ist eine 3-reihige Matrix:

$$A = \begin{pmatrix} 2 & 1 & 5 \\ 1 & -3 & 7 \\ 3 & 8 & 6 \end{pmatrix}$$

Die Elemente der Hauptdiagonalen dieser quadratischen (3 × 3)-Matrix lauten: $a_{11} = 2$, $a_{22} = -3$, $a_{33} = 6$.

6. Die **Diagonalmatrix** ist eine quadratische Matrix, deren Elemente $a_{ij} = 0$ sind für i ≠ j, ansonsten: $a_{ij} \neq 0$ für i = j; d. h. nur die Elemente der Hauptdiagonalen sind von 0 verschieden, die übrigen Elemente sind gleich 0. A ist eine 3-reihige Diagonalmatrix:

$$A = \begin{pmatrix} 2 & 0 & 0 \\ 0 & 7 & 0 \\ 0 & 0 & 1 \end{pmatrix}$$

7. Die **Skalarmatrix** ist eine spezielle Diagonalmatrix, bei der alle Elemente der Hauptdiagonalen gleich groß sind: $a_{ii} = c$. A ist eine 2-reihige Skalarmatrix:

$$A = \begin{pmatrix} 3 & 0 \\ 0 & 3 \end{pmatrix}$$

8. Die **Einheitsmatrix** I ist eine quadratische Matrix, deren Elemente $a_{ij} = 0$ sind für i ≠ j, ansonsten: $a_{ij} = 1$ für i = j; alle Elemente der Hauptdiagonalen sind gleich 1, die übrigen Elemente sind gleich 0. Die Einheitsmatrix ist also eine spezielle Skalarmatrix und damit auch eine spezielle Diagonalmatrix; z.B. ist I die 3-reihige Einheitsmatrix:

$$I = \begin{pmatrix} 1 & 0 & 0 \\ 0 & 1 & 0 \\ 0 & 0 & 1 \end{pmatrix}$$

9. Schließlich ist noch hinzuzufügen, dass auch einelementige Matrizen $A = (a_{11})$ existieren; einelementige Matrizen bestehen aus nur einem Skalar, z.B.:

$$A = (a_{11}) = (25) \Leftrightarrow a_{11} = 25$$

10. Der Aufbau einer Matrix nach Zeilen und Spalten ist zunächst willkürlich. In vielen Fällen gibt es plausible Gründe, sich von vornherein für eine bestimmte Anordnung zu entscheiden, wie dies im obigen Beispiel geschehen ist. Von der ursprünglichen Anordnung der Elemente hängt dann die weitere Verarbeitung dieser Daten ab.
Zunächst sollen folgende Matrizen betrachtet werden:

$$A = \begin{pmatrix} 4 & 4 & 2 \\ 3 & 0 & 4 \\ 1 & 3 & 2 \\ 5 & 3 & 1 \end{pmatrix} \quad A' = \begin{pmatrix} 4 & 3 & 1 & 5 \\ 4 & 0 & 3 & 3 \\ 2 & 4 & 2 & 1 \end{pmatrix}$$

Ein Vergleich von A und A' zeigt, dass beide Matrizen die gleichen Informationen enthalten. A' ist aus A durch Vertauschung von Zeilen und Spalten entstanden. Aus der (4 × 3)-Matrix A ist die (3 × 4)-Matrix A' geworden. Die Matrix A' ist die zur Matrix A „transponierte Matrix". In manchen Fällen wird die transponierte Matrix zur Lösung eines Problems benötigt.

transponierte Matrix

Allgemein gilt:
Ist $A = (a_{ij})$ eine $(m \times n)$-Matrix, so ist die zu A transponierte Matrix $A' = (a_{ji})$ eine $(n \times m)$-Matrix. (An Stelle der Schreibweise A', A mit Apostroph, findet man für die transponierte Matrix bisweilen auch die Schreibweise A^T. Im vorliegenden Buch wird für die Transposition die Schreibweise A' verwendet.)
$(A')' = A$; d. h. transponiert man eine Matrix zweimal hintereinander, so erhält man wieder die ursprüngliche Matrix A.

Zwischen zwei $(m \times n)$-Matrizen A und B ($=$ Matrizen vom gleichen Typ) existieren folgende Beziehungen:

$A = B$, wenn $a_{ij} = b_{ij}$ für $1 \leq j \leq n$, d. h. beide Matrizen stimmen elementweise überein

$A > B$, wenn $a_{ij} > b_{ij}$ für $1 \leq i \leq m$ und $1 \leq j \leq n$, d. h. jedes Element von A ist größer als das entsprechende Element von B

$A \geqq B$, wenn mindestens ein $a_{ij} > b_{ij}$ und sonst $a_{ij} = b_{ij}$

$A \geq B$, wenn $A \geqq A$ oder $A = B$

Diese Aussagen können in analoger Weise auf die $<$- oder $\leq$-Relation übertragen werden.

4.2 Zeilen- und Spaltenvektoren als spezielle Matrizen

Zunächst wird folgende Tabelle betrachtet (vgl. Abschnitt 4.1):

nach von		Endprodukt E_j			Verfügbare Lagervorräte in Mengeneinheiten (ME)
		E_1	E_2	E_3	
Grundstoff G_i	G_1	4	4	2	2 000
	G_2	3	0	4	1 400
	G_3	1	3	2	4 800
	G_4	5	3	1	3 600

Diese Tabelle kann nach verschiedenen Gesichtspunkten aufgegliedert werden. Wenn man z. B. nur wissen möchte, in welchem Umfang Grundstoff G_1 jeweils in den Endprodukten E_j verarbeitet wird, kann man die Teilmatrix

$$a'_1 = (4 \quad 4 \quad 2) = (a_1 \quad a_2 \quad a_3)$$

heraustrennen und gesondert betrachten. Dabei ist dann $a_3 = 2$ die Menge an Grundstoff G_1, die in Endprodukt E_3 eingeht.

Zeilenvektor Eine solche einzeilige Matrix bezeichnen wir in der Mathematik als „Zeilenvektor" (manchmal auch als „Zeilentupel"). Die einzelnen Elemente eines Vektors sind die „Komponenten" dieses Vektors.

Im Beispiel bildet die (1×3)-Matrix den Zeilenvektor. Allgemein ist Zeilenvektor eine $(1 \times n)$-Matrix, die aus einer Zeile und n Spalten ($n \in \mathbb{N}$) besteht. Bei den Elementen des Zeilenvektors wird nur der 1. Index genannt. Um Verwechslungen mit einem Spaltenvektor zu vermeiden, fügt man an den Kleinbuchstaben, der den Vektor repräsentiert, noch einen Apostroph an.

Will man andererseits wissen, aus welchen Grundstoffen beispielsweise Endprodukt E_3 zusammengesetzt ist, dann betrachtet man die (4×1)-Teilmatrix a:

$$a_3 = \begin{pmatrix} 2 \\ 4 \\ 2 \\ 1 \end{pmatrix} = \begin{pmatrix} a_1 \\ a_2 \\ a_3 \\ a_4 \end{pmatrix}$$

Grundstoff G_2 ist also mit $a_1 = 2$ Mengeneinheiten in E_3 enthalten.
Eine (m × 1)-Matrix, die aus m Zeilen (m ∈ N) und einer Spalte besteht, bezeichnet man als „Spaltenvektor" (oder „Spaltentupel"). Die im Spaltenvektor genannten Elemente enthalten nur den 2. Index. Spaltenvektoren werden mit Kleinbuchstaben a, b, c ... bezeichnet. Die einzelnen Elemente eines Vektors sind die „Komponenten" des Vektors.

Spaltenvektor

Allgemein gilt für Zeilenvektor a' und Spaltenvektor a:

$$a' = (a_1 \ a_2 \ \ldots \ a_n) \ n \in N; \quad a' \text{ ist eine } (1 \times n)\text{-Matrix}$$

$$a = \begin{pmatrix} a_1 \\ a_2 \\ \vdots \\ a_m \end{pmatrix} m \in N; \quad a \text{ ist eine } (m \times 1)\text{-Matrix}$$

Ein Zeilenvektor kann durch Transponieren in einen Spaltenvektor umgewandelt werden und umgekehrt.
Eine (m × n)-Matrix kann als Tabelle mit m Zeilenvektoren und n Spaltenvektoren entwickelt werden.
Spezielle Vektoren:

Spezielle Vektoren

1. der **Nullvektor**

$$a = \begin{pmatrix} 0 \\ 0 \\ \vdots \\ 0 \end{pmatrix}$$

2. der **summierende Vektor** s (alle Komponenten gleich 1)

$$s = \begin{pmatrix} 1 \\ 1 \\ \vdots \\ 1 \end{pmatrix}$$

Der summierende Vektor wird benötigt, wenn man die Zeilen- oder Spaltensumme von Matrizen ermitteln will.

3. die **Einheitsvektoren** einer n-reihigen Einheitsmatrix; ein Einheitsvektor ist ein Vektor, der genau eine Komponente mit dem Wert 1 hat, während alle anderen Komponenten den Wert 0 haben. Eine 3-reihige Einheitsmatrix setzt sich aus den Einheitsvektoren e_1, e_2, e_3 zusammen:

$$e_1 = \begin{pmatrix} 1 \\ 0 \\ 0 \end{pmatrix} \quad e_2 = \begin{pmatrix} 0 \\ 1 \\ 0 \end{pmatrix} \quad e_3 = \begin{pmatrix} 0 \\ 0 \\ 1 \end{pmatrix}$$

Beispiele Weitere Beispiele für **Zeilenvektoren**:

1. $a' = (40 \ -30 \ 7 \ 33 \ 54)$ ((1 × 5)-Matrix) mit z. B. $a_4 = 33$)

2. Der Preisvektor p' der Preise für die 3 Verbrauchsstoffe Öl, Wasser, Gas einer Unternehmung:

$p' = (1\,350 \ 15,7 \ 7,35)$ ((1 × 3)-Matrix mit 1 350 GE als Preis für 1 000 l Öl)

3. Der Preisvektor p′ der Preise für die 4 Konsumgüter Milch, Nudeln, Reis, Kartoffeln eines Privathaushaltes

p′ = (0,99   2,43   2   1,75)   ((1 × 4)-Matrix mit 0,99 GE als Preis für einen l Milch)

Weitere Beispiele für **Spaltenvektoren**:

1. Der Vektor der Lagervorräte an Grundstoffen

$$a = \begin{pmatrix} 2\,000 \\ 1\,400 \\ 4\,800 \\ 3\,600 \end{pmatrix}$$ ((4 × 1)-Matrix mit z. B. $a_3 = 4\,800$ als Vorrat an Grundstoff G_3)

2. Der Vektor der Absatzmengen eines Warensortiments

$$a = \begin{pmatrix} 2\,000 \\ 1\,400 \\ 4\,800 \\ 4\,800 \\ 3\,600 \end{pmatrix}$$ ((5 × 1)-Matrix mit z. B. $a_4 = 4\,800$ als abgesetzte Menge von Artikel 4)

A   Aufgaben

1. Transponieren Sie folgende Vektoren bzw. Matrizen.

$$a' = (-5 \quad -3 \quad 2 \quad 3 \quad 7) \qquad b' = (6) \qquad c = \begin{pmatrix} 3 \\ 7 \\ 0,5 \end{pmatrix}$$

$$A = \begin{pmatrix} 2 & 1 & 5 \\ 1 & 3 & 7 \end{pmatrix} \qquad B = \begin{pmatrix} 5 & 7 & 8 \\ 9 & 1 & 0 \\ 3 & 5 & 6 \end{pmatrix} \qquad C = \begin{pmatrix} 3 & 4 & 2 \\ 0 & 1 & 8 \\ 6 & 7 & 5 \\ 4 & 4 & 4 \\ 3 & 7 & 9 \end{pmatrix}$$

2. Bilden Sie nach folgenden Vorschriften Matrizen.

   a) $a_{ij} = 2 \cdot i$ für $i = 1, 2, 3;$ $j = 1, 2, 3$
   b) $a_{ij} = -i + 2 \cdot j$ für $i = 1, 2, 3;$ $j = 1, 2, 3$
   c) $a_{ij} = 3 \cdot i - 2 \cdot j$ für $i = 1, 2, 3;$ $j = 1, 2, 3,$
   d) $a_{ij} = \begin{cases} 1 & \text{für } i = j \\ 0 & \text{für } i \neq j \end{cases};$ $i = 1, 2, 3, 4;$ $j = 1, 2, 3, 4,$
   e) $a_{ij} = \begin{cases} 0 & \text{für } i < j \\ 2 \cdot i \cdot j & \text{für } i \geq j \end{cases};$ $i = 1, 2, 3, 4;$ $j = 1, 2, 3, 4,$

3. Ein Kiesgrubenbesitzer unterhält in 3 Städten Auslieferungslager A_i, $i = 1, 2, 3$, von denen aus Material an 5 Baustoffgroßhändler G_j, $j = 1, 2, 3, 4, 5$ geliefert wird. Die dabei entstehenden Transportkosten in EUR/t sind in folgender Matrix M zusammengefasst:

$$M = \begin{array}{c} \\ A_1 \\ A_2 \\ A_3 \end{array} \begin{pmatrix} G_1 & G_2 & G_3 & G_4 & G_5 \\ 2,50 & 3,70 & 2,60 & 0,80 & 4,20 \\ 0,95 & 1,80 & 1,50 & 3,60 & 2,70 \\ 1,60 & 3,45 & 1,70 & 1,70 & 3,25 \end{pmatrix}$$

   a) Erklären Sie folgende Matrixelemente: a_{11}, a_{23}, a_{34}.
   b) Welchen Wert haben die Elemente a_{ij} für $i = 1, 3$ und $j = 3, 4$?
   c) Bilden Sie die (Unter- bzw. Teil-)Matrix der Transportkosten für die Belieferung der Händler G_j, $j = 2, 3, 4$ von den Lagern A_i, $i = 1, 2$ aus.

d) Welche (Unter- bzw. Teil-) Matrix beschreibt die Transportkosten aller Lager an den Händler G_2?
e) Welche (Unter-)Matrix beschreibt die Transportkosten von Lager A_3 an die verschiedenen Großhändler?
f) Bilden Sie die transponierte Matrix M'.

4. Ein Unternehmen stellt aus 5 Bauteilen B_i, $1 \leq i \leq 5$, 4 mechanische Geräte G_j, $1 \leq j \leq 4$, her. Die Geräte werden nach Stücklisten zusammengebaut, die in folgender Matrix A zusammengefasst sind:

$$A = \begin{pmatrix} 3 & 4 & 2 & 3 \\ 0 & 1 & 8 & 1 \\ 6 & 7 & 5 & 2 \\ 4 & 4 & 4 & 0 \\ 3 & 7 & 9 & 5 \end{pmatrix}$$

a) Welche Informationen liefern die Elemente a_{12}, a_{23}, a_{43}, a_{52}?
b) Welche Untermatrix beschreibt die technische Produktionsverflechtung zwischen den Bauelementen B_2, B_3, B_4 und den Geräten G_1 und G_2?
c) Welcher Zeilenvektor beschreibt den Bedarf an Bauteilen B_4 für die Geräte G_j, $1 \leq j \leq 4$?
d) Welche Matrix beschreibt den Input an Bauteilen für eine Outputeinheit von G_2?
e) Berechnen Sie die Matrix, die dem Teilebedarf für die Produktion von 20 Stück von G_1 und 30 Stück von G_2 entspricht.
f) Ermitteln Sie die Matrix für den Bedarf an Bauteilen, wenn von G_1 10 Stück, von G_2 30 Stück, von G_3 20 Stück und von G_4 15 Stück produziert werden sollen.

4.3 Rechenoperationen mit Matrizen

4.3.1 Addition und Subtraktion von Matrizen

Ein Großhändler, der drei Produkte P_i, $i = 1, 2, 3$ vertreibt, beliefert damit 4 Abnehmer A_j, $j = 1, 2, 3, 4$. Die Liefermengen des 1. und 2. Halbjahres können aus den beiden Matrizen A und B entnommen werden:

$$\begin{array}{c} \text{1. Halbjahr} \\ \begin{array}{cccc} A_1 & A_2 & A_3 & A_4 \end{array} \\ \begin{array}{c} P_1: \\ P_2: \\ P_3: \end{array} A = \begin{pmatrix} 130 & 90 & 20 & 600 \\ 60 & 350 & 250 & 180 \\ 600 & 0 & 460 & 70 \end{pmatrix} \end{array} \qquad \begin{array}{c} \text{2. Halbjahr} \\ \begin{array}{cccc} A_1 & A_2 & A_3 & A_4 \end{array} \\ B = \begin{pmatrix} 40 & 70 & 100 & 200 \\ 90 & 200 & 140 & 130 \\ 50 & 0 & 40 & 200 \end{pmatrix} \end{array}$$

Aufgabe:
Welche Mengen wurden im Laufe des Jahres insgesamt an die Abnehmer geliefert? Das Ergebnis ist in einer Matrix zusammenzufassen.

Entwicklung eines Lösungsverfahrens:

A_1 erhielt $a_{11} + b_{11} = 130 + 40 = 170$ Stück von P_1
A_2 erhielt $a_{12} + b_{12} = 90 + 70 = 160$ Stück von P_2
...
A_4 erhielt $a_{34} + b_{34} = 70 + 200 = 270$ Stück von P_3

Die beiden Matrizen A und B sind zu einer einzigen Matrix C zusammenzufassen:

$\boxed{C = A + B}$ mit $\boxed{c_{ij} = a_{ij} + b_{ij}}$ für $1 \leq i \leq 3;\ 1 \leq j \leq 4$

$$C = \begin{pmatrix} 130 & 90 & 20 & 600 \\ 60 & 350 & 250 & 180 \\ 600 & 0 & 460 & 70 \end{pmatrix} + \begin{pmatrix} 40 & 70 & 100 & 200 \\ 90 & 200 & 140 & 130 \\ 50 & 0 & 40 & 200 \end{pmatrix} = \begin{pmatrix} 170 & 160 & 120 & 800 \\ 150 & 550 & 390 & 310 \\ 650 & 0 & 500 & 270 \end{pmatrix}$$

Zwei Matrizen A und B können nur dann addiert werden, wenn sie von gleicher Ordnung (vom gleichen Typ) sind, d.h. wenn A und B jeweils die gleiche Anzahl Zeilen und Spalten besitzen. Das Ergebnis ist die Summe A + B der Matrizen A und B.

Weiterhin gelten:

$A + 0 = A$	**(Nullmatrix als neutrales Element der Addition)**
$A + B = B + A$	**(Kommutativgesetz)**
$(A + B) + C = A + (B + C)$	**(Assoziativgesetz)**
$A \leq B \Rightarrow A + C \leq B + C$	**(Monotoniegesetz)**

Ein Großhändler, der 2 Auslieferungslager A_i, i = 1, 2 unterhält, lagert dort 4 Waren W_j, j = 1, 2, 3, 4. Die Anfangsbestände können aus der Matrix A, die Abgänge des Jahres aus der Matrix B entnommen werden:

$\qquad$ Anfangsbestände $\qquad\qquad\qquad$ Warenabgänge

$\qquad\quad W_1 \quad W_2 \quad W_3 \quad W_4 \qquad\qquad W_1 \quad W_2 \quad W_3 \quad W_4$

$A_1:$
$A_2:\ A = \begin{pmatrix} 150 & 90 & 320 & 450 \\ 90 & 350 & 140 & 180 \end{pmatrix} \qquad B = \begin{pmatrix} 40 & 70 & 100 & 200 \\ 90 & 200 & 140 & 130 \end{pmatrix}$

Aufgabe:

Welche Endbestände der einzelnen Waren befinden sich am Jahresende in den beiden Auslieferungslagern? Das Ergebnis ist in einer Matrix zusammenzufassen.

Entwicklung eines Lösungsverfahrens:

A_1 hat noch $a_{11} - b_{11} = 150 - 40 = 110$ Stück von W_1 auf Lager
A_2 hat noch $a_{12} - b_{12} = 90 - 70 = 20$ Stück von W_2 auf Lager
...
A_2 hat noch $a_{24} - b_{24} = 180 - 130 = 50$ Stück von W_4 auf Lager

Die beiden Matrizen A und B sind zu einer einzigen Matrix C zusammenzufassen:

$\boxed{C = A - B}$ mit $\boxed{c_{ij} = a_{ij} - b_{ij}}$ für $1 \leq i \leq 3;\ 1 \leq j \leq 4$

$$C = \begin{pmatrix} 150 & 90 & 320 & 450 \\ 90 & 350 & 140 & 180 \end{pmatrix} - \begin{pmatrix} 40 & 70 & 100 & 200 \\ 90 & 200 & 140 & 130 \end{pmatrix} = \begin{pmatrix} 110 & 20 & 220 & 250 \\ 0 & 150 & 0 & 50 \end{pmatrix}$$

Zwei Matrizen A und B können nur dann subtrahiert werden, wenn sie von gleicher Ordnung (vom gleichen Typ) sind, d.h. wenn A und B jeweils die gleiche Anzahl Zeilen und Spalten besitzen. Man bezeichnet A−B als Differenz von A und B.

Weiterhin gelten:
A − 0 = A
A ≤ B ⇒ A − C ≤ B − C   **(Monotoniegesetz)**
A − B ≠ B − A   (Das Kommutativgesetz gilt bei der Subtraktion zweier verschiedener Matrizen nicht.)

4.3.2 Multiplikation einer Matrix mit einer Zahl (s-Multiplikation)

Ein Hersteller beliefert drei Händler H_i, $1 \leq i \leq 3$ mit 4 Artikeln A_j, $1 \leq j \leq 4$. Die Listenpreise der Artikel, mit denen die Händler beliefert werden, sind in folgender Matrix P zusammengefasst:

$$\begin{array}{c} \\ H_1: \\ H_2: \\ H_3 \end{array} \quad P = \begin{array}{c} A_1 \quad A_2 \quad A_3 \quad A_4 \\ \begin{pmatrix} 1{,}10 & 3{,}60 & 4{,}80 & 2{,}00 \\ 1{,}20 & 3{,}70 & 5{,}00 & 2{,}30 \\ 1{,}00 & 3{,}50 & 4{,}50 & 1{,}80 \end{pmatrix} \end{array}$$

Aufgabe:
Da die Kosten für seine verarbeiteten Rohstoffe und seine Lohnkosten gestiegen sind, sieht sich der Produzent gezwungen, seine Verkaufspreise gleichmäßig um 10% anzuheben. Welche Preismatrix entsteht durch die Preiserhöhung um 10%?

Entwicklung eines Lösungsverfahrens:
Setzt man den alten Preis gleich 100% und fügt den Aufschlag von 10% hinzu, dann entspricht der neue Preis 110% des alten Preises oder:
neuer Preis = $\frac{110}{100}$ · alter Preis = 1,1 · alter Preis.

Als Verkaufspreis für die Lieferung der Artikel A_j an H_1 ergibt sich:
$p_{11} = 1{,}1 \cdot 1{,}10 = 1{,}21$; $p_{12} = 1{,}1 \cdot 3{,}60 = 3{,}96$; $p_{13} = 1{,}1 \cdot 4{,}80 = 5{,}28$
$p_{14} = 1{,}1 \cdot 2{,}00 = 2{,}20$

Die neue Preismatrix lautet damit:

$$\begin{array}{c} \\ H_1: \\ H_2: \\ H_3 \end{array} \quad P(neu) = 1{,}1 \cdot P(alt) \begin{array}{c} A_1 \quad A_2 \quad A_3 \quad A_4 \\ \begin{pmatrix} 1{,}21 & 3{,}96 & 5{,}28 & 2{,}20 \\ 1{,}32 & 4{,}07 & 5{,}50 & 2{,}53 \\ 1{,}10 & 3{,}85 & 4{,}95 & 1{,}98 \end{pmatrix} \end{array}$$

Allgemein gilt:
Gegeben sei eine (m × n)-Matrix A = (a_{ij}), $1 \leq i \leq m$, $1 \leq j \leq n$. Diese Matrix wird mit einer Zahl s ∈ ℚ multipliziert, indem man jedes Element a_{ij} der Matrix A mit s multipliziert:

s-Multiplikation

$$s \cdot A = s \cdot \begin{pmatrix} a_{11} & a_{12} & \ldots & a_{1n} \\ \vdots & \vdots & & \vdots \\ a_{m1} & a_{m2} & \ldots & a_{mn} \end{pmatrix} = \begin{pmatrix} s \cdot a_{11} & s \cdot a_{12} & \ldots & s \cdot a_{1n} \\ \vdots & \vdots & & \vdots \\ s \cdot a_{m1} & s \cdot a_{m2} & \ldots & s \cdot a_{mn} \end{pmatrix}$$

oder: $s \cdot A = s \cdot (a_{ij}) = (s \cdot a_{ij})$ für $1 \leq i \leq m$, $1 \leq j \leq n$.

Da man Zahlen in der linearen Algebra auch als Skalare bezeichnet, spricht man hier auch von der Multiplikation einer Matrix mit einem Skalar (s-Multiplikation). Diese Art der Matrizenmultiplikation ist eine „äußere Verknüpfung" oder ein „äußeres Produkt". (Siehe dazu unten das „Skalarprodukt" oder „innere Produkt" von Zeilen- und Spaltenvektor.)

Weiterhin gilt:

$0 \cdot A = 0$
$(-1) \cdot A = -A$
$s \cdot A = A \cdot s$ **(Kommutativgesetz)**
$(s \cdot t) \cdot A = s \cdot (t \cdot A)$ **(Assoziativgesetz)**
$s \cdot (A + B) = s \cdot A + s \cdot B$
$(s_1 + s_2) \cdot A = s_1 \cdot A + s_2 \cdot A$ **(Distributivgesetze)**

$A \leq B \Rightarrow \begin{cases} s \cdot A \leq s \cdot B & \text{für } s > 0 \\ s \cdot A \geq s \cdot B & \text{für } s < 0 \end{cases}$

$A \geq B \Rightarrow \begin{cases} s \cdot A \geq s \cdot B & \text{für } s > 0 \\ s \cdot A \leq s \cdot B & \text{für } s < 0 \end{cases}$

A Aufgaben

1. Gegeben sind die drei Matrizen:

$$A = \begin{pmatrix} 3 & 9 & 2 \\ 6 & 3 & 5 \end{pmatrix} \quad B = \begin{pmatrix} 4 & 7 & 2 \\ 9 & 2 & 3 \end{pmatrix} \quad C = \begin{pmatrix} 2 & 3 & 5 \\ 7 & 2 & 2 \end{pmatrix}$$

a) Bestimmen Sie die Matrizen: $X = A + B$, $Y = X - C$, $Z = X + Y$
b) Bestimmen Sie die Matrix: $X = 3 \cdot A - 2 \cdot B + 0,5 \cdot C$
c) Ermitteln Sie die Matrix X aus der Matrizengleichung:
$A + 0,5 \cdot X - B + 3 \cdot C = 0$
d) Nennen Sie die Voraussetzungen für die Addition und Subtraktion von Matrizen.
e) Was versteht man unter der s-Multiplikation?
f) Lösen Sie die Aufgaben a)–c) auch für folgende Matrizen:

$$A = \begin{pmatrix} 3 & 9 & 2 \\ 6 & 3 & 5 \\ 0 & 0 & 6 \end{pmatrix} \quad B = \begin{pmatrix} 6 & 12 & 20 \\ 4 & 20 & 30 \\ 10 & 15 & 10 \end{pmatrix} \quad C = \begin{pmatrix} 2 & 3 & 5 \\ 7 & 2 & 2 \\ 1 & 4 & 1 \end{pmatrix}$$

2. Ein Großhändler beliefert von drei Filialen F_i, $i = 1, 2, 3$ aus 4 Einzelhändler E_j, $j = 1, 2, 3, 4$ mit einem bestimmten Artikel. Die Kosten für den Transport einer Mengeneinheit (ME) des Artikels von F_i nach E_j sind in folgender Kostenmatrix $K = (k_{ij})$ zusammengefasst:

$$K = \begin{pmatrix} 1,00 & 1,20 & 1,50 & 1,00 \\ 0,80 & 1,00 & 0,60 & 0,50 \\ 1,20 & 1,00 & 1,55 & 1,80 \end{pmatrix}$$

Die Filialen kalkulieren mit verschiedenen Abgabepreisen. Sie betragen bei:

F_1: 150,00 EUR/Stück F_2: 160,00 EUR/Stück F_3: 135,00 EUR/Stück

a) Berechnen Sie die Transportkostenmatrix K_1 für die Lieferung von jeweils 50 (80, 100) Einheiten des Artikels.
b) Wie lautet die neue Transportkostenmatrix K_2, wenn es gelingt, die Kosten auf allen Transportwegen um 10% zu senken?
c) Bilden Sie, ausgehend von der Matrix K, die (3 × 4)-Matrix der Einstandspreise P der Einzelhändler, aus der ersichtlich wird, mit welchem Einstandspreis p_{ij} der Einzelhändler E_j bei Bezug von Filiale F_i rechnen muss. Markieren Sie den niedrigsten Einstandspreis jeder Spalte.
d) Lösen Sie Aufgabe c) unter der Annahme, dass ab Bezug von 10 Mengeneinheiten ein Mengenrabatt von 10% auf den Abgabepreis gewährt wird. Gehen Sie für die Rechnung von einer Bestellmenge von 10 Stück bei jedem Einzelhändler aus.
e) Lösen Sie die Aufgaben a)–d) mit Hilfe einer Tabellenkalkulation, z. B. MS-EXCEL.

M Methodische Empfehlungen

Addition und Subtraktion von Matrizen mit Hilfe der Tabellenkalkulation „EXCEL"

	A	B	C	D	E	F	G	H	I
1									
2			Matrix A		Operator		Matrix B		
3									
4		2	6	2		1	1	3	
5		3	−4	0	.	3	1	2	
6		4	2	3		5	2	1	
7									
8									
9				30	12	20			
10			= C =	−9	−1	1			
11				25	12	19			
12									
13		**Arbeitsschritte**							

1. Matrizen (gleicher Ordnung!) addieren bzw. subtrahieren:
    a) Elemente der Matrizen A und B eingeben; Operator (+, −) in Zelle E5 als Merkhilfe.
    b) D9 = B4 + F4 (bzw. = B4−F4) eingeben und D9 zeilenweise bzw. spaltenweise in den Bereich D9 : F11 kopieren.
2. Matrizen multiplizieren; Voraussetzung: Spaltenzahl von Matrix A = Zeilenzahl von Matrix B
    a) Zielbereich (z. B. D9; F11) markieren; Cursor in die Bearbeitungsleiste setzen und Funktionsassistent „fx" anklicken.
    b) Schritt 1 des Funktionsassistenten: Kategorie: „Alle" und Funktion: „MMULT" auswählen.
    c) Weiter zu Schritt 2; Matrix1: B4:D6, Matrix2: F4:H6 und ENDE eingeben.
    d) Wichtig: Matrizenproduktberechnung nun mit Strg + Umschalt + Enter ausführen.

4.3.3 Das Produkt von Zeilen- und Spaltenvektor (Skalarprodukt)

Ein Bekleidungsgeschäft verkauft an einem Tag 5 Artikel A_j, $1 \leq j \leq 5$. Die Stückpreise und die verkauften Stückzahlen sind in nachfolgender Tabelle zusammengefasst.

Verkauf am ...	Artikel				
	A_1	A_2	A_3	A_4	A_5
Preis/Stück:	19	49	78	10	15
verkaufte Menge:	20	35	10	15	22

Aufgabe:
Ermitteln Sie den Tagesumsatz.

Entwicklung eines Lösungsverfahrens:
Aus dem Wirtschaftsrechnen ist die Formel

$$\text{Umsatz} = \text{Stückpreis} \cdot \text{verkaufte Menge}$$

bekannt. (Statt des Begriffs „Umsatz" verwendet man auch den Begriff „Erlös").
Man würde also rechnen:

$$\text{Umsatz/Erlös} = 19 \cdot 20 + 49 \cdot 35 + 78 \cdot 10 + 10 \cdot 15 + 15 \cdot 22 = 3355$$

Man kann aber die Preise p_i und die Absatzmengen c_i, $1 \leq i \leq 5$ auch als Zeilen- bzw. Spaltenvektoren interpretieren. Dann erhält man den Preisvektor p' und den Absatzmengenvektor c mit

$$p' = (19 \quad 49 \quad 78 \quad 10 \quad 15); \quad c = \begin{pmatrix} 20 \\ 35 \\ 10 \\ 15 \\ 22 \end{pmatrix}$$

Diese Vektoren werden komponentenweise multipliziert: $p_i \cdot c_i$ für $i = 1, \ldots, 5$. Die Produkte der Komponenten werden dann miteinander addiert.

$$\text{Erlös} = p' \cdot c = (19 \quad 49 \quad 78 \quad 10 \quad 15) \cdot \begin{pmatrix} 20 \\ 35 \\ 10 \\ 15 \\ 22 \end{pmatrix}$$

$$= 19 \cdot 20 + 49 \cdot 35 + 78 \cdot 10 + 10 \cdot 15 + 15 \cdot 22 = 3355$$

Das Ergebnis der Multiplikation des Zeilenvektors p' mit dem Spaltenvektor c ist eine Zahl, d. h. ein Skalar.
Selbstverständlich könnten wir auch den Zeilenvektor c' der Absatzmengen mit dem Spaltenvektor p multiplizieren. Das Ergebnis wäre auch dann 3355. Prüfen Sie dies nach.

Definition:
Gegeben ist ein Spaltenvektor a' und ein Zeilenvektor b. Unter dem „Skalarprodukt" (auch „inneres Produkt") aus dem Zeilenvektor a' und dem Spaltenvektor b versteht man

$$a' \cdot b = (a_1 \quad a_2 \quad \ldots \quad a_n) \cdot \begin{pmatrix} b_1 \\ b_2 \\ \vdots \\ b_n \end{pmatrix} = a_1 \cdot b_1 + a_2 \cdot b_2 + \ldots + a_n \cdot b_n = \sum_{i=1}^{n} a_i \cdot b_i$$

„$\sum$" ist das Zeichen für Summe über die Summanden von i = 1 bis n, n ∈ N.

Beachte: Der erste Vektor muss ein Zeilenvektor, der zweite Vektor ein Spaltenvektor sein. Nur Vektoren mit gleicher Zahl von Komponenten können miteinander multipliziert werden.

Für das Skalarprodukt gelten:

$a' \cdot b = b' \cdot a$	(Kommutativgesetz)
$(a' \pm b') \cdot c = a' \cdot c \pm b' \cdot c$	(Distributivgesetz)
$a' \cdot s = a_1 + a_2 + \ldots + a_n$	s = summierender Vektor, d.h.
	$s' = (1 \quad 1 \quad 1 \quad \ldots \quad 1)$!
$a' = b' \Rightarrow a' \cdot c = b' \cdot c$	(c beliebig)
$a' \leq b' \Rightarrow a' \cdot c \leq b' \cdot c$	für c > 0
$a' \leq b' \Rightarrow a' \cdot c \geq b' \cdot c$	für c < 0

Anmerkung: Es existiert auch das Produkt von Spalten- und Zeilenvektor $a \cdot b'$. Man bezeichnet es in der Mathematik als „dyadisches Produkt". Dieses Produkt ist im Allgemeinen kein Skalar, sondern eine Matrix.

Eine praktische Hilfe bei der Berechnung des Skalarprodukts kann die so genannte Falk'sche Anordnung leisten:

Falk'sche Anordnung

				b_1
				b_2
				$\vdots$
				b_n
a_1	a_2	$\ldots$	a_n	$a' \cdot b$

z. B.

			4
			2
			3
3	5	−2	16

A Aufgaben

1. Berechnen Sie das Skalarprodukt (innere Produkt) folgender Vektoren:

a) $a' \cdot b = (10 \quad 15 \quad -8 \quad 24 \quad 15) \cdot \begin{pmatrix} -3 \\ 15 \\ 23 \\ 0 \\ 42 \end{pmatrix}$

b) $a' \cdot b = (72 \quad -25 \quad 12) \cdot \begin{pmatrix} 1 \\ 1 \\ 1 \end{pmatrix}$

c) $a' \cdot b = (19 \quad 49 \quad 78 \quad 10) \cdot \begin{pmatrix} 20 \\ 35 \\ 10 \\ 15 \end{pmatrix}$

2. Berechnen Sie folgende Ergebnisse in Geldeinheiten mit Hilfe des Skalarprodukts:
   a) Die Aktienverkäufe einer Bank lassen sich mit Hilfe folgender Vektoren darstellen:
      Stückkurse: v' = (110 54 780 667 280 345 500 250)
      Stückzahlen: m' = (0 20 120 10 4 0 17 35)
      Wie hoch war der Umsatz?
   b) Die Wochenausgaben eines Privathaushalts für Lebensmittel lassen sich mit Hilfe folgender Vektoren darstellen:
      Einkaufspreis   p' = (3,40 5,75 20,50 13,99 2,60 0,99)
      Einkaufsmengen c' = (2 6 3 4 7 5)
      Wie hoch waren die Ausgaben?

4.3.4 Ein einfaches Input-Output-Modell der Handelsunternehmung

Unternehmen sind in der arbeitsteiligen Wirtschaft in ein Netz vielfältiger Lieferanten- und Kundenbeziehungen verwoben. Erwerb von Waren auf den Beschaffungsmärkten bewirkt einen „Input" von Wirtschaftsgütern in die Unternehmung, Verkäufe von Waren bewirken einen „Output" aus der Unternehmung. Für Handelsunternehmungen ist typisch, dass die beschafften Waren ohne wesentliche Weiterbearbeitung an den Abnehmer veräußert werden.

Unternehmungen handeln nach dem Grundsatz der Gewinnerzielung, d. h. der bewertete Output muss höher ausfallen als der bewertete Input, wenn die Unternehmung erfolgreich wirtschaften will.

Im Folgenden wird auf das Beispiel von Abschnitt 4.3.3 zurückgegriffen, das um den Vektor der Einstandspreise erweitert wird:

Ein Bekleidungsgeschäft verkauft an einem Tag 5 Artikel A_j, $1 \leq j \leq 5$. Die Stückpreise und die verkauften Stückzahlen sowie die Einstandspreise pro Stück sind in nachfolgender Tabelle zusammengefasst.

Verkauf am ...	Artikel				
	A_1	A_2	A_3	A_4	A_5
Preis/Stück:	19	49	78	10	15
verkaufte Menge:	20	35	10	15	22
Einstandspreis:	15	40	68	12	14

Aufgabe:
a) Wie hoch ist der Rohgewinn und wie hoch der Reingewinn des Tages, wenn noch Handlungsgemeinkosten in Höhe von 250,00 EUR für Miete, Gehälter, Zinsen und Steuern zu berücksichtigen sind?
b) Wie lässt sich aus den unter a) gewonnenen Ergebnissen ein mathematisches Modell der Unternehmung entwickeln?
c) Beurteilen Sie den Nutzen eines solchen Modells für den Einsatz moderner Informationstechniken und für unternehmerische Entscheidungen.

Entwicklung eines Lösungsverfahrens:

Zu a) Ermittlung des Rohgewinns und Reingewinns

1. Ermittlung von Tagesumsatz (Tageserlös) und Wareneinsatz als Skalarprodukte

Erlöse: $p' \cdot c = (19 \quad 49 \quad 78 \quad 10 \quad 15) \cdot \begin{pmatrix} 20 \\ 35 \\ 10 \\ 15 \\ 22 \end{pmatrix}$

$= 19 \cdot 20 + 49 \cdot 35 + 78 \cdot 10 + 10 \cdot 15 + 15 \cdot 22 = 3355$

Waren-
einsatz: $k' \cdot c = (15 \quad 40 \quad 68 \quad 12 \quad 14) \cdot \begin{pmatrix} 20 \\ 35 \\ 10 \\ 15 \\ 22 \end{pmatrix}$

$= 15 \cdot 20 + 40 \cdot 35 + 68 \cdot 10 + 12 \cdot 15 + 14 \cdot 22 = 2868$

Umsatzerlöse: $p' \cdot c$	3355
− Wareneinsatz: $k' \cdot c$	− 2868
= Rohgewinn	487
− Handlungsgemeinkosten	250
= Reingewinn	237

2. Man könnte aus p' und k' auch den Vektor der Rohgewinne je Stück $p' - k'$ bilden und mit c multiplizieren.

$p' - k' = (19 \quad 49 \quad 78 \quad 10 \quad 15) - (15 \quad 40 \quad 68 \quad 12 \quad 14) = (4 \quad 9 \quad 10 \quad -2 \quad 1)$

Der Rohgewinn wäre dann gleich dem Skalarprodukt $(p' - k') \cdot c$:

Rohgewinn: $(p' - k') \cdot c = (4 \quad 9 \quad 10 \quad -2 \quad 1) \cdot \begin{pmatrix} 20 \\ 35 \\ 10 \\ 15 \\ 22 \end{pmatrix}$

$= 4 \cdot 20 + 9 \cdot 35 + 10 \cdot 10 - 2 \cdot 15 + 1 \cdot 2 = 487$

Rohgewinn − fixe Kosten = 487 − 250 = 237

Zu b) Mathematisches Modell für die Erfolgsermittlung einer Handelsunternehmung mit n Produkten mit:

    p' = Vektor der Verkaufspreise
    k' = Vektor der Einstandspreise
    c = Vektor der Absatzmengen
    K_f = Handlungsgemeinkosten (fixe Kosten)

Umsatzerlöse (= bewerteter Output): $p' \cdot c$	
− Wareneinsatz (= bewerteter Input): $k' \cdot c$	
= Rohgewinn: $p' \cdot c - k' \cdot c =$	$(p' - k') \cdot c$
− Handlungsgemeinkosten	$- K_f$
= Reingewinn/-verlust	$(p' - k') \cdot c - K_f$

Einschränkung des Modells: Lagerhaltung wird nicht berücksichtigt

Anmerkung: Das dargestellte Unternehmensmodell basiert auf einer ,,Teilkostenrechnung" im Sinne der betriebswirtschaftlichen Kostenrechnung. Würde man auch die Handlungsgemeinkosten durch geeignete Zuschläge auf die Einstandspreise verrechnen, so hätte man dem Vektor der Verkaufspreise den Vektor der Selbstkosten je Stück h' gegenüberzustellen. Als Reingewinn ergäbe sich dann unmittelbar:

$$(p' - h') \cdot c$$

Dies entspräche dann einer ,,Vollkostenrechnung" im Sinne der betrieblichen Kalkulation.

Zu c) Das unter b) dargestellte mathematische Modell kann zu einem Computer-Programm weiterentwickelt werden.
Da die Rechnungen schematisch aufgebaut sind, eignet sich das Modell sehr gut für den Einsatz einer Tabellenkalkulation.
Computerprogramme ermöglichen u. a. folgende Anwendungen:
– Simulationsrechnungen bei veränderlichen Absatzmengen, Einstands- und Verkaufspreisen
– Ermittlung kritischer Mengen und Preise für die Sortimentsgestaltung
– schnelle und zuverlässige Informationsgewinnung und damit schnelle Reaktionsmöglichkeiten des Entscheidungsträgers bei Datenänderungen
– Wirkungsanalyse spezieller Faktoränderungen für das Gesamtergebnis.

A Aufgaben

Ein Einzelhändler verkauft 4 Artikel A_j, $1 \leq j \leq 4$. Die Stückpreise und die verkauften Stückzahlen an zwei aufeinander folgenden Tagen sowie die Einstandspreise pro Stück sind in folgender Tabelle zusammengefasst.

	Artikel			
	A_1	A_2	A_3	A_4
Preis/Stück:	23	40	60	65
verkaufte Mengen am: 05.04.20.. am: 06.04.20..	40 30	100 90	50 30	15 35
Einstandspreis:	21	32	55	61

a) Wie hoch ist der Rohgewinn und wie hoch der Reingewinn an jedem der beiden Tage und insgesamt, wenn noch tägliche Handlungsgemeinkosten in Höhe von 650,00 EUR für Miete, Gehälter, Zinsen und Steuern zu berücksichtigen sind?
b) Welche Auswirkungen hätte es auf das Ergebnis, wenn der Einstandspreis bei Artikel A_1 am 2. Tag auf 30,00 DM heraufgesetzt würde?
c) Welchen Stückpreis müsste der Händler für Artikel A_4 fordern, wenn er den Gewinn des 2. Tages um 50,00 EUR steigern möchte?
d) Welches Gesamtergebnis wäre eingetreten, wenn der Händler am 2. Tag 50 Stück von A_2 und 47 Stück von A_3 verkauft hätte?
e) Bei welcher verkauften Menge von Artikel A_2 würden alle Kosten gerade gedeckt werden?

4.3.5 Die Multiplikation von Matrizen

Eine Unternehmung stellt aus 4 vom Markt bezogenen Rohstoffen R_1, R_2, R_3, R_4 zunächst die 3 Zwischenprodukte Z_1, Z_2, Z_3 her. In einem weiteren Fertigungsvorgang werden aus den 3 Zwischenprodukten die zwei Endprodukte E_1 und E_2 hergestellt und auf den Absatzmärkten verkauft. Aus den Stücklisten der Fertigungsabteilungen kann entnommen werden, mit welchen Mengeneinheiten (ME) die Rohstoffe R_i (i = 1, 2, 3, 4) in die Zwischenprodukte Z_j (j = 1, 2, 3) und welche Mengeneinheiten der Zwischenprodukte in die Endprodukte E_k (k = 1, 2, 3) eingehen. Das Pfeildiagramm soll diese Zusammenhänge veranschaulichen:

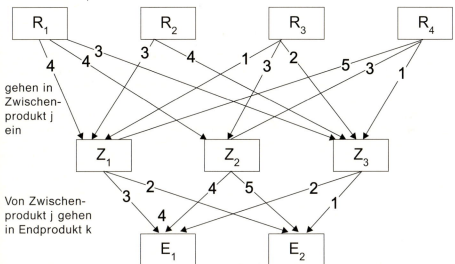

Aufgabe	Entwicklung eines Lösungsverfahrens
Bilden Sie den Bedarf an Rohstoffen für die Zwischenprodukte und an Zwischenprodukten für Endprodukte in zwei Matrizen ab. Darstellung der produktionstechnischen Zusammenhänge mit Hilfe einer so genannten Technologiematrix A auf der 1. und Technologiematrix B auf der 2. Stufe. Die Elemente dieser Matrizen nennt man Produktionskoeffizienten.	Bildung zweier Technologiematrizen (Inputmatrizen, Verflechtungsmatrizen) $$R \longrightarrow Z \longrightarrow E$$ 1. Stufe 2. Stufe $$A = \begin{matrix} \\ R_1 \\ R_2 \\ R_3 \\ R_4 \end{matrix} \begin{matrix} Z_1 & Z_2 & Z_3 \\ \begin{pmatrix} 4 & 4 & 2 \\ 3 & 0 & 4 \\ 1 & 3 & 2 \\ 5 & 3 & 1 \end{pmatrix} \end{matrix}$$ $$B = \begin{matrix} \\ Z_1 \\ Z_2 \\ Z_4 \end{matrix} \begin{matrix} E_1 & E_2 \\ \begin{pmatrix} 3 & 2 \\ 4 & 5 \\ 2 & 1 \end{pmatrix} \end{matrix}$$

Aufgabe:

In einem weiten Schritt soll für die Beschaffungsplanung der Rohstoffe festgestellt werden, welche Mengen der Rohstoffe R_i, $1 \leq i \leq 4$ insgesamt je Endprodukt E_k, $k = 1, 2$ verarbeitet werden müssen.

Entwicklung eines Lösungsverfahrens:

Es galt die Beziehung:

$$\boxed{R} \longrightarrow \boxed{Z} \longrightarrow \boxed{E}$$
$$\text{1. Stufe} \quad \text{2. Stufe}$$

$$A = \begin{array}{c} \\ R_1 \\ R_2 \\ R_3 \\ R_4 \end{array} \begin{pmatrix} Z_1 & Z_2 & Z_3 \\ 4 & 4 & 2 \\ 3 & 0 & 4 \\ 1 & 3 & 2 \\ 5 & 3 & 1 \end{pmatrix} \qquad B = \begin{array}{c} \\ Z_1 \\ Z_2 \\ Z_4 \end{array} \begin{pmatrix} E_1 & E_2 \\ 3 & 2 \\ 4 & 5 \\ 2 & 1 \end{pmatrix}$$

Wir verfolgen den Weg von R_1 über Z_j, $j = 1, 2, 3$ zu E_1; man erkennt:

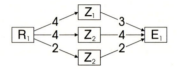

Z_1 bringt $3 \cdot 4 = 12$, Z_2 $4 \cdot 4 = 16$ und Z_3 $2 \cdot 2 = 4$ ME von R_1 in E_1 ein. Insgesamt sind dies $12 + 16 + 4 = 32$ ME von R_1; dies entspricht dem Skalarprodukt der Vektoren $c_{11} = a'_1 \cdot b_1$:

$$c_{11} = a'_1 \cdot b_1 = (4 \quad 4 \quad 2) \cdot \begin{pmatrix} 3 \\ 4 \\ 2 \end{pmatrix} = 4 \cdot 3 + 4 \cdot 4 + 2 \cdot 2 = 32 \text{ ME}$$

Dieses Verfahren kann man nun systematisch fortsetzen; dann ist c_{12}:

$$c_{12} = a'_1 \cdot b_2 = (4 \quad 4 \quad 2) \cdot \begin{pmatrix} 2 \\ 5 \\ 1 \end{pmatrix} = 4 \cdot 2 + 4 \cdot 5 + 2 \cdot 1 = 30 \text{ ME}$$

Von R_1 gelangen 30 ME in E_2.

$$c_{21} = a'_2 \cdot b_1 = (3 \quad 0 \quad 4) \cdot \begin{pmatrix} 3 \\ 4 \\ 2 \end{pmatrix} = 3 \cdot 3 + 4 \cdot 0 + 4 \cdot 2 = 17 \text{ ME}$$

Von R_2 gelangen 17 ME in E_1.

$$c_{22} = a'_2 \cdot b_2 = (3 \quad 0 \quad 4) \cdot \begin{pmatrix} 2 \\ 5 \\ 1 \end{pmatrix} = 3 \cdot 2 + 0 \cdot 5 + 4 \cdot 1 = 10 \text{ ME}$$

Von R_2 gelangen 10 ME in E_2.

$c_{31} = a'_3 \cdot b_1 = 19;$ $c_{32} = a'_3 \cdot b_2 = 19$
$c_{41} = a'_4 \cdot b_1 = 29;$ $c_{42} = a'_4 \cdot b_2 = 26$

Man erhält 4 · 2 = 8 Elemente, die man in folgender Ergebnismatrix C zusammenfassen kann:

$$C = \begin{pmatrix} c_{11} & c_{12} \\ c_{21} & c_{22} \\ c_{31} & c_{32} \\ c_{41} & c_{42} \end{pmatrix} = \begin{matrix} R_1 \\ R_2 \\ R_3 \\ R_4 \end{matrix} \begin{pmatrix} E_1 & E_2 \\ 32 & 30 \\ 17 & 10 \\ 19 & 19 \\ 29 & 26 \end{pmatrix}$$

Die Elemente c_{ij}, $1 \leq i \leq 4$, $1 \leq j \leq 2$ können z. B. für $i = 2$, $j = 1$ folgendermaßen interpretiert werden: $c_{21} = 17$ bedeutet, dass von Rohstoff R_2 insgesamt auf dem Umweg über die Zwischenprodukte 17 ME bei der Herstellung einer Einheit von E_1 verbraucht werden. Die c_{ij} sind die Produktionskoeffizienten der Rohstoffbedarfsmatrix.

◆ **Definition und Verallgemeinerung**

Ist eine (m × l)-Matrix A und eine (l × n)-Matrix B gegeben, dann heißt die (m × n)-Matrix $C = (c_{ij})$, deren Element c_{ij} das Skalarprodukt (innere Produkt) der i-ten Zeile von A und der j-ten Spalte von B ist, das Produkt der Matrizen A und B, $i = 1, \ldots, m$ und $j = 1, \ldots, n$. Das Produkt der Matrizen A und B wird aus insgesamt m · n Skalarprodukten gebildet.

$$\underbrace{\begin{pmatrix} a_{11} & \cdots & \cdots & a_{1l} \\ \vdots & & & \vdots \\ a_{i1} & a_{i2} & \cdots & a_{il} \\ \vdots & & & \vdots \\ a_{m1} & \cdots & \cdots & a_{ml} \end{pmatrix}}_{A} \cdot \underbrace{\begin{pmatrix} b_{11} & \cdots & b_{1j} & \cdots & b_{1n} \\ & & b_{2j} & & \\ \vdots & & \vdots & & \vdots \\ b_{l1} & \cdots & b_{lj} & \cdots & b_{ln} \end{pmatrix}}_{B} = \underbrace{\begin{pmatrix} c_{11} & \cdots & c_{1n} \\ \vdots & c_{ij} & \vdots \\ c_{m1} & \cdots & c_{mn} \end{pmatrix}}_{C}$$

c_{ij} = i-te Zeile · j-te Spalte

oder:

$$c_{ij} = (a_{i1} \quad a_{i2} \quad \cdots \quad a_{il}) \cdot \begin{pmatrix} b_{1j} \\ b_{2j} \\ \vdots \\ b_{lj} \end{pmatrix} = a_{i1} \cdot b_{1j} + a_{i2} \cdot b_{2j} + \ldots + a_{il} \cdot b_{lj}$$

$$\boxed{c_{ij} = \sum_{l=1}^{n} a_{il} \cdot b_{lj}}$$

Die Matrix $C = A \cdot B$ wird als Produktmatrix bezeichnet.
Das Produkt $C = A \cdot B$ der Matrizen A und B existiert nur dann, wenn die Spaltenzahl von A gleich der Zeilenzahl von B ist. C hat dann so viele Zeilen wie A und so viele Spalten wie B.

z. B.: $\qquad A_{(4 \times 3)} \cdot B_{(3 \times 2)} = C_{(4 \times 2)}$

Bei der Berechnung kann die Falk'sche Anordnung der zu multiplizierenden Matrizen eine Hilfe sein.

$A = \begin{pmatrix} 2 & 1 & 3 \\ 1 & 4 & 5 \end{pmatrix} \qquad B = \begin{pmatrix} 3 & 2 & 3 & 6 \\ 1 & 1 & 0 & 7 \\ 6 & 4 & 7 & 0 \end{pmatrix} \qquad C = A \cdot B = ?$

Berechnung mit der Tabellenkalkulation MS-EXCEL (vgl. S. 67).

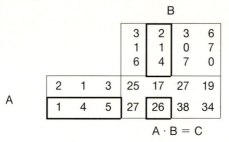

$A \cdot B = C$

Das Element $c_{22} = a_2' \cdot b_2 = 26$ ist besonders hervorgehoben.
Das Verfahren kann auf die Multiplikation mehrerer Matrizen, $A \cdot B \cdot C \ldots$, ausgedehnt werden.

Nachstehend wichtige Sätze zur Matrizenmultiplikation, auf deren Beweise verzichtet wird, weil die Beweise im Wesentlichen im Aufschreiben von Spalten- und Zeilenindizierungen bestehen.

1. Ist A eine $(m \times l)$-Matrix und B $(l \times n)$-Matrix, dann ist im Allgemeinen

$$A \cdot B \neq B \cdot A$$

d. h. die Matrizenmultiplikation ist nicht kommutativ, z. B.:

$A_{(4 \times 3)} \cdot B_{(3 \times 2)}$ ist definiert, $B_{(3 \times 2)} \cdot A_{(4 \times 3)}$ ist nicht definiert.

Da das Kommutativgesetz bei der Matrizenmultiplikation nicht gilt, ist bei der Anwendung der folgenden Regeln genau darauf zu achten, ob die Multiplikation „von rechts" oder „von links" (Rechts- bzw. Linksmultiplikation) erfolgen soll.

2. Die Multiplikation von Matrizen ist assoziativ:

$$(A \cdot B) \cdot C = A \cdot (B \cdot C)$$

Dabei ist strikt zu beachten, dass die Klammerausdrücke zuerst zu berechnen sind; durch die Klammersetzung wird die Reihenfolge der Rechenschritte vorgeschrieben. Die Anordnung der Matrizen darf wegen der Nicht-Kommutativität der Matrizenmultiplikation nicht geändert werden.

3. Für die Matrizenmultiplikation gelten die beiden Distributivgesetze:

$$A \cdot (B + C) = A \cdot B + A \cdot C$$
$$(B + C) \cdot A = B \cdot A + C \cdot A$$

4. $A \cdot 0 = 0$ $(m \times l)$-Matrix $A \cdot (l \times n)$-Nullmatrix $\Rightarrow (m \times n)$-Nullmatrix
   $0 \cdot A = 0$ $(m \times l)$-Nullmatrix $\cdot (l \times n)$-Matrix $A \Rightarrow (m \times n)$-Nullmatrix
   $A \cdot 0 = 0 \cdot A = 0$ bei quadratischer Matrix A und quadratischer Nullmatrix

Die Nullmatrix hat eine ähnliche Bedeutung wie die Zahl 0 in der Zahlenrechnung; allerdings gilt:
Die Nullmatrix kann auch als Produkt von Matrix A und Matrix B entstehen, wenn beide Matrizen $\neq$ Nullmatrix sind, z. B.:

$$A = \begin{pmatrix} 2 & -1 \\ -4 & 2 \end{pmatrix} \qquad B = \begin{pmatrix} 3 & -1 \\ 6 & -2 \end{pmatrix} \qquad A \cdot B = \begin{pmatrix} 0 & 0 \\ 0 & 0 \end{pmatrix} = 0$$

5. $A \cdot I = A$ (m × n)-Matrix A · (n × n)-Einheitsmatrix I $\Rightarrow$ (m × n)-Matrix A
   $I \cdot A = A$ (m × m)-Einheitsmatrix · (m × n)-Matrix A $\Rightarrow$ (m × n)-Matrix A
   $A \cdot I = I \cdot A = A$ bei quadratischer (n-reihiger) Matrix A und quadratischer Einheitsmatrix I

Die Einheitsmatrix hat ebenso die Bedeutung eines neutralen Elementes wie die Zahl 1 in der Zahlenmenge, d.h. bei Multiplikation mit der Einheitsmatrix bleibt die Matrix A erhalten.

6. Multiplikation und Transposition zweier Matrizen sind unter bestimmten Bedingungen vertauschbar
$$(A \cdot B)' = B' \cdot A'$$

7. Für die Multiplikation eines Zeilenvektors a' mit einer Matrix B gilt:
$$a'_{(1 \times m)} \cdot B_{(m \times n)} = c'_{(1 \times n)}$$

Ein Zeilenvektor a' muss „von links" mit einer Matrix B multipliziert werden.
Das Ergebnis c' ist ein Zeilenvektor.
Ist a' der summierende Zeilenvektor, dann sind die Komponenten des Vektors c' gleich den Spaltensummen von B.
Für die Multiplikation einer Matrix A mit einem Spaltenvektor b gilt:
$$A_{(m \times n)} \cdot b_{(n \times 1)} = c_{(m \times 1)}$$

Ein Spaltenvektor b muss „von rechts" mit einer Matrix A multipliziert werden.
Das Ergebnis c ist ein Spaltenvektor.
Ist b der summierende Spaltenvektor, dann sind die Komponenten des Vektors c gleich den Zeilensummen von A.

8. Das Produkt eines Spaltenvektors a mit einem Zeilenvektor b' ergibt die Matrix $C = a \cdot b'$ (auch dyadisches Produkt genannt), z.B.:

$$a = \begin{pmatrix} 2 \\ 1 \\ 4 \end{pmatrix} \qquad b' = (3 \quad 5 \quad 7)$$

$$C = a \cdot b' = \begin{pmatrix} 2 \\ 1 \\ 4 \end{pmatrix} \cdot (3 \quad 5 \quad 7) = \begin{pmatrix} 6 & 10 & 14 \\ 3 & 5 & 7 \\ 12 & 20 & 28 \end{pmatrix}$$
$$(3 \times 1) \qquad (1 \times 3) \qquad (3 \times 3)$$

mit: $c_{11} = a_1 \cdot b_1 = 2 \cdot 3 = 6 \ldots c_{33} = a_3 \cdot b_3 = 4 \cdot 7 = 28$
$c_{12} = a_1 \cdot b_2 = 2 \cdot 5 = 10$

allgemein: $\quad a_{(n \times 1)} \cdot b'_{(1 \times n)} = c_{(n \times n)}$

9. Multipliziert man die n-reihige Matrix A mit sich selbst, so erhält man
$$A \cdot A = A^2, \qquad A \cdot A \cdot A \ldots = A^n$$
n-mal A als Faktor $\Rightarrow$ n-te Potenz von A

A Aufgaben

1. Wie lauten die Ergebnismatrizen nach folgenden Matrizenoperationen? (Nennen Sie zunächst den Typ der Matrizen. Verwenden Sie bei der Berechnung auch die Falk'sche Anordnung.)

a) $\begin{pmatrix} 2 & 1 \\ 5 & 4 \\ 3 & 2 \end{pmatrix} \cdot \begin{pmatrix} 0 & -3 & 4 \\ 2 & 1 & 7 \end{pmatrix}$
b) $\begin{pmatrix} 1 & 2 & 3 \\ 4 & 5 & 6 \\ 7 & 8 & 9 \end{pmatrix} \cdot \begin{pmatrix} 1 \\ 1 \\ 1 \end{pmatrix}$

c) $\begin{pmatrix} 2 & 0 & 0 \\ 0 & 2 & 0 \\ 0 & 0 & 2 \end{pmatrix} \cdot \begin{pmatrix} 6 & 10 \\ 5 & 13 \\ 4 & 7 \end{pmatrix}$
d) $\begin{pmatrix} 2 & 3 \\ 5 & 1 \end{pmatrix} \cdot \begin{pmatrix} 0 & 3 & 2 & 6 \\ 1 & 3 & 2 & 7 \end{pmatrix}$

e) $\left(\begin{pmatrix} 1 & 4 & 2 \\ 2 & 0 & 3 \end{pmatrix} \cdot \begin{pmatrix} 5 & 3 & 2 & 1 \\ 2 & 1 & 0 & 1 \\ 3 & 4 & 0 & 2 \end{pmatrix} \right) \cdot \begin{pmatrix} 1 \\ 2 \\ 4 \\ 8 \end{pmatrix}$

f) $\begin{pmatrix} 4 & 2 & 1 \\ 0 & 2 & 3 \end{pmatrix} \cdot \begin{pmatrix} 1 & 2 \\ 2 & 4 \\ 5 & 1 \end{pmatrix} + \begin{pmatrix} 0 & 1 & 3 \\ 2 & 3 & 1 \end{pmatrix} \cdot \begin{pmatrix} 10 & 2 \\ -3 & 3 \\ -3 & 1 \end{pmatrix}$

2. Gegeben sind die Matrizen A, b und c:

$A = \begin{pmatrix} 3 & 2 & 1 \\ 6 & 4 & 5 \\ 7 & 8 & 9 \end{pmatrix} \qquad b = \begin{pmatrix} 4 \\ 3 \\ 2 \end{pmatrix} \qquad c = \begin{pmatrix} -3 \\ -2 \\ -1 \end{pmatrix}$

a) Wie lauten die Ergebnismatrizen

$A \cdot b$, $A \cdot c$, $A' \cdot b$, $A' \cdot c$, $b' \cdot A$, $c' \cdot A$, $b' \cdot c$, $c' \cdot b$, $b \cdot c'$, $c \cdot b'$?

b) Gilt die Aussage: $(A \cdot b)' = b' \cdot A'$?

3. Gegeben sind die (m × l)-Matrix A und die (1 × n)-Matrix B. Welche Zahl kann bzw. muss man für den Platzhalter z einsetzen, damit die Produktmatrix c gebildet werden kann und von welcher Ordnung ist die Produktmatrix?

a) $A_{(5 \times z)} \cdot B_{(4 \times 3)}$
b) $A_{(z \times 1)} \cdot B_{(1 \times 3)}$
c) $A_{(1 \times 3)} \cdot B_{(z \times 1)}$
d) $A_{(3 \times z)} \cdot B_{(3 \times 3)}$
e) $A_{(3 \times 2)} \cdot B_{(2 \times z)}$

4. Gegeben sei die Matrix: $A = \begin{pmatrix} 3 & 2 & 1 \\ 6 & 4 & 5 \\ 7 & 8 & 9 \end{pmatrix}$

a) Multiplizieren Sie A nacheinander von links mit den Matrizen B, C, D und untersuchen Sie die dadurch ausgelösten Veränderungen der Matrix A.

$B = \begin{pmatrix} 1 & 0 & 0 \\ 0 & 0 & 1 \\ 0 & 1 & 0 \end{pmatrix} \qquad C = \begin{pmatrix} 1 & 0 & 0 \\ 0 & 1 & 0 \\ 0 & 0 & 3 \end{pmatrix} \qquad D = \begin{pmatrix} 1 & 0 & 0 \\ 0 & 1 & 0 \\ 2 & 0 & 1 \end{pmatrix}$

b) Mit welcher Matrix müsste man A von links multiplizieren, um
1. die erste und zweite Zeile zu vertauschen,
2. die dritte Zeile mit dem Faktor -3 zu multiplizieren,
3. alle Elemente von A zu vervierfachen?

5. Gegeben sind die Matrizen:

$$A = \begin{pmatrix} -3 & 2 & 4 \\ 9 & 1 & -2 \\ 4 & 2 & 4 \end{pmatrix} \quad B = \begin{pmatrix} 2 & 0 & 0 \\ 0 & 2 & 0 \\ 0 & 0 & 2 \end{pmatrix} \quad C = k \cdot \begin{pmatrix} 1 & 0 & 0 \\ 0 & 1 & 0 \\ 0 & 0 & 1 \end{pmatrix}$$

a) Welche Auswirkungen hat die Multiplikation $A \cdot B$?
b) Gilt: $A \cdot B = B \cdot A$? Erläutern Sie das Ergebnis.
c) Berechnen Sie $A \cdot C$ und $C \cdot A$ und nennen Sie Beispiele für kommutative Matrizenmultiplikationen.

6. Bei den nachfolgenden Aufgaben ist die Rohstoffverbrauchsmatrix (Grundstoffverbrauchsmatrix) für Fertigungsprozesse, die in zwei Stufen ablaufen, zu ermitteln.
In der Praxis findet man vergleichbare Vorgänge z. B. bei der Herstellung von Lebensmitteln oder bei der Herstellung von Verbrauchsgütern aus Baumodulen, die von Zulieferern produziert werden.
Auf der 1. Stufe werden Rohstoffe R_i, $1 \leq i \leq m$ zu Zwischenprodukten Z_j, $1 \leq j \leq n$ verarbeitet. Auf der 2. Stufe werden die Zwischenprodukte zu Endprodukten (Fertigfabrikaten) E_k, $1 \leq k \leq l$ des Unternehmens verarbeitet. Der Bedarf an Rohstoffen je Zwischenprodukt ist aus der ersten Technologiematrix (Inputmatrix, Verflechtungsmatrix) A, der Bedarf an Zwischenprodukten je Endprodukt aus der zweiten Technologiematrix B ersichtlich. Die Elemente dieser Matrizen bezeichnet man als Produktionskoeffizienten.
Ermitteln Sie die Rohstoffverbrauchsmatrix, aus der der Rohstoffverbrauch in ME für je 1 ME der Endprodukte abgelesen werden kann.

a)

Matrix A

	Z_1	Z_2	Z_3
R_1	3	1	0
R_2	4	3	2
R_3	1	0	3
R_4	5	1	4

Matrix B

	E_1	E_2	E_3
Z_1	2	0	1
Z_2	6	3	3
Z_3	0	7	2

b)

	Z_1	Z_2	Z_3
R_1	0	3	2
R_2	1	1	2
R_3	4	6	0
R_4	1	4	3

	E_1	E_2	E_3
Z_1	1	1	1
Z_2	3	2	3
Z_3	1	3	2

c)

	Z_1	Z_2	Z_3	Z_4
R_1	3	1	0	2
R_2	4	3	2	3
R_3	1	0	3	1

	E_1	E_2
Z_1	2	0
Z_2	2	3
Z_3	5	2
Z_4	7	1

d) Durch materialsparende Produktion gelingt es bei a), den Rohstoffverbrauch von R_2 für Z_1 zu halbieren. Wie lauten dann der neue Produktionskoeffizient a_{12} und die neue Rohstoffverbrauchsmatrix?

7. Aus nachfolgender Matrix kann der Absatz dreier Produkte K_1, K_2, K_3 einer Unternehmung im zweiten Quartal eines Jahres entnommen werden.

$$\begin{array}{c} \quad K_1 \quad K_2 \quad K_3 \\ \begin{array}{c} April \\ Mai \\ Juni \end{array} \begin{pmatrix} 50 & 100 & 20 \\ 40 & 110 & 30 \\ 45 & 80 & 70 \end{pmatrix} \end{array}$$

Die Stückpreise betragen für K_1 40, für K_2 20, für K_3 30 EUR.

a) Wie hoch waren die Umsatzerlöse der Produkte in den jeweiligen Monaten und insgesamt?
b) Wie hoch waren die Umsatzerlöse der Produkte in den Monaten und insgesamt, wenn der Preis für K_1 um 10 % erhöht und der Preis für K_2 um 10 % reduziert wurde?

4.3.6 Anwendungen der Matrizenrechnung

4.3.6.1 Ein Input-Output-Modell einer Produktionsunternehmung

◆ **Das Basismodell**

Man bezeichnet einen Produktionsprozess, bei dem die Endprodukte durch einen einzigen Fertigungsvorgang aus den Grundstoffen hergestellt werden, als „einstufigen Produktionsprozess".

Wir betrachten einen Möbelfabrikanten, der aus 3 Grundelementen G_1, G_2, G_3 drei Arten von Möbeln E_1, E_2, E_3 herstellt. Die Produktionsbedingungen der Planungsperiode t der Unternehmung können durch folgende Matrizen und Vektoren beschrieben werden:

a) *die Technologiematrix T für den Bedarf an Grundelementen G_i, $1 \leq i \leq 3$, zur Fertigung von je einem Möbelstück E_j, $1 \leq j \leq 3$*

$$\begin{array}{c} \quad E_1 \quad E_2 \quad E_3 \\ T = \begin{array}{c} G_1 \\ G_2 \\ G_3 \end{array} \begin{pmatrix} 1 & 0 & 4 \\ 3 & 1 & 2 \\ 4 & 3 & 1 \end{pmatrix} \end{array}$$

b) *den Bestellmengenvektor c für die Käufernachfrage nach Möbeln der Unternehmung mit c_j, $1 \leq j \leq 3$, als nachgefragter Menge an Möbelstück E_j, $1 \leq j \leq 3$*

$$c = \begin{pmatrix} 100 \\ 160 \\ 220 \end{pmatrix}$$

c) *den Stückkostenvektor k' der Grundelemente mit k_i, $1 \leq i \leq 3$ als Stückkosten je verarbeitetes Grundelement G_i, $1 \leq i \leq 3$*

$$k' = (8 \quad 11 \quad 14)$$

d) *den Preisvektor p' der Verkaufspreise mit p_j, $1 \leq j \leq 3$, als Verkaufspreis je abgesetztes Möbelstück E_j, $1 \leq j \leq 3$*

$$p' = (110 \quad 60 \quad 80)$$

Weitere Informationen sind auf dieser Planungsstufe zunächst nicht zu berücksichtigen.

Aufgaben:

1. Welche Stückzahlen an Grundelementen sind für die Durchführung der Kundenaufträge bereitzustellen?
2. Welche Kosten entstehen für die Herstellung der verschiedenen Fertigprodukte
   a) je Einzelstück E_j, $1 \leq j \leq 3$,
   b) für den gesamten Produktionsprozess?
3. Mit welchen Erlösen kann die Unternehmung rechnen?
4. Wie hoch fällt der Gesamtgewinn der Produktion aus?
5. Welches Produkt erzielt den höchsten Stückgewinn, welches Produkt den höchsten Gesamtgewinn?
6. Angenommen, die Stückkosten für G_1 steigen um 4 GE auf 12 GE und die Nachfrage nach G_3 sinkt gleichzeitig auf 200 ME. Welche Auswirkungen hätte dies auf das Unternehmensergebnis?
7. Entwickeln Sie ein Input-Output-Modell der Unternehmung bei einstufiger Fertigung, das diese Zusammenhänge in allgemein gültiger Form darstellt. Welchen Nutzen kann ein solches Modell für die Planung des Unternehmensprozesses haben?

Entwicklung eines Lösungsverfahrens:

Zu 1. Der Bedarf an Grundelementen zur Durchführung der Kundenaufträge kann durch Multiplikation der Matrix T von rechts mit dem Vektor c ermittelt werden. Der Bedarfsmengenvektor b = T · c lautet dann:

$$b = T \cdot c = \begin{pmatrix} 1 & 0 & 4 \\ 3 & 1 & 2 \\ 4 & 3 & 1 \end{pmatrix} \cdot \begin{pmatrix} 100 \\ 160 \\ 220 \end{pmatrix} = \begin{pmatrix} 980 \\ 900 \\ 1\,100 \end{pmatrix}$$

Die Matrizenoperation: Matrix · Vektor = Vektor (T · c = b) ist eine „Abbildung des Vektors c auf den Vektor b".

Zu 2. a) Den Kostenvektor der Endprodukte erhält man, indem man T von links mit dem Stückkostenvektor der Grundelemente k′ multipliziert:

$$k' \cdot T = (8 \quad 11 \quad 14) \cdot \begin{pmatrix} 1 & 0 & 4 \\ 3 & 1 & 2 \\ 4 & 3 & 1 \end{pmatrix} = (97 \quad 53 \quad 68)$$

(Selbstkostenvektor der Endprodukte)

b) Die Gesamtkosten der Produktion K ergeben sich als Skalarprodukt, wenn man den Kostenvektor der Endprodukte k′ · T mit den Nachfragemengen c der Endprodukte von rechts multipliziert:

$$K = k' \cdot T \cdot c = (97 \quad 53 \quad 68) \cdot \begin{pmatrix} 100 \\ 160 \\ 220 \end{pmatrix} = 33\,140,$$

mit den Kosten für Endprodukt E_1: 97 · 100 = 9 700
mit den Kosten für Endprodukt E_2: 53 · 160 = 8 480
mit den Kosten für Endprodukt E_3: 68 · 220 = 14 960
                                              33 140

Natürlich könnte man die Gesamtkosten K auch als Skalarprodukt von Stückkostenvektor k' und Bedarfsmengenvektor b ermitteln:

$$K = k' \cdot b = k' \cdot (T \cdot c) = (8 \quad 11 \quad 14) \cdot \begin{pmatrix} 980 \\ 900 \\ 1\,100 \end{pmatrix} = 33\,140$$

Zu 3. Analog zu den Gesamtkosten K können wir den Gesamterlös E als Skalarprodukt des Vektors der Verkaufspreise p' mit dem Nachfragemengenvektor c ermitteln:

$$E = p' \cdot c = (110 \quad 60 \quad 80) \cdot \begin{pmatrix} 100 \\ 160 \\ 220 \end{pmatrix} = 38\,200,$$

mit dem Erlös für Endprodukt E_1: $110 \cdot 100 = 11\,000$
mit dem Erlös für Endprodukt E_2: $\;\;60 \cdot 160 = \;\;9\,600$
mit dem Erlös für Endprodukt E_3: $\;\;80 \cdot 220 = 17\,600$
$\qquad\qquad\qquad\qquad\qquad\qquad\qquad\overline{38\,200}$

Zu 4. Der Gesamtgewinn $G = E - K$ ergibt sich somit wie folgt:

$E = p' \cdot c$	38 200
$- K = k' \cdot T \cdot c$	33 140
$= G = p' \cdot c - k' \cdot T \cdot c$	5 060

Zu 5. Der Vektor der Reingewinne g' je Produkt E_j, $1 \leq j \leq 3$ wird errechnet durch Subtraktion des Selbstkostenvektors vom Verkaufspreisvektor.

$$g' = p' - k'T = (110 \quad 60 \quad 80) - (97 \quad 53 \quad 80) = (13 \quad 7 \quad 12)$$

Der höchste Stückgewinn entspricht dem Maximum der Vektorkomponenten von g':

$$\max_{1 \leq i \leq 3} g_i = 12$$

Der höchste Gewinnbeitrag entspricht dem Maximum der Produkte der Reingewinne mit den nachgefragten Mengen:

$$\max_{1 \leq i \leq 3} g_i \cdot c_i = g_3 \cdot c_3 = 12 \cdot 220 = 2\,640$$

Zu 6. Durch die Änderung von k_1 und c_3 entsteht eine neue Situation, die in den Vektoren k' und c zum Ausdruck kommt:

$$k' = (12 \quad 11 \quad 14)$$

$$c = \begin{pmatrix} 100 \\ 160 \\ 200 \end{pmatrix}$$

Daraus folgt für die Gesamtkosten $K = k' \cdot T \cdot c$:

$$K = k' \cdot T \cdot c = (12 \quad 11 \quad 14) \cdot \begin{pmatrix} 1 & 0 & 4 \\ 3 & 1 & 2 \\ 4 & 3 & 1 \end{pmatrix} \cdot \begin{pmatrix} 100 \\ 160 \\ 200 \end{pmatrix} = 35\,380$$

(Zunächst $k' \cdot T$ und dann $(k' \cdot T) \cdot c$ berechnen.)

und für die Erlöse $E = p' \cdot c$

$$E = p' \cdot c = (110 \quad 60 \quad 80) \cdot \begin{pmatrix} 100 \\ 160 \\ 200 \end{pmatrix} = 36\,600.$$

In diesem Fall erzielt die Unternehmung einen Gewinn von

$$G = E - K = 36\,600 - 35\,380 = 1\,220.$$

Zu 7. Zusammenfassung

Von einer Unternehmung, die in einem einstufigen Produktionsprozess aus i Grundstoffen j Endprodukte herstellt, sind folgende Daten bekannt:
- die (m × n)-Technologiematrix T mit $1 \leq i \leq m$, $1 \leq j \leq n$
- der Bestellmengen-(Absatzmengen-, Nachfrage-)vektor c der Endprodukte E_j
- der Stückkostenvektor k' je Einheit der Grundstoffe i
- der Verkaufspreisvektor p' je Einheit der Endprodukte j

Die Unternehmung ist ein offenes Input-Output-System von Produktionsfaktoren. Sie bezieht Leistungen von anderen Märkten, verwertet diese Leistungen im eigenen Produktionsprozess und stellt neue Produkte für ihre Absatzmärkte her.

Die von den Beschaffungsmärkten zur Befriedigung der Kundennachfrage c bezogenen Faktormengen stellen den Mengeninput der Unternehmung dar, der mit seinen Anschaffungspreisen k' bewertet, dann die Kosten der Unternehmung ergibt:

$$K = k' \cdot T \cdot c$$

Im Sinne der klassischen Kostenrechnung handelt es sich dabei um die so genannten Materialeinzelkosten der Fertigung.

Die auf den Absatzmärkten verkauften Produkte bilden den Mengenoutput der Unternehmung. Die Verkaufsmengen mit Verkaufspreisen bewertet ergeben die Erlöse E der Unternehmung:

$$E = p' \cdot c$$

Der Unternehmungserfolg G errechnet sich aus dem Saldo von Erlösen und Kosten:

$$G = E - K$$

In knapper Form lässt sich das Input-Output-Modell der Produktionsunternehmung wie folgt zusammenfassen:

$$\begin{array}{r} E = p' \cdot c \\ - K = k' \cdot T \cdot c \\ \hline = G = p' \cdot c - k' \cdot T \cdot c \end{array}$$

bzw.

$$G = E - K = p' \cdot c - k' \cdot T \cdot c = (p' - k' \cdot T) \cdot c$$

Die Darstellung von Kosten, Preisen, Mengen etc. in Form von Vektoren und Matrizen erscheint dem kaufmännischen Praktiker, dem die Anordnung dieser Daten in Tabellen mit parallelen Zahlenreihen vertraut ist, zunächst gewöhnungsbedürftig und erfordert ein gewisses Umdenken. Die Aufbereitung der Unternehmensdaten zu Matrizen und Vektoren ist aus mathematischen Gründen jedoch notwen-

dig, um diese Planungsaufgaben mit den Mitteln der linearen Algebra lösen zu können.
Der Erkenntniswert dieses zugegebenermaßen sehr einfachen Modells und sein Nutzen für Unternehmensentscheidungen bestehen darin, dass der Zusammenhang zwischen Nachfrage, Grundstoffbedarf, Kosten, Erlösen und Gewinn transparent gemacht werden kann. Die Auswirkungen von Technologie-, Kosten-, Nachfrage- und Erlösveränderungen auf den Produktionsprozess und das Unternehmensergebnis können berechnet werden.
Insbesondere mit computergestützten Managementinformationssystemen lassen sich die entscheidungsrelevanten Informationen sehr schnell gewinnen. Damit erhält man ein geeignetes Instrument für die Unternehmensplanung.

A Aufgaben

Von einer Unternehmung, die in einem einstufigen Produktionsprozess aus drei Rohstoffen drei Fertigprodukte herstellt, sind folgende Daten bekannt:

a) die Technologiematrix T

$$T = \begin{matrix} & E_1 & E_2 & E_3 \\ R_1 & \begin{pmatrix} 3 & 1 & 7 \\ R_2 & 1 & 3 & 2 \\ R_3 & 1 & 4 & 3 \end{pmatrix} \end{matrix}$$

b) der Bestellmengenvektor c

$$c = \begin{pmatrix} 300 \\ 200 \\ 500 \end{pmatrix}$$

c) der Stückkostenvektor k' $k' = (5 \quad 2 \quad 4)$

d) der Preisvektor p' $p' = (120 \quad 70 \quad 80)$

1. Welche Mengen an Rohstoffen sind für die Durchführung der Kundenaufträge bereitzustellen?
2. Welche Kosten entstehen für den gesamten Produktionsprozess?
3. Mit welchen Erlösen kann die Unternehmung rechnen?
4. Wie hoch fällt der Gesamtgewinn der Produktion aus?

◆ **Das erweiterte Basismodell**

Das Beispiel des Möbelherstellers aus dem Basismodell soll wieder aufgegriffen werden.

$$T = \begin{matrix} & E_1 & E_2 & E_3 \\ G_1 & \begin{pmatrix} 1 & 0 & 4 \\ G_2 & 3 & 1 & 2 \\ G_3 & 4 & 3 & 1 \end{pmatrix} \end{matrix}$$

$$c = \begin{pmatrix} 100 \\ 160 \\ 220 \end{pmatrix}$$

$$k' = (8 \quad 11 \quad 14)$$

Folgende Informationen sind bei der Produktionsplanung neben den Produktionsbedingungen T, c, k' und p zu berücksichtigen:

– zur Aufrechterhaltung jederzeitiger Lieferbereitschaft sollen nach den Erfahrungswerten der Vergangenheit folgende Stückzahlen der Endprodukte E_j,

$1 \leq j \leq 3$, auf Lager gehalten werden, die im Lagerhaltungsvektor l zusammengefasst sind:

$$l = \begin{pmatrix} 25 \\ 40 \\ 55 \end{pmatrix}$$

- bei der Herstellung der Möbel fallen noch Lohnkosten und Kosten für den Maschineneinsatz (Abschreibungen und Energiekosten) an. Die Lohnkosten/Stunde und die Kosten des Maschineneinsatzes/Stunde betragen 5 bzw. 3 EUR. Das ergibt den Kostenvektor:

$$k_1' = (5 \quad 3)$$

Der Bedarf an Arbeitsstunden/Stück und an Maschinenstunden/Stück von E_j ergibt sich auf folgender Matrix T_1:

$$T_1 = \begin{matrix} \\ A \\ M \end{matrix} \begin{matrix} E_1 & E_2 & E_3 \\ \begin{pmatrix} 1 & 1 & 2 \\ 2 & 2 & 1 \end{pmatrix} \end{matrix}$$

- Unabhängig von den beschäftigungsabhängigen Kosten (variablen Kosten, Einzelkosten) fallen in der Unternehmung auch fixe Kosten K_f in Höhe von 200 an.

Aufgaben:
1. Welche Stückzahlen an Grundelementen sind für die Durchführung der Kundenaufträge und für die Lagervorräte zu beschaffen?
2. Welche Kosten entstehen
   a) für den gesamten Produktionsprozess,
   b) für die Produktion der Lagervorräte,
   c) für den Einsatz von Arbeitskräften und Maschinen?
3. Mit welchen Erlösen kann die Unternehmung rechnen?
4. Wie hoch fällt das Unternehmensergebnis aus
   a) wenn alle Kosten der Unternehmung berücksichtigt werden,
   b) wenn den Umsatzerlösen nur die auf die verkauften Produkte entfallenden Kosten und die fixen Kosten gegenübergestellt werden?
5. Welche Probleme wirft die Lagerhaltung bezüglich des Kapitalbedarfs und der Finanzierung auf?
6. Entwickeln Sie ein Input-Output-Modell der Unternehmung bei einstufiger Fertigung für das erweiterte Modell.

Entwicklung eines Lösungsverfahrens:

Zu 1. Der Bedarf an Grundelementen zur Durchführung der Kundenaufträge und zur Bereitstellung der Lagervorräte kann durch Multiplikation der Matrix T von rechts mit den Vektoren (c + l) ermittelt werden. Der Bedarfsmengenvektor $b = T \cdot (c + l)$ lautet dann:

$$b = T \cdot (c + l) = \begin{pmatrix} 1 & 0 & 4 \\ 3 & 1 & 2 \\ 4 & 3 & 1 \end{pmatrix} \cdot \begin{pmatrix} 100 \\ 160 \\ 220 \end{pmatrix} + \begin{pmatrix} 25 \\ 40 \\ 55 \end{pmatrix}$$

$$b = T \cdot (c + l) = \begin{pmatrix} 1 & 0 & 4 \\ 3 & 1 & 2 \\ 4 & 3 & 1 \end{pmatrix} \cdot \begin{pmatrix} 125 \\ 200 \\ 275 \end{pmatrix} = \begin{pmatrix} 1\,225 \\ 1\,125 \\ 1\,375 \end{pmatrix}$$

Zur Unterscheidung von c und l nennt man c auch den „externen Bestellmengenvektor" und l den „internen Bestellmengenvektor".

Zu 2. a) Die Gesamtkosten der Produktion K können unter Berücksichtigung der Lohn- und Maschineneinsatzkosten folgendermaßen ermittelt werden: Zunächst wird der Einzelkostenvektor k' um die Arbeits- und Maschinenstundenkosten A und M erweitert:

$$\begin{array}{cc} \text{Material} & \text{A M} \\ k' = (8 \quad 11 \quad 14 & 5 \quad 3) \end{array}$$

Sodann wird die Matrix T um den Bedarf an Arbeits- bzw. Maschinenstunden je Einheit von E_j verlängert:

$$T = \begin{array}{c} \\ G_1 \\ G_2 \\ G_3 \\ \cdots \\ A \\ M \end{array} \begin{pmatrix} E_1 & E_2 & E_3 \\ 1 & 0 & 4 \\ 3 & 1 & 2 \\ 4 & 3 & 1 \\ \cdots & \cdots & \cdots \\ 1 & 1 & 2 \\ 2 & 2 & 1 \end{pmatrix}$$

Die gesamten Kosten K des Produktionsprozesses sind dann gleich $k' \cdot T \cdot (c + l)$:

$$k' \cdot T \cdot (c + l) = (8 \quad 11 \quad 14 \quad 5 \quad 3) \cdot \begin{pmatrix} 1 & 0 & 4 \\ 3 & 1 & 2 \\ 4 & 3 & 1 \\ 1 & 1 & 2 \\ 2 & 2 & 1 \end{pmatrix} \cdot \begin{pmatrix} 125 \\ 200 \\ 275 \end{pmatrix}$$

Wir ermitteln zuerst $k' \cdot T$:

$$k' \cdot T = (8 \quad 11 \quad 14 \quad 5 \quad 3) \cdot \begin{pmatrix} 1 & 0 & 4 \\ 3 & 1 & 2 \\ 4 & 3 & 1 \\ 1 & 1 & 2 \\ 2 & 2 & 1 \end{pmatrix} = (108 \quad 64 \quad 81)$$

und dann $(k' \cdot T) \cdot (c + l) = K$:

$$K = (k' \cdot T) \cdot (c + l) = (108 \quad 64 \quad 81) \cdot \begin{pmatrix} 125 \\ 200 \\ 275 \end{pmatrix} = 48\,575$$

b) Die Kosten L für die Produktion der Lagervorräte betragen $k' \cdot T \cdot l$:

$$L = k' \cdot T \cdot l = (8 \quad 11 \quad 14 \quad 5 \quad 3) \cdot \begin{pmatrix} 1 & 0 & 4 \\ 3 & 1 & 2 \\ 4 & 3 & 1 \\ 1 & 1 & 2 \\ 2 & 2 & 1 \end{pmatrix} \cdot \begin{pmatrix} 25 \\ 40 \\ 55 \end{pmatrix} =$$

$$L = (k' \cdot T) \cdot l = (108 \quad 64 \quad 81) \cdot \begin{pmatrix} 25 \\ 40 \\ 55 \end{pmatrix} = 9\,715$$

c) Die Kosten für den Arbeits- und Maschineneinsatz der Gesamtproduktion betragen:

$$(5 \quad 3) \cdot \begin{pmatrix} 1 & 1 & 2 \\ 2 & 2 & 1 \end{pmatrix} \cdot \begin{pmatrix} 125 \\ 200 \\ 275 \end{pmatrix} = (11 \quad 11 \quad 13) \cdot \begin{pmatrix} 125 \\ 200 \\ 275 \end{pmatrix} = 7\,150$$

Zu 3. Der Gesamterlös $E = p' \cdot c$ aus Verkäufen beträgt:

$$E = p' \cdot c = (120 \quad 70 \quad 90) \cdot \begin{pmatrix} 100 \\ 160 \\ 220 \end{pmatrix} = 43\,000$$

Zu 4. a) Das Gesamtergebnis der Unternehmung unter Berücksichtigung aller Kosten $G = E - (K + K_f)$ ergibt sich wie folgt:

$E = p' \cdot c$	43 000
$- K = k' \cdot T \cdot (c + l)$	48 575
$- K_f$	200
$= G = p' \cdot c - (k' \cdot T \cdot (c + l) + K_f)$	$-5\,775$

b) Das Ergebnis der Unternehmung unter Berücksichtigung der Produktionskosten der verkauften Produkte $G = E - ((K - L) + K_f)$ ergibt sich wie folgt:

$E = p' \cdot c$	43 000
$- (K - L) = k' \cdot T \cdot c$	38 860
$- K_f$	200
$= G = p' \cdot c - (k' \cdot T \cdot c + K_f)$	3 940

Zu 5. Wenn ein bestimmter Lagervorrat zur unverzüglichen Erfüllung von Kundenwünschen bereitgehalten werden soll, so erfordert dies zunächst Kapital in Höhe der Herstellungskosten der Vorräte. In unserem Beispiel beläuft sich dieser Kapitalbedarf auf 9 715.
Die Finanzierung der Lagervorräte kann entweder aus eigenen Mitteln oder durch Kredite erfolgen. In beiden Fällen ist das Kapital in den Vorräten gebunden und für andere Zwecke nicht verfügbar.
Zum Kapitalbedarf für die Vorräte kommen noch Folgekosten der Finanzierung hinzu:

- bei der Eigenfinanzierung der Vorräte entgehen der Unternehmung Erträge aus der Nutzung anderweitiger Investitionsmöglichkeiten,
- bei der Fremdfinanzierung der Vorräte fallen Zinsaufwendungen für die Kredite auf die Lagerhaltung an.

Zu 6. Zusammenfassung des erweiterten Modells

Von einer Unternehmung, die in einem einstufigen Produktionsprozess aus i Grundstoffen j Endprodukte herstellt, sind folgende Daten bekannt:

- die $((m + f) \times n)$-Technologiematrix T mit $1 \leq i \leq m$, $1 \leq j \leq n$, welche aus der $(m \times n)$-Teilmatrix für den Bedarf an Grundstoffen je Endprodukteinheit und der $(f \times n)$-Teilmatrix für den Bedarf an Produktionsfaktoren „Arbeit" und „Maschinen" je Endprodukteinheit zusammengesetzt ist
- der Bestellmengen-(Absatzmengen-, Nachfrage-)vektor c der Endprodukte E_j
- der Lagerhaltungsmengenvektor l der Endprodukte E_j; den der Lagerhaltung entsprechenden Kapitalbedarf bezeichnen wir mit L
- der Stückkostenvektor k' je Einheit der Grundstoffe i und je Leistungseinheit „Arbeit" und „Maschinen". Der Vektor der Grundstoffkosten ist

eine (1 × m)-Matrix, der Vektor der Faktorkosten eine (1 × f)-Matrix. Zusammengefasst ergeben diese Vektoren eine (1 × (m + f))-Matrix.
- die fixen Kosten K_f der Unternehmung je Abrechnungsperiode
- der Verkaufspreisvektor p' je Einheit der Endprodukte E_j

Die von den Beschaffungsmärkten zur Befriedigung der Kundennachfrage c und der Herstellung der Lagervorräte l bezogenen Faktormengen stellen den Mengeninput der Unternehmung dar, der mit seinen Anschaffungspreisen k' bewertet dann die Herstellungskosten der Produktion ergibt:

$$K = k' \cdot T \cdot (c + l)$$

Die auf den Absatzmärkten verkauften Produkte bilden den Mengenoutput der Unternehmung. Mit ihren Verkaufspreisen bewertet, ergeben sie die Erlöse der Unternehmung:

$$E = p' \cdot c$$

Der Unternehmungserfolg G errechnet sich aus dem Saldo von Erlösen und Kosten, wenn alle Produktionskosten und die fixen Kosten zu berücksichtigen sind:

$$G = E - (K + K_f)$$

In knapper Form lässt sich das Input-Output-Modell der Produktionsunternehmung wie folgt zusammenfassen:

$$\boxed{\begin{array}{l} E = p' \cdot c \\ - K = k' \cdot T \cdot (c + l) \\ - K_f \\ \hline = G = p' \cdot c - (k' \cdot T \cdot (c + l) + K_f) \end{array}}$$

bzw.

$$\boxed{G = E - K = p' \cdot c - k' \cdot T \cdot (c + l) - K_f}$$

Wenn in die Ermittlung des Unternehmensergebnisses der Rechnungsperiode nur die Kosten eingehen sollen, die den Erlösen der verkauften Produkte zuzurechnen sind, und die fixen Kosten, dann verändert sich dieser Ansatz geringfügig:

$$G = E - ((K - l) + K_f)$$

oder:

$$\boxed{\begin{array}{l} E = p' \cdot c \\ - (K - L) = k' \cdot T \cdot c \\ - K_f \\ \hline = G = p' \cdot c - k' \cdot T \cdot c - K_f \end{array}}$$

bzw.

$$\boxed{\begin{array}{l} G = E - K = p' \cdot c - (k' \cdot T \cdot c + K_f) \\ G = E - K = (p' - k' \cdot T) \cdot c - K_f \end{array}}$$

A Aufgaben

Gegeben ist ein einstufiger, erweiterter Produktionsprozess, der durch folgende Matrizen und Vektoren beschrieben werden kann:

$$T = \begin{matrix} & E_1 & E_2 & E_3 \\ G_1 \\ G_2 \\ G_3 \end{matrix} \begin{pmatrix} 0 & 1 & 3 \\ 3 & 2 & 1 \\ 4 & 2 & 1 \end{pmatrix}$$

$$c = \begin{pmatrix} 100 \\ 150 \\ 200 \end{pmatrix}$$

$$k' = (10 \quad 11 \quad 12); \qquad p' = (100 \quad 80 \quad 90)$$

$$l = \begin{pmatrix} 20 \\ 10 \\ 10 \end{pmatrix}$$

Der Vektor der Faktorkosten für „Arbeit" und „Maschinen" lautet:

$$k'_1 = (3 \quad 4)$$

Der Bedarf an Arbeitsstunden/Stück und an Maschinenstunden/Stück von E_j ergibt sich aus folgender Matrix T_1:

$$T_1 = \begin{matrix} & E_1 & E_2 & E_3 \\ A \\ M \end{matrix} \begin{pmatrix} 2 & 3 & 2 \\ 2 & 1 & 1 \end{pmatrix}$$

Die fixen Kosten je Rechnungsperiode betragen 500 GE.

1. Welche Kosten entstehen
   a) für den gesamten Produktionsprozess,
   b) für die Produktion der Lagervorräte?

2. Mit welchen Erlösen kann die Unternehmung rechnen?

3. Wie hoch fällt das Unternehmensergebnis aus, wenn den Umsatzerlösen nur die auf die verkauften Produkte entfallenden Kosten und die fixen Kosten gegenübergestellt werden?

4.3.6.2 Ein Input-Output-Modell mit unternehmensinternem Leistungsaustausch

Eine Unternehmung fertigt in zwei Abteilungen zwei Elektromotoren E_1, E_2 verschiedener Bauart. Diese Motoren werden primär für die Absatzmärkte produziert, aber wegen ihrer vielseitigen Verwendungsmöglichkeiten auch im eigenen Betrieb eingesetzt, d.h. ein Teil des Outputs der Unternehmung geht wieder als Input in die Unternehmung ein:

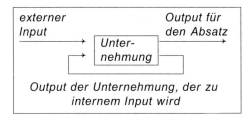

Output der Unternehmung, der zu internem Input wird

Die Gesamtproduktion einer Periode t und ihre unternehmensinterne Verwendung kann aus folgender Tabelle abgelesen werden:

Typ	Totaloutput (Gesamtproduktion)	nach von	unternehmensinterner Input Abtlg. I	Abtlg. II
E_1	200	Abtlg. I	5	15
E_2	300	Abtlg. II	30	24

Die Elektromotoren E_j, $j = 1, 2$ werden in einem einstufigen Fertigungsprozess unter Einsatz der Produktionsfaktoren F_1 = Werkstoffe, F_2 = Arbeit und F_3 = Technische Anlagen/Maschinen hergestellt. Der Mengenbedarf an Produktionsfaktoren F_i, $1 \leq i \leq 3$, für die Herstellung je eines Motors geht aus folgender Input- bzw. Technologiematrix B hervor:

$$B = \begin{array}{c} \\ F_1 \\ F_2 \\ F_3 \end{array} \begin{pmatrix} E_1 & E_2 \\ 4 & 2 \\ 0{,}5 & 5 \\ 2 & 2 \end{pmatrix}$$

Die Produktionsfaktoren müssen auf den Faktormärkten beschafft werden. Die Kosten je Faktoreinheit k_j, $1 \leq j \leq 3$ sind im Vektor k' zusammengefasst:

$$k' = (10 \quad 6 \quad 5)$$

Die Aufrechterhaltung des Produktionsprozesses erfordert Fixkosten von 300. Der Preisvektor p' nennt die Stückpreise p_j, $j = 1, 2$, mit denen die Endprodukte auf den Absatzmärkten verkauft werden:

$$p' = (80 \quad 60)$$

Aufgaben:

1. Welche Stückzahlen an Fertigfabrikaten wurden auf den Absatzmärkten verkauft? Das Ergebnis ist in die nachstehende Tabelle einzutragen.

Typ	Totaloutput (Gesamtproduktion)	nach von	unternehmensinterner Input Abtlg. I	Abtlg. II	Output für den Absatz
E_1	200	Abtlg. I	5	15	
E_2	300	Abtlg. II	30	24	

2. Wie kann der Produktionsprozess der Unternehmung so in einem System von Vektoren und Matrizen abgebildet werden, dass
   - aus dem Vektor x der gesamte Output der Unternehmung, (mit x_i = Outputmenge von Produkt i)
   - aus der Matrix X der unternehmensinterne Input, (mit x_{ij} = Output von Sektor i in Sektor j)
   - aus dem Vektor c die Absatzmengen, (mit c_i = Absatz von Produkt i)
   - aus einem Vektor x − c der interne Input ersichtlich werden?
3. Die Matrix X des unternehmensinternen Inputs ist so umzugestalten, dass anstelle der absoluten Produktionskoeffizienten relative Produktionskoeffizienten treten, aus denen erkennbar wird, welche Anteile von der gesamten Produktion der einzelnen Fabrikate in den Produktionsprozess der Unternehmung zurückfließen.
4. Wie lassen sich Matrizengleichungen formulieren, mit denen
   a) der Zusammenhang von Output x, internem Input A und Absatz c beschrieben werden können,
   b) der Absatzvektor c als abhängige Größe des Vektors x und des internen Inputs dargestellt werden kann?
5. Welche Erlöse fließen der Unternehmung aus dem Verkauf ihrer Produkte zu?
6. Welche Kosten entstehen der Unternehmung durch die Produktion?
7. Welches Unternehmensergebnis wird erwirtschaftet?
8. Wie lassen sich die erarbeiteten Ergebnisse zu einem offenen Input-Output-Modell einer Unternehmung mit unternehmensinternem Input zusammenfassen?

Entwicklung eines Lösungsverfahrens:

Zu 1. Die Verkaufszahlen der Fertigfabrikate lassen sich aus den Daten der Tabelle errechnen; für den Absatz von E_1, E_2 gilt:

E_1: 200 − 5 − 15 = 180
E_2: 300 − 30 − 24 = 246

Typ	Totaloutput (Gesamtproduktion)	nach von	unternehmensinterner Input Abtlg. I	Abtlg. II	Output für den Absatz
E_1	200	Abtlg. I	5	15	180
E_2	300	Abtlg. II	30	24	246

Zu 2. Outputvektor x, die Matrix X des internen Inputs (interne Verflechtungsmatrix) und Absatzvektor c lassen sich wie folgt darstellen:

$$x = \begin{pmatrix} x_1 \\ x_2 \end{pmatrix} = \begin{pmatrix} 200 \\ 300 \end{pmatrix}$$

$$X = \begin{pmatrix} x_{11} & x_{12} \\ x_{21} & x_{22} \end{pmatrix} = \begin{pmatrix} 5 & 15 \\ 30 & 24 \end{pmatrix}$$

$$c = \begin{pmatrix} c_1 \\ c_2 \end{pmatrix} = \begin{pmatrix} 180 \\ 246 \end{pmatrix}$$

$$x - c = \begin{pmatrix} 200 \\ 300 \end{pmatrix} - \begin{pmatrix} 180 \\ 246 \end{pmatrix} = \begin{pmatrix} 20 \\ 54 \end{pmatrix}$$

Zu 3. Da X eine (2 × 2)-Matrix ist, x, c aber Spaltenvektoren ((2 × 1)-Matrizen) sind, können Matrizenoperationen wie Addition und Subtraktion nicht ausgeführt werden. Man muss daher die Matrix X verändern. Für den internen Input x − c gilt:

$$x - c = X \cdot s \quad (s = \text{summierender Vektor})$$

$$x - c = \begin{pmatrix} 20 \\ 54 \end{pmatrix} = \begin{pmatrix} 5 & 15 \\ 30 & 24 \end{pmatrix} \cdot \begin{pmatrix} 1 \\ 1 \end{pmatrix} \quad \text{oder:}$$

$$x - c = \begin{pmatrix} 20 \\ 54 \end{pmatrix} = \begin{pmatrix} 5 & 15 \\ 30 & 24 \end{pmatrix} \cdot \begin{pmatrix} \dfrac{200}{200} \\ \dfrac{300}{300} \end{pmatrix} \quad \text{oder:}$$

$$x - c = \begin{pmatrix} 20^1 \\ 54 \end{pmatrix} = \begin{pmatrix} \dfrac{5}{200} & \dfrac{15}{300} \\ \dfrac{30}{200} & \dfrac{24}{300} \end{pmatrix} \cdot \begin{pmatrix} 200 \\ 300 \end{pmatrix}$$

Damit ergibt sich:

$$x - c = \begin{pmatrix} 20 \\ 54 \end{pmatrix} = \begin{pmatrix} 0{,}025 & 0{,}05 \\ 0{,}15 & 0{,}08 \end{pmatrix} \cdot \begin{pmatrix} 200 \\ 300 \end{pmatrix}$$

Die gesuchte Matrix A der relativen Produktionskoeffizienten ist dann:

$$A = \begin{pmatrix} 0{,}025 & 0{,}05 \\ 0{,}15 & 0{,}08 \end{pmatrix}$$

Und es gilt: $\boxed{X \cdot s = A \cdot x = x - c}$ (X als n-reihige Matrix)

Verallgemeinert führt dies zu:

$$x - c = \begin{pmatrix} x_1 - c_1 \\ \vdots \\ x_n - c_n \end{pmatrix} = \begin{pmatrix} \dfrac{x_{11}}{x_1} & \cdots & \dfrac{x_{1n}}{x_n} \\ \cdots & \dfrac{x_{ij}}{x_i} & \cdots \\ \dfrac{x_{n1}}{x_1} & \cdots & \dfrac{x_{nn}}{x_n} \end{pmatrix} \cdot \begin{pmatrix} x_1 \\ \vdots \\ x_n \end{pmatrix}$$

$$\boxed{x - c = \qquad\qquad A \qquad \cdot \quad x}$$

$$x - c = \begin{pmatrix} x_1 - c_1 \\ \vdots \\ x_n - c_n \end{pmatrix} = \begin{pmatrix} a_{11} & \cdots & a_{1n} \\ \vdots & a_{ij} & \vdots \\ a_{n1} & \cdots & a_{nn} \end{pmatrix} \cdot \begin{pmatrix} x_1 \\ \vdots \\ x_n \end{pmatrix}$$

Die einzelnen Produktionskoeffizienten a_{ij} errechnen sich als Quotienten

$$\boxed{a_{ij} = \dfrac{x_{ij}}{x_i}} \quad i, j = 1, \ldots, n$$

---

[1] Es ist z.B.: $\left(\dfrac{5}{200} \quad \dfrac{15}{300}\right) \cdot \begin{pmatrix} 200 \\ 300 \end{pmatrix} = \dfrac{5}{200} \cdot 200 + \dfrac{15}{300} \cdot 300 = 5 + 15 = 20$

Zu 4. Es gilt: $X \cdot s = A \cdot x = x - c$ (s. o.)

a) $\Rightarrow x - c = A \cdot x$

$$\boxed{x = A \cdot x + c}$$

$$x = \begin{pmatrix} 200 \\ 300 \end{pmatrix} = \begin{pmatrix} 0{,}025 & 0{,}05 \\ 0{,}15 & 0{,}08 \end{pmatrix} \cdot \begin{pmatrix} 200 \\ 300 \end{pmatrix} + \begin{pmatrix} 180 \\ 246 \end{pmatrix}$$

b) $x - c = A \cdot x \Rightarrow x - A \cdot x = c$
$\Rightarrow c = x - A \cdot x = I \cdot x - A \cdot x = (I - A) \cdot x$

$$\boxed{c = (I - A) \cdot x}$$ mit I als n-reihiger Einheitsmatrix

Die Matrix $(I - A)$ bezeichnet man auch als Leontief-Matrix, nach dem russischen Mathematiker Wassilij Leontief (1906–1999). Sie ist bei der Analyse mikro- und makroökonomischer Verflechtungen von großer Bedeutung.

$$\boxed{c = (\quad I \quad - \quad A \quad) \cdot x}$$

$$c = \begin{pmatrix} 180 \\ 246 \end{pmatrix} = \left(\begin{pmatrix} 1 & 0 \\ 0 & 1 \end{pmatrix} - \begin{pmatrix} 0{,}025 & 0{,}05 \\ 0{,}15 & 0{,}08 \end{pmatrix} \right) \cdot \begin{pmatrix} 200 \\ 300 \end{pmatrix}$$

$$c = \begin{pmatrix} 0{,}975 & -0{,}05 \\ -0{,}15 & 0{,}92 \end{pmatrix} \cdot \begin{pmatrix} 200 \\ 300 \end{pmatrix} = \begin{pmatrix} 0{,}975 \cdot 200 - 0{,}05 \cdot 300 \\ -0{,}15 \cdot 200 + 0{,}92 \cdot 300 \end{pmatrix} = \begin{pmatrix} 180 \\ 246 \end{pmatrix}$$

Zu 5. Für die Ermittlung der Erlöse E gilt:

$$E = p' \cdot c = \begin{pmatrix} 80 & 60 \end{pmatrix} \cdot \begin{pmatrix} 180 \\ 246 \end{pmatrix} = 80 \cdot 180 + 60 \cdot 246 = 14\,400 + 14\,760 = 29\,160$$

Zu 6. Die variablen Kosten K_v der Produktion betragen bei der Produktion x

$$\boxed{K_v = k' \cdot B \cdot c}$$

$$K_v = \begin{pmatrix} 10 & 6 & 5 \end{pmatrix} \cdot \begin{pmatrix} 4 & 2 \\ 0{,}5 & 5 \\ 2 & 2 \end{pmatrix} \cdot \begin{pmatrix} 200 \\ 300 \end{pmatrix} = \begin{pmatrix} 53 & 60 \end{pmatrix} \cdot \begin{pmatrix} 200 \\ 300 \end{pmatrix}$$

$$(k' \cdot B) \quad \cdot \quad x$$

$$K_v = 53 \cdot 200 + 60 \cdot 300 = 10\,600 + 18\,000 = 28\,600$$

Rechnet man noch die fixen Kosten K_f hinzu, dann erhält man die Gesamtkosten K in Höhe von:

$K = K_v + K_f = 28\,600 + 300 = 28\,900$

Zu 7. Das Unternehmensergebnis G beträgt:

$G = E - K = 29\,160 - 28\,900 = 260$

Zu 8. Die Ergebnisse lassen sich zu einem offenen Input-Output-Modell der Unternehmung bei internem Input zusammenfassen, mit:

- x = Vektor des gesamten Unternehmensoutputs
- X = Matrix des internen Inputs
- A = Matrix der Produktionskoeffizienten des internen Inputs (der internen Verflechtung)
- c = Vektor der Absatzmengen (Output für den Absatz)

$x - c$ = Vektor des internen Inputs
B = Matrix der eingesetzten Faktormengen je Outputeinheit
b = Vektor der benötigten Faktormengen
k' = Vektor der Faktorpreise
K_f = fixe Kosten der Unternehmung

Dabei wird ein einstufiger Fertigungsprozess vorausgesetzt, bei dem in $i = 1, \ldots, n$ Abteilungen $j = 1, \ldots, n$ Produkte hergestellt werden. Die Matrizen X und A sind also quadratisch.

Aus: $x - c = X \cdot s$ folgt: $x - c = A \cdot x$ mit $a_{ij} = x_{ij}/x_i$ für $i, j = 1, \ldots, n$.
Damit betragen

der Output:	$x = A \cdot x + c$
	($(n \times n)$-Matrix A, $(n \times 1)$-Matrix, c)
der Absatz:	$c = x - A \cdot x = (I - A) \cdot x$
	($I - A$ = Leontief-Matrix)
der Faktorbedarf:	$b = B \cdot x = B \cdot (A \cdot x + c)$, ($(l \times n)$-Matrix B)
der Erlös E:	$p' \cdot c = p' \cdot (I - A) \cdot x$, ($(1 \times n)$-Matrix p')
die Kosten $K = K_v + K_f$:	$k' \cdot B \cdot x + K_f = k' \cdot B \cdot (A \cdot x + c) + K_f$
	($(l \times 1)$-Matrix k')
der Gewinn G:	$E - K$

Zusammengefasst:

$$\begin{aligned}
E &= p' \cdot c & &= p' \cdot (I - A) \cdot x \\
-K &= (k' \cdot B \cdot x + K_f) & &= (k' \cdot B \cdot (A \cdot x + c) + K_f) \\
\hline
= G &= p' \cdot c - (k' \cdot B \cdot x + K_f) & &= p' \cdot (I - A) \cdot x - k' \cdot B \cdot (Ax + c) - K_f
\end{aligned}$$

$$G = (p' \cdot (I - A) - k' \cdot B) \cdot x - K_f$$

A Aufgaben

1. In einer Unternehmung werden zwei Artikel E_1 und E_2 in zwei verschiedenen Zweigwerken produziert, die in gegenseitigen Lieferbeziehungen stehen. Der Output der Unternehmung und die gegenseitigen Belieferungen gehen aus folgender Tabelle hervor:

Art	Totaloutput (Gesamtproduktion)	nach von	unternehmensinterner Input Werk I	Werk II
E_1	800	Werk I	32	12
E_2	300	Werk II	60	0

Die Produkte E_j, $j = 1, 2$ werden in einem einstufigen Fertigungsprozess unter Einsatz der Produktionsfaktoren F_1 = Werkstoffe, F_2 = Arbeit und F_3 = Technische Anlagen / Maschinen hergestellt. Der Mengenbedarf an Produktionsfaktoren F_i, $1 \leq i \leq 3$, für die Herstellung je eines Produkts geht aus folgender Input- bzw. Technologiematrix B hervor:

$$B = \begin{array}{c} \\ F_1 \\ F_2 \\ F_3 \end{array} \begin{array}{cc} E_1 & E_2 \\ \begin{pmatrix} 3 & 4 \\ 1 & 6 \\ 2 & 0 \end{pmatrix} \end{array}$$

Die Produktionsfaktoren müssen auf den Faktormärkten beschafft werden. Die Kosten je Faktoreinheit k_j, $1 \leq j \leq 3$ sind im Vektor k' zusammengefasst:

$$k' = (10 \quad 6 \quad 5)$$

Die Aufrechterhaltung des Produktionsprozesses erfordert Fixkosten von 600. Der Preisvektor p' nennt die Stückpreise p_j, j = 1, 2, mit denen die Endprodukte auf den Absatzmärkten verkauft werden:

$$p' = (50 \quad 90)$$

a) Wie lautet die Matrix A der Produktionskoeffizienten der internen Verflechtung?
b) Wie lautet die Leontief-Matrix I − A der Unternehmung?
c) Ermitteln Sie den Vektor der Absatzmengen mit Hilfe der Leontief-Matrix und des Outputvektors x.
d) Welche Kosten entstehen der Unternehmung durch die Produktion?
e) Welche Erlöse fließen der Unternehmung aus dem Verkauf ihrer Produkte zu?
f) Welches Unternehmensergebnis wird erwirtschaftet?

2. In einer Fabrik werden in drei Teilbetrieben 3 Erzeugnisse E_1, E_2, E_3 hergestellt. Die Koeffizienten der Inputmatrix A der innerbetrieblichen Verflechtung und der Gesamtoutput x ergeben sich aus folgender Tabelle:

A			x
0,05	0,2	0	500
0,2	0,1	0,03	1 000
0,01	0	0	900

Die Erzeugnisse E_j, $1 \leq j \leq 3$ werden in einem einstufigen Fertigungsprozess unter Einsatz der Produktionsfaktoren F_i, $1 \leq i \leq 5$ hergestellt. Der Mengenbedarf an Produktionsfaktoren je Outputeinheit geht aus Technologiematrix B hervor:

$$B = \begin{matrix} & E_1 \; E_2 \; E_3 \\ F_1 \\ F_2 \\ F_3 \\ F_4 \\ F_5 \end{matrix} \begin{pmatrix} 4 & 1 & 2 \\ 3 & 5 & 7 \\ 2 & 3 & 3 \\ 1 & 0 & 1 \\ 0 & 2 & 1 \end{pmatrix}$$

Die Kosten je Faktoreinheit k_j, $1 \leq j \leq 5$, sind im Vektor k' zusammengefasst:

$$k' = (2 \quad 6 \quad 5 \quad 1 \quad 3)$$

Die Fixkosten betragen 500.
Der Preisvektor p' der Stückpreise p_j, j = 1, 2, 3, mit denen die Erzeugnisse auf den Absatzmärkten verkauft werden, lautet:

$$p' = (40 \quad 60 \quad 72)$$

a) Berechnen Sie zunächst die Leontief-Matrix I − A und mit Hilfe dieser Matrix und des Outputvektors x den Vektor der Absatzmengen.
b) Welche Kosten entstehen der Unternehmung durch die Produktion?
c) Welche Erlöse fließen der Unternehmung aus dem Verkauf ihrer Produkte zu?
d) Erstellen Sie den Vektor der Stückdeckungsbeiträge der Erzeugnisse. (Unter dem Stückdeckungsbeitrag versteht man den Saldo aus Stückpreis und variablen Kosten je Stück.)
e) Welches Unternehmensergebnis wird erwirtschaftet?

5 Lineare Gleichungssysteme (LGS) mit mehreren Variablen

5.1 Gauß'scher Algorithmus

5.1.1 Die Lösung eines Produktionsproblems

In einem Montagebetrieb werden in einem einstufigen Fertigungsprozess aus drei Bauteilen B_i, $1 \leq i \leq 3$ drei Endprodukte E_j, $1 \leq j \leq 3$ hergestellt. Aus der Tabelle T_1 geht hervor, welche Stückzahlen an Bauteilen für die Herstellung von je einer Einheit der Endprodukte benötigt werden, aus der Tabelle T_2 geht hervor, welche Mengen an Bauteilen noch im Lager vorrätig sind:

T_1:	Endprodukte			T_2:	Vorräte
Bauteile	E_1	E_2	E_3		
B_1	3	1	4	B_1	290
B_2	1	4	6	B_2	440
B_3	2	5	1	B_3	240

Da Bestellungen verschiedener Kunden vorliegen, möchte die Unternehmensleitung von der Produktionsplanung wissen, wie viele Endprodukte mit den vorhandenen Vorräten zur unverzüglichen Auslieferung hergestellt werden können.

Entwicklung eines Lösungsverfahrens:

Man definiert die gesuchten Produktionsmengen, die aus den Vorräten hergestellt werden können, mit Hilfe der Variablen:

x_1 = Produktionsmenge von Endprodukt E_1
x_2 = Produktionsmenge von Endprodukt E_2
x_3 = Produktionsmenge von Endprodukt E_3

Der Verbrauch an Bauteilen B_i unter den gegebenen Produktionsbedingungen kann für eine bestimmte Produktion x_1, x_2, x_3 dann ausgedrückt werden durch:

B_1: I: $3 \cdot x_1 + 1 \cdot x_2 + 4 \cdot x_3$
B_2: II: $1 \cdot x_1 + 4 \cdot x_2 + 6 \cdot x_3$
B_3: III: $2 \cdot x_1 + 5 \cdot x_2 + 1 \cdot x_3$

Beachtet man die Beschränkung (Restriktion) der Produktion auf die vorhandenen Vorräte, dann erhält man ein Lineares Gleichungssystem (LGS) mit drei Variablen:

I: $3 \cdot x_1 + 1 \cdot x_2 + 4 \cdot x_3 = 290$
II: $1 \cdot x_1 + 4 \cdot x_2 + 6 \cdot x_3 = 440$
III: $2 \cdot x_1 + 5 \cdot x_2 + 1 \cdot x_3 = 240$

Dieses LGS gilt es nun zu lösen, d. h. es gilt jenes Zahlentripel (x_1, x_2, x_3) zu ermitteln, das die Gleichungen I–III gleichzeitig erfüllt (vgl. dazu den Abschnitt: LGS mit zwei Variablen).

Ein Verfahren zur Lösung der Aufgabe ist der so genannte „Gauß'sche Algorithmus" bzw. das „Gauß'sche Eliminationsverfahren".

Lineare Gleichungssysteme (LGS) mit mehreren Variablen

Die Lösung der Aufgabe mit dem Gauß'schen Algorithmus erfolgt durch Herstellung der „oberen Dreiecksform". Dabei werden bei der „Vorwärtsrechnung" die Nicht-Lösungsvariablen aus dem LGS durch elementare Umformungen (Addition/Subtraktion bzw. Multiplikation/Division ≠ 0) entfernt.

$$\begin{array}{l} \text{I: } 3 \cdot x_1 + 1 \cdot x_2 + 4 \cdot x_3 = 290 \quad | \cdot 1 \quad] \quad \cdot 2 \\ \text{II: } 1 \cdot x_1 + 4 \cdot x_2 + 6 \cdot x_3 = 440 \quad | \cdot (-3) \quad] \\ \text{III: } 2 \cdot x_1 + 5 \cdot x_2 + 1 \cdot x_3 = 240 \quad \quad \quad \quad \quad | \cdot (-3) \end{array}$$

1. Schritt zur Elimination der Variablen x_1 aus den beiden Gleichungen II und III:

$$\begin{array}{l} \text{I: } \quad \quad \quad \quad 3 \cdot x_1 + 1 \cdot x_2 + 4 \cdot x_3 = 290 \\ \text{I} - 3 \cdot \text{II} = \text{II}': \quad 0 \cdot x_1 - 11 \cdot x_2 - 14 \cdot x_3 = -1030 \\ 2 \cdot \text{I} - 3 \cdot \text{III} = \text{III}': \quad 0 \cdot x_1 - 13 \cdot x_2 + 5 \cdot x_3 = -140 \end{array}$$

Zur Ermittlung von II' und III': Gleichung I und II, bzw. I und III werden so umgeformt, dass bei der Addition von I und II bzw. I und III die Variable x_1 aus dem Rest-LGS II' und III' entfernt wird. Gleichung I wird beibehalten, weil für die Ermittlung der Lösungen diese Variablen benötigt werden. Man gelangt von II zu II' durch die Addition von I − 3 · II:

$$\begin{array}{l} \text{I:} \quad \quad 3 \cdot x_1 + 1 \cdot x_2 + 4 \cdot x_3 = 290 \\ -3 \cdot \text{II:} \quad -3 \cdot x_1 - 12 \cdot x_2 - 18 \cdot x_3 = -1320 \\ \hline \Rightarrow \text{I} - 3 \cdot \text{II} = \text{II}': \quad 0 \cdot x_1 - 11 \cdot x_2 - 14 \cdot x_3 = -1030 \end{array}$$

Man gelangt von III zu III' durch die Addition von 2 · I − 3 · II:

$$\begin{array}{l} 2 \cdot \text{I:} \quad 6 \cdot x_1 + 2 \cdot x_2 + 8 \cdot x_3 = 580 \\ \text{III:} \quad 6 \cdot x_1 - 15 \cdot x_2 - 3 \cdot x_3 = -720 \\ \hline \Rightarrow 2 \cdot \text{I} - 3 \cdot \text{III} = \text{III}': 0 \cdot x_1 - 13 \cdot x_2 + 5 \cdot x_3 = -140 \end{array}$$

2. Schritt zur Elimination der Variablen x_2 aus den beiden Gleichungen II' und III'; I und II' werden beibehalten, nur x_3 aus III' wird eliminiert durch: 13 · II' − 11 · III' = III''

$$\begin{array}{l} \text{I: } \quad 3 \cdot x_1 + 1 \cdot x_2 + 4 \cdot x_3 = 290 \\ \text{II': } 0 \cdot x_1 - 11 \cdot x_2 - 14 \cdot x_3 = -1030 \quad \cdot 13 \quad] \\ \text{III': } 0 \cdot x_1 - 13 \cdot x_2 + 5 \cdot x_3 = -140 \quad \cdot (-11) \end{array}$$

$$\begin{array}{l} \text{I: } \quad \quad \quad \quad 3 \cdot x_1 + 1 \cdot x_2 + 4 \cdot x_3 = 290 \\ \text{II': } \quad \quad \quad 0 \cdot x_1 - 11 \cdot x_2 - 14 \cdot x_3 = -1030 \\ 13 \cdot \text{II'} - 11 \cdot \text{III'} = \text{III''}: 0 \cdot x_1 + 0 \cdot x_2 - 237 \cdot x_3 = -11850 \end{array}$$

Für n = 3 Variable mit n = 3 Bestimmungsgleichungen ist die „Vorwärtsrechnung" nach n − 1 = 2 Umformungen des Koeffizientenschemas (Iterationen) beendet. Wir nehmen nun die „Rückwärtsrechnung" vor, indem wir nacheinander III', II' auflösen und die für x_3, x_2 errechneten Ergebnisse in die Gleichungen II', I einsetzen.

Aus III'' folgt: $-237 \cdot x_3 = -11850 \Rightarrow x_3 = -11850/237 = 50$

Aus x_3 in II' folgt: $-11 \cdot x_2 - 14 \cdot 50 = -1030$
$\Rightarrow -11 \cdot x_2 = -1030 + 700 = -330 \quad | : 11$
$x_2 = 30$

Aus x_2, x_3 in I folgt: $3 \cdot x_1 + 1 \cdot 30 + 4 \cdot 50 = 290$
$\Rightarrow 3 \cdot x_1 = 290 - 30 - 200 = 60 \quad | : 3$
$x_1 = 20$

Das gesuchte Zahlentripel (x_1; x_2; x_3), das unser LGS löst, lautet also (20; 30; 50), wovon man sich durch Probe (z.B. für II) leicht überzeugen kann. Es ist nämlich:

$1 \cdot 20 + 4 \cdot 30 + 6 \cdot 50 = 20 + 120 + 300 = 440$

Bezogen auf die Aufgabe lautet damit das Ergebnis:

von Produkt E_1 können 20 Stück,
von Produkt E_2 können 30 Stück,
von Produkt E_3 können 50 Stück

mit den vorhandenen Vorräten hergestellt werden.

Die Lösung nach dem Gauß'schen Algorithmus folgt einem strengen Ablaufschema. Mit Hilfe der Matrizenrechnung kann das Verfahren stärker formalisiert werden.

5.1.2 LGS in Matrizenform – Verallgemeinerung des Verfahrens

Man leitet aus den Tabellen T_1 und T_2 von Seite 96 zunächst die Inputmatrix A und den Vektor b ab.

$$A = \begin{pmatrix} 3 & 1 & 4 \\ 1 & 4 & 6 \\ 2 & 5 & 1 \end{pmatrix} \qquad b = \begin{pmatrix} 290 \\ 440 \\ 240 \end{pmatrix}$$

Die gesuchten Produktionsmengen x_1, x_2, x_3 können durch den Spaltenvektor x beschrieben werden:

$$x = \begin{pmatrix} x_1 \\ x_2 \\ x_3 \end{pmatrix}$$

Für den Verbrauch der Vorräte gelten nach der Inputmatrix und dem Vorratsmengenvektor folgende Bedingungen:

I: $3 \cdot x_1 + 1 \cdot x_2 + 4 \cdot x_3 = 290$
II: $1 \cdot x_1 + 4 \cdot x_2 + 6 \cdot x_3 = 440$
III: $2 \cdot x_1 + 5 \cdot x_2 + 1 \cdot x_3 = 240$

Das bedeutet, die Vorräte an Bauteilen B_i entsprechen dem Skalarprodukt eines Zeilenvektors a'_i aus A mit dem Lösungsvektor x.
Das Gleichungssystem I–III kann also auch als Matrizengleichung $A \cdot x = b$ dargestellt werden.

$$\underbrace{\begin{pmatrix} 3 & 1 & 4 \\ 1 & 4 & 6 \\ 2 & 5 & 1 \end{pmatrix}}_{A} \cdot \underbrace{\begin{pmatrix} x_1 \\ x_2 \\ x_3 \end{pmatrix}}_{x} = \underbrace{\begin{pmatrix} 290 \\ 440 \\ 240 \end{pmatrix}}_{b}$$

Im LGS bezeichnen wir

A als Koeffizientenmatrix
x als Lösungsvektor
b als Ergebnisvektor

Da der Vektor $b \neq 0$ ist, bezeichnet man das LGS als inhomogen.
Die Lösung dieses LGS hängt von der Struktur der Koeffizienten a_{ij} und b_i ab. Um die Darstellung übersichtlicher zu gestalten, genügt es, die Koeffizienten von A

und b in einem Anfangstableau S_0 zu erfassen und die von Iteration zu Iteration veränderten Koeffizienten in Folgetableaus S_i, i = 1, ..., n − 1 aufzuzeichnen.

x_1	x_2	x_3	b
3	1	4	290
1	4	6	440
2	5	1	240
3	1	4	290
	−11	−14	−1030
	−13	5	−140
3	1	4	290
	−11	−14	−1030
		−237	−11850

Daraus folgt:
$$-237 \cdot x_3 = -11850$$
$$x_3 = -11850/237 = 50$$
$$-11 \cdot x_2 - 14 \cdot 50 = -1030$$
$$x_2 = 30$$
$$3 \cdot x_1 + 1 \cdot 30 + 4 \cdot 50 = 290$$
$$x_1 = 20$$

Das gesuchte Zahlentripel $(x_1; x_2; x_3)$, welches das LGS löst, lautet also (20; 30; 50), dem in Spaltenvektordarstellung der Lösungsvektor x

$$x = \begin{pmatrix} 20 \\ 30 \\ 50 \end{pmatrix}$$

entspricht.

Zusammenfassung:

Voraussetzung: Die Matrix A ist n-reihig. Der Vektor b ist $\neq 0$.

Das inhomogene LGS

$$a_{11} \cdot x_1 + \ldots + a_{1n} \cdot x_n = b_1$$
$$a_{21} \cdot x_1 + \ldots + a_{2n} \cdot x_n = b_2$$
$$\vdots$$
$$a_{n1} \cdot x_1 + \ldots + a_{nn} \cdot x_n = b_n$$

in Matrixschreibweise

$$\begin{pmatrix} a_{11} & \ldots & a_{1n} \\ \vdots & & \vdots \\ a_{n1} & \ldots & a_{nn} \end{pmatrix} \cdot \begin{pmatrix} x_1 \\ \vdots \\ x_n \end{pmatrix} = \begin{pmatrix} b_1 \\ \vdots \\ b_n \end{pmatrix}$$

oder kurz:

$$\boxed{A \cdot x = b}$$

kann mit Hilfe des Gauß'schen Eliminationsverfahrens in folgender Weise gelöst werden:

	x_1	x_2	...	x_n	b
S_0	a_{11}	a_{12}	...	a_{1n}	b_1
	a_{21}	a_{22}	...	a_{2n}	b_2
	$\vdots$				$\vdots$
	a_{n1}	a_{n2}	...	a_{nn}	b_n

Man multipliziert im ersten Schritt in S_0 die 1. Zeile, falls $a_{11} \neq 0$, mit $c_{21} = a_{21}/a_{11}$, und subtrahiert die so erweiterte Zeile von der zweiten Zeile. Entsprechend verfährt man mit den übrigen Zeilen in S_0, indem $c_{i1} = a_{i1}/a_{11}$ vervielfachte Zeile von der i-ten Zeile subtrahiert wird. Man erhält das neue Koeffiziententableau:

$$S_1 \quad \begin{array}{c|cccc|c} & x_1 & x_2 & \ldots & x_n & b \\ \hline & a_{11} & a_{12} & \ldots & a_{1n} & b_1 \\ & 0 & a_{22}^{(1)} & \ldots & a_{2n}^{(1)} & b_2^{(1)} \\ & \vdots & \vdots & & \vdots & \vdots \\ & 0 & a_{n2}^{(1)} & \ldots & a_{nn}^{(1)} & b_n^{(1)} \end{array}$$

Der Berechnung liegt also folgende Idee zugrunde: (= Gauß-Transformation)

$$a_{ij}^{(1)} = a_{ij} - a_{1j} \cdot \frac{a_{i1}}{a_{11}}$$

$$b_i^{(1)} = b_i - b_1 \cdot \frac{a_{i1}}{a_{11}}$$

Ist $a_{11} = 0$, so hat man vorerst Zeilen umzustellen. Das um die erste Zeile verkleinerte Koeffiziententableau entspricht einem LGS mit $n - 1$ Gleichungen und $n - 1$ Variablen. Die Elimination kann nun fortgesetzt werden.

$$c_{32} = \frac{a_{32}^{(1)}}{a_{22}^{(1)}}, \ldots, c_{n2} = \frac{a_{n2}^{(1)}}{a_{22}^{(1)}}$$

$$S_2 \quad \begin{array}{c|ccccc|c} & x_1 & x_2 & \ldots & & x_n & b \\ \hline & a_{11} & a_{12} & & \ldots & a_{1n} & b_1 \\ & 0 & a_{22}^{(1)} & & \ldots & a_{2n}^{(1)} & b_2^{(1)} \\ & 0 & 0 & a_{33}^{(2)} & & a_{3n}^{(2)} & b_3^{(2)} \\ & \vdots & \vdots & \vdots & & \vdots & \vdots \\ & 0 & 0 & a_{n3}^{(2)} & & a_{nn}^{(2)} & b_n^{(2)} \end{array}$$

Unter der Voraussetzung, dass alle Gleichungen des LGS linear unabhängig sind, d.h. dass eine Gleichung nicht als ein Vielfaches einer anderen Gleichung dargestellt werden kann, erhält man nach $n - 1$ Iterationen das LGS S_{n-1}, in Dreiecksform:

$$\begin{aligned} a_{11} \cdot x_1 + a_{12} \cdot x_2 + \ldots + a_{1,n-1} \cdot x_{n-1} + a_{1n} \cdot x_n &= b_1 \\ a_{22}^{(1)} \cdot x_2 + \ldots + a_{2,n-1}^{(1)} \cdot x_{n-1} + a_{2n}^{(1)} \cdot x_n &= b_2^{(1)} \\ \vdots \qquad\qquad \vdots \qquad\qquad & \vdots \\ a_{n-1,n-1}^{(n-2)} \cdot x_{n-1}^{(n-2)} + a_{n-1,n} \cdot x_n &= b_{n-1}^{(n-2)} \\ a_{nn}^{(n-1)} \cdot x_n &= b_n^{(n-1)} \end{aligned}$$

Aus der letzten Gleichung erhält man einen eindeutigen Wert für x_{nn}. Durch „Rückwärtseinsetzen" in die zweitletzte Gleichung erhält man x_{n-1}; usw. für $x_{n-2} \ldots x_2$, x_1. Das Ergebnis ist der Lösungsvektor x.

A Aufgaben

Bei der Lösung der folgenden Aufgaben ist das Gauß'sche Eliminationsverfahren anzuwenden.

1. a) $3x_1 - x_2 + 2x_3 = 3$
    $x_1 + x_2 + 3x_3 = 6$
    $x_1 + 2x_2 - x_3 = 5$

   b) $x_1 - x_2 - x_3 = 4$
    $2x_1 + x_2 + 3x_3 = -3$
    $3x_1 - 2x_2 + 2x_3 = 5$

   c) $4x_1 + 2x_2 - 4x_3 + 2x_4 = 4$
    $-2x_1 + 3x_2 - x_3 + x_4 = 5$
    $3x_1 + 4x_2 - 6x_3 + 2x_4 = 1$
    $x_1 + x_2 + 2x_3 - 2x_4 = 1$

   d) $2x_1 - 1{,}5x_2 = 4$
    $x_1 + 3x_2 = 3{,}5$

2. a) $\begin{pmatrix} 4 & -2 & 1 \\ 3 & 5 & -8 \\ 4 & -2 & 1 \end{pmatrix} \cdot \begin{pmatrix} x_1 \\ x_2 \\ x_3 \end{pmatrix} = \begin{pmatrix} -2 \\ 7 \\ -2 \end{pmatrix}$

   b) $\begin{pmatrix} 2 & 3 \\ 5 & -2 \end{pmatrix} \cdot \begin{pmatrix} x_1 \\ x_2 \end{pmatrix} = \begin{pmatrix} 18 \\ 7 \end{pmatrix}$

   c) $\begin{pmatrix} 1 & 1 & 0 & 0 \\ 0 & 1 & 1 & 0 \\ 0 & 0 & 1 & 1 \\ 0 & 1 & 0 & 1 \end{pmatrix} \cdot \begin{pmatrix} x_1 \\ x_2 \\ x_3 \\ x_4 \end{pmatrix} = \begin{pmatrix} 4 \\ 6 \\ 7 \\ 1 \end{pmatrix}$

   d) $\begin{pmatrix} 2 & -2 \\ -2 & -2 \end{pmatrix} \cdot \begin{pmatrix} x_1 \\ x_2 \end{pmatrix} = \begin{pmatrix} 14 \\ -66 \end{pmatrix}$

   e) $\begin{pmatrix} 5 & 2 & 1 \\ -3 & 1 & -4 \\ 8 & -3 & 10 \end{pmatrix} \cdot \begin{pmatrix} x_1 \\ x_2 \\ x_3 \end{pmatrix} = \begin{pmatrix} 5 \\ -3 \\ 8 \end{pmatrix}$

3. In einem Betrieb werden aus drei Bauteilen B_i, $1 \leq i \leq 3$ drei Produkte E_j, $1 \leq j \leq 3$ hergestellt. Aus der Stückliste T_1 geht hervor, welche Stückzahlen an Bauteilen für die Herstellung von je einer Einheit der Produkte benötigt werden, aus der Tabelle T_2 geht hervor, welche Mengen an Bauteilen noch im Lager vorrätig sind:

T_1:		Produkte			T_2:	Vorräte
		E_1	E_2	E_3		
Bauteile	B_1	2	3	4	B_1	1627
	B_2	4	2	1	B_2	1018
	B_3	2	0	1	B_3	508

Alle Vorräte sollen restlos verbraucht werden. Wie viel Stück können von jedem Produkt E_j noch hergestellt werden?

4. Eine Teegroßhandlung stellt aus drei Teesorten T_1, T_2, T_3 drei Mischungen M_1, M_2, M_3 her. Die Mischungsanteile sind in folgender Matrix A zusammengefasst:

$$A = \begin{array}{c} \\ T_1 \\ T_2 \\ T_3 \end{array} \begin{array}{c} \begin{matrix} M_1 & M_2 & M_3 \end{matrix} \\ \begin{pmatrix} 0{,}1 & 0{,}4 & 0{,}5 \\ 0{,}3 & 0{,}2 & 0{,}2 \\ 0{,}6 & 0{,}4 & 0{,}3 \end{pmatrix} \end{array}$$

Wie viel kg jeder Mischung können mit den vorhandenen Lagervorräten hergestellt werden, wenn sich von T_1 noch 296 kg, von T_2 noch 180 kg und von T_3 noch 324 kg auf Lager befinden? Welche Bedingung muss für die Summe der Teesortenanteile bei jeder Mischung gelten?

5.2 Erweiterter Gauß'scher Algorithmus

Beim Gauß'schen Eliminationsverfahren wird die Lösung mit der Herstellung der Dreiecksform und dem stufenweisen Einsetzen der berechneten Lösungen ermittelt. Es liegt nahe, nach einem Verfahren zu suchen, bei dem beide Lösungsschritte gleichzeitig vollzogen werden können. Diese Chance bietet sich beim „erweiterten" Gauß'schen Algorithmus. Das Ziel dieser Rechnung ist es, aus der Koeffizientenmatrix A durch geeignete Äquivalenzumformungen die Einheitsmatrix I herzustellen, so dass mit den Einheitsvektoren zugleich der Lösungsvektor x entsteht.

Die Vorteilhaftigkeit dieses Verfahrens zeigt sich über die Lösung von LGS hinaus

– bei der Matrizeninversion
– bei der Lösung linearer Optimierungsaufgaben mit Hilfe des Simplex-Algorithmus,

so dass auch aus diesem Blickwinkel eine ausführliche Beschreibung gerechtfertigt erscheint.

Beispiel Gegeben ist das inhomogene LGS mit n = 3 Gleichungen und n = 3 Variablen:

I: $2 \cdot x_1 + x_2 - 2 \cdot x_3 = 10$
II: $3 \cdot x_1 + 2 \cdot x_2 + 2 \cdot x_3 = 1$
III: $13 \cdot x_1 + 10 \cdot x_2 + 8 \cdot x_3 = 9$

Die Lösung nach dem erweiterten Gauß'schen Algorithmus wird zunächst formal beschrieben. Es sei für die Koeffiziententableaus t mit t = 0, ..., n

– $R_{i,t}$ die i-te Zeile des t-ten (= „alten") Koeffiziententableaus
– $R_{i,t+1}$ die i-te Zeile des t + 1-ten (= „neuen") Koeffiziententableaus
– $R_{l,t+1}$ die l-Zeile des t + 1-ten (= „neuen") Koeffiziententableaus, deren l-ter Koeffizient auf den Wert 1 gebracht wird. Es gilt dabei: l = k = 1, ..., n,

$$R_{l,t+1} = \frac{R_{l,t}}{a_{lk,t}}, \quad a_{lk,t} \neq 0$$

– dann gilt für alle übrigen Zeilen $R_{i,t+1}$ mit i ≠ l des t + 1-ten (= „neuen") Tableaus:

$$R_{i,t+1} = R_{i,t} - a_{ik,t} \cdot R_{l,t+1}$$

Falls für alle $a_{lk} \neq 0$, l = k = 1, ..., 3 gilt, ist die Aufgabe nach maximal n = 3 Iterationen gelöst. Ist ein $a_{lk} = 0$, dann muss man versuchen, durch Umordnen der Zeilen die Rechnung bis zur Lösung fortzusetzen. Unter Umständen hat das LGS jedoch keine oder keine eindeutige Lösung.

Im Folgenden wird zunächst das Ergebnis vorgestellt und anschließend Zeile für Zeile die Berechnung der Lösung nachgeliefert. Die Berechnung bezieht sich nur auf die Koeffizienten.

		x_1	x_2	x_3	b	
	I:	2	1	−2	10	l = k = 1, $a_{lk,0}$ = 2
t = 0	II:	3	2	2	1	
	III:	13	10	8	9	
	I':	1	0,5	−1	5	l = k = 2, $a_{lk,1}$ = 0,5
t = 1	II':	0	0,5	5	−14	
	III':	0	3,5	21	−56	
	I'':	1	0	−6	19	
t = 2	II'':	0	1	10	−28	
	III'':	0	0	−14	42	l = k = 3, $a_{lk,2}$ = −14

$\boxed{t=3}$ $\begin{array}{llccc|c} & I''': & 1 & 0 & 0 & 1 \\ & II''': & 0 & 1 & 0 & 2 \\ & III''': & 0 & 0 & 1 & -3 \end{array}$

$\Rightarrow$ Lösungsvektor $x = \begin{pmatrix} 1 \\ 2 \\ -3 \end{pmatrix}$

Rechnungen:

$\boxed{t=1}$ Zeile $R_{1,1}(=I')$: $k = l = 1$, $a_{11,0} = 2 \neq 0$

$a_{11,1} = \dfrac{2}{2} = 1$; $a_{12,1} = \dfrac{1}{2} = 0{,}5$; $a_{13,1} = \dfrac{-2}{2} = -1$; $b_{1,1} = \dfrac{10}{2} = 5$

Zeile $R_{2,1}(=II')$, $(i = 2 \neq k = 1)$: $a_{ik,0} = a_{21,0} = 3$

$a_{21,1} = \dfrac{3 - 3 \cdot 1}{0}$; $a_{22,1} = \dfrac{2 - 3 \cdot 0{,}5}{0{,}5}$; $a_{23,1} = \dfrac{2 - 3 \cdot (-1)}{5}$; $b_{2,1} = \dfrac{1 - 3 \cdot 5}{-14}$

Zeile $R_{3,1}(=III')$, $(i = 3 \neq k = 1)$: $a_{ik,0} = a_{31,0} = 13$

$a_{31,1} = \dfrac{13 - 13 \cdot 1}{0}$; $a_{32,1} = \dfrac{10 - 13 \cdot 0{,}5}{3{,}5}$; $a_{33,1} = \dfrac{8 - 13 \cdot (-1)}{21}$; $b_{3,1} = \dfrac{9 - 13 \cdot 5}{-56}$

$\boxed{t=2}$ Zeile $R_{2,2}(=II'')$: $k = l = 2$, $a_{22,1} = 0{,}5 \neq 0$

$a_{21,2} = \dfrac{0}{0{,}5} = 0$; $a_{22,2} = \dfrac{0{,}5}{0{,}5} = 1$; $a_{23,2} = \dfrac{5}{0{,}5} = 10$; $b_{2,2} = \dfrac{-14}{0{,}5} = -28$

Zeile $R_{1,2}(=I'')$, $(i = 1 \neq k = 2)$: $a_{ik,1} = a_{12,1} = 0{,}5$

$a_{11,2} = \dfrac{1 - 0{,}5 \cdot 0}{1}$; $a_{12,2} = \dfrac{0{,}5 - 0{,}5 \cdot 1}{0}$; $a_{13,2} = \dfrac{-1 - 0{,}5 \cdot 10}{-6}$; $b_{1,2} = \dfrac{5 - 0{,}5 \cdot (-28)}{19}$

Zeile $R_{3,2}(=III'')$, $(i = 3 \neq k = 2)$: $a_{ik,1} = a_{32,1} = 13$

$a_{31,2} = \dfrac{3 - 3{,}5 \cdot 0}{0}$; $a_{32,2} = \dfrac{3{,}5 - 3{,}5 \cdot 1}{0}$; $a_{33,2} = \dfrac{21 - 3{,}5 \cdot 10}{-14}$; $b_{3,2} = \dfrac{-56 - 3{,}5 \cdot (-28)}{42}$

$\boxed{t=3}$ Zeile $R_{3,3}(=III''')$: $k = l = 3$, $a_{33,2} = -14 \neq 0$

$a_{31,3} = \dfrac{0}{-14} = 0$; $a_{32,3} = \dfrac{0}{-14} = 0$; $a_{33,3} = \dfrac{-14}{-14} = 1$; $b_{3,3} = \dfrac{42}{-14} = -3$

Zeile $R_{1,3}(=I''')$, $(i = 1 \neq k = 3)$: $a_{ik,2} = a_{13,2} = -6$

$a_{11,3} = \dfrac{1 - (-0{,}6) \cdot 0}{1}$; $a_{12,3} = \dfrac{0 - (-6) \cdot 0}{0}$; $a_{13,3} = \dfrac{-6 - (-6) \cdot 1}{= 0}$; $b_{1,3} = \dfrac{19 - (-6) \cdot (-3)}{1}$

Zeile $R_{3,2}(=II''')$, $(i = 2 \neq k = 3)$: $a_{ik,1} = a_{23,1} = 10$

$a_{31,2} = \dfrac{0 - 10 \cdot 0}{0}$; $a_{32,2} = \dfrac{1 - 10 \cdot 0}{1}$; $a_{33,2} = \dfrac{10 - 10 \cdot 1}{-0}$; $b_{3,2} = \dfrac{-28 - 10 \cdot (-3)}{2}$

A Aufgaben

Folgende Aufgaben sind mit Hilfe des erweiterten Gauß'schen Algorithmus zu lösen:

1. $\begin{aligned} 4x_1 + 2x_2 - 7x_3 &= -3 \\ 3x_1 - 5x_2 + 6x_3 &= -1 \\ 5x_1 + 3x_2 - 4x_3 &= 13 \end{aligned}$

2. $\begin{pmatrix} 3 & -2 \\ -2 & 1 \end{pmatrix} \cdot \begin{pmatrix} x_1 \\ x_2 \end{pmatrix} = \begin{pmatrix} -4 \\ 12 \end{pmatrix}$

3. $\begin{pmatrix} 3 & -1 & -6 & 4 \\ 2 & -1 & -3 & -1 \\ -2 & 1 & 5 & 1 \\ 4 & 0 & 1 & 0 \end{pmatrix} \cdot \begin{pmatrix} x_1 \\ x_2 \\ x_3 \\ x_4 \end{pmatrix} = \begin{pmatrix} -1 \\ -2 \\ 8 \\ 23 \end{pmatrix}$

5.3 Lösung mit Hilfe der inversen Matrix

inverse Matrix

Ein weiteres Lösungsverfahren zur Lösung von LGS ist die Lösung mit Hilfe der inversen Matrix. Die inverse Matrix einer Matrix A hat in der Linearen Algebra eine ähnliche Bedeutung wie der Reziprokwert 1/a einer Zahl a beim Rechnen in der Menge der Zahlen; multipliziert man die Zahl a mit ihrem Reziprokwert 1/a, so erhält man $a \cdot 1/a = 1$. Für das Produkt der Matrix A mit ihrer Inversen A^{-1} gilt analog:

$$A \cdot A^{-1} = A^{-1} \cdot A = I$$

Inverse

Multipliziert man also die Matrix A von rechts oder links mit ihrer inversen Matrix (im Folgenden kurz als „Inverse" bezeichnet), dann erhält man die Einheitsmatrix I, die in der Linearen Algebra die Bedeutung eines „neutralen Elementes" der Matrizenmultiplikation hat.

Die Inverse existiert nur, wenn A eine quadratische Matrix ist und wenn A regulär (= nichtsingulär) ist, wenn also alle Vektoren der Matrix A voneinander linear unabhängig sind (s. dazu auch: Rang einer Matrix). Im Folgenden werden diese Eigenschaften als gegeben vorausgesetzt.

Lösung eines LGS mit Hilfe der Inversen:

$$A \cdot x = b$$

$\Leftrightarrow A^{-1} \cdot (A \cdot x) = A^{-1} \cdot b \Leftrightarrow (A^{-1} \cdot A) \cdot x = A^{-1} \cdot b \Leftrightarrow I \cdot x = A^{-1} \cdot b$

Wegen $I \cdot x = x$ folgt:

$$x = A^{-1} \cdot b$$ $A^{-1} =$ zur Matrix A inverse Matrix
(die Inverse ist ebenfalls quadratisch)

Verfahren nach Gauß-Jordan

Die Existenz der Inversen sagt noch nichts darüber aus, wie diese Matrix zu berechnen ist. Ein Verfahren zur Ermittlung der Inversen Matrix ist das Verfahren nach Gauß-Jordan. Dabei stellt man die Matrix A und ihre Einheitsmatrix I zusammen:

Erweiterte Matrix   (A | I)

In n Iterationen wandelt man das LGS nun in das System

$$\Rightarrow (I \mid A^{-1})$$

um. Der Rechenweg gleicht der Lösung eines LGS nach dem erweiterten Gauß'schen Algorithmus in n Schritten. Man wendet also dieselben Äquivalenzumformungen an, die A in I überführen, auf die Matrix I an, so dass die Inverse als Ergebnis entsteht.

In vielen Fällen – insbesondere bei großen Matrizen – gestaltet sich die Berechnung einer inversen Matrix langwierig. Durch das Auftreten von Brüchen oder Dezimalzahlen können sich zudem Ungenauigkeiten ergeben. Der Einsatz von computergestützten Lösungen ist in der Praxis zu empfehlen.

Ein vereinfachtes Verfahren zur Berechnung der Inversen existiert für zweireihige Matrizen:

$$A = \begin{pmatrix} a & b \\ c & d \end{pmatrix} \Rightarrow A^{-1} = \frac{1}{a \cdot d - b \cdot c} \cdot \begin{pmatrix} d & -b \\ -c & a \end{pmatrix}$$

Aufgabe:

Gegeben ist das LGS mit der 3-reihigen Koeffizientenmatrix A und den drei Ergebnisvektoren b_1, b_2, b_3:

$$\begin{pmatrix} 2 & 4 & 6 \\ 2 & 2 & 4 \\ 4 & 2 & 8 \end{pmatrix} \cdot \begin{pmatrix} x_1 \\ x_2 \\ x_3 \end{pmatrix} = \overset{b_1}{\begin{pmatrix} 10 \\ -4 \\ 2 \end{pmatrix}} \bigg| \overset{b_2}{\begin{pmatrix} 0 \\ 2 \\ -3 \end{pmatrix}} \bigg| \overset{b_3}{\begin{pmatrix} 10 \\ 10 \\ 10 \end{pmatrix}}$$

1. Zunächst ist die zu A inverse Matrix zu ermitteln.
2. Danach sind die Lösungsvektoren x für die verschiedenen Ergebnisvektoren b zu berechnen.

Zu 1. Umformung der erweiterten Matrix $(A \mid I)$ zur Matrix $(I \mid A^{-1})$

$$\begin{array}{c} A \qquad\qquad I \\ \begin{pmatrix} 2 & 4 & 6 & | & 1 & 0 & 0 \\ 2 & 2 & 4 & | & 0 & 1 & 0 \\ 4 & 2 & 8 & | & 0 & 0 & 1 \end{pmatrix} \end{array}$$

n = 3 Iterationen der Koeffiziententableaus nach den Rechenvorschriften des erweiterten Gauß-Algorithmus zur Herstellung der Inversen

$$t = 0 \quad \begin{array}{ccc|ccc} 2 & 4 & 6 & 1 & 0 & 0 \\ 2 & 2 & 4 & 0 & 1 & 0 \\ 4 & 2 & 8 & 0 & 0 & 1 \end{array} \quad \begin{array}{l} :2 \neq 0 \Rightarrow R_{1,1} = R_{1,0} : 2 \\ a_{21} = 2 \Rightarrow R_{2,1} = R_{2,0} - 2 \cdot R_{1,1} \\ a_{31} = 4 \Rightarrow R_{3,1} = R_{3,0} - 4 \cdot R_{1,1} \end{array}$$

$$t = 1 \quad \begin{array}{ccc|ccc} 1 & 2 & 3 & 0{,}5 & 0 & 0 \\ 0 & -2 & -2 & -1 & -1 & 0 \\ 0 & -6 & -4 & -2 & 0 & 1 \end{array} \quad \begin{array}{l} a_{12} = 2 \Rightarrow R_{1,2} = R_{1,1} - 2 \cdot R_{2,2} \\ :(-2) \neq 0 \Rightarrow R_{2,2} = R_{1,2} : (-2) \\ a_{32} = -6 \Rightarrow R_{3,2} = R_{3,1} + 6 \cdot R_{2,2} \end{array}$$

$$t = 2 \quad \begin{array}{ccc|ccc} 1 & 0 & 1 & -0{,}5 & 1 & 0 \\ 0 & 1 & 1 & 0{,}5 & -0{,}5 & 0 \\ 0 & 0 & 2 & 1 & -3 & 1 \end{array} \quad \begin{array}{l} a_{13} = 1 \Rightarrow R_{1,3} = R_{1,2} - R_{3,3} \\ a_{23} = 1 \Rightarrow R_{2,3} = R_{2,2} - R_{3,3} \\ :2 \neq 0 \Rightarrow R_{3,3} = R_{3,2} : 2 \end{array}$$

$$t = 3 \quad \begin{array}{ccc|ccc} 1 & 0 & 0 & -1 & 2{,}5 & -0{,}5 \\ 0 & 1 & 0 & 0 & 1 & -0{,}5 \\ 0 & 0 & 1 & 0{,}5 & -1{,}5 & 0{,}5 \end{array}$$

$$(\quad I \quad | \quad A^{-1} \quad)$$

Die Kontrollrechnung ergibt $A \cdot A^{-1} = I$:

$$\begin{pmatrix} 2 & 4 & 6 \\ 2 & 2 & 4 \\ 4 & 2 & 8 \end{pmatrix} \cdot \begin{pmatrix} -1 & 2{,}5 & -0{,}5 \\ 0 & 1 & -0{,}5 \\ 0{,}5 & -1{,}5 & 0{,}5 \end{pmatrix} = \begin{pmatrix} 1 & 0 & 0 \\ 0 & 1 & 0 \\ 0 & 0 & 1 \end{pmatrix}$$

Zu 2. Nun lösen wir die obige Aufgabe $x = A^{-1} \cdot b$:

$$x = A^{-1} \cdot b_1 = \begin{pmatrix} -1 & 2{,}5 & -0{,}5 \\ 0 & 1 & -0{,}5 \\ 0{,}5 & -1{,}5 & 0{,}5 \end{pmatrix} \cdot \begin{pmatrix} 10 \\ -4 \\ 2 \end{pmatrix} = \begin{pmatrix} -21 \\ -5 \\ 12 \end{pmatrix}$$

$$x = A^{-1} \cdot b_2 = \begin{pmatrix} -1 & 2{,}5 & -0{,}5 \\ 0 & 1 & -0{,}5 \\ 0{,}5 & -1{,}5 & 0{,}5 \end{pmatrix} \cdot \begin{pmatrix} 0 \\ 2 \\ -3 \end{pmatrix} = \begin{pmatrix} 6{,}5 \\ 3{,}5 \\ -4{,}5 \end{pmatrix}$$

$$x = A^{-1} \cdot b_3 = \begin{pmatrix} -1 & 2{,}5 & -0{,}5 \\ 0 & 1 & -0{,}5 \\ 0{,}5 & -1{,}5 & 0{,}5 \end{pmatrix} \cdot \begin{pmatrix} 10 \\ 10 \\ 10 \end{pmatrix} = \begin{pmatrix} 10 \\ 5 \\ -5 \end{pmatrix}$$

A Aufgaben

Folgende Aufgaben sind mit Hilfe der inversen Matrix zu lösen:

1. $4x_1 + 2x_2 - 7x_3 = 30$
   $3x_1 - 5x_2 + 6x_3 = 60$
   $5x_1 + 3x_2 - 4x_3 = 90$

2. $\begin{pmatrix} 3 & 5 \\ -2 & 1 \end{pmatrix} \cdot \begin{pmatrix} x_1 \\ x_2 \end{pmatrix} = \begin{pmatrix} 10 \\ 20 \end{pmatrix}$ bzw. $= \begin{pmatrix} 5 \\ -8 \end{pmatrix}, \begin{pmatrix} 100 \\ 30 \end{pmatrix}$

3. $\begin{pmatrix} -1 & 3 & -6 & 4 \\ 2 & -1 & 9 & -1 \\ -2 & 3 & 5 & 4 \\ 4 & 7 & 10 & 3 \end{pmatrix} \cdot \begin{pmatrix} x_1 \\ x_2 \\ x_3 \\ x_4 \end{pmatrix} = \begin{pmatrix} 10 \\ 40 \\ 30 \\ 20 \end{pmatrix}$

M Methodische Empfehlungen

Matrizeninversion mit Hilfe der Tabellenkalkulation „EXCEL"

Matrizeninversion

	A	B	C	D	E	F	G	H
1								
2				Matrix A				
3								
4			1	4	7			
5			4	5	8			
6			3	6	1			
7								
8				Inverse Matrix A^{-1}				
9								
10			−0,43	0,38	−0,03			
11			0,2	−0,2	0,2			
12			0,09	0,06	−0,11			
13								
14								
15		**Arbeitsschritte**						
16								
17		Matrizen invertieren; Voraussetzung: Matrix A ist eine quadratische Matrix						
18		a) Zielbereich (z. B. C10; E12) markieren; Cursor in die Bearbeitungsleiste						
19		setzen und Funktionsassistent „fx" anklicken.						
20		b) Schritt 1 des Funktionsassistenten: Kategorie: „Alle" und Funktion:						
21		„MINV" auswählen.						
22		c) Weiter zu Schritt 2; Matrix: C4:E6 und ENDE eingeben.						
23		d) Wichtig: Matrizeninversion nun mit Strg + Umschalt + Enter ausführen.						
24								
25								

M Methodische Empfehlungen

Lösung von LGS mit 3 Variablen mit Hilfe der inversen Matrix und der Tabellenkalkulation „EXCEL"

Lösung LGS mit 3 Variablen

	A	B	C	D	E	F	G	H	I
1									
2		\multicolumn{7}{l}{Lösung eines LGS mit 3 Variablen mit Hilfe der inversen Matrix}	
3									
4				A		·	x	=	b
5									
6			8	0	5		x_1		7
7			1	4	3	·	x_2	=	-100
8			3	2	7		x_3		7
9									
10				A^{-1}		·	b	=	x
11									
12			0,17460317	0,07936508	$-0,1587302$		7		$-7,8254$
13		x =	0,01587302	0,32539683	$-0,1507937$	·	-100	=	$-33,4841$
14			$-0,0793651$	$-0,1269841$	0,25396825		7		13,9206
15									
16									
17		\multicolumn{7}{l}{Die Lösung eines LGS mit Hilfe der inversen Matrix erfolgt in 2 Schritten:}	
18									
19		\multicolumn{7}{l}{1. Inverse Matrix A^{-1} berechnen (Funktionsassistent fx: Alle, MINV)}	
20		\multicolumn{7}{l}{2. Produktmatrix $x = A^{-1} \cdot b$ berechnen (Funktionsassistent fx: Alle, MMULT)}	
21									
22									
23									
24									

Gegeben seien drei Sektoren einer Volkswirtschaft:

1. A: Urproduktion,
2. B: Weiterverarbeitende Industrie,
3. C: Transportwesen,

die teilweise miteinander in Lieferbeziehungen stehen, teilweise ihre Leistungen aber auch an die Endverbraucher abgeben. Die gegenseitige Verflechtung der Sektoren, ausgedrückt durch die (relativen) Inputkoeffizienten, und die Abgaben an den Endverbrauch sind in der nachstehenden Tabelle erfasst:

nach von ↗	Sektor			Endverbrauch
	A	B	C	
A	0,090909	0,112500	0,000000	100
B	0,363636	0,250000	0,260870	5000
C	0,181818	0,125000	0,043478	1000

Aufgaben:
1. Welchen wirtschaftlichen Zusammenhang beschreiben die Produktionskoeffizienten?
2. Erstellen Sie die Leontief-Verflechtungsmatrix $I - A$.
3. Aus der innerbetrieblichen Verflechtung kennen wir die Bestimmungsgleichung für die Absatzmengen:

$$c = (I - A) \cdot x$$

Diese Gleichung kann man auch auf die intersektoralen Beziehungen einer Volkswirtschaft anwenden. Stellen Sie diese Gleichung so um, dass der Vektor x der gesamten Leistung der drei Sektoren ermittelt werden kann.

4. Berechnen Sie die Matrix $(I - A)^{-1}$, das ist die so genannte Leontief-Inverse.
5. Ermitteln Sie den Outputvektor x der wirtschaftlichen Leistung der Sektoren.

Entwicklung eines Lösungsverfahrens:

Zu 1. Die Produktionskoeffizienten spiegeln die produktionstechnischen Verflechtungen innerhalb einer Volkswirtschaft wider. So besagt z. B. der Produktionskoeffizient $a_{31} = 0{,}181818$, dass 18,18 % der Leistung des Sektors C („Transportwesen") für den Sektor A („Urproduktion") ausgeführt werden und der Produktionskoeffizient $a_{22} = 0{,}25$, dass 25 % der Leistung des Sektors B („Weiterverarbeitende Industrie") innerhalb dieses Sektors verbraucht werden.

Zu 2. $I - A = (I - A)$ (auf drei Nachkommastellen genau)

$$I \quad - \quad A \quad = \quad (I - A)$$

$$\begin{pmatrix} 1 & 0 & 0 \\ 0 & 1 & 0 \\ 0 & 0 & 1 \end{pmatrix} - \begin{pmatrix} 0{,}091 & 0{,}113 & 0{,}000 \\ 0{,}364 & 0{,}250 & 0{,}261 \\ 0{,}182 & 0{,}125 & 0{,}043 \end{pmatrix} = \begin{pmatrix} 0{,}909 & -0{,}113 & 0{,}000 \\ -0{,}364 & 0{,}750 & -0{,}261 \\ -0{,}182 & -0{,}125 & 0{,}957 \end{pmatrix}$$

Die Koeffizienten der Leontief-Matrix $(I - A)$ geben an, welche Anteile des Outputs der Sektoren an die Absatzmärkte (= „externe Nachfrage", „Konsum") abgegeben werden.

Zu 3. Die Bestimmungsgleichung $c = (I - A) \cdot x$ kann durch Matrizenoperationen so umgeformt werden, dass der Output x berechnet werden kann:

$$c = (I - A) \cdot x \mid \cdot (I - A)^{-1} \quad ((I - A)^{-1} = \text{„Leontief-Inverse"})$$

Man multipliziert beide Seiten der Gleichung von links mit der Leontief-Inversen:

$$(I - A)^{-1} \cdot c = (I - A)^{-1} \cdot (I - A) \cdot x \Leftrightarrow (I - A)^{-1} \cdot c = I \cdot x = x$$

$$\Rightarrow \boxed{x = (I - A)^{-1} \cdot c}$$

Zu 4. Wenn die Leontief-Matrix $(I - A)$ eine reguläre quadratische Matrix ist, dann existiert auch die Inverse zu $(I - A)$. Sie kann nach dem Verfahren nach Gauß-Jordan berechnet werden und lautet in unserem Falle:

$$(I - A)^{-1} = \begin{pmatrix} 1{,}185 & 0{,}187 & 0{,}051 \\ 0{,}685 & 1{,}505 & 0{,}410 \\ 0{,}315 & 0{,}232 & 1{,}108 \end{pmatrix}$$

Zu 5. Berechnung des Outputvektors x:

$$x = (I - A)^{-1} \cdot c = \begin{pmatrix} 1{,}185 & 0{,}187 & 0{,}051 \\ 0{,}685 & 1{,}505 & 0{,}410 \\ 0{,}315 & 0{,}232 & 1{,}108 \end{pmatrix} \cdot \begin{pmatrix} 100 \\ 5000 \\ 1000 \end{pmatrix} = \begin{pmatrix} 1\,105 \\ 8\,004 \\ 2\,300 \end{pmatrix}$$

A Aufgabe

Welcher Output wurde nach dem obigen Modell in den Sektoren A, B, C erzeugt, wenn die Marktabgabe c folgenden Umfang hatte:

$$c_1 = \begin{pmatrix} 300 \\ 7\,500 \\ 1\,900 \end{pmatrix}; \quad c_2 = \begin{pmatrix} 220 \\ 4\,400 \\ 3\,600 \end{pmatrix}; \quad c_3 = \begin{pmatrix} 500 \\ 8\,000 \\ 5\,300 \end{pmatrix}; \quad c_4 = \begin{pmatrix} 2\,000 \\ 9\,000 \\ 3\,000 \end{pmatrix}$$

5.4 Die Lösbarkeit von LGS

Bei den bisherigen LGS war es immer möglich, eine Lösung zu ermitteln. Damit ist jedoch nicht die Frage beantwortet, ob es für jedes LGS eine Lösung gibt. Genau genommen ist die Frage nach der Lösbarkeit eines LGS jedoch zu beantworten, ehe man die Lösung des LGS zu ermitteln sucht.

5.4.1 Rang einer Matrix, Basis, Dimension eines Vektorraums

Bei der Lösung von LGS mit zwei Variablen waren drei Fälle zu unterscheiden:

1. Das LGS hatte eine eindeutige Lösung.
2. Das LGS hatte keine Lösung.
3. Das LGS hatte unendlich viele Lösungen; dieser Fall trat dann ein, wenn zwischen den beiden Gleichungen I und II die Beziehung:

$$I = k \cdot II$$

bestand, d.h. Gleichung II ist ein k-faches der Gleichung I. Man sagt auch, dass II linear von I abhängig ist.

Bei der Untersuchung der Lösbarkeit von LGS mit mehreren Variablen können dieselben Überlegungen angestellt werden. Da diese Problematik insgesamt jedoch komplexer ist, bedarf es allgemein gültigerer Kriterien, um die Lösbarkeit von LGS mit mehr als zwei Variablen festzustellen.

Bei dieser Untersuchung spielt der Begriff des Ranges einer Matrix eine wesentliche Rolle.

Rang einer Matrix

> Unter dem Rang einer Matrix A, kurz $r(A)$, verstehen wir die maximale Zahl linear unabhängiger Spalten- bzw. Zeilenvektoren einer Matrix A.

Wir beschränken uns bei der Rangbestimmung zunächst auf quadratische Matrizen. Die Rangbestimmung kann mit Hilfe des Gauß'schen Algorithmus vorgenommen werden. Vereinfacht dargestellt entspricht der Rang der Anzahl der möglichen elementaren Umformungen der Matrix A, ohne dass der Nullvektor in einer Zeile entsteht. Sind in einer n-reihigen Matrix A n Gauß-Transformationen möglich, dann hat die Matrix A also den Rang n, oder $r(A) = n$; bei $n-1$ Gauß-Transformationen gilt $r(A) = n - 1$ usw.

Beispiel Gegeben sei die 3-reihige Matrix A:

$$A = \begin{pmatrix} 2 & 1 & 3 \\ 4 & 3 & 5 \\ 1 & 2 & 3 \end{pmatrix} \Rightarrow \begin{array}{l} \text{die obere Dreiecksform} \\ \text{nach Gauß-Transformation} \end{array} \begin{pmatrix} 2 & 1 & 3 \\ 0 & 1 & -1 \\ 0 & 0 & -6 \end{pmatrix}$$

$$r(A) = n = 3$$

Nun gelte für B:

$$B = \begin{pmatrix} 2 & 1 & 3 \\ 4 & 3 & 5 \\ 4 & 2 & 6 \end{pmatrix} \Rightarrow \begin{array}{l} \text{die obere Dreiecksform} \\ \text{nach Gauß-Transformation} \end{array} \begin{pmatrix} 2 & 1 & 3 \\ 0 & 1 & -1 \\ 0 & 0 & 0 \end{pmatrix}$$

$$r(B) = n - 1 = 2$$

Eine Überprüfung der Zeilen von B ergibt, dass die 3. Zeile das 2fache der ersten Zeile ist; für den 1. und 3. Zeilenvektor gilt: $b_3' = 2 \cdot b_1'$. Die 3. Zeile der Matrix ist nur ein vielfaches der 1. Zeile und damit linear von der 1. Zeile abhängig. Daher ist der Rang von $B = r(B) = n - 1 = 2$.

Weiter gelte für C:

$$C = \begin{pmatrix} 2 & 1 & 3 \\ 6 & 3 & 9 \\ 4 & 2 & 6 \end{pmatrix} \Rightarrow \begin{array}{l} \text{die obere Dreiecksform} \\ \text{nach Gauß-Transformation} \end{array} \begin{pmatrix} 2 & 1 & 3 \\ 0 & 0 & 0 \\ 0 & 0 & 0 \end{pmatrix}$$

$$r(C) = n - 2 = 1$$

Man erkennt sofort, dass $c_2' = 3 \cdot c_1'$ und $c_3' = 2 \cdot c_1'$ ist. 2. und 3. Zeile der Matrix C sind linear von der 1. Zeile abhängig. Daher ist $r(C) = n - 2 = 1$.

◆ **Definition:**
Gilt für die Vektoren $a_1, a_2, \ldots, a_n$ die Bedingung:

$$k_1 \cdot a_1 + k_2 \cdot a_2 + \cdots + k_n \cdot a_n = 0$$

nur für die Skalare $k_1, k_2, \ldots, k_n = 0$, d. h. kann der Nullvektor nur hergestellt werden, wenn alle Skalare gleich 0 sind, dann sind die Vektoren $a_1, \ldots, a_n$ linear unabhängig. Gilt dagegen für wenigstens ein $k_i \neq 0$, $i = 1, \ldots, n$, dann sind die Vektoren linear abhängig.

n linear unabhängige Vektoren mit n Komponenten bilden eine Basis für alle Vektoren mit n Komponenten. Die Vektoren der Basis nennt man auch Basisvektoren. **Basis**

Eine in der Mathematik sehr wichtige Basis ist die von den Einheitsvektoren gebildete Basis (**kanonische Basis**). Jeder Vektor b mit n Komponenten lässt sich eindeutig als Linearkombination der Basisvektoren darstellen.

Die n Basisvektoren spannen einen Vektorraum auf. Die Dimension dieses Vektorraums ist gleich der Anzahl n der Basisvektoren, also gleich der maximalen Anzahl der linear unabhängigen Vektoren des Vektorraums. Die Dimension des Vektorraums kann nach den gleichen Prinzipien wie der Rang einer Matrix bestimmt werden, ist also gleich dem Rang des Vektorraums. **Dimension**

Beispiel Wir betrachten den 3-dimensionalen Vektorraum, der durch die 3 Einheitsvektoren e_1, e_2, e_3 aufgespannt wird:

$$e_1 = \begin{pmatrix} 1 \\ 0 \\ 0 \end{pmatrix}; \quad e_2 = \begin{pmatrix} 0 \\ 1 \\ 0 \end{pmatrix}; \quad e_3 = \begin{pmatrix} 0 \\ 0 \\ 1 \end{pmatrix};$$

a) Es ist nachzuweisen, dass diese 3 Vektoren linear unabhängig sind; $k_1 \cdot e_1 + k_2 \cdot e_2 + k_3 \cdot e_3 = 0$ für $k_1 = k_2 = k_3 = 0$.
b) Es sei $k_1 = 4$, $k_2 = 5$, $k_3 = 3$. Es sei zu zeigen, dass der Vektor b von $k_1 \cdot e_1 + k_2 \cdot e_2 + k_3 \cdot e_3$ linear abhängig ist.

Zu a) Für welche Koordinaten k_1, k_2, k_3 gilt:

$$k_1 \cdot e_1 + k_2 \cdot e_2 + k_3 \cdot e_3 = 0$$

$$\Rightarrow k_1 \cdot \begin{pmatrix} 1 \\ 0 \\ 0 \end{pmatrix} + k_2 \cdot \begin{pmatrix} 0 \\ 1 \\ 0 \end{pmatrix} + k_3 \cdot \begin{pmatrix} 0 \\ 0 \\ 1 \end{pmatrix} = \begin{pmatrix} 0 \\ 0 \\ 0 \end{pmatrix}$$

$$\Leftrightarrow \begin{pmatrix} k_1 \\ 0 \\ 0 \end{pmatrix} + \begin{pmatrix} 0 \\ k_2 \\ 0 \end{pmatrix} + \begin{pmatrix} 0 \\ 0 \\ k_3 \end{pmatrix} = \begin{pmatrix} 0 \\ 0 \\ 0 \end{pmatrix}$$

$$\Leftrightarrow \begin{pmatrix} k_1 + 0 + 0 \\ 0 + k_2 + 0 \\ 0 + 0 + k_3 \end{pmatrix} = \begin{pmatrix} 0 \\ 0 \\ 0 \end{pmatrix}$$

$\Leftrightarrow \begin{pmatrix} k_1 \\ k_2 \\ k_3 \end{pmatrix} = \begin{pmatrix} 0 \\ 0 \\ 0 \end{pmatrix}$ Diese Vektorgleichung ist nur für $k_1 = 0$, $k_2 = 0$, $k_3 = 0$ erfüllt. e_1, e_2, e_3 sind linear unabhängig und bilden eine Basis des 3-dimensionalen Vektorraums.

Zu b) Für die Koordinaten $k_1 = 4$, $k_2 = 5$, $k_3 = 2$ gilt:

$$b = 4 \cdot e_1 + 5 \cdot e_2 + 2 \cdot e_3$$

$$b = 4 \cdot \begin{pmatrix} 1 \\ 0 \\ 0 \end{pmatrix} + 5 \cdot \begin{pmatrix} 0 \\ 1 \\ 0 \end{pmatrix} + 2 \cdot \begin{pmatrix} 0 \\ 0 \\ 1 \end{pmatrix}$$

$$b = \begin{pmatrix} 4 \\ 0 \\ 0 \end{pmatrix} + \begin{pmatrix} 0 \\ 5 \\ 0 \end{pmatrix} + \begin{pmatrix} 0 \\ 0 \\ 2 \end{pmatrix}$$

$$b = \begin{pmatrix} 4 + 0 + 0 \\ 0 + 5 + 0 \\ 0 + 0 + 2 \end{pmatrix} = \begin{pmatrix} 4 \\ 5 \\ 2 \end{pmatrix} = 1 \cdot \begin{pmatrix} 4 \\ 5 \\ 2 \end{pmatrix}$$

b ist eine Linearkombination der Basisvektoren e_1, e_2, e_3 und damit von den Basisvektoren linear abhängig.

Um den Nullvektor herzustellen, setzt man

$$k_1 \cdot e_1 + k_2 \cdot e_2 + k_3 \cdot e_3 - b = 0 \Leftrightarrow$$
$$k_1 \cdot e_1 + k_2 \cdot e_2 + k_3 \cdot e_3 - 1 \cdot b = 0$$

Der Nullvektor kann unter den gegebenen Bedingungen auch hergestellt werden, wenn k_1, k_2, k_3 und der skalare Multiplikator des Vektors $b \neq 0$ sind. e_1, e_2, e_3, b sind daher linear abhängig.

Alle Vektoren des 3-dimensionalen Vektorraums können als Linearkombinationen der Basisvektoren e_1, e_2, e_3 dargestellt werden. Alle Vektoren sind dann von den Basisvektoren linear abhängig.

Diese Aussagen gelten für Vektorräume beliebiger Dimension.

5.4.2 Inhomogene LGS

Gegeben sei das LGS: $A \cdot x = b$.
Ein LGS heißt inhomogen, wenn mindestens ein Element des Lösungsvektors b von Null verschieden ist ($b \neq 0$).

1. Fall: n = m, d. h. die Anzahl der Variablen ist gleich der Anzahl der Gleichungen; die Koeffizientenmatrix A ist eine (n × n)-Matrix, also eine quadratische Matrix.

Beispiele a) Gegeben ist das LGS

$$\begin{pmatrix} 2 & 1 & 3 \\ 4 & 3 & 5 \\ 1 & 2 & 3 \end{pmatrix} \cdot \begin{pmatrix} x_1 \\ x_2 \\ x_3 \end{pmatrix} = \begin{pmatrix} 8 \\ 12 \\ 4 \end{pmatrix}$$

Wir übertragen die Koeffizienten in ein Tableau und lösen das LGS mit Hilfe des Gauß'schen Algorithmus. Gleichzeitig ermitteln wir den Rang der Koeffizientenmatrix r(A) und den Rang der erweiterten Koeffizientenmatrix r(A, b).

	x_1	x_2	x_3	b
I:	2	1	3	8
II:	4	3	5	12
III:	1	2	3	4
I:	2	1	3	8
$-2 \cdot I + II = II'$:	0	1	-1	-4
$I - 2 \cdot III = III'$:	0	-3	-3	0
I:	2	1	3	8
II':	0	1	-1	-4
$3 \cdot II' + III' = III''$:	0	0	-6	-12

Einsetzen von x_3, x_2, x_1 ergibt als Lösungsvektor:

$$\Rightarrow \text{Lösungsvektor } x = \begin{pmatrix} 2 \\ -2 \\ 2 \end{pmatrix}$$

Die Überprüfung des Ranges ergibt:

$$r(A) = 3 = n \quad \text{und} \quad r(A, b) = 3 = n.$$

Die Aussagen bezüglich des Ranges gelten für quadratische und nichtquadratische Matrizen. Hat eine (n × n)-Matrix A den Rang r(A) = n, so sind alle ihre Vektoren voneinander linear unabhängig. Fügt man einen (n × 1)-Spaltenvektor b hinzu, dann ändert dies am Rang der erweiterten Matrix nichts.

Man kann sich daher für die Prüfung der Lösbarkeit eines LGS: $A \cdot x = b$ zunächst auf die Rangbestimmung der Koeffizientenmatrix A beschränken. Gilt nämlich r(A) = n, so gilt auch für den Rang der erweiterten Koeffizientenmatrix r(A, b) = n.

$$\boxed{r(A) = r(A, b) = n \Leftrightarrow \text{LGS ist eindeutig lösbar}}$$

b) Gegeben ist das LGS

$$\begin{pmatrix} 2 & 1 & 3 \\ 4 & 3 & 5 \\ 4 & 2 & 6 \end{pmatrix} \cdot \begin{pmatrix} x_1 \\ x_2 \\ x_3 \end{pmatrix} = \begin{pmatrix} 8 \\ 12 \\ 20 \end{pmatrix}$$

Wir übertragen die Koeffizienten in ein Tableau und lösen das LGS mit Hilfe des Gauß'schen Algorithmus. Gleichzeitig ermitteln wir den Rang der Koeffizientenmatrix r(A) und den Rang der erweiterten Koeffizientenmatrix r(A, b).

	x_1	x_2	x_3	b
I:	2	1	3	8] · (−2)
II:	4	3	5	12]
III:	4	2	6	20] · (−2)
I:	2	1	3	8
−2·I + II = II′:	0	1	−1	−4
I − 2·III = III′:	0	0	0	−32

III′ führt zu dem Widerspruch: $0 \cdot x_3 = -32$, d.h. die Gleichung III′ und damit das LGS ist nicht lösbar.

Die Überprüfung des Ranges ergibt:
$$r(A) = n - 1 = 2, \quad r(A, b) = n = 3, \quad r(A) < r(A, b)$$

$\boxed{r(A) < r(A, b) \Leftrightarrow \text{LGS ist nicht lösbar}}$

c) Gegeben ist das LGS
$$\begin{pmatrix} 2 & 1 & 3 \\ 4 & 3 & 5 \\ 4 & 2 & 6 \end{pmatrix} \cdot \begin{pmatrix} x_1 \\ x_2 \\ x_3 \end{pmatrix} = \begin{pmatrix} 8 \\ 12 \\ 16 \end{pmatrix}$$

1. Fall:

n = m, d.h. die Anzahl der Variablen ist gleich der Anzahl der Gleichungen.

Wir übertragen die Koeffizienten in ein Tableau und lösen das LGS mit Hilfe des Gauß'schen Algorithmus. Gleichzeitig ermitteln wir den Rang der Koeffizientenmatrix r(A) und den Rang der erweiterten Koeffizientenmatrix r(A, b).

	x_1	x_2	x_3	b
I:	2	1	3	8] · (−2)
II:	4	3	5	12]
III:	4	2	6	16] : (−2)
I:	2	1	3	8
II′:	0	1	−1	−4
III′:	0	0	0	0

Die Gleichung III′: $0 \cdot x_1 + 0 \cdot x_2 + 0 \cdot x_3 = 0$ ist für jedes Zahlentripel (x_1, x_2, x_3) erfüllt. Es existieren also unendlich viele Lösungen. Für x_3 darf daher eine beliebige Zahl $x_3 = t \in \mathbb{Q}$ eingesetzt werden.

$x_3 = t$ in II′, x_3 und x_2 und I eingesetzt:
$x_2 - t = -4 \Rightarrow x_2 = t - 4$
$2 \cdot x_1 + (t - 4) + 3 \cdot t = 8 \Rightarrow x_1 = 10 - 2 \cdot t$

Einsetzen von x_3, x_2, x_1 ergibt als allgemeine Lösung:

$\Rightarrow$ Lösungsvektor $x = \begin{pmatrix} 10 - 2 \cdot t \\ t - 4 \\ t \end{pmatrix} \quad t \in \mathbb{Q}$

Die Überprüfung des Ranges ergibt:
$$r(A) = r(A, b) = 2 < n = 3$$

$\boxed{r(A) = r(A, b) < m \Leftrightarrow \text{LGS hat unendlich viele Lösungen}}$

Da $n - (r(A) = r(A, b)) = 3 - 2 = 1$ ist, kann eine Variable frei gewählt werden. Man sagt, die Lösungsmenge ist unendlich mit dem Freiheitsgrad $n - r(A)$, also in unserem Falle mit dem Freiheitsgrad 1.

2. Fall:

m < n, d.h. die Anzahl der Gleichungen ist kleiner als die Anzahl der Variablen und es gelte $r(A) = r(A, b) = m$.

Man zerlegt das LGS $A \cdot x = b$ in eine Teilmatrix $(m \times m)$-Matrix A_1 (= Basismatrix) mit m linear unabhängigen Vektoren und eine $(m \times (n - m))$-Teilmatrix B_1; den Vektor x teilt man entsprechend in x_1 (= Basisvariablen) und x_2 auf, so dass gilt:

$$A \cdot x = A_1 \cdot x_1 + B_1 \cdot x_2 = b.$$

Die Auflösung nach x_1 ergibt:

$$x_1 = A_1^{-1} \cdot b - A_1^{-1} \cdot B_1 \cdot x_2$$

Der Lösungsvektor x_1 ist von x_2 abhängig. Setzt man zunächst $x_2 = 0$, dann erhält man für x_1 eine Basislösung. Für den Vektor x_2 kann man beliebige Werte einsetzen und in Abhängigkeit davon dann weitere Lösungen für x_1 ermitteln. Das LGS hat unendlich viele Lösungen.

Man bezeichnet die $n - m$ (= $r(A)$ = $r(A, b)$) frei wählbaren Variablen auch als Freiheitsgrade des LGS.

Wir betrachten folgendes LGS:

$$\begin{pmatrix} 2 & 1 & 3 & 1 \\ 4 & 3 & 5 & 3 \\ 1 & 2 & 3 & 1 \end{pmatrix} \cdot \begin{pmatrix} x_1 \\ x_2 \\ x_3 \\ x_4 \end{pmatrix} = \begin{pmatrix} 8 \\ 12 \\ 4 \end{pmatrix}$$

Die Lösung soll mit Hilfe der inversen Matrix zu

$$A_1 = \begin{pmatrix} 2 & 1 & 3 \\ 4 & 3 & 5 \\ 1 & 2 & 3 \end{pmatrix}$$

ermittelt werden. Man erhält dann für den Lösungsvektor x_1

| $x_1 =$ | A_1^{-1} | $\cdot$ b | $-$ | A_1^{-1} | $\cdot B_1 \cdot x_2$ |

$$x_1 = \begin{pmatrix} -0{,}1667 & 0{,}5 & -0{,}6667 \\ -1{,}1667 & 0{,}5 & 0{,}3333 \\ 0{,}8333 & -0{,}5 & 0{,}3333 \end{pmatrix} \cdot \begin{pmatrix} 8 \\ 12 \\ 4 \end{pmatrix} - \begin{pmatrix} -0{,}1667 & 0{,}5 & -0{,}6667 \\ -1{,}1667 & 0{,}5 & 0{,}3333 \\ 0{,}8333 & -0{,}5 & 0{,}3333 \end{pmatrix} \cdot \begin{pmatrix} 1 \\ 3 \\ 1 \end{pmatrix} \cdot x_4$$

$$x_1 = \begin{pmatrix} 2 \\ -2 \\ 2 \end{pmatrix} - \begin{pmatrix} 0{,}6667 \\ 0{,}1667 \\ -0{,}3333 \end{pmatrix} \cdot x_4$$

Basislösung: $x_1' = (2 \quad -2 \quad 2$ für $x_4 = 0)$

Das LGS hat unendlich viele Lösungen mit dem Freiheitsgrad 1 (vgl. dazu auch Fall 1, Beispiel c).

3. Fall:

$m > n$, d.h. die Anzahl der Gleichungen ist größer als die Anzahl der Variablen und es gelte $r(A) = r(A, b) - n < m$.

Man greift n Gleichungen heraus. Die $m - n$ übrigen Zeilen lassen sich als Linearkombinationen der n Zeilen mit n Variablen darstellen. Erfüllt ein Vektor die n linear unabhängigen Gleichungen, dann erfüllt er auch die $m - n$ übrigen Gleichungen. $m - n$ Gleichungen sind damit für die Lösung nicht notwendig, somit überflüssig (redundant). Die linear abhängigen Gleichungen können mit Hilfe des Gauß-Algorithmus aussortiert werden.

5.4.3 Homogene LGS

Gegeben sei das LGS: $A \cdot x = 0$.
(Das LGS heißt homogen, wenn der Vektor b der Null-Vektor ist (alle Elemente von b gleich 0)).

1. Fall: $n = m$,
a) $r(A) = n$; in diesem Falle hat das LGS stets die Lösung $x = 0$, der Nullvektor ist der Lösungsvektor. Man spricht hier auch von der „trivialen" Lösung.
b) $r(A) < n$; es existieren linear abhängige Spaltenvektoren und damit „nichttriviale" Lösungen für x. Das LGS hat $n - r(A)$ Freiheitsgrade, $n - r(A)$ Variablen können frei festgesetzt werden.

2. Fall: $n > m$,
Jedes LGS mit mehr Variablen als Gleichungen hat „nichttriviale" Lösungen, da $n - r(A)$ Variable als linear von $r(A)$ abhängig dargestellt werden können.

◆ **Zusammenfassung: Lösbarkeit von Linearen Gleichungssystemen:**

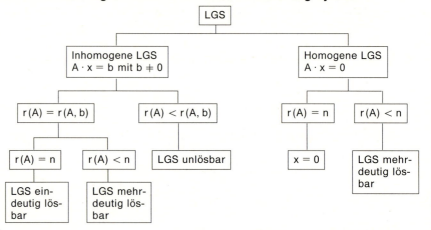

Der Rang der Matrix A, $r(A)$, ist gleich der Maximalzahl der linear unabhängigen Vektoren der Matrix A.

Die Inverse A^{-1} zur $(n \times n)$-Matrix A existiert nur, wenn $r(A) = n$.

A Aufgaben

1. Welchen Rang haben folgende Matrizen?

$$A = \begin{pmatrix} 2 & 1 & 0 \\ 5 & 5 & 5 \\ 7 & 2 & 3 \end{pmatrix} \qquad B = \begin{pmatrix} 3 & 2 \\ -6 & -4 \end{pmatrix} \qquad C = \begin{pmatrix} 3 & 3 & 3 \\ 2 & 4 & 6 \\ 1 & 1 & 1 \end{pmatrix}$$

2. a) Prüfen Sie, ob die Vektoren a_1, a_2, a_3 eine Basis bilden:

$$a_1 = \begin{pmatrix} 1 \\ 0 \\ 0 \end{pmatrix} \qquad a_2 = \begin{pmatrix} 0 \\ 1 \\ 0 \end{pmatrix} \qquad a_3 = \begin{pmatrix} 0 \\ 1 \\ 1 \end{pmatrix}$$

b) Ermitteln Sie die Koordinaten k_1, k_2, k_3 so, dass gilt:

$$k_1 \cdot a_1 + k_2 \cdot a_2 + k_3 \cdot a_3 = \begin{pmatrix} 5 \\ 10 \\ 15 \end{pmatrix}$$

3. Gegeben ist das LGS: $A \cdot x = b$ mit

$$\begin{pmatrix} 3 & 4 & -1 \\ 1 & -3 & 5 \\ a_{31} & a_{32} & a_{33} \end{pmatrix} \cdot \begin{pmatrix} x_1 \\ x_2 \\ x_3 \end{pmatrix} = \begin{pmatrix} -4 \\ 19 \\ 15 \end{pmatrix}$$

Was gilt für die Lösbarkeit des LGS mit folgenden Vektoren a_3'?

a) $a_3' = (\,-6 \quad -8 \quad 2\,)$
b) $a_3' = (\,-2 \quad 1 \quad 6\,)$

M Methodische Empfehlungen

Lösung von LGS mit 3 Variablen mit Hilfe der Tabellenkalkulation „EXCEL"

	A	B	C	D	E	F
1						
2	**Lineares Gleichungssystem**		**Normalform**		**Beispiel:**	
3	I. $25 \cdot x_1 - 5 \cdot x_2 + x_3 = 6$		I. $25 \cdot x_1 - 5 \cdot x_2 + x_3 - 6 = 0$		Gleichung:	$2 \cdot x_1 - 3 \cdot x_2 = 4$
4	II. $9 \cdot x_1 - 3 \cdot x_2 + x_3 = -4$		II. $9 \cdot x_1 - 3 \cdot x_2 + x_3 + 4 = 0$		Normalform:	$2 \cdot x_1 - 3 \cdot x_2 - 4 = 0$
5	III. $9 \cdot x_1 + 3 \cdot x_2 + x_3 = 14$		III. $9 \cdot x_1 + 3 \cdot x_2 + x_3 - 14 = 0$			
6	(Die Eingaben in den Zellen A3 bis D5 dienen nur als Merkhilfen.)					
7						
8	**Mit dem Solver berechnete Lösungen für x_1, x_2, x_3**					
9	x_1	x_2	x_3	**Formel**		
10	1	3	-4	$-4{,}31957\text{E}-11$	≈ 0	
11						
12	**Nebenbedingungen:**		II.	$6{,}08775\text{E}-11$	≈ 0	
13			III.	$-1{,}525\text{E}-11$	≈ 0	
14						
15	**Arbeitsschritte: Lösung von LGS mit 3 Variablen mit dem Solver**					
16	1. Lineares Gleichungssystem mit 3 Variablen (LGS) im Bereich A3:C5 notieren.					
17	2. Gleichung I in Normalform in Zelle D10 eingeben; z.B. = 25 · A10 − 5 · B10 + C10 − 6					
18	3. Gleichungen II und III in Normalform wie bei 2. in die Zellen für die Nebenbedingungen II und III,					
19	D12 und D13 eingeben; Zellbezug bleibt A10:C10; z.B. für II. in D12: = 9 · A10 + 3 · B10 + C10 − 14					
20	(Zur Kontrolle kann A10, B10, C10 = 0 gesetzt werden.)					
21	4. $D$10 als Zielzelle markieren. **EXTRAS / SOLVER …** wählen. **Veränderbare Zellen** $A$10:$C$10.					
22	**Hinzufügen als Nebenbedingungen:** $D$12 = 0, $D$13 = 0; mit **OK** zurück zum SOLVER.					
23	**Wert = 0** setzen und **Lösen**. Die Lösungen werden in A10:C10 ausgegeben.					
24	5. Mit **SOLVER / Optionen** kann die Genauigkeit des Ergebnisses auf Wunsch verbessert werden.					
25	6. Nach Modifikation dieser Regeln können beliebige LGS auch höherer Ordnung gelöst werden.					
26						

6 Exkurs: Lineare Optimierung (LO) mit mehr als zwei Variablen – die reguläre Simplexmethode

Lineare Optimierungsprobleme mit zwei Variablen sowie einfache Verfahren zur Ermittlung des Optimismus wurden in Abschnitt 3 besprochen. Das graphische Lösungsverfahren des Abschnitts 3 ist anwendbar bei Problemen mit 2 Variablen. Es versagt jedoch bei Problemen mit mehr als 2 Variablen, so dass für diese Fälle allgemein gültigere Verfahren entwickelt werden müssen. Zunächst soll noch einmal die formale Struktur eines Optimierungsmodells ins Gedächtnis gerufen werden. Aus der Sicht des handelnden Subjekts existieren im Falle der Maximierungsaufgabe

1. eine lineare Zielfunktion: $Z = c' \cdot x \to MAX$
2. ein System von Nebenbedingungen (Restriktionen), die durch das lineare Ungleichungssystem
$$A \cdot x \leq b$$
beschrieben werden können. Bei ökonomischen Fragestellungen ist in der Regel von der Nichtnegativität des Vektors x auszugehen: $x \geq 0$.

Dabei ist:

$c' = (c_1, \ldots, c_n)$ der Vektor der Bewertungskoeffizienten

$x = \begin{pmatrix} x_1 \\ \vdots \\ x_n \end{pmatrix}$ der Vektor der Optimierungsvariablen

$A = (m \times n)$-Koeffizientenmatrix der Nebenbedingungen

$b = \begin{pmatrix} b_1 \\ \vdots \\ b_m \end{pmatrix}$ der Vektor der „Engpässe", d.h. der Kapazitäten oder Ressourcen, die bei bestimmten Aktionsplänen maximal zur Verfügung stehen

Zusammengefasst lautet die Standard-Maximum-Aufgabe:
1. Lineare Zielfunktion: $Z = c' \cdot x \to MAX$
2. System der Nebenbedingungen (Restriktionen)
$$A \cdot x \leq b, \quad x \geq 0$$

Analog dazu kann die Standard-Minimum-Aufgabe formuliert werden:
1. Lineare Zielfunktion: $Z = c' \cdot x \to MIN$
2. System der Nebenbedingungen (Restriktionen)
$$A \cdot x \geq b, \quad x \geq 0$$

Im Folgenden wird nur die Lösung der Standard-Maximum-Aufgabe betrachtet. Die Lineare Optimierung (LO) ist eine für viele Planungsprobleme erforschte Methode, zu welcher eine umfangreiche Literatur existiert.
Zur Lösung von LO-Aufgaben benötigt man Lösungsalgorithmen. Ein effizientes Verfahren ist der so genannte Simplex-Algorithmus. Zum besseren Verständnis der folgenden Ausführungen sollen einige Begriffe erläutert werden.
Ein Punkt im n-dimensionalen Raum wird durch den n-Tupel $(x_1; x_2, \ldots; x_n)$ eindeutig bestimmt.
Die Gleichung
$$k_1 \cdot x_1 + k_2 \cdot x_2 + k_3 \cdot x_3 + \ldots + k_n \cdot x_n = k' \cdot x = c$$

beschreibt eine Ebene im n-dimensionalen Raum. Durch diese Ebene, die auch als Hyperebene bezeichnet wird, wird der Raum in zwei Halbebenen geteilt. Die Ungleichung

Hyperebene

$$k' \cdot x < c$$

beschreibt die Menge aller Punkte „unterhalb" der Ebene $k' \cdot x$, die Ungleichung

$$k' \cdot x > c$$

die Menge aller Punkte „oberhalb" der Ebene $k' \cdot x$.

Zur Ermittlung der Optimallösung eines Standard-Maximum-Problems nach dem Simplex-Algorithmus geht man folgendermaßen vor: Man erweitert

Standard-Maximum-Problem

1. Zielfunktion: $\quad Z = c' \cdot x \to$ MAX $\quad$ (c', x = n-Vektoren)
2. Nebenbedingungen: $A \cdot x \leq b, x \geq 0 \quad$ (A = (m × n)-Matrix)

um den m-Vektor u der so genannten „Schlupfvariablen". Diese Schlupfvariablen füllen den „Spielraum" der Nebenbedingungen aus, der nicht durch die effektiven Mengen der Optimierungsvariablen beansprucht wird. Die Einführung von Schlupfvariablen erhöht zwar die Anzahl der Variablen, hat aber keinen Einfluss auf das optimale Programm, weil sie nicht zu den Variablen $x_1, \ldots, x_n$ gehören, die das optimale Programm bilden. Durch die Einführung der Schlupfvariablen erweitert sich das Optimierungsmodell:

Schlupf-variable

1. Zielfunktion: $\quad Z = c_1 \cdot x_1 + \ldots + c_n \cdot x + 0 \cdot u_1 + \ldots 0 \cdot u_m \to$ MAX
2. Nebenbedingungen: $a_{11} \cdot x_1 + \ldots a_{1n} \cdot x_n + 1 \cdot u_1 + \ldots \quad + 0 \cdot u_m = b_1$
$\qquad\qquad\qquad\quad a_{21} \cdot x_1 + \ldots a_{2n} \cdot x_n + 0 \cdot u_1 + 1 \cdot u_2 + 0 \cdot u_m = b_2$
$\qquad\qquad\qquad\quad \vdots \qquad\qquad\qquad\qquad\qquad\qquad\qquad\qquad\qquad \vdots$
$\qquad\qquad\qquad\quad a_{m1} \cdot x_1 + \ldots a_{mn} \cdot x_n + 0 \cdot u_1 + \ldots \quad + 1 \cdot u_m = b_m$
$\qquad\qquad\qquad\quad x_1, \ldots, x_n \geq 0, u_1, \ldots, u_m \geq 0$

oder kürzer:
1. Zielfunktion: $\quad Z = c' \cdot x + 0 \cdot u \to$ MAX
2. Nebenbedingungen: $A \cdot x + u = b; \quad x, u \geq 0$
bzw.: $\qquad\qquad\qquad A \cdot x + I \cdot u = b; \quad x, u \geq 0$

Die n + m Variabeln x und u bilden einen n + m-dimensionalen Raum, in dem die um m erweiterten Gleichungen der Nebenbedingungen als Ebenen abgebildet werden. Diese Ebenen begrenzen einen n-dimensionalen Lösungsraum. Wie bei der LO mit zwei Variablen liegt die optimale Lösung entweder in einem Eckpunkt des Lösungsraums oder fällt mit einer Fläche des Lösungsraums zusammen.
Die Anzahl der zu untersuchenden Eckpunkte und Begrenzungsflächen kann sehr groß sein. Ein effizienter Lösungsalgorithmus soll die zielgerichtete Suche nach dem Optimum mit geringstem Rechenaufwand ermöglichen.
Der Simplex-Algorithmus beschreitet folgenden Lösungsweg:
1. Ausgangspunkt der Berechnungen ist die Basislösung

$$u = b \Leftrightarrow A \cdot x + u = b \Rightarrow x = 0;$$

der Vektor u ist der Vektor der „Basisvariablen". Die übrigen Variablen x bilden die „Nichtbasisvariablen".
Der Wert der Zielfunktion ist dann gleich 0: $Z = c' \cdot 0 = 0$.

2. Aus der Zielfunktion wird die Optimierungsvariable mit dem höchsten Bewertungskoeffizienten ausgesucht, weil eine Aufnahme dieser Variablen ins Handlungskonzept den höchsten Zuwachs an Zielerreichung verspricht.

$$c_j = \text{Max}(c_j), \quad j = 1, \ldots, n$$

Die zu c_j gehörige Optimierungsvariable x_j soll nun in die Basis aufgenommen werden. Die zu dieser Variablen gehörende Spalte nennt man „Pivotspalte".

Pivotspalte

3. Es gilt nun den „Engpass" zu bestimmen. Den Engpass findet man durch Ermittlung des kleinsten Quotienten aus verfügbaren Ressourcen b und dem Koeffizienten der Pivotspalte.

$$b_{i\cdot} = \min\left(\frac{b_i}{a_{ij\cdot}}\right), \quad i = 1, \ldots, m: \quad j = j\cdot$$

Pivotzeile

Mit Hilfe des Engpasses $b_{i\cdot}$ wird die „Pivotzeile" gefunden. Das im Schnittpunkt von Pivotzeile und Pivotspalte liegende Elemente $a_{i\cdot j\cdot}$ nennt man „Pivotelement".

Existiert kein $b_{i\cdot} > 0$, dann hat das Problem keine Lösung.

4. Nun erfolgt ein Austausch der Basisvariablen. Man nimmt die Basisvariable $u_{j\cdot}$ aus der Basis und ersetzt sie durch die Basisvariable $x_{j\cdot}$, die zugleich die aktuelle Optimierungsvariable ist.

Die Rechenoperationen, die bei dieser Basistransformation vorgenommen werden müssen, entsprechen der Lösung eines LGS mit Hilfe des erweiterten Gauß'schen Algorithmus.

Das Pivotelement wird dabei zu 1, alle anderen Elemente der Pivotspalte werden zu 0.

5. Durch den Austausch der Basisvariablen erhöht sich der Zielwert Z.

Man prüft nun, ob in der Zielfunktion noch mindestens ein Bewertungskoeffizient positiv ist. Ist dies der Fall, so wiederholt man das Verfahren ab Schritt 2.

Ist kein Bewertungskoeffizient der Zielfunktion positiv, dann ist das optimale Programm berechnet. Der Wert der Optimierungsvariablen entspricht den Basisvariablen, die in die Nebenbedingungen aufgenommen wurden. Der optimale Zielwert ist gleich dem positiven Ergebnis der Zielfunktion.

Der Simplex-Algorithmus ist ein iteratives Verfahren, das nach einer bestimmten Zahl von Schritten zum Optimum führt. Die Anzahl der Iterationen beträgt maximal m, wird also durch die Anzahl der Nebenbedingungen beschränkt.

Durch die Auswahl von maximalem Bewertungskoeffizienten und minimalem Engpass wird sichergestellt, dass der kürzeste Weg zum Ziel gewählt wird.

Die Rechnung kann sehr übersichtlich gestaltet werden, wenn man die Koeffizienten jedes Lösungsschrittes t in einem Koeffizientenableau S zusammenstellt.

Da es sich beim Simplex-Algorithmus um ein komplexes Rechenverfahren handelt, empfiehlt sich der Einsatz des Computers als Rechenhilfsmittel.

Für folgendes Produktionsproblem ist die optimale Lösung zu ermitteln:
Ein Unternehmen der Unterhaltungselektronik stellt in einer Abteilung Fernsehgeräte und Videorecorder her. Bei der Produktion sind je Abrechnungsperiode folgende Bedingungen zu berücksichtigen:
a) *Der Zulieferer kann maximal 1 000 Gehäuse von beiden Geräten zusammen bereitstellen.*
b) *Die Montagekapazitäten lassen maximal die Fertigung von 600 Fernsehgeräten zu.*
c) *Die Montagekapazitäten lassen maximal die Fertigung von 800 Recordern zu.*
d) *Die Versandabteilung kann höchstens 800 Fernseher oder 1 200 Recorder oder eine Kombination von beiden für die Auslieferung lagern.*
Der Reingewinn je Fernsehgerät wird mit 120,00 EUR, der Reingewinn je Recorder mit 90,00 EUR kalkuliert.
Mit welchem Produktionsprogramm könnte die Unternehmung den größtmöglichen Gewinn erzielen?

Entwicklung eines Lösungsverfahrens:
Formalisierung des Problems; es sei

> x_1 = Produktionsmenge an Fernsehgeräten
> x_2 = Produktionsmenge an Videorecordern
>
> 1. Zielfunktion: $Z = 120 \cdot x_1 + 90 \cdot x_2 \to$ MAX
>
> 2. Nebenbedingungen:
>   a) $x_1 + x_2 \leq 1\,000$
>   b) $x_1 \leq 600$
>   c) $x_2 \leq 800$
>   d) $3 \cdot x_1 + 2 \cdot x_2 \leq 2\,400^1$
>   e) $x_1, x_2 \geq 0$

Durch Einführung der Schlupfvariablen entsteht ein Gleichungssystem:
1. Zielfunktion: $Z = 120 \cdot x_1 + 90 \cdot x_2 + 0 \cdot u_1 + 0 \cdot u_2 + 0 \cdot u_3 + 0 \cdot u_4 \to$ MAX
2. Nebenbedingungen:
    a) $x_1 + x_2 + u_1 = 1\,000$
    b) $x_1 + u_2 = 600$
    c) $x_2 + u_3 = 800$
    d) $3 \cdot x_1 + 2 \cdot x_2 + u_4 = 2\,400$
    e) $x_1, x_2, u_1, u_2, u_3, u_4 \geq 0$

Im Folgenden werden wir die Gleichungen durch Koeffiziententableaus ersetzen. Wir zeigen zuerst alle Simplextableaus und erläutern dann die Rechnungen auf jeder Stufe. (Dieses Problem mit zwei Variablen könnte auch graphisch gelöst werden. Daher empfiehlt sich die graphische Lösung hier zur Kontrolle.)

---

[1] Je Fernseher wird 1/800 und je Recorder 1/1 200 des Lagerraums benötigt. Für x_1 Fernseher werden $x_1/800$ und für x_2 Recorder $x_2/1\,200$ der Lagerkapazität benötigt. Für beide zusammen steht dann maximal der gesamte Lagerraum zur Verfügung.

$$\frac{1}{800} \cdot x_1 + \frac{1}{1\,200} \cdot x_2 \leq 1 \Leftrightarrow 3 \cdot x_1 + 2 \cdot x_2 \leq 2\,400$$

1	BV	x_1	x_2	u_1	u_2	u_3	u_4	b_i	q_i (Engpass)	
2	u_1	1	1	1	0	0	0	1 000	1 000 : 1 = 1 000	
3	u_2	⌐1¬	0	0	1	0	0	600	600 : 1 = 600	S_0
4	u_3	0	1	0	0	1	0	800	–	
5	u_4	3	2	0	0	0	1	2 400	2 400 : 3 = 800	
6	Z_0	120	90	0	0	0	0	0		
7	u_1	0	1	1	−1	0	0	400	400 : 1 = 400	
8	$> x_1$	1	0	0	1	0	0	600	–	
9	u_3	0	1	0	0	1	0	800	800 : 1 = 800	S_1
10	u_4	0	⌐2¬	0	−3	0	1	600	600 : 2 = 300	
11	Z_1	0	90	0	−120	0	0	−72 000		
12	u_1	0	0	1	⌐0,5¬	0	−0,5	100	100 : 0,5 = 200	
13	x_1	1	0	0	1	0	0	600	600 : 1 = 600	S_2
14	u_3	0	0	0	1,5	1	−0,5	500	500 : 1,5 = 333	
15	$> x_2$	0	1	0	−1,5	0	0,5	300	–	
16	Z_2	0	0	0	15	0	−45	−99 000		
17	$> u_2$	0	0	2	1	0	−1	200		
18	x_1	1	0	−2	0	0	1	400		
19	u_3	0	0	−3	0	1	1	200		S_3
20	x_2	0	1	3	0	0	−1	600		
21	Z_3	0	0	−30	0	0	−30	−102 000		

(BV = Basisvariable)

Die Entwicklung der ersten beiden Simplex-Tableaus S_t, $t = 1,2$ vollzieht sich in folgenden Schritten:

1. Es sei $a_{i\cdot,j\cdot}$ das Pivotelement, also das Element, das im Schnittpunkt von Pivotspalte $c_{j\cdot}$ (maximaler positiver Bewertungskoeffizient) und Pivotzeile $b_{i\cdot}$ (Engpass) liegt.
2. Übergang vom t-ten zum t + 1-ten Simplex-Tableau:

   a) aus der Pivotzeile $R_{i\cdot,t}$ entsteht die Zeile:

   $$R_{i\cdot,t+1} = \frac{R_{i\cdot,t}}{a_{i\cdot j\cdot,t}}, \quad a_{i\cdot j\cdot} \neq 0$$

   b) alle übrigen Zeilen $R_{i,t+1}$, einschließlich der Zielfunktion des t + 1-ten Tableaus ergeben sich durch:

   $$R_{i,t+1} = R_{i,t} - a_{ij\cdot,t} \cdot R_{i\cdot,t+1} \quad i = 1, \ldots, m + 1; \quad i \neq i\cdot$$

Es folgt die Darstellung der einzelnen Rechenschritte für den Übergang von S_0 auf S_1:

1. Basislösung: $x_1 = 0$, $x_2 = 0$, $u_1 = 1\,000$, $u_2 = 600$; $u_3 = 800$, $u_4 = 2\,400$, $Z_0 = 0$

Der höchste Bewertungskoeffizient der Zielfunktion beträgt $c_1 = 120$ (→ Pivotspalte $j\cdot = 1$); der Engpass ist $b_2/a_{21} = 600/1 = 600$ (→ Pivotzeile $i\cdot = 2$). Das Pivotelement ist $a_{i\cdot j\cdot,0} = a_{21,0} = 1$. x_1 wird zur Basisvariablen, u_2 wird aus der Basis entfernt.

Aus der Pivotzeile 3 (= $R_{i\cdot,0}$) wird Zeile 8 (= $R_{i\cdot,1}$):

$$\frac{1}{1} = 1; \quad \frac{0}{1} = 0; \quad \frac{0}{1} = 0; \quad \frac{1}{1} = 1; \quad \frac{0}{1} = 0; \quad \frac{0}{1} = 0; \quad \frac{600}{1} = 600$$

Exkurs: Lineare Optimierung (LO) mit mehr als zwei Variablen

Für die übrigen Zeilen gilt:

Zl. 2 → Zl. 7	Zl. 4 → Zl. 9	Zl. 5 → Zl. 10	Zl. 6 → Zl. 11
$1 - 1 \cdot 1 = 0$	$0 - 0 \cdot 1 = 0$	$3 - 3 \cdot 1 = 0$	$120 - 120 \cdot 1 = 0$
$1 - 1 \cdot 0 = 1$	$1 - 0 \cdot 0 = 1$	$2 - 3 \cdot 0 = 2$	$90 - 120 \cdot 0 = 90$
$1 - 1 \cdot 0 = 1$	$0 - 0 \cdot 0 = 0$	$0 - 3 \cdot 0 = 0$	$0 - 120 \cdot 0 = 0$
$0 - 1 \cdot 1 = -1$	$0 - 0 \cdot 1 = 0$	$0 - 3 \cdot 1 = -3$	$0 - 120 \cdot 1 = -120$
$0 - 1 \cdot 0 = 0$	$1 - 0 \cdot 0 = 1$	$0 - 3 \cdot 0 = 0$	$0 - 120 \cdot 0 = 0$
$0 - 1 \cdot 0 = 0$	$0 - 0 \cdot 0 = 0$	$1 - 3 \cdot 0 = 1$	$0 - 120 \cdot 0 = 0$
$1000 - 1 \cdot 600 = 400$	$800 - 0 \cdot 600 = 800$	$2400 - 3 \cdot 600 = 600$	$0 - 120 \cdot 600 = -72000$

oder kürzer

Zeile 2 − 1 · Zeile 8 = Zeile 7
Zeile 4 − 0 · Zeile 8 = Zeile 9
Zeile 5 − 3 · Zeile 8 = Zeile 10
Zeile 6 − 120 · Zeile 8 = Zeile 11

Die neue, verbesserte Basislösung des Tableaus S_1 lautet:

2. Basislösung: $x_1 = 600$, $x_2 = 0$, $u_1 = 400$, $u_2 = 0$; $u_3 = 800$, $u_4 = 600$; $Z_1 = -72000$

Übergang von S_1 auf S_2:
Der höchste Bewertungskoeffizient der Zielfunktion beträgt $c_2 = 90$ (→ Pivotspalte $j \cdot = 2$); der Engpass ist $b_4 / a_{42} = 600 / 2 = 300$ (→ Pivotzeile $i \cdot = 4$). Das Pivotelement ist $a_{i \cdot j \cdot, 1} = a_{42,1} = 2$. x_2 wird zur Basisvariablen, u_4 wird aus der Basis entfernt.

Aus der Pivotzeile 10 (= $R_{i \cdot, 1}$) wird Zeile 15 (= $R_{i \cdot, 2}$):

$$\frac{0}{2} = 0; \quad \frac{2}{2} = 1; \quad \frac{0}{2} = 0; \quad \frac{-3}{2} = -1{,}5; \quad \frac{0}{2} = 0; \quad \frac{1}{2} = 0{,}5; \quad \frac{600}{2} = 300$$

Für die übrigen Zeilen gilt:

Zl. 7 → Zl. 12	Zl. 8 → Zl. 13	Zl. 9 → Zl. 14	Zl. 11 → Zl. 16
$0 - 1 \cdot 0 = 0$	$1 - 0 \cdot 0 = 1$	$0 - 1 \cdot 0 = 0$	$0 - 90 \cdot 0 = 0$
$1 - 1 \cdot 1 = 0$	$0 - 0 \cdot 1 = 0$	$1 - 1 \cdot 1 = 0$	$90 - 90 \cdot 1 = 0$
$1 - 1 \cdot 0 = 1$	$0 - 0 \cdot 0 = 0$	$0 - 1 \cdot 0 = 0$	$0 - 90 \cdot 0 = 0$
$-1 - 1 \cdot (-1{,}5) = 0{,}5$	$1 - 0 \cdot (-1{,}5) = 1$	$0 - 1 \cdot (-1{,}5) = 1{,}5$	$-120 - 90 \cdot (-1{,}5) = 15$
$0 - 1 \cdot 0 = 0$	$0 - 0 \cdot 0 = 0$	$1 - 1 \cdot 0 = 1$	$0 - 90 \cdot 0 = 0$
$0 - 1 \cdot 0{,}5 = -0{,}5$	$0 - 0 \cdot 0{,}5 = 0$	$0 - 1 \cdot 0{,}5 = -0{,}5$	$0 - 90 \cdot 0{,}5 = -45$
$400 - 1 \cdot 300 = 100$	$600 - 0 \cdot 300 = 600$	$800 - 1 \cdot 300 = 500$	$-72000 - 90 \cdot 300 = -99000$

oder kürzer

Zeile 7 − 1 · Zeile 15 = Zeile 12
Zeile 8 − 0 · Zeile 15 = Zeile 13
Zeile 9 − 1 · Zeile 15 = Zeile 14
Zeile 11 − 90 · Zeile 15 = Zeile 16

Die neue, verbesserte Basislösung des Tableaus S_2 lautet:

3. Basislösung: $x_1 = 600$, $x_2 = 300$, $u_1 = 400$, $u_2 = 0$; $u_3 = 800$, $u_4 = 0$;
$Z_2 = -99000$

Die Auswertung der Zielfunktion ergibt zudem den positiven Bewertungskoeffizienten $c_4 = 15$; $a_{14,2} = 0{,}5$ wird Pivotelement. Das Simplextableau S_3 kann wie die Tableaus S_1 und S_2 berechnet werden.
Für Z_3 erhält man -102000 als optimalen Wert. In der Zielfunktionsgleichung existiert nun kein positiver Bewertungskoeffizient mehr. Der maximale Gewinn unter den gegebenen Bedingungen beträgt dann 102000.

4. Basislösung: $x_1 = 400$, $x_2 = 600$, $u_1 = 0$, $u_2 = 200$; $u_3 = 200$, $u_4 = 0$.

Damit lautet das optimale Produktionsprogramm: Es müssen

$x_1 = 400$ Fernsehgeräte und
$x_2 = 600$ Videorecorder

produziert werden.

A Aufgaben

1. Lösen Sie folgende Aufgaben mit Hilfe des Simplex-Algorithmus:
   a) 1. Zielfunktion: $Z = 2 \cdot x_1 + 3 \cdot x_2 + x_3 \rightarrow$ MAX
      2. Nebenbedingungen (Restriktionen):
         a) $\quad x_1 + 2 \cdot x_2 + \quad x_3 \leq 20$
         b) $2 \cdot x_1 + \quad x_2 + 3 \cdot x_3 \leq 50$
         c) $x_1, x_2, x_3 \geq 0$

   b) 1. Zielfunktion: $Z = 100 \cdot x_1 + 40 \cdot x_2 + 60 \cdot x_3 \rightarrow$ MAX
      2. Nebenbedingungen (Restriktionen):
         a) $\quad x_1 + 6 \cdot x_2 + \quad x_3 \leq 960$
         b) $2 \cdot x_1 + 4 \cdot x_2 + 2 \cdot x_3 \leq 1\,200$
         c) $3 \cdot x_1 + \quad x_2 + 2 \cdot x_3 \leq 1\,080$
         d) $\quad x_1 + \quad x_2 + \quad x_3 \leq 600$
         e) $x_1, x_2, x_3 \geq 0$

   c) 1. Zielfunktion: $Z = 5 \cdot x_1 + 2 \cdot x_2 + 4 \cdot x_3 \rightarrow$ MAX
      2. Nebenbedingungen (Restriktionen):
         a) $\quad x_1 + \quad x_2 + 2 \cdot x_3 \leq 28$
         b) $2 \cdot x_1 + 3 \cdot x_2 + \quad x_3 \leq 50$
         c) $\quad x_1 \quad\quad\quad\quad\quad\quad \leq 12$
         d) $\quad\quad\quad\quad x_2 + \quad x_3 \leq 12$
         e) $x_1, x_2, x_3 \geq 0$

2. Ein Unternehmen produziert Autoradios ohne und mit Kassettenrecorder. Bei Verkauf erzielt die Unternehmung pro Autoradio ohne Kassettenrecorder 100,00 EUR und pro Autoradio mit Kassettenrecorder 150,00 EUR Gewinn.
   Für Produktion und Absatz einer Abrechnungsperiode sind folgende Bedingungen zu beachten:
   Von beiden Modellen zusammen können pro Abrechnungsperiode maximal 200 Stück hergestellt werden. Die Gesamtkosten der Produktion dürfen 45 000,00 EUR nicht übersteigen, wobei die Unternehmung mit Herstellungskosten von 150,00 EUR je Radio ohne und von 300,00 EUR je Radio mit Recorder kalkuliert. Nach Auskunft der Verkaufsabteilung können maximal 150 Radios ohne Recorder verkauft werden.
   a) Erstellen Sie das Optimierungsmodell in Form linearer Gleichungen und Ungleichungen für die Lösung dieser Aufgabe.
   b) Bestimmen Sie das gewinnoptimale Produktionspaket und den maximalen Gewinn
      ba) nach der graphischen Methode (vgl. Abschnitt 3),
      bb) mit Hilfe des Simplex-Algorithmus.

c) Untersuchen Sie die Auswirkungen auf die optimale Lösung, wenn
   ca) der Stückgewinn bei Radios mit Recorder für eine zeitlich begrenzte Verkaufskampagne auf 80,00 EUR gesenkt werden soll,
   cb) die Gesamtproduktion beider Produkte auf insgesamt 250 Stück hochgefahren werden könnte und gleichzeitig das Kostenbudget auf 60 000,00 EUR erhöht würde?

3. Ein Baustofffabrikant stellt 3 verschiedene Mörtelmischungen M_1, M_2, M_3 aus den 3 Komponenten Sand (S), Zement (Z) und Wasser (W) her. Die Mischungsanteile und die vorhandenen Vorräte ergeben sich aus folgender Tabelle:

	M_1	M_2	M_3	Vorräte
S	2	2	1	2 500
Z	2	3	1	600
W	1	3	2	8 000

Ermitteln Sie das gewinnoptimale Produktionsprogramm, wenn der Reingewinn bei Mischung M_1 30,00 EUR, bei Mischung M_2 50,00 EUR und bei Mischung M_3 20,00 EUR je Mengeneinheit beträgt.

1 Eigenschaften und Verlaufsbeschreibungen nichtlinearer Funktionen

1.1 Vorbemerkung

Die wirtschaftswissenschaftliche Theorie hat die Aufgabe, die Prozesse der wirtschaftlichen Realität zu erklären und Hilfsmittel zu entwickeln, die zu einer rationalen Steuerung wirtschaftlicher Abläufe befähigen. Die Realität ist komplex und daher mit einem Modell, das alle Entwicklungen aus einem vorgegebenen Bündel von Ursachen zu beschreiben versucht, nicht vollständig zu erfassen.

Wirtschaftliche Prozesse verlaufen nicht regellos. Immer wieder kann beobachtet werden, dass sich manche Vorgänge in bestimmter Weise wiederholen, wenn die auslösenden Ursachen gleich sind. Es gibt also möglicherweise Gesetzmäßigkeiten, die bei bestimmten Prozessen wirksam sind. Daher gilt es, diese Gesetzmäßigkeiten zu erforschen, die Erkenntnisse dieser Forschungen dem wirtschaftlich Handelnden als Information zur Verfügung zu stellen, die Theorie an der wirtschaftlichen Realität zu überprüfen und gegebenenfalls durch bessere Erkenntnisse zu ersetzen. Das Handeln nach Gesetzmäßigkeiten und die stetige Verbesserung des Handelns erfordern einen ständigen Lernprozess.

In Naturwissenschaft und Technik können Vermutungen und Hypothesen über bestehende Gesetzmäßigkeiten in Laborversuchen und Experimenten überprüft werden. Bei der Erforschung gesellschaftlicher Prozesse, zu denen auch das Verhalten der Menschen in ökonomischen Handlungssituationen gehört, besteht diese Möglichkeit nicht unmittelbar.

Modell Das Abbild der ökonomischen Wirklichkeit, das aus der Erkenntnis wirtschaftlicher Gesetzmäßigkeiten hergestellt werden kann, bezeichnet man als „Modell". Modellentwicklung und ökonomisches Handeln bilden einen Regelkreis, der eine ständige Weiterentwicklung der Theorie und deren Umsetzung in die Praxis ermöglicht:

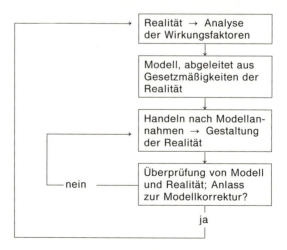

Im Handlungs- und Lernbereich 1 wurden Modelle dargestellt, die auf linearen Funktionen und der Menge der rationalen Zahlen ℚ basieren. In vielen Fällen ist dies ein brauchbarer Ansatz, um zu begründeten Aussagen und Ergebnissen zu gelangen. In anderen Fällen setzt diese Einschränkung jedoch zu enge Grenzen oder ist schlicht falsch. Dazu einige Sachverhalte, die nur durch nichtlineare Aussageformen beschrieben werden können:

- der Flächeninhalt eines Quadrates in Abhängigkeit von der Seitenlänge des Quadrates
- das Volumen eines Würfels in Abhängigkeit von der Kantenlänge des Würfels
- der Bremsweg eines Fahrzeugs in Abhängigkeit von der gefahrenen Geschwindigkeit
- der Konsumnutzen einer Person in Abhängigkeit von der verfügbaren Menge eines Konsumgutes
- die Ertragsentwicklung in der Landwirtschaft in Abhängigkeit vom Düngemitteleinsatz
- der Verbrauch an Treibstoff bei einem Kraftfahrzeug in Abhängigkeit von der gefahrenen Geschwindigkeit
- die Umsatzentwicklung auf einem Markte in Abhängigkeit von der angebotenen Menge
- der Energieverbrauch eines Betriebes in Abhängigkeit von der Produktionsmenge

Die Methode zur Lösung eines Problems muss immer an den spezifischen Eigenschaften des Problems ansetzen. Die Lösung wirtschaftlicher Probleme mit mathematischen Methoden muss folgende Aspekte berücksichtigen:

1. Die Prozessanalyse, die Präzisierung von Ursachen und Wirkungen, die Erfassung von Gesetzmäßigkeiten, die Beurteilung der formalen Strukturen des Problems, sozusagen seiner „Mathematisierbarkeit". Die mathematischen Methoden sind „offen" für den Gebrauch in verschiedenen Anwendungsbereichen wie Technik, Ökonomie, Physik. Es hängt von der Beurteilung des Anwenders ab, ob sich eine mathematische Methode für die Lösung eines wirtschaftlichen Problems eignet. Die angewandte Methode muss sich nach dem zu lösenden Problem richten, nicht umgekehrt.
2. Die Verfügbarkeit und die Beherrschung mathematischer Methoden als „Handwerkszeug" der Problemlösung. Dies setzt eine intensive Beschäftigung mit den zu erlernenden Lösungstechniken voraus. Nur wenn der Handelnde die mathematischen Verfahren beherrscht, ist er in der Lage, sie auch zielgerichtet zur Bewältigung von Handlungssituationen einzusetzen.
3. Die Nutzung effizienter moderner Techniken, z. B. Computerprogramme, Tabellenkalkulationen etc. zur Erleichterung der Ergebnisermittlung.

Wirtschaftliches Handeln und mathematische Methodenlehre sind „bedingt kompatibel", d. h. nicht für jedes wirtschaftliche Problem existiert eine rechnerische Lösung und nicht für jede mathematische Methode eine ökonomische Anwendung.

1.2 Der Funktionsbegriff und Kriterien für die Untersuchung von Funktionen

Der Funktionsbegriff als eine Möglichkeit, reale Zusammenhänge mathematisch zu beschreiben, gehört zu den fundamentalen Begriffen der Mathematik.

Funktion Man bezeichnet eine Abbildung, die jedem Element x aus dem Definitionsbereich D eindeutig über eine bestimmte Zuordnungsvorschrift (z. B. einen Term) ein bestimmtes Element y aus dem Wertebereich W zuweist, als Funktion. Man sagt dann, y ist eine Funktion von x, oder kurz:

$$y = f(x)$$

Eine alternative Darstellung der Funktion ist auch:

$$f: x \rightarrow f(x)$$

Beide Darstellungsformen für f werden gleichberechtigt verwendet.
Die Abbildung der $x \in D$ auf die $y \in W$ lässt sich mit Hilfe eines so genannten Pfeildiagramms veranschaulichen:

```
     D(f)                              W(f)
   ┌────────┐         f(x)          ┌────────┐
   │  x₁    ├───────────────────────┤→ y₁    │
   │  x₂    ├───────────────────────┤→ y₂    │
   │  x₃    ├───────────────────────┤→ y₃    │
   └────────┘                       └────────┘
```

Die x-Werte bilden die Argumente, die y-Werte die Funktionswerte der Abbildung. Geordnete Wertepaare (x; y) nennen zunächst immer den x- und dann den y-Wert. Die Menge D × W ist die Grundmenge aller geordneten Funktionswertepaare (x; y). Ist der Funktionsterm bekannt, so kann man sich einen Überblick über den Verlauf einer Funktion mit Hilfe einer Wertetabelle und eines Graphen verschaffen.

Die Funktionen der Mathematik dienen in diesem Lehrbuch der Abbildung, Beschreibung und Prognose wirtschaftlicher Prozesse.

Die Untersuchung von Funktionen wird sich vorläufig an folgenden Kriterien orientieren:

Definitionsbereich D

1. Festlegung des Definitionsbereiches D. Aus mathematischer Sicht ist dies im Allgemeinen die größtmögliche Zahlenmenge, für die ein Term „berechenbar" ist, z. B. die rationalen Zahlen zwischen $-\infty$ und $+\infty$. Aus ökonomischer Sicht ist aber eine Beschränkung des Definitionsbereiches häufig geboten, z. B. weil sich die Kostenkurve eines Betriebes nur zwischen 0 und seiner Kapazitätsgrenze bewegen kann, d. h. $D = \{x \mid x \geq 0\}$.
Für Einschränkungen des Definitionsbereichs D gibt es aber auch mathematische Gründe: so ist z. B. die Funktion

$$y = f(x) = \frac{1}{x-2}$$

an der Stelle $x = 2$ wegen $1/(2-2) = 1/0$ nicht definiert.
Als Definitionsbereich D wäre dann festzulegen: $D = \mathbb{Q} \setminus \{2\}$

Wertebereich W

2. Ermittlung des Wertebereiches W, d. h. der Menge aller Funktionswerte, für welche f(x) definiert ist. Ebenso wie D kann W beschränkt oder unbeschränkt sein. Die Frage nach dem Umfang des Wertebereiches kann sich an folgenden Überlegungen orientieren:

- Wie verhält sich f(x), wenn x gegen $-\infty$ oder $+\infty$ strebt?
- Welche kleinsten und größten Werte nimmt f(x) am Rande oder im Innern des Definitionsbereichs ein?

3. Ermittlung von Nullstellen einer Funktion f(x) auf der x-Achse:

Ermittlung von Nullstellen

$$y = f(x) = 0$$

Zur Ermittlung der Nullstellen wird der Funktionsterm f(x) gleich Null gesetzt. Nullstellen sind die „Lösungen" der Funktionsgleichung mit dem Funktionswert 0. Sie markieren Punkte, die bestimmten Anforderungen genügen. So markiert z. B. die Nullstelle einer Gewinnfunktion den Punkt, in dem die Unternehmung weder Gewinn noch Verlust erzielt.

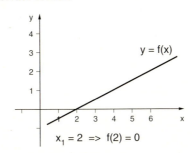

$x_1 = 2 \Rightarrow f(2) = 0$

Die Nullstellen werden im Folgenden fortlaufend nummeriert, z. B. $x_1, x_2, x_3, \ldots x_n$. Analog dazu können die Nullstellen auf der y-Achse ermittelt werden. Hier muss gelten:

$$x = 0$$

Die Nullstelle auf der y-Achse entspricht wertmäßig dem konstanten, d. h. dem von der Variablen x freien Glied der Funktion.

4. Monotonieeigenschaften beschreiben das Steigungsverhalten einer Funktion in ihrem Definitionsbereich; man untersucht die Monotonie einer Funktion „von links nach rechts", indem man den Funktionswert $f(x_1)$ der kleineren Stelle x_1 mit dem Funktionswert $f(x_2)$ der größeren Stelle x_2 vergleicht.

Monotonieeigenschaften

a) $x_2 > x_1$ und $f(x_2) > f(x_1) \Rightarrow$ f(x) ist streng monoton steigend

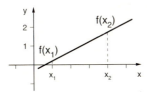

b) $x_2 > x_1$ und $f(x_2) < f(x_1) \Rightarrow$ f(x) ist streng monoton fallend

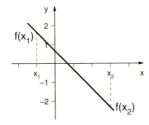

c) $x_2 > x_1$ und $f(x_2) = f(x_1) \Rightarrow f(x)$ ist monoton

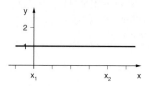

Viele Funktionen sind in bestimmten Abschnitten ihres Definitionsbereiches steigend oder fallend, so dass die Monotonie in diesen Abschnitten gesondert geprüft werden muss.
Von den Monotonieeigenschaften hängt ab, inwieweit die Abbildung eindeutig und damit umkehrbar ist.

Symmetrieeigenschaften

5. Symmetrieeigenschaften; ein Blick auf manche Funktionen lässt erkennen, dass bestimmte Abschnitte durch „Spiegelung" oder „Drehung" zur Deckung gebracht werden können.

    a) **Achsensymmetrie bzgl. der y-Achse:**
    Betrachtet man z. B. die Funktion: $y = x^2$, dann erkennt man, dass linke und rechte Hälfte des Graphen durch Spiegelung an der y-Achse zur Deckung gebracht werden können:

    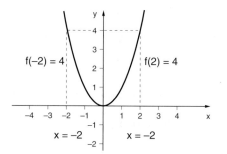

    Es gilt also: $f(-2) = f(2) \Leftrightarrow (-2)^2 = 2^2 = 4$
    allgemein: $(-x)^2 = (-x) \cdot (-x) = (-1) \cdot x \cdot (-1) \cdot x = (-1)^2 \cdot x^2 = x^2$

    Eine Funktion $y = f(x)$ ist achsensymmetrisch zur y-Achse, wenn für alle $x \in D$ gilt:

    $$\boxed{f(x) = f(-x)}$$

b) **Punktsymmetrie bzgl. des Ursprungs**
Betrachtet man z.B. die Funktion: $y = x^3$, dann erkennt man, dass linke und rechte Hälfte des Graphen durch Drehung im Ursprung um 180° zur Deckung gebracht werden können:

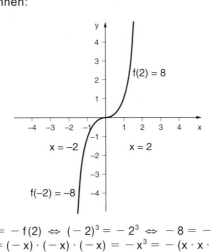

Es gilt also: $f(-2) = -f(2) \Leftrightarrow (-2)^3 = -2^3 \Leftrightarrow -8 = -8$
allgemein: $(-x)^3 = (-x) \cdot (-x) \cdot (-x) = -x^3 = -(x \cdot x \cdot x) = -(x^3) = -x^3$

Eine Funktion $y = f(x)$ ist punktsymmetrisch zum Ursprung, wenn für alle $x \in D$ gilt:

$$\boxed{f(-x) = -f(x)}$$

Bei vielen Funktionen liegen allerdings keine Symmetrieeigenschaften in den beiden beschriebenen Formen vor.

Um Funktionen kennen zu lernen und zu beschreiben, wird im Folgenden auf diese Kriterien zurückgegriffen. Dabei wird aber nicht immer auf jeden der 5 Punkte eingegangen, sondern nur die Merkmale werden betont, die für spezielle Funktionen typisch sind.

A Aufgaben

1. Nennen Sie aus Ihrer eigenen Erfahrung Beispiele für Funktionen mit beschränktem Definitionsbereich und die dazugehörigen Wertebereiche.

2. a) Wann ist eine Funktion $f(x)$ streng monoton fallend?
   b) Welche Monotonieeigenschaft liegt bei einer Funktion $f(x)$ vor, wenn gilt: $f(x_2) > f(x_1)$ für $x_2 > x_1$?
   c) Welche Monotonieeigenschaft liegt bei einer Funktion $f(x)$ vor, wenn gilt: $f(3) = 7$ und $f(1) = 9$?

3. Welche Monotonieeigenschaften weisen Nachfrage- und Angebotsfunktion bei normalem Nachfrage- bzw. normalem Angebotsverhalten auf?

4. Was kann über die Symmetrieeigenschaften der Funktionen
   a) $y = x^2 - 3$ b) $y = x^3 + 2 \cdot x^2 - 1$ c) $y = -x^4 + 7$

   ausgesagt werden? Überprüfen Sie die Symmetrieeigenschaften mit Hilfe der oben genannten Kriterien für Achsen- bzw. Punktsymmetrie.

1.3 Die Potenzfunktion

Im Folgenden wird der Zusammenhang zwischen der Seitenlänge x eines Quadrates und seiner Fläche y betrachtet:

y = 1   y = 4   y = 9
x = 1   x = 2   x = 3

Es gilt: $y = f(x) = x \cdot x = x^2$ (x in Längen-, y in Flächeneinheiten)

Berechnet man die Wertetabelle für

x	−4	−3	−2	−1,5	−1	−0,5	0	0,5	1	1,5	2	3	4
$y = x^2$	16	9	4	2,25	1	0,25	0	0,25	1	2,25	4	9	16

und überträgt man die Wertepaare (x; y) in ein Koordinatensystem, dann ergibt sich folgender Graph:

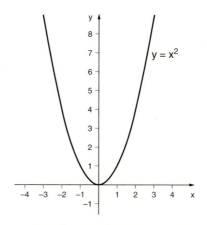

Das Schaubild der Funktion $y = x^2$ bezeichnet man als ,,Normalparabel'' oder ,,Einheitsparabel''. Die beiden Hälften der Parabel sind die Parabeläste.
Die Funktionswerte x^2 nennt man Quadratzahlen.

Untersucht man die Parabel $y = x^2$ näher, so stellt man fest:
1. Definitionsbereich $D = \{x \mid -\infty < x < +\infty\}$
2. Wertebereich $W = \{y \mid 0 \leq y < +\infty\}$
3. Nullstellen: $f(x) = 0$ für $x^2 = 0 \Rightarrow x = 0$
4. Monotonie: Einsetzen von x_1, x_2 in $f(x)$ zeigt:

$f(x_2) < f(x_1)$ für $-\infty < x < 0 \Rightarrow f(x)$ ist streng monoton fallend
$f(x_2) > f(x_1)$ für $0 < x < +\infty \Rightarrow f(x)$ ist streng monoton steigend
$\Rightarrow f(x) = x^2$ ist nur abschnittsweise monoton

5. Symmetrieeigenschaften: $f(x)$ ist achsensymmetrisch zur y-Achse wegen $f(x) = f(-x)$:

$$x \cdot x = (-x) \cdot (-x) \Leftrightarrow x^2 = x^2$$

Die Parabel ist eine spezielle Potenzfunktion. Unter diesem Begriff fasst man alle Funktionen vom Typ

Parabel

$$y = f(x) = a_n \cdot x^n$$ mit $n \in \mathbb{N}$ und $a_n \neq 0$

zusammen. Der Exponent n (= natürliche Zahl) bestimmt dabei den „Grad" der Funktion. Alle Graphen bezeichnet man als „Parabeln".

„Grad" der Funktion

Beispiel Kubische Parabel: $y = x^3$

Im Folgenden wird der Zusammenhang zwischen der Seitenlänge x eines Würfels und seinem Rauminhalt (Volumen) y betrachtet:

Es gilt: $$y = f(x) = x \cdot x \cdot x = x^3$$ (x in Längen-, y in Raumeinheiten)

Berechnet man die Wertetabelle für

x	−4	−3	−2	−1,5	−1	−0,5	0	0,5	1	1,5	2	3	4
$y = x^3$	−64	−27	−8	−3,375	−1	−0,125	0	0,125	1	3,375	8	27	64

und überträgt man die Wertepaare (x; y) in ein Koordinatensystem, dann ergibt sich folgender Graph:

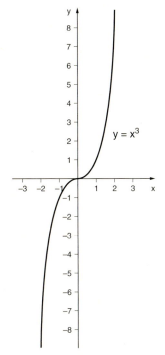

Die Funktionswerte x^3 nennt man Kubikzahlen (lat. cubus = Würfel).

Untersucht man die Parabel $y = x^3$, so stellt man fest:

1. Definitionsbereich $D = \{x \mid -\infty < x < +\infty\}$
2. Wertebereich $W = \{y \mid -\infty \leq y < +\infty\}$
3. Nullstellen: $f(x) = 0$ für $x^3 = 0 \Rightarrow x = 0$ (= „dreifache Nullstelle")

4. Monotonie: Einsetzen von x_1, x_2 in $f(x)$ zeigt:
   $f(x_2) > f(x_1)$ für $-\infty < x < +\infty$ $\Rightarrow$ $f(x)$ ist streng monoton steigend im gesamten Definitionsbereich D
5. Symmetrieeigenschaften: $f(x)$ ist punktsymmetrisch zum Ursprung wegen $-f(x) = f(-x)$:
$$-(x \cdot x \cdot x) = (-x) \cdot (-x) \cdot (-x) \Leftrightarrow x^3 = -x^3$$

Zum Abschluss fassen wir die Potenzfunktionen

$$y = f(x) = x^n \quad \text{für } n = 0, 1, 2, 3, 4$$

(= Parabeln n-ten Grades) in einem Graphen zusammen:

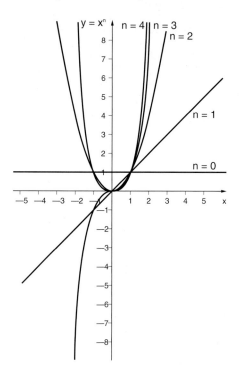

A Aufgabe

Gegeben sind die Potenzfunktionen:

a) $y = a \cdot x^2$ b) $y = a \cdot x^3$

Setzen Sie nacheinander für den Parameter a die Werte

$a = 0{,}5;$ $a = -1;$ $a = 2;$ $a = -0{,}5$

ein. Berechnen Sie dazu eine Wertetabelle im Intervall $[-3; 3]$ und zeichnen Sie – soweit möglich – die Graphen der Funktionen als Kurvenschar in ein Koordinatensystem.
1. Welche Bedeutung kommt dem Vorzeichen von a für den Verlauf der Parabel zu?
2. Wie wirkt sich die Veränderung des Parameters a auf den Funktionsverlauf aus?

3. Angenommen, aus der Funktion y = a · x² wird die Funktion
y = a · x² + a₀   mit a₀ = −3 bzw. a₀ = 1.
Wie wirken sich Veränderungen des konstanten Gliedes a₀ auf die Lage der
Funktion im Koordinatensystem aus?

1.4 Die Wurzelfunktion

Betrachtet wird die Funktion y = f(x) = $\sqrt{}$x. Das Symbol $\sqrt{}$ ist dabei ein Operator, der als Quadratwurzel bezeichnet wird, x ist eine nichtnegative Zahl, die als Radikand bezeichnet wird. Die Quadratwurzel

Quadratwurzel

$\qquad$ x = $\sqrt{4}$ = 2 ist eine Lösung der Gleichung x² = 4.

Berechnet man die Wertetabelle z.B. für

x	0	0,09	0,25	0,49	0,81	1	4	9	16	25	100
y = $\sqrt{x}$	0	0,3	0,5	0,7	0,9	1	2	3	4	5	10

und überträgt man die Wertepaare (x/y) in ein Koordinatensystem, dann ergibt sich folgender Graph:

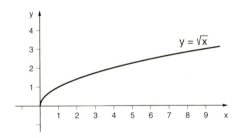

Das Schaubild der Funktion y = $\sqrt{x}$ ist eine Halbparabel.

Untersuchen wir die Funktion y = f(x) = $\sqrt{x}$ näher, so stellen wir fest;
1. Definitionsbereich: D = {x | 0 ≤ x < ∞}
2. Wertebereich W: = {y | 0 ≤ y < ∞}
3. Nullstellen: f(x) = 0 für $\sqrt{x}$ = 0 ⇒ x = 0
4. Monotonie: Einsetzen von x₁, x₂ in f(x) zeigt:

$\quad$ f(x₂) > f(x₁) für 0 < x < ∞ ⇒ f(x) ist streng monoton steigend

Zwischen den Funktionen y = f(x) = x² und y = f(x) = $\sqrt{x}$ besteht folgender Zusammenhang:

$$y = x^2 \mid \sqrt{} \Rightarrow \sqrt{y} = x;$$

Die Vertauschung der Variablen x und y, d.h. die Umkehrung der Zuordnung der Variablen führt zu: $\sqrt{x}$ = y und

$$\boxed{y = \sqrt{x}}$$

Die Funktion y = $\sqrt{x}$ ist die Umkehrfunktion f⁻¹(x) zur Funktion y = f(x) = x². Trägt man die beiden Funktionen y = x² und y = $\sqrt{x}$ in ein gemeinsames Koordinatensystem ein, so erhält man als Schaubild:

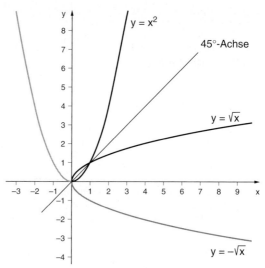

Die 45°-Achse ist die Spiegelachse für $f(x) = x^2$ und $f^{-1}(x) = \sqrt{x}$.
Zu jeder streng monotonen Funktion existiert auch eine Umkehrfunktion. Dies gilt zunächst nur für den positiven Parabelast, der im Graphen durchgezogen ist. Die Funktion $y = x^2$ ist wegen $x = \pm\sqrt{y}$ nicht eindeutig lösbar; die Gleichung $x^2 = 4$ hat z. B. die beiden Lösungen $x = \pm\sqrt{4} = \pm 2$ oder $x_1 = 2$ und $x_2 = -2$. Wie man sich leicht überzeugen kann, ist

$$2 \cdot 2 = 4 \quad \text{und} \quad (-2) \cdot (-2) = 4.$$

Teilt man $y = x^2$ in den linken und rechten Parabelast auf, dann erhält man:

$$y = f(x) = x^2 \Rightarrow y = f^{-1}(x) = \begin{cases} +\sqrt{x} & \text{für } x \geq 0 \\ -\sqrt{x} & \text{für } x < 0 \end{cases}$$

Im Graphen entspricht dem linken Ast von $y = x^2$ die Umkehrfunktion $y = -\sqrt{x}$, die durch Punkte angedeutet ist.
Unter Berücksichtigung der Monotoniebeschränkungen gilt dann für jede Potenzfunktion:

$$\boxed{y = f(x) = x^n \Rightarrow y = f^{-1}(x) = \sqrt[n]{x}} \quad \text{mit } \sqrt[n]{x} = \text{n-te Wurzel aus x}$$

Zu jeder Potenzfunktion existiert eine Wurzelfunktion als Umkehrfunktion.

A Aufgaben

1. Gegeben ist die Wurzelfunktion $y = f(x) = \sqrt[3]{x}$

   a) Berechnen Sie mit Hilfe des Taschenrechners für folgende Argumente die Wertetabelle und zeichnen Sie den Graphen:

x	0	0,125	1	8	27
y					

   b) Bilden Sie die Umkehrfunktion $f^{-1}(x)$ und zeichnen Sie diese ebenfalls in ein Koordinatensystem.
   c) Existiert die Funktion $f(x)$ für $-\infty < x < \infty$?

2. In der Wirtschaftswissenschaft wird das „Gesetz vom abnehmenden Nutzenzuwachs des Geldeinkommens" vertreten. Unter der Annahme, dass der Geldnutzen des Einkommens eines Wirtschaftssubjektes messbar ist, versucht man den Zusammenhang von Geldeinkommen und Geldnutzen durch eine Funktion vom Typ:

$$y = f(x) = a \cdot \sqrt{x}$$

zu beschreiben:

a) Der Parameter a ist als subjektive Konstante der persönlichen Nutzenempfindung zu verstehen. Ermitteln Sie den Verlauf der Nutzenfunktion für zwei Personen mit $a_1 = 0,9$ bzw. $a_2 = 1,3$ und zeichnen Sie dazu den Graphen.
b) Interpretieren Sie die beiden Nutzenfunktionen von Aufgabe a). Was gilt für die Nutzenzuwächse bei niedrigen und hohen Einkommensbeträgen?
c) Welche Rückschlüsse können aus dem Verlauf der Nutzenfunktionen für die Entwicklung eines Einkommensteuertarifes gezogen werden?

3. Gegeben sei eine Wurzelfunktion vom Typ: $y = f(x) = \sqrt{(a \cdot x + b)}$
Berechnen Sie die Nullstellen der Funktion und zeichnen Sie die Funktion in ein Koordinatensystem für:
a) $a = 4$ und $b = 10$
b) $a = 0,5$ und $b = -4$
c) Wie wirken sich die Koeffizienten a und b auf die Form der Funktion und ihre Nullstelle aus?

1.5 Die reellen Zahlen

Der Versuch, die Gleichung $x^2 = 2$ zu lösen, führt zu dem Ergebnis

$$x = \sqrt{2} \text{ oder } x = -\sqrt{2}.$$

Das negative Vorzeichen sei zunächst vernachlässigt. Will man die Frage beantworten, ob sich $\sqrt{2}$ als rationale Zahl in der Form

$$\sqrt{2} = \frac{p}{q} \text{ mit } p, q \in \mathbb{Z} \text{ und teilerfremd gekürzt}$$

darstellen lässt, so helfen dabei folgende Überlegungen. Aus

$$\sqrt{2} = \frac{p}{q} \text{ folgt: } 2 = \left(\frac{p}{q}\right)^2 = \frac{p^2}{q^2} \Leftrightarrow 2 \cdot q^2 = p^2; \Rightarrow p \text{ muss eine}$$

gerade Zahl sein, weil nur die Quadrate gerader Zahlen p wiederum gerade Zahlen p^2 ergeben. Wenn p eine gerade Zahl ist, kann $p = 2 \cdot r$ gesetzt werden.

$$\Rightarrow 2 \cdot q^2 = (2 \cdot r)^2 = 4 \cdot r^2 \,|\, :2 \Rightarrow q^2 = 2 \cdot r^2$$

Zähler und Nenner waren also im Widerspruch zur obigen Annahme nicht teilerfremd gekürzt. Setzt man diese Überlegungen fort, dann müsste nun auch q eine gerade Zahl sein, z. B. $q = 2 \cdot 5$ usw. Durch diesen „indirekten Beweis" kann also gezeigt werden, dass keine rationale Zahl existiert, die gleich $\sqrt{2}$ ist.
Zahlen wie $\sqrt{2}, \sqrt{3}, \sqrt{5}\ldots$ nennt man irrationale Zahlen. Irrationale Zahlen sind unendliche, nichtperiodische Dezimalzahlen. $\sqrt{2}, \sqrt{3}, \ldots$ ist ihre mathematisch genauestmögliche Darstellung. Um höhere Rechenoperationen wie z. B. das Zie-

hen der Quadratwurzel (Radizieren) ausführen zu können, bedarf es einer Erweiterung der uns bekannten Zahlenmenge der rationalen Zahlen ℚ um die irrationalen Zahlen zur Menge der reellen Zahlen ℝ:

Menge der reellen Zahlen ℝ = ℚ + Menge der irrationalen Zahlen.

Diese Zahlenmenge ℝ bildet die Grundmenge für alle künftigen Berechnungen, ohne dass dies immer wieder gesondert erwähnt wird!
Die praktische Berechnung irrationaler Zahlen kann auf beliebige Genauigkeit durch so genannte Intervallschachtelung erfolgen. Dies ist ein iteratives Verfahren, bei dem man eine Zahl zwischen eine obere und untere Schranke einschließt. Durch schrittweise Erhöhung der unteren und Senkung der oberen Schranke grenzt man die gesuchte irrationale Zahl von unten und oben in einem immer kleiner werdenden Intervall ein. Dieses Verfahren setzt man so lange fort, bis die erwünschte Genauigkeit oder anders formuliert – der höchstens zulässige Fehler – erreicht wird.

Für $\sqrt{2}$ könnte eine Intervallschachtelung etwa folgendermaßen aussehen:

Quadratzahlen	Schranke untere	obere	Fehler
$1^2 = 1 < 2 < 2^2 = 4$	$1 <$	$\sqrt{2} < 2$	1
$1{,}4^2 = 1{,}96 < 2 < 1{,}5^2 = 2{,}25$	$1{,}4 <$	$\sqrt{2} < 1{,}5$	0,1
$1{,}41^2 = 1{,}9881 < 2 < 1{,}42^2 = 2{,}0164$	$1{,}41 <$	$\sqrt{2} < 1{,}42$	0,01
$1{,}414^2 = 1{,}999396 < 2 < 1{,}415 = 2{,}002225$	$1{,}414 <$	$\sqrt{2} < 1{,}415$	0,001

Die irrationalen Zahlen liegen auf der Zahlengeraden „zwischen" den rationalen Zahlen. Die Menge der reellen Zahlen ℝ ist also auf der Zahlengeraden „unendlich dicht" gedrängt.

Letztlich handelt es sich bei den für praktische Berechnungen verwendeten Zahlen um endliche Dezimalzahlen und damit um rationale Zahlen. Auch moderne Rechenautomaten arbeiten mit endlichen Dezimalzahlen, auch wenn der Fehler dabei so klein wird, dass er kaum praktische Bedeutung hat.
Die bei den rationalen Zahlen genannten Rechengesetze gelten auch für die reellen Zahlen a, b, c; zur Erinnerung

I. $a + b = b + a$; $a \cdot b = b \cdot a$ (Kommutativgesetz)
II. $(a + b) + c = a + (b + c)$; $(a \cdot b) \cdot c = a \cdot (b \cdot c)$ (Assoziativgesetz)
III. $a \cdot (b + c) = a \cdot b + a \cdot c$; (Distributivgesetz)
IV. $a + 0 = a$; $a \cdot 1 = a$ (Neutrale Elemente bzgl. Addition und Multiplikation)
V. $a \cdot (1/a) = 1$; $a \neq 0$ (Existenz eines inversen Elementes)
VI. $a \neq b \Rightarrow a > b$ oder $a < b$

In vielen Fällen ist der Absolutbetrag |x| einer Zahl x, d.h. ihr Wert ohne Vorzeichen, von Interesse. Er ist definiert als

$$|x| = \begin{cases} x & \text{für } x \geq 0 \\ -x & \text{für } x < 0 \end{cases}$$

Gilt z.B. die Ungleichung

|x| < 2, so ist dies gleichbedeutend mit −2 < x < 2.

Der „Absolutbetrag" oder kürzer „Betrag" von x beschreibt das offene Intervall:

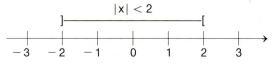

Der Betrag einer Zahl gibt ihren Abstand zur Zahl 0 an. Zum Betrag von x lässt sich auch die Funktion y = |x| bilden. Ihr Graph im Koordinatensystem zeigt folgenden Verlauf:

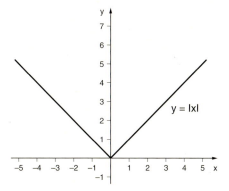

2 Die ganzrationale Funktion (GRF)

Die ganzrationale Funktion ist eine der wichtigsten Funktionen der Mathematik. Eine ganzrationale Funktion entsteht durch die Kombination mehrerer Potenzfunktionen.

$$y = f(x) = a_n \cdot x^n + a_{n-1} \cdot x_{n-1} + \ldots + a_1 \cdot x + a_0 = \sum_{i=0}^{n} a_i \cdot x^i; \; i \in \mathbb{N}, \; a_i \in \mathbb{R}; \; a_n \neq 0$$

Der höchste Exponent n der ganzrationalen Funktion bestimmt den „Grad" der Funktion. Man nennt die ganzrationalen Funktionen auch „Polynome" (= mehrgliedrige Ausdrücke).
Da die ganzrationalen Funktionen aus den Potenzfunktionen hervorgehen, übertragen sich wesentliche Eigenschaften der höchsten Potenzfunktion auf die daraus entstandene ganzrationale Funktion.
So ist z. B. $y = 3 \cdot x^5 - 7 \cdot x + 2$ eine ganzrationale Funktion 5. Grades, deren Funktionswerte $f(x)$ für $x \to -\infty$ gegen $-\infty$ und für $x \to \infty$ gegen ∞ gehen, und $y = -x^2 + 4$ eine ganzrationale Funktion 2. Grades, deren Funktionswerte $f(x)$ für $x \to \pm\infty$ gegen $-\infty$ gehen.
Die aus Handlungs- und Lernbereich I bekannten linearen Funktionen vom Typ

$$y = a_1 \cdot x + a_0$$

sind also gleichzeitig ganzrationale Funktionen 1. Grades. Der Exponent tritt hier nur in der 1. Potenz auf.
Für die Bildung ganzrationaler Funktionen gilt:
Addiert, subtrahiert oder multipliziert man zwei ganzrationale Funktionen, so entsteht wieder eine ganzrationale Funktion.

A Aufgaben

1. Wie verlaufen die ganzrationalen Funktionen

    a) $x \to 2 \cdot x + 2$
    b) $x \to x^3 - 2 \cdot x^2$
    c) $x \to -x^2 + 2 \cdot x$
    d) $x \to -x^3 + 2 \cdot x$

    im Koordinatensystem? Zeichnen Sie dazu die Graphen im Intervall $[-3; 3]$ und erklären Sie die Funktionsverläufe aus der Beschaffenheit der Terme.

2. Gegeben sind die beiden Funktionen:

    $y = f(x) = x^2 - 3$ und $y = g(x) = x - 4$

    Welche ganzrationale Funktion entsteht, wenn man

    a) $f(x)$ und $g(x)$ addiert,
    b) $f(x)$ und $g(x)$ subtrahiert,
    c) $f(x)$ und $g(x)$ multipliziert?
    d) Zeichnen Sie dazu auch die Graphen im Intervall $[-3; 3]$.

2.1 Grad der GRF, Nullstellenermittlung und Linearfaktordarstellung

Nullstellen stellen die Lösungen ganzrationaler Funktionen dar. Sie bilden die Schnittpunkte der Funktion f(x) mit der x-Achse. Nullstellen errechnet man, indem man die gegebene Funktion f(x) gleich Null setzt. Der Funktionswert muss verschwinden, d.h. das Kriterium für eine Nullstelle lautet:

Nullstelle

$$f(x) = 0$$

Voraussetzung für die Existenz einer Nullstelle in einem Intervall ist, dass der Funktionswert in diesem Intervall sein Vorzeichen wechselt.
Da die Ermittlung von Nullstellen eine wichtige Rolle bei der Lösung mathematischer, wirtschaftlicher und technischer Probleme spielt, sollen im Folgenden systematisch verschiedene Verfahren zur Nullstellenermittlung für ganzrationale Funktionen (Polynome) vom Grad 0 bis 4 erörtert werden. Diese Kenntnisse werden später immer wieder benötigt. Für die mögliche Anzahl der Nullstellen gelten die Sätze:

1. Eine ganzrationale Funktion vom Grad n hat höchstens n Nullstellen.
2. Ist der Grad n ungerade, so hat die ganzrationale Funktion mindestens eine Nullstelle.

◆ **Fallunterscheidungen ganzrationaler Funktionen**

Fallvariante 1: Grad der GRF = 0 ⇔ $y = a_0$ (= konstante Funktionen)

Die GRF $y = a_0$ ist von x unabhängig. Der Graph ist eine zur x-Achse parallele Gerade; z.B. $y = 2 \Leftrightarrow a_0 = 2$.

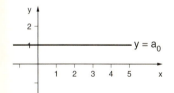

Die Funktion $y = a_0$ hat keine Nullstellen auf der x-Achse für $a_0 \neq 0$. Für den Fall $a_0 = 0$ gilt $y = 0$. Die Funktion fällt dann mit der x-Achse zusammen und hat unendlich viele Lösungen.

Fallvariante 2: Grad der GRF = 1 ⇔ $y = a_1 \cdot x + a_0$ (lineare Funktionen)

Wir unterscheiden zwei Fälle:

a) $a_0 = 0 \Leftrightarrow y = a_1 \cdot x$, z.B. $y = 2 \cdot x$

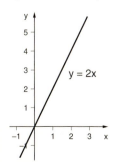

Der Faktor a_1 entspricht dem Steigungsmaß der Geraden. Für die Ermittlung der Nullstellen gilt:

$$y = 0 \Leftrightarrow a_1 \cdot x_0 = 0 \Leftrightarrow \boxed{x_0 = 0;}$$

z.B. $2 \cdot x = 0$ für $x_0 = 0$, da $2 \neq 0$.

Die ganzrationale Funktion $y = a_1 \cdot x$ hat also nur eine Nullstelle für $x = 0$, d.h. im Ursprung. Der Graph ist eine Ursprungsgerade.

b) $a_0 \neq 0 \Leftrightarrow y = a_1 \cdot x + a_0$, z.B. $y = 2 \cdot x - 2$

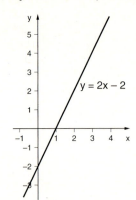

Für die Ermittlung der Nullstelle gilt:

$y = 0 \Leftrightarrow a_1 \cdot x_0 + a_0 = 0$

$\Rightarrow \boxed{x_0 = -\dfrac{a_0}{a_1}}$

z.B.: $2 \cdot x_0 - 2 = 0 \Rightarrow x_0 = -\dfrac{(-2)}{2} = \dfrac{2}{2}$

$\Rightarrow x_0 = 1$

Fallvariante 3: Grad der GRF $= 2 \Leftrightarrow y = a_2 \cdot x^2 + a_1 \cdot x + a_0$ (quadratische Funktionen)

Auch hier sollen verschiedene Fälle untersucht werden.

a) $y = a_2 \cdot x^2$, d.h. $a_1, a_0 = 0$

Hier liegt eine Potenzfunktion 2. Grades vor. Diese Funktion hat wegen $a_2 x^2 = 0$ eine „doppelte" Nullstelle für $x_{1,2} = 0$.

b) $y = a_2 \cdot x^2 + a_0$, d.h. $a_1 = 0$ (reinquadratische Gleichung)

Das lineare Glied $a_1 \cdot x$ fehlt. Die allgemeine Lösung lautet:

$a_2 \cdot x^2 + a_0 = 0 \Leftrightarrow x^2 = -\dfrac{a_0}{a_2} = -\dfrac{a_0}{a_2} \,||\sqrt{}$

In Betragsdarstellung:

$|x| = \sqrt{-\left(\dfrac{a_0}{a_2}\right)};$

eine reelle Lösung existiert nur, wenn der Radikand

$-\left(\dfrac{a_0}{a_2}\right)$ nichtnegativ ist, also für $-\left(\dfrac{a_0}{a_2}\right) \geq 0$

$\Rightarrow \boxed{x_1 = +\sqrt{-\left(\dfrac{a_0}{a_2}\right)}} \quad \boxed{x_2 = -\sqrt{-\left(\dfrac{a_0}{a_2}\right)}}$

Beispiel Es sei I. $\quad y = 0{,}5 \cdot x^2 - 2$
II: $\quad y = 0{,}5 \cdot x^2$
III: $\quad y = 0{,}5 \cdot x^2 + 2$

Lösungen und Graph zu

I: $y = 0{,}5 \cdot x^2 - 2 = 0 \quad | +2$
$0{,}5 \cdot x^2 - 2 = 0 \quad | :0{,}5$
$x^2 = 4 \quad | \sqrt{}$
$|x| = 2$
$x_1 = 2$
$x_2 = -2$

II: $y = 0{,}5 \cdot x^2 = 0$
$0{,}5 \cdot x^2 = 0$
$x^2 = 0 \,|\, \sqrt{}$
$x_1 = x_2 = 0$

III: $y = 0{,}5 \cdot x^2 + 2 = 0 \quad | -2$
$0{,}5 \cdot x^2 = -2 \quad | :0{,}5$
$x^2 = +4 \quad | \sqrt{}$

Da der Radikand -4 negativ ist, existiert keine reelle Lösung.

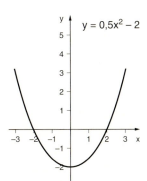
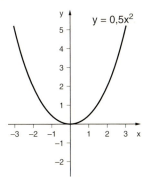
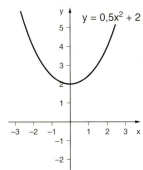

c) $y = a_2 \cdot x^2 + a_1 \cdot x; \; a_0 = 0$

Diese Gleichung kann durch Ausklammern als Produkt dargestellt werden:

$y = (a_2 \cdot x + a_1) \cdot x$

Für die Nullstellen gilt:

$x \cdot (a_2 \cdot x + a_1) = 0 \Leftrightarrow \boxed{x_1 = 0} \text{ oder } \boxed{x_2 = -\dfrac{a_1}{a_2}}$

Eine Nullstelle dieser Funktion liegt immer im Ursprung.

Beispiel $y = x^2 - 2 \cdot x = 0 \Leftrightarrow x \cdot (x - 2) = 0 \Rightarrow x_1 = 0 \text{ und } x_2 = 2.$

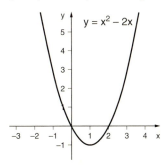

d) $y = a_2 \cdot x^2 + a_1 \cdot x + a_0$ (gemischtquadratische Gleichung)

Für die allgemeine Lösung setzt man: $y = a \cdot x^2 + b \cdot x + c = 0$ und formt wie folgt um:

$a \cdot x^2 + b \cdot x + c = 0 \,|\, :a$

$$x^2 + \frac{b}{a} \cdot x + \frac{c}{a} = 0 \quad \Big| - \frac{c}{a}$$

$$x^2 + \frac{b}{a} \cdot x = -\frac{c}{a} \quad \Big| + \left(\frac{b}{2 \cdot a}\right)^2 \quad \text{quadratische Ergänzung mit der Hälfte des Koeffi-}$$

zienten $\frac{b}{a}$, um die erste binomische Formel herzustellen.

$$x^2 + \frac{b}{a} \cdot x + \left(\frac{b}{2 \cdot a}\right)^2 = +\frac{b^2}{4 \cdot a^2} - \frac{c}{a} = \frac{b^2 - 4 \cdot a \cdot c}{4 \cdot a^2}$$

$$\left(x + \frac{b}{2 \cdot a}\right)^2 = \frac{b^2 - 4 \cdot a \cdot c}{4 \cdot a^2} \quad \Big| \sqrt{}$$

$$\left|x + \frac{b}{2 \cdot a}\right| = \sqrt{\left(\frac{b^2 - 4 \cdot a \cdot c}{4 \cdot a^2}\right)}$$

$$\left|x + \frac{b}{2 \cdot a}\right| = \frac{\sqrt{(b^2 - 4 \cdot a \cdot c)}}{2 \cdot a} \Rightarrow 2 \text{ Lösungen}$$

$$\boxed{\begin{array}{l} x_1 = \dfrac{-b + \sqrt{(b^2 - 4 \cdot a \cdot c)}}{2 \cdot a} \\[2ex] x_2 = \dfrac{-b - \sqrt{(b^2 - 4 \cdot a \cdot c)}}{2 \cdot a} \end{array}}$$

Zur Überprüfung der Lösbarkeit kann die Diskriminante $b^2 - 4 \cdot a \cdot c$ herangezogen werden:

$b^2 - 4 \cdot a \cdot c > 0 \Rightarrow$ 2 reelle Lösungen / 2 Nullstellen
$b^2 - 4 \cdot a \cdot c = 0 \Rightarrow$ 1 reelle Lösung / 1 „doppelte Nullstelle"
$b^2 - 4 \cdot a \cdot c < 0 \Rightarrow$ keine reelle Lösung / keine Nullstellen

Wenn die Lösungen bekannt sind, dann kann die Gleichung in ihre Linearfaktoren zerlegt werden:

$$y = a \cdot (x - x_1) \cdot (x - x_2)$$

Diese Darstellung hat den Vorteil, dass sie die Lösungen sofort erkennen lässt.

Beispiel Es sei I: $y = 2 \cdot x^2 + 4 \cdot x - 6$
II: $y = 2 \cdot x^2 + 4 \cdot x + 2$
III: $y = 2 \cdot x^2 + 4 \cdot x + 3$

Berechnen Sie die Lösungen, stellen Sie, soweit möglich, die Gleichung in Linearfaktoren dar und zeichnen Sie die Graphen der Funktionen.

Lösung:
Zu I. Diskriminante $b^2 - 4 \cdot a \cdot c = 4^2 - 4 \cdot 2 \cdot (-6) = 16 + 48 = 64 > 0$
Die Gleichung $2 \cdot x^2 + 4 \cdot x - 6 = 0$ hat 2 reelle Lösungen.

$$x_1 = \frac{-4 + \sqrt{64}}{2 \cdot 2} = \frac{-4 + 8}{4} = \frac{4}{4} = 1$$

$$x_2 = \frac{-4 - \sqrt{64}}{2 \cdot 2} = \frac{-4 - 8}{4} = \frac{-12}{4} = -3$$

Linearfaktordarstellung: y = 2 · (x − 1) · (x + 3)

Graph:

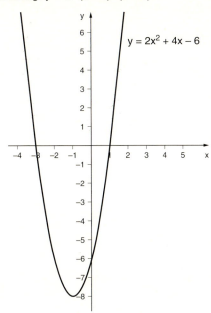

Zu II. Diskriminante $b^2 - 4 \cdot a \cdot c = 4^2 - 4 \cdot 2 \cdot 2 = 16 - 16 = 0$

Die Gleichung $2 \cdot x^2 + 4 \cdot x + 2 = 0$ hat 1 reelle Lösung (doppelte Nullstelle).

$$x_{1,2} = \frac{-4 \pm \sqrt{0}}{2 \cdot 2} = \frac{-4 \pm 0}{4} = \frac{-4}{4} = -1$$

Linearfaktordarstellung: $y = 2 \cdot (x + 1) \cdot (x + 1) = 2 \cdot (x + 1)^2$

Graph:

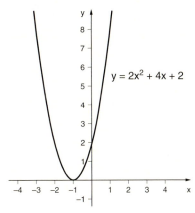

Zu III. Diskriminante $b^2 - 4 \cdot a \cdot c = 4^2 - 4 \cdot 2 \cdot 3 = 16 - 24 = -8 < 0$
Die Gleichung $2 \cdot x^2 + 4 \cdot x + 3 = 0$ hat keine reelle Lösung.

Graph:

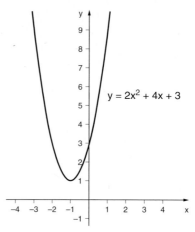

Fallvariante 4: Grad der GRF $= 3 \Leftrightarrow y = a_3 \cdot x^3 + a_2 \cdot x^2 + a_1 \cdot x + a_0$

Ist für eine GRF 3. Grades der Definitionsbereich $D = \mathbb{R}$, dann hat diese Funktion immer mindestens eine Nullstelle.
Für die Lösung der GRF 3. Grades gibt es eine allgemeine Lösung. Wegen der Komplexität der Formel soll auf ihre Darstellung aber hier verzichtet werden. Hier werden die für die Schulmathematik wichtigen Fälle vorgestellt. Zur Ermittlung von Nullstellen ohne Formel sei auf 2.4.1 e) verwiesen.

a) $y = a_3 \cdot x^3$; dreifache Nullstelle für $x_1 = x_2 = x_3 = 0$ (vgl. Potenzfunktion)
b) $y = a_3 \cdot x^3 + a_0$

$$y = 0 \Leftrightarrow a_3 \cdot x^3 + a_0 = 0 \Rightarrow x = \sqrt[3]{-\left(\frac{a_0}{a_3}\right)}$$

z.B.: $y = 0{,}5 \cdot x^3 + 4$

Nullstelle für: $0{,}5 \cdot x^3 + 4 = 0 \quad | -4$

$\qquad\qquad\qquad 0{,}5 \cdot x^3 = -4 \quad | : 0{,}5$

$\qquad\qquad\qquad\phantom{0{,}5 \cdot{}} x^3 = -8$

$\qquad\qquad\qquad\phantom{0{,}5 \cdot{}} x_1 = \sqrt[3]{-8} = -2$

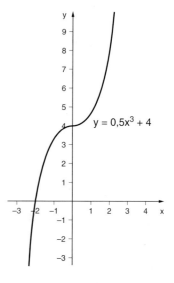

c) $y = a_3 \cdot x^3 + a_1 \cdot x$

Eine Nullstelle kann durch Ausklammern ermittelt werden:

$y = 0 \Leftrightarrow a_3 \cdot x^3 + a_1 \cdot x = 0 \Leftrightarrow x \cdot (a_3 \cdot x^2 + a_1) = 0$
$\Rightarrow x_1 = 0$ (1. Nullstelle)

Weitere Nullstellen, wenn $a_3 \cdot x^2 + a_1 = 0$ lösbar ist (s. reinquadratische Gleichungen).

Beispiel $y = 0.5 \cdot x^3 - 2 \cdot x = x \cdot (0.5 \cdot x^2 - 2)$
$y = 0 \Leftrightarrow x \cdot (0.5 \cdot x^2 - 2) = 0$
$x_1 = 0$

$0.5 \cdot x^2 - 2 = 0 \Rightarrow x^2 = 4$ und
$x_2 = +\sqrt{4} = 2$, $x_3 = -\sqrt{4} = -2$

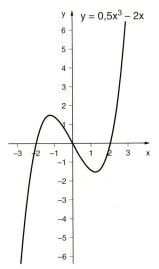

d) $y = a_3 \cdot x^3 + a_2 \cdot x^2 = x^2 \cdot (a_3 \cdot x + a_2)$
$y = 0 \Leftrightarrow x^2 \cdot (a_3 \cdot x + a_2) = 0$
$x_1 = x_2 = 0$ (doppelte Nullstelle bei 0)

weitere Nullstelle bei $a_3 \cdot x + a_2 = 0$

$\Rightarrow x_3 = -\dfrac{a_2}{a_3}$

Beispiel $y = -x^3 - 3 \cdot x^2$
$-x^3 - 3 \cdot x = 0 \Leftrightarrow x^2 \cdot (-x - 3) = 0$
$x_1 = x_2 = 0$; $-x - 3 = 0 \Rightarrow x_3 = -3$

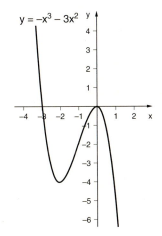

e) $y = a_3 \cdot x^3 + a_2 \cdot x^2 + a_1 \cdot x = x \cdot (a_3 \cdot x^2 + a_2 \cdot x + a_1)$
$y = 0 \Leftrightarrow x \cdot (a_3 \cdot x^2 + a_2 \cdot x + a_1) = 0$

$x_1 = 0$; weitere Nullstellen durch Lösung der Gleichung:

$a_3 \cdot x^2 + a_2 \cdot x + a_1 = 0$ (vgl. gemischtquadratische Gleichungen).

Beispiel $y = x^3 + 2 \cdot x^2 - 3 \cdot x = x \cdot (x^2 + 2 \cdot x - 3)$
$y = 0 \Leftrightarrow x \cdot (x^2 + 2 \cdot x - 3) = 0$
$x_1 = 0$ oder $x^2 + 2 \cdot x - 3 = 0;$

$x_{2,3} = \dfrac{-2 \pm \sqrt{2^2 - 4 \cdot 1 \cdot (-3)}}{2 \cdot 1} = \dfrac{-2 \pm \sqrt{16}}{2} = \dfrac{-2 \pm 4}{2} = -1 \pm 2$

$x_2 = -1 + 2 = 1$
$x_3 = -1 - 2 = -3$

In Linearfaktordarstellung:
$y = x \cdot (x - 1) \cdot (x + 3)$

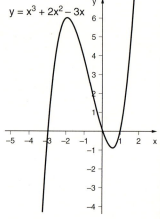

f) $y = a_3 \cdot x^3 + a_2 \cdot x^2 + a_1 \cdot x + a_0$ (stattdessen findet man oft auch die Darstellung $y = a \cdot x^3 + b \cdot x^2 + c \cdot x + d$).

Da bei diesem Polynom 3. Grades das konstante Glied $a_0 \neq 0$ ist, helfen die Verfahren von a) bis e) nicht unmittelbar weiter. Hier hilft folgender Satz: Sind die Nullstellen ganzrationaler Funktionen bekannt, dann kann man das Polynom auch als Produkt von Linearfaktoren darstellen. Von diesem Gedanken macht das Verfahren der Polynomdivision Gebrauch.

Dabei versucht man, zunächst eine ganzzahlige Nullstelle „durch Probieren" zu ermitteln (s. dazu auch Hornerschema, S. 156). Durch Division mit dem dazugehörigen Linearfaktor wird das Polynom n-ten Grades $P_n(x)$ auf ein Restpolynom n-1-ten Grades $P_{n-1}(x)$ reduziert.

$$P_n(x) : (x - x_1) = P_{n-1}(x) \quad \text{oder} \quad P_n(x) = (x - x_1) \cdot P_{n-1}(x)$$

Dieses Restpolynom kann nach den gleichen Grundsätzen weiter vereinfacht werden. Es sei angemerkt, dass dieses Verfahren nur dann in angemessener Zeit zu Ergebnissen führt, wenn die durch Probieren gefundene Nullstelle ganzzahlig ist. Einen Ansatzpunkt für Lösungen findet man, indem man mögliche Faktorzerlegungen des konstanten Gliedes a_0 untersucht. Die erhaltenen Faktoren setzt man zur Überprüfung auf 0 in den Funktionsterm ein.

Beispiel 1. $y = x^3 - 2 \cdot x^2 - 5 \cdot x + 6$ (z. B.: $6 = 1 \cdot 2 \cdot 3$)

1. Nullstelle durch Probieren: z. B. $x_1 = 1$; $(1^3 - 2 \cdot 1^2 - 5 \cdot 1 + 6 = 0)$
$x_1 - 1 = 0 \Rightarrow$ Polynomdivision durch den Linearfaktor $(x - 1)$:

$(x^3 - 2 \cdot x^2 - 5 \cdot x + 6) : (x - 1) = x^2 - x - 6$

1) $\quad x^3 - \quad x^2$
$\quad (-) \quad (+)$
$\overline{\qquad\qquad}$
$\quad\quad - x^2$

2) $\quad\quad - x^2 + x$
$\quad\quad (+) \quad (-)$
$\overline{\qquad\qquad}$
$\quad\quad\quad - 6 \cdot x$

3) $\quad\quad\quad - 6 \cdot x + 6$
$\quad\quad\quad (+) \quad (-)$
$\overline{\qquad\qquad}$
$\quad\quad\quad\quad 0 \quad\quad 0$

$x_{2,3} = \dfrac{-(-1) \pm \sqrt{((-1)^2 - 4 \cdot 1 \cdot (-6))}}{2 \cdot 1} = \dfrac{1 \pm \sqrt{25}}{2} = \dfrac{1 \pm 5}{2}$

$x_2 = 6 : 2 = 3$; $x_3 = -4 : 2 = -2$

Linearfaktordarstellung:
$y = (x + 2) \cdot (x - 1) \cdot (x - 3)$

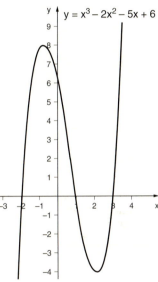

Erläuterung der Schritte 1), 2), 3) der Polynomdivision

1) Man beginnt mit der höchsten Potenz x^3 des Dividenden und dividiert x^3 durch die höchste Potenz des Divisors x.

$\dfrac{\boxed{x^3}}{x} = x^2$

Der Quotient x^2 ist aber nicht das richtige Ergebnis der Division, da man tatsächlich x^3 durch $x-1$ hätte teilen müssen. Dies muss man bei der Subtraktion des Quotienten x^2 berücksichtigen: $x^2 \cdot (x - 1) = x^3 - x^2$

$(\boxed{x^3} - 2 \cdot x^2 - \ldots) : (x - 1) = x^2$
$\quad x^3 - \quad x^2$
$\quad (-) \quad (+)$
$\overline{\qquad\qquad}$
$\quad\quad 0 \quad \boxed{-x^2}$

Die Vorzeichen in Klammern $(-)$ und $(+)$ sollen andeuten, dass der Ausdruck $x^3 - x^2$ von $(x^3 - 2 \cdot x^2 - \ldots)$ subtrahiert werden muss. Dies entspricht einer Addition mit umgekehrtem Vorzeichen. Die Vorzeichen in Klammern sind also die Vorzeichen, die tatsächlich für die Rechnung gelten.

2) Man setzt das Verfahren nun in gleicher Weise fort, indem man die Reste der nächsten Summanden von $(\ldots - 2 \cdot x^2 - 5 \cdot x \ldots)$ einbezieht.

$$\frac{\boxed{-x^2}}{x} = -x$$

mit dem Subtrahenden: $-x \cdot (x - 1) = -x^2 + x$

$$(x^3 - 2 \cdot x^2 - 5 \cdot x \ldots) : (x - 1) = x^2 - x$$
$$\underline{x^3 - x^2}$$
$$(-) \quad (+)$$
$$0 \quad -x^2$$
$$\underline{-x^2 + x}$$
$$(+) \quad (-)$$
$$0 \quad \boxed{-6 \cdot x}$$

3) Schließlich bleibt noch

$$\frac{\boxed{-6 \cdot x}}{x} = -6$$

mit dem Subtrahenden $-6 \cdot (x - 1) = -6 \cdot x + 6$ zu berücksichtigen.

$$(x^3 - 2 \cdot x^2 - 5 \cdot x + 6) : (x - 1) = x^2 - x - 6$$
$$\underline{x^3 - x^2}$$
$$(-) \quad (+)$$
$$0 \quad -x^2$$
$$\underline{-x^2 + x}$$
$$(+) \quad (-)$$
$$0 \quad -6 \cdot x$$
$$\underline{-6 \cdot x + 6}$$
$$(+) \quad (-)$$
$$0 \quad 0$$

Die Division geht restfrei auf. Man hat durch Polynomdivision aus dem Polynom 3. Grades des Restpolynom 2. Grades $x^2 - x - 6$ hergestellt, das nun mit den Formeln für die gemischtquadratische Gleichung gelöst werden kann.

Beispiel 2. $y = x^3 - x^2 - 4$ (z.B.: $-4 = 1 \cdot 2 \cdot (-2)$)

1. Nullstelle durch Probieren: z.B. $x_1 = 2$; $(2^3 - 2^2 - 4 = 0)$
$x_1 - 2 = 0 \Rightarrow$ Polynomdivision durch den Linearfaktor $(x - 2)$:

$$(x^3 - x^2 - 4) : (x - 2) = x^2 + x + 2$$
$$\underline{x^3 - 2 \cdot x^2}$$
$$(-) \quad (+)$$
$$x^2$$
$$\underline{x^2 - 2 \cdot x}$$
$$(-) \quad (+)$$
$$2 \cdot x$$
$$\underline{2 \cdot x - 4}$$
$$(-) \quad (+)$$
$$0 \quad 0$$

Diskriminante: $b^2 - 4 \cdot a \cdot c = 1 - 4 \cdot 1 \cdot 2 = -7$; das Restpolynom $x^2 + x + 2$ hat keine reellen Lösungen. $x_1 = 2$ ist die einzige Nullstelle.

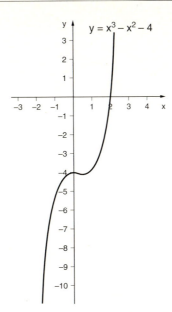

Fallvariante 5: Nullstellenermittlung mit Hilfe der „Regula falsi"

Es gibt in der Praxis viele Funktionen, deren Nullstellen nicht ohne weiteres mit einer der genannten Methoden ermittelt werden können, z. B. weil die Nullstellen keine ganzen Zahlen sind.

Daher soll zur Ergänzung das Verfahren der **„Regula falsi"** (= Regel vom falschen Ansatz) dargestellt werden, dessen Eigenschaften folgendermaßen beschrieben werden können:

„Regula falsi"
(= **Regel vom falschen Ansatz**)

- es ist ein **iteratives Näherungsverfahren**, das die Ermittlung von Nullstellen mit einer beliebigen Genauigkeit zulässt;
- es eignet sich für die Nullstellenermittlung **bei jedem beliebigen Funktionstyp**, also nicht nur bei ganzrationalen Funktionen;
- da es von Formeln unabhängig ist, kann es auch gut in **Computerprogrammen** zur Ermittlung von Nullstellen eingesetzt werden.

Die „Regula falsi" beruht auf folgender Idee:
Hat eine Funktion f(x) in einem Intervall einen Vorzeichenwechsel, dann hat sie in diesem Intervall auch eine Nullstelle. Man kann die Randpunkte der Funktion im Betrachtungsintervall nehmen und durch eine Gerade miteinander verbinden. Diese Gerade ersetzt („linearisiert") die Funktion mit einer bestimmten Genauigkeit, sodass die Nullstelle der Geraden mit der x-Achse als Näherungswert für die gesuchte Nullstelle der Funktion f(x) angesehen werden kann. Mit Hilfe der Nullstelle der Geraden berechnet man nun einen neuen Hilfspunkt auf der Funktion und wiederholt das Verfahren, bis die gewünschte Genauigkeit erreicht wird.

Beispiel $y = f(x) = x^2 - 2$

Aufgabe: Bestimmen Sie die Nullstelle der Funktion im Intervall [1; 2] mit Hilfe der „Regula falsi" auf $\frac{1}{100} = 0{,}01$ genau.

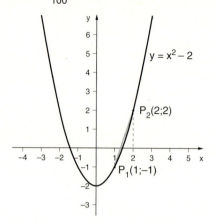

Der Graph zeigt, dass f(x) im Intervall [1; 2] einen Vorzeichenwechsel, also eine Nullstelle, hat.

1. Näherung: Berechnung von $f(1) = 1^2 - 2 = -1$
   und $f(2) = 2^2 - 2 = 2$

Mit Hilfe der Zwei-Punkte-Form der Geradengleichung berechnet man als Näherungsgerade zwischen den Punkten $P_1(1; -1)$ und $P_2(2; 2)$:

$$\frac{y - (-1)}{x - 1} = \frac{2 - (-1)}{2 - 1} = 3 \mid \cdot (x - 1)$$

$$y + 1 = 3 \cdot (x - 1) = 3 \cdot x - 3 \mid -1$$

$$\boxed{y = 3 \cdot x - 4}$$

$$y = 3 \cdot x - 4 = 0 \Leftrightarrow x_1 = \frac{4}{3} = 1{,}3 \ldots$$

Nullstelle der Geraden bei $x_1 = \frac{4}{3}$ = Nullstelle von f(x).

$$f\left(\frac{4}{3}\right) = \left(\frac{4}{3}\right)^2 - 2 = -\frac{2}{9} = -0{,}2 \ldots$$

$\Rightarrow$ Absoluter Fehler = $\mid -0{,}2 \ldots \mid = 0{,}2 \ldots > 0{,}01$

2. Näherung:

Zwei-Punkte-Form der Geradengleichung zwischen den Punkten $P_1\left(\dfrac{4}{3}; -\dfrac{2}{9}\right)$ und $P_2(2; 2)$:

$$\dfrac{y - \left(-\dfrac{2}{9}\right)}{x - \dfrac{4}{3}} = \dfrac{2 - \left(-\dfrac{2}{9}\right)}{2 - \dfrac{4}{3}} = \dfrac{10}{3} \Bigg| \cdot \left(x - \dfrac{4}{3}\right)$$

$$y + \dfrac{2}{9} = \dfrac{10}{3} \cdot \left(x - \dfrac{4}{3}\right) = \dfrac{10}{3} \cdot x - \dfrac{40}{9} \Bigg| -\dfrac{2}{9}$$

$$\boxed{y = \dfrac{10}{3} \cdot x - \dfrac{14}{3}}$$

$y = 0 \Leftrightarrow 10 \cdot x_1 - 14 = 0 \Rightarrow x_1 = 1{,}4$

Nullstelle der Geraden bei $x_1 = 1{,}4$

$f(1{,}4) = 1{,}4^2 - 2 = -0{,}04$

$\Rightarrow$ Absoluter Fehler $= |-0{,}04| = 0{,}04 > 0{,}01$

3. Näherung:

Zwei-Punkte-Form der Geradengleichung zwischen den Punkten $P_1(1{,}4; -0{,}04)$ und $P_2(2; 2)$:

$$\dfrac{y - (-0{,}04)}{x - 1{,}4} = \dfrac{2 - (-0{,}04)}{2 - 1{,}4} = 3{,}4 \,|\, \cdot (x - 1{,}4)$$

$$y + 0{,}04 = 3{,}4 \cdot (x - 1{,}4) = 3{,}4 \cdot x - 4{,}76 \,|\, -0{,}04$$

$$\boxed{y = 3{,}4 \cdot x - 4{,}8}$$

$y = 0 \Leftrightarrow 3{,}4 \cdot x_1 - 4{,}8 = 0 \Rightarrow x_1 = 1{,}41176$

Nullstelle der Geraden bei $x_1 = 1{,}41176$

$f(1{,}4) = 1{,}41176^2 - 2 = -0{,}00693$

$\Rightarrow$ Absoluter Fehler $= |-0{,}00693| = 0{,}00693 < 0{,}01$

Mit der dritten Näherungsrechnung hätte man die gesuchte Nullstelle bei $x_1 = 1{,}41176$ mit der Genauigkeit $\dfrac{1}{100}$ ermittelt.

Zum Vergleich: Bei der Funktion $y = x^2 - 2$ hätte man die Nullstelle auch durch Lösung der Gleichung $x^2 - 2 = 0$ ermitteln können: $x = +\sqrt{2} \approx 1{,}41421$.

Dies zeigt, dass die „Regula falsi" ein brauchbares Verfahren sein kann, um Nullstellen in den Fällen zu ermitteln, in denen keine anderen Verfahren zur Verfügung stehen.

Bei der Anwendung der „Regula falsi" sind folgende Aspekte zu beachten:

— die Lage der Startpunkte für die Rechnung; je näher sie bei der gesuchten Nullstelle liegen, desto schneller findet man das gesuchte Ergebnis;
— die Genauigkeit des Resultats; je höher die gewünschte Genauigkeit, desto mehr Iterationen sind erforderlich;
— die Krümmung der Funktion; davon ist abhängig, ob man den Punkt $(x_1; f(x_1))$ oder den Punkt $(x_1; f(x_2))$ als festen Punkt beibehalten muss.

Fallvariante 6: Grad der GRF = 4 ⇔ y = $a_4 \cdot x^4 + a_3 \cdot x^3 + a_2 \cdot x^2 + a_1 \cdot x + a_0$

In vielen Fällen können die bisher erörterten Verfahren für die Ermittlung der Nullstellen verwendet werden.

Hier ist noch ein Sonderfall zu betrachten, nämlich die GRF vom Typ:

y = $a_4 \cdot x^4 + a_2 \cdot x^2 + a_0$ („gerade Funktion", da nur gerade Exponenten)

Beispiel y = $x^4 - 4 \cdot x^2 + 3$

y = 0 ⇔ $x^4 - 4 \cdot x^2 + 3 = 0$

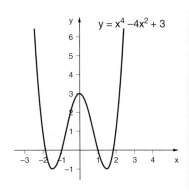

Diese Gleichung kann nicht unmittelbar gelöst werden. Da nur gerade Exponenten vorliegen, die den Wert 4 nicht übersteigen, ist es zulässig, x^2 zunächst durch eine Hilfsvariable u zu ersetzen (zu „substituieren") und die Gleichung für die Hilfsvariable zu lösen. Anschließend wird die Substitution rückgängig gemacht, indem die Gleichungen $x_{1,2} = \pm \sqrt{u_1}$ und $x_{3,4} = \pm \sqrt{u_2}$ gelöst werden.

1. Substitution: u = x^2 und $u^2 = x^4$
2. Hilfsgleichung: $u^2 - 4 \cdot u + 3 = 0$ (= gemischtquadratische Gleichung)
3. Lösung nach u: $u_{1,2} = \dfrac{-(-4) \pm \sqrt{((-4)^2 - 4 \cdot 1 \cdot 3)}}{2 \cdot 1} = \dfrac{4 \pm \sqrt{4}}{2} = \dfrac{4 \pm 2}{2}$

$u_1 = \dfrac{4+2}{2} = 3; \quad u_2 = \dfrac{4-2}{2} = 1$

4. Lösung nach x: $x_{1,2} = \pm \sqrt{3} \Rightarrow x_1 = \sqrt{3} \approx 1{,}73$
$x_2 = -\sqrt{3} \approx -1{,}73$

$x_{3,4} = \pm \sqrt{1} \Rightarrow x_3 = 1$
$x_4 = -1$

Fallvariante 7: Die Ermittlung der Schnittpunkte von Funktionen

In der Praxis will man häufig die gemeinsamen Punkte (Schnittpunkte) zweier Funktionen ermitteln. Es seien zum Beispiel die GRF

y = f(x) = x^2 und   y = g(x) = x + 2

gegeben, deren gemeinsame Punkte zu ermitteln sind. Für die Schnittpunkte der beiden Funktionen muss gelten:

f(x) = g(x)   oder   f(x) − g(x) = 0
⇔ $x^2 = x + 2$ ⇔ $x^2 - x - 2 = 0$

Diese Aufgabenstellung entspricht also der Ermittlung der Nullstellen einer GRF 2. Grades.

⇒ $x_{1,2} = \dfrac{-(-1) \pm \sqrt{((-1)^2 - 4 \cdot 1 \cdot (-2))}}{2 \cdot 1} = \dfrac{1 \pm \sqrt{9}}{2} = \dfrac{1 \pm 3}{2}$

$x_1 = \dfrac{1+3}{2} = 2; \quad x_2 = \dfrac{1-3}{2} = -1$

x_1 und x_2 eingesetzt in f(x) ⇒ Schnittpunkt $S_1(2; 4)$
Schnittpunkt $S_2(-1; 1)$

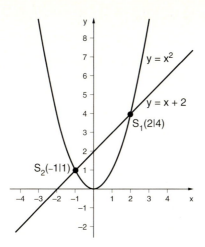

A Aufgabe

Nennen Sie den Grad der GRF. Berechnen Sie die Nullstellen der GRF, stellen Sie die GRF in Linearfaktoren dar und skizzieren Sie die GRF ggf. mit Hilfe einer Wertetabelle:

a) $y = f(x) = 2 \cdot x - 6$
b) $y = f(x) = x^2 + x - 6$
c) $y = f(x) = x^3 - 3 \cdot x^2 + x$
d) $y = f(x) = 0{,}5 \cdot x + 1{,}8$
e) $y = f(x) = (x - 3) \cdot (x^2 + x + 2)$
f) $y = f(x) = x^3 + 2 \cdot x^2 - 13 \cdot x + 10$
g) $y = f(x) = x^3 - x^2 + 2$
h) $y = f(x) = 2 \cdot x^2 + 10 \cdot x + 8$
i) $y = f(x) = x^4 - 8 \cdot x + 15$
j) $y = f(x) = x^3 + 4 \cdot x^2 + x - 6$
k) $y = f(x) = x^2 - 7 \cdot x$
l) $y = f(x) = x^3 - 3 \cdot x$
m) $y = f(x) = x^3 - 5 \cdot x^2$
n) $y = f(x) = \dfrac{1}{4} \cdot x^3 - x^2 - x + 4$
o) $y = f(x) = x^3 + 2 \cdot x^2 - 8 \cdot x - 16$
p) $y = f(x) = x^4 - 5 \cdot x^2 + 4$
q) Wo schneiden sich die Funktionen?
   qa) $y = f(x) = x^3 - 4 \cdot x$ und $y = g(x) = x^2$
   qb) $y = f(x) = -2 \cdot x^2 - 3 \cdot x + 5$ und $y = g(x) = -x - 4$

M Methodische Empfehlungen

Darstellung von GRF mit Hilfe der Tabellenkalkulation „EXCEL"

Funktionen − Tabelle + Diagramm

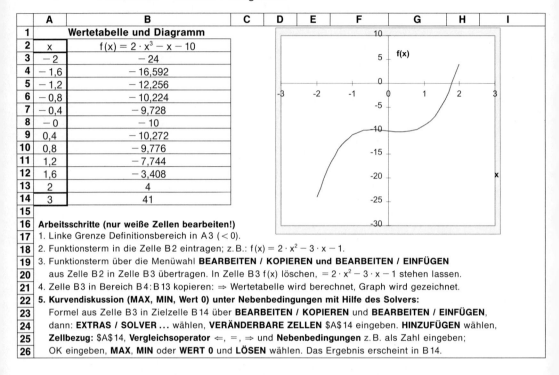

	A	B
1		Wertetabelle und Diagramm
2	x	$f(x) = 2 \cdot x^3 - x - 10$
3	−2	−24
4	−1,6	−16,592
5	−1,2	−12,256
6	−0,8	−10,224
7	−0,4	−9,728
8	−0	−10
9	0,4	−10,272
10	0,8	−9,776
11	1,2	−7,744
12	1,6	−3,408
13	2	4
14	3	41
15		
16	Arbeitsschritte (nur weiße Zellen bearbeiten!)	
17	1. Linke Grenze Definitionsbereich in A3 (<0).	
18	2. Funktionsterm in die Zelle B2 eintragen; z.B.: $f(x) = 2 \cdot x^2 - 3 \cdot x - 1$.	
19	3. Funktionsterm über die Menüwahl **BEARBEITEN / KOPIEREN** und **BEARBEITEN / EINFÜGEN**	
20	aus Zelle B2 in Zelle B3 übertragen. In Zelle B3 f(x) löschen, $= 2 \cdot x^2 - 3 \cdot x - 1$ stehen lassen.	
21	4. Zelle B3 in Bereich B4:B13 kopieren: ⇒ Wertetabelle wird berechnet, Graph wird gezeichnet.	
22	5. **Kurvendiskussion (MAX, MIN, Wert 0)** unter Nebenbedingungen mit Hilfe des Solvers:	
23	Formel aus Zelle B3 in Zielzelle B14 über **BEARBEITEN / KOPIEREN** und **BEARBEITEN / EINFÜGEN**,	
24	dann: **EXTRAS / SOLVER ...** wählen, **VERÄNDERBARE ZELLEN** $A$14 eingeben. **HINZUFÜGEN** wählen,	
25	**Zellbezug:** $A$14, **Vergleichsoperator** ⇐, =, ⇒ und **Nebenbedingungen** z.B. als Zahl eingeben;	
26	OK eingeben, **MAX**, **MIN** oder **WERT 0** und **LÖSEN** wählen. Das Ergebnis erscheint in B14.	

2.2 Das Horner'sche Schema als Hilfsmittel zur Berechnung von Funktionswerten bei GRF

Die Berechnung der Funktionswerte von GRF, z. B. um Nullstellen aufzufinden oder um Wertetabellen für Zeichnungen zu erstellen, ist oftmals sehr umständlich und zeitaufwendig, insbesondere dann, wenn die x-Argumente der Funktionswerte nicht ganzzahlig sind. Der englische Mathematiker William Horner (1756–1837) hat ein Verfahren entwickelt, mit dessen Hilfe die Funktionswerte von GRF in vielen Fällen schneller und sicherer ermittelt werden können − das so genannte Horner'sche Schema, oft auch kurz Horner-Schema genannt.

Horner-Schema

Aufbau und Arbeitsweise des Horner'schen Schemas soll am Beispiel der Funktion

$$\text{I.} \quad y = f(x) = a_3 \cdot x^3 + a_2 \cdot x^2 + a_1 \cdot x + a_0$$

demonstriert werden. Dazu formt man den obigen Term durch Klammersetzung so um, dass in den Klammern x nur als linearer Faktor auftritt:

$$\text{II.} \quad y = f(x) = ((a_3 \cdot x + a_2) \cdot x + a_1) \cdot x + a_0$$

Durch Klammerauflösung kann die Übereinstimmung von I. und II. überprüft werden.

Die ganzrationale Funktion (GRF)

Beispiel $y = f(x) = 0{,}5 \cdot x^3 - 3 \cdot x^2 + 2 \cdot x + 1 \Rightarrow y = ((0{,}5x - 3)x + 2)x + 1$

Für diese Funktion sind die Funktionswerte an den Stellen $x = -1; 1; 1{,}5; 2; 3$ zu ermitteln.

Man ordnet die Koeffizienten nach folgendem Schema an:

	a_3	a_2	a_1	a_0	
	0,5	−3	2	1	
x	↓ ·	+↗ ↓ ·	+↗ ↓ ·	+↗ ↓	= f(x)
−1	−0,5	3,5	−5,5	−4,5	−4,5

Die Berechnung von $f(x) = -4{,}5$ im Einzelnen:

$0{,}5 + 0 = 0{,}5;\quad 0{,}5 \cdot (-1) = -0{,}5$
$-0{,}5 - 3 = -3{,}5;\quad -3{,}5 \cdot (-1) = 3{,}5$
$3{,}5 + 2 = 5{,}5;\quad 5{,}5 \cdot (-1) = -5{,}5$
$-5{,}5 + 1 = -4{,}5 = f(x)$

Das heißt, man zählt zum 1. Koeffizienten 0 und multipliziert das Ergebnis dann mit dem Argument $x = -1$, addiert den 2. Koeffizienten, multipliziert die Summe mit $x = -1$ usf.

1	0,5	−2,5	−0,5	0,5	0,5
1,5	0,75	−3,375	−2,063	−1,063	−1,063
2	1	−4	−4	−3	−3
3	1,5	−4,5	−7,5	−6,5	−6,5

A Aufgaben

1. Berechnen Sie für folgende Funktionen die Wertetabelle im Intervall für $x \in [-3; 5]$ und fertigen Sie danach das Schaubild; untersuchen Sie die Funktionen auf Nullstellen.

   a) $y = f(x) = 0{,}6 \cdot x^2 - 4 \cdot x$
   b) $y = f(x) = -x^3 - 5 \cdot x^2 + 1{,}7$
   c) $y = f(x) = 2 \cdot x^3 - 4 \cdot x^2 - 3 \cdot x + 1$

2. Nach § 32a EStG (2002) bemisst sich die tarifliche Einkommensteuer laut Grundtabelle nach folgenden Formeln:
   ...
   von 14 094,00 bis 18 089,00 DM: $(387{,}89 \cdot y + 1990) \cdot y$
   von 18 090,00 bis 107 567,00 DM: $(142{,}49 \cdot z + 2300) \cdot z + 857$
   ...

   „y" ist ein Zehntausendstel des 14 040,00 DM übersteigenden Teils des abgerundeten zu versteuernden Einkommens. „z" ist ein Zehntausendstel des 18 036,00 DM übersteigenden Teils des abgerundeten zu versteuernden Einkommens. Das abgerundete zu versteuernde Einkommen ist das auf den nächstniedrigeren durch 54 ohne Rest teilbaren Betrag abgerundete Einkommen, falls es nicht schon durch 54 restfrei teilbar ist.
   Die zur Berechnung erforderlichen Schritte sind in der Reihenfolge auszuführen, die sich nach dem Horner-Schema ergibt. Zwischenergebnisse sind mit drei Dezimalstellen anzusetzen.

Berechnen Sie mit dem Horner-Schema die Steuertabelle für zu versteuernde Einkommen von 15 000,00 bis 107 000,00 DM in Schritten von jeweils 5 000,00 DM. Vergleichen Sie Ihre Ergebnisse mit der aktuellen Einkommensteuer-Grundtabelle.

2.3 Ganzrationale Funktionen in der Wirtschaftslehre

Nach der Erörterung der mathematischen Eigenschaften der GRF sollen nun Handlungssituationen aus dem Bereich der Wirtschaft betrachtet werden. Die Beispiele dieses Abschnittes werden später nochmals aufgegriffen, wenn die Optimierung von Handlungsvariablen angestrebt wird.
Wenn bei den Beispielen mit vergleichsweise kleinen Zahlen gearbeitet wird, hat dies vor allem methodische Gründe. In der Praxis kann man reale Stückzahlen, z. B. 1 000 Stück für 1 ME ansetzen, um zu aussagekräftigeren Ergebnissen zu gelangen. Dies hat jedoch keinen Einfluss auf das anzuwendende Lösungsverfahren.

1. *Aufgrund eines Patentes hat eine Unternehmung auf dem Markt für ein bestimmtes Produkt eine vorläufige Monopolstellung. Nach den Ergebnissen der Marktforschung kann die Nachfrage durch die lineare Preis-Absatz-Funktion*

$$p_N(x) = a \cdot x + b \text{ mit } a = -0{,}1 \text{ und } b = 5$$
$$\Rightarrow p_N(x) = -0{,}1 \cdot x + 5$$

beschrieben werden. Der Kostenverlauf in Abhängigkeit von der verkauften Menge x wird durch die lineare Funktion

$$K(x) = k_v(x) \cdot x + K_f \text{ mit } k_v = 1 \text{ und } K_f = 7{,}6$$
$$\Rightarrow K(x) = x + 7{,}6$$

beschrieben.

Aufgaben:

a) Wie lautet die Erlösfunktion E(x) der Unternehmung, die aus der Nachfragefunktion abgeleitet werden kann?
b) Für die Gewinnfunktion der Unternehmung gilt: G(x) = E(x) − K(x). Wie lautet die Gewinnfunktion unter den obigen Voraussetzungen in allgemeiner und spezieller Form?
c) Welche Zahlenmenge bildet den Definitionsbereich D?
d) Zeichnen Sie p(x), E(x), K(x), G(x) über dem Definitionsbereich D in ein Koordinatensystem.
e) Ermitteln Sie die Gewinnzone der Unternehmung, insbesondere die Gewinnschwelle und die Gewinngrenze.

Entwicklung eines Lösungsverfahrens:

Zu a) Für die Erlösfunktion des Angebotsmonopolisten gilt

$$E(x) = \text{Menge} \cdot \text{Preis} = x \cdot p(x) \quad (x = \text{Absatzmenge}).$$

Da die gesamte Nachfrage auf den Monopolisten entfällt, ist der Verkaufspreis aus dem Verlauf der Nachfragekurve $p_N(x)$ abzuleiten.

$$\boxed{E(x) = x \cdot (-0{,}1 \cdot x + 5) = -0{,}1 \cdot x^2 + 5 \cdot x}$$

Die Erlösfunktion des Angebotsmonopolisten ist also eine GRF 2. Grades

Zu b) Der Gewinn als Differenz von Erlösen und Kosten:

$$G(x) = E(x) - K(x) = x \cdot (a \cdot x + b) - (k_v \cdot x + K_f)$$
$$= a \cdot x^2 + b \cdot x - k_v \cdot x - K_f$$
$$\boxed{G(x) = a \cdot x^2 + (b - k_v) \cdot x - K_f}$$
$$G(x) = -0{,}1 \cdot x^2 + 4 \cdot x - 7{,}6$$

$G(x)$ ist eine GRF 2. Grades.

Zu c) Der ökonomisch sinnvolle Definitionsbereich D befindet sich auf der x-Achse zwischen der Absatzmenge 0, die dem Höchstpreis laut Preis-Absatz-Funktion entspricht, und der Marktsättigungsmenge, die einem Preis von 0 entspricht.

$$x = 0 \quad \Rightarrow \quad p_N(x) = a \cdot 0 + b = b = 5 \quad \text{(Höchstpreis)}$$
$$p_N(x) = 0 \Rightarrow 0 = a \cdot x + b \Rightarrow x = -\frac{b}{a} = -\frac{5}{-0{,}1} = 50$$

(Marktsättigungsmenge)

Zu d)

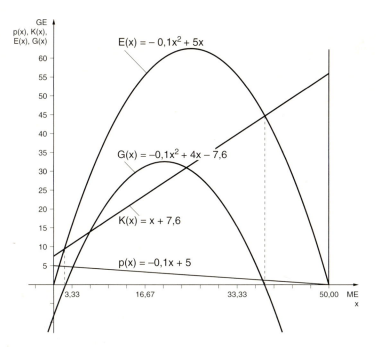

Zu e) Als Gewinnzone bezeichnet man das Intervall, in dem die Erlöse die Kosten übersteigen oder, anders formuliert, in dem die Gewinnfunktionswerte > 0 sind.

Die Unternehmung tritt bei der Gewinnschwelle in die Gewinnzone ein und verlässt die Gewinnzone an der Gewinngrenze. An diesen Stellen gilt daher:

$$G(x) = 0 \Leftrightarrow E(x) = K(x) \Leftrightarrow E(x) - K(x) = 0$$
$$G(x) = -0{,}1 \cdot x^2 + 4 \cdot x - 7{,}6 = 0$$

$$x_{1,2} = \frac{-4 \pm \sqrt{(4^2 - 4 \cdot (-0{,}1) \cdot (-7{,}6))}}{2 \cdot (-0{,}1)} = \frac{-4 \pm 3{,}6}{-0{,}2}$$

$$x_1 = \frac{-4 + 3{,}6}{-0{,}2} = \frac{-0{,}4}{-0{,}2} = 2 \text{ ME} \quad (= \text{Gewinnschwelle})$$

$$x_2 = \frac{-4 - 3{,}6}{-0{,}2} = \frac{-7{,}6}{-0{,}2} = 38 \text{ ME} \quad (= \text{Gewinngrenze})$$

2. *Eine Unternehmung bietet ein Produkt auf einem Markt unter den Bedingungen der vollständigen Konkurrenz an. Der Preis je Produkteinheit beträgt zurzeit 24,00 EUR. Der Gesamtkostenverlauf in Abhängigkeit von der verkauften Menge x wird durch die ganzrationale Funktion 3. Grades*

$$K(x) = a \cdot x^3 + b \cdot x^2 + c \cdot x + d$$

beschrieben. Dabei entspricht $a \cdot x^3 + b \cdot x^2 + c \cdot x$ den gesamten variablen Kosten $K_v(x)$ und d den fixen Kosten K_f. Im vorliegenden Fall handelt es sich um die Kostenfunktion:

$$K(x) = x^3 - 9 \cdot x^2 + 30 \cdot x + 16$$

Die Gesamtkostenkurve K(x) verläuft s-förmig im Koordinatensystem.

Aufgaben:

a) Wie lautet die Erlösfunktion E(x) der Unternehmung?
b) Für die Gewinnfunktion der Unternehmung gilt: $G(x) = E(x) - K(x)$. Wie lautet die Gewinnfunktion unter den obigen Voraussetzungen in allgemeiner und spezieller Form?
c) Welche Zahlenmenge bildet den ökonomisch sinnvollen Definitionsbereich D, wenn die Kapazitätsgrenze der Unternehmung bei $x_{MAX} = 10$ Mengeneinheiten liegt?
d) Zeichnen Sie p(x), E(x), K(x), G(x) über dem Definitionsbereich D in ein Koordinatensystem.
e) Ermitteln Sie die Gewinnzone der Unternehmung, insbesondere die Gewinnschwelle und die Gewinngrenze.

Entwicklung eines Lösungsverfahrens:

Zu a) Für die Erlösfunktion des Anbieters bei vollkommener Konkurrenz (auch als „polypolistische Konkurrenz" bezeichnet) gilt die Annahme, dass der einzelne Anbieter keinen unmittelbaren Einfluss auf den Marktpreis des Gutes nehmen kann. Er ist so genannter Mengenanpasser, d.h., er kann seinen Umsatz nur steigern, wenn er eine größere Stückzahl seines Produktes verkauft. Damit erhält man eine lineare Funktion durch den Ursprung als Erlösfunktion E(x):

$$E(x) = p \cdot x \quad (p = \text{gegebener Marktpreis}, x = \text{Absatzmenge})$$

$$\boxed{E(x) = 24 \cdot x}$$

Die Erlösfunktion des Anbieters bei vollkommener Konkurrenz ist also eine GRF 1. Grades.

Zu b) Der Gewinn als Differenz von Erlösen und Kosten:

$G(x) = E(x) - K(x) = p \cdot x - (a \cdot x^3 + b \cdot x^2 + c \cdot x + d)$

$\boxed{G(x) = -a \cdot x^3 - b \cdot x^2 + (p - c) \cdot x - d}$

$G(x) = x^3 + 9 \cdot x^2 - 6 \cdot x - 16$

$G(x)$ ist eine GRF 3. Grades.

Zu c) Der ökonomisch sinnvolle Definitionsbereich D befindet sich auf der x-Achse zwischen der Absatzmenge 0 und der Kapazitätsgrenze der Unternehmung:
$D = [0; 10]$

Zu d)
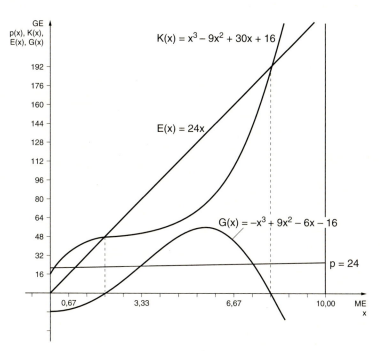

Zu e) Als Gewinnzone bezeichnet man das Intervall, in dem die Erlöse die Kosten übersteigen oder, anders formuliert, in dem die Gewinnfunktionswerte > 0 sind.

Die Unternehmung tritt bei der Gewinnschwelle in die Gewinnzone ein und verlässt die Gewinnzone an der Gewinngrenze. An diesen Stellen gilt daher:

$G(x) = 0 \Leftrightarrow E(x) = K(x) \Leftrightarrow E(x) - K(x) = 0$
$G(x) = -x^3 + 9 \cdot x^2 - 6 \cdot x - 16 = 0$
$\Leftrightarrow x^3 - 9 \cdot x^2 + 6 \cdot x + 16 = 0$

Es gilt also, die Nullstellen einer GRF 3. Grades zu bestimmen. Durch Probieren findet man:

$x_1 = 2 \quad (8 - 36 + 12 + 16 = 0)$

Polynomdivision:

$(x^3 - 9 \cdot x^2 + 6 \cdot x + 16) : (x - 2) = x^2 - 7 \cdot x - 8$
$\underline{x^3 - 2 \cdot x^2}$
$(-)\quad(+)$

$-7 \cdot x^2$
$\underline{-7 \cdot x^2 + 14 \cdot x}$
$(+)(-)$

$-8 \cdot x$
$\underline{-8 \cdot x + 16}$
$(+)(-)$

00

Weitere Nullstellen durch: $x^2 - 7 \cdot x - 8 = 0$

$$x_{2,3} = \frac{-(-7) \pm \sqrt{(7^2 - 4 \cdot 1 \cdot (-8))}}{2 \cdot 1} = \frac{7 \pm 9}{2}$$

$$x_2 = \frac{7 + 9}{2} = \frac{16}{2} = 8 \text{ ME}$$

$$x_3 = \frac{7 - 9}{2} = \frac{-2}{2} = -1 \qquad \text{(außerhalb des Definitionsbereiches und damit ökonomisch unbedeutend)}$$

Eine Überprüfung der Lösungen ergibt:

$x_1 = 2$ ME = Gewinnschwelle
$x_2 = 8$ ME = Gewinngrenze

Durch den s-förmigen Verlauf der Kostenfunktion ergibt sich eine Gewinnzone, deren Obergrenze unterhalb der maximalen Kapazität von 10 ME liegt. Der wirtschaftliche Handlungsspielraum liegt zwischen 2 und 8 ME.

3. Die Produktionsabteilung eines Verpackungsmittelproduzenten steht vor der Aufgabe, aus quadratischen Pappkartons mit der Seitenlänge a = 1 m oben offene Schachteln herzustellen. Dies soll in der Weise geschehen, dass an den Ecken jeweils quadratische Stücke herausgeschnitten werden und die verbleibenden Seitenteile dann nach oben geklappt und verleimt werden.

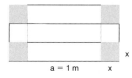

Aufgaben:

a) Beschreiben Sie den Zusammenhang zwischen dem Volumen (Rauminhalt) V einer entstehenden Schachtel und der Seitenlänge x der herausgeschnittenen Ecke:
   aa) für die gegebene Seitenlänge von a = 1 m,
   bb) für eine beliebige Seitenlänge a.

b) Berechnen Sie eine Wertetabelle für V(x) mit a = 1 m und x ∈ D = [0; 0,5] und zeichnen Sie den Graphen für V(x) in ein Koordinatensystem. Welche Folgerungen im Hinblick auf das maximale Volumen V können aus dem Schaubild gezogen werden?

Zu a) Der Rauminhalt V der Schachtel kann nach der Formel für den Rauminhalt eines Quaders berechnet werden:

$V = l \cdot b \cdot h = G \cdot h$ (l = Länge, b = Breite, h = Höhe, G = Grundfläche)

aa) Im Falle a = 1 gilt:
$l = 1 - 2 \cdot x$
$b = 1 - 2 \cdot x$ $\Rightarrow$ Grundfläche $= (1 - 2 \cdot x) \cdot (1 - 2 \cdot x)$
$h = x$

$\Rightarrow V(x) = (1 - 2 \cdot x) \cdot (1 - 2 \cdot x) \cdot x$

$$\boxed{V(x) = 4 \cdot x^3 - 4 \cdot x^2 + x}$$

V(x) ist also eine GRF 3. Grades mit $x = 0$ und $x_2 = 0{,}5$ als Nullstellen. Dies ist plausibel, denn wenn z. B. $x = 0$ ist, dann wird keine Ecke herausgeschnitten, der Karton bleibt flach und somit hat die Schachtel auch kein Volumen.

ab) Im Falle a beliebig gilt:
$l = a - 2 \cdot x$
$b = a - 2 \cdot x$ $\Rightarrow$ Grundfläche $= (a - 2 \cdot x) \cdot (a - 2 \cdot x)$
$h = x$

$\Rightarrow V(x) = (a - 2 \cdot x) \cdot (a - 2 \cdot x) \cdot x$

$$\boxed{V(x) = 4 \cdot x^3 - 4 \cdot a \cdot x^2 + a^2 \cdot x}$$

Zu b)

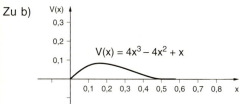

Sollen Schachteln mit maximalem Volumen hergestellt werden, so müssen Ecken mit der Seitenlänge $x \approx 0{,}16$ m herausgeschnitten werden.

A Aufgaben

1. Ermitteln Sie für Unternehmungen, von deren Marktbeziehungen die nachfolgenden Daten bekannt sind,
   – die Marktform,
   – den Verlauf von Erlösfunktion E(x) und Kostenfunktion $K(x) = K_v(x) + K_f$,
   – die Gewinnfunktion G(x),
   – die Gewinnzone mit Gewinnschwelle und Gewinngrenze.
   Fertigen Sie dazu ggf. auch eine Zeichnung an.

   a) Der Verkaufspreis/Stück des Produktes beträgt 50,00 EUR und kann von der Unternehmung nicht durch Veränderungen der Angebotsmenge beeinflusst werden. Die Produktionskosten bei einem bestimmten Absatz x betragen $K(x) = 20 \cdot x^2 - 1\,200 \cdot x + 19\,000$.
   Wie würde sich die Situation der Unternehmung ändern, wenn es gelingt, die fixen Kosten auf 15 000,00 EUR zu reduzieren?

b) $E(x) = 140 \cdot x$, $K(x) = 90 \cdot x + 100$, $x_{MAX} = 10$ (ME)
Welchen Erlös, welche Kosten und welchen Gewinn erzielt die Unternehmung bei einem Absatz von 8 ME?

c) $E(x) = 500 \cdot x$, $K(x) = 5 \cdot x^3 - 60 \cdot x^2 + 250 \cdot x + 3\,200$, $x_{MAX} = 10$

d) $E(x) = -6 \cdot x^2 + 42 \cdot x$, $K(x) = 10 \cdot x + 10$; $x_{MAX} = 7$
Welchen Erlös und welchen Gewinn erzielt die Unternehmung beim Absatz von 5 ME?

e) Bei einer Nachfrage von 2 ME beträgt der Marktpreis 700,00 EUR, bei einer Nachfrage von 10 ME beträgt der Marktpreis 140,00 EUR. Die Kosten der Unternehmung errechnen sich nach der Funktion:

$$K(x) = x^3 - 7 \cdot x^2 + 135 \cdot x + 1\,150.$$

Wie hoch sind Erlös, Kosten und Gewinn beim Absatz von 4, 5, 6 ME?

f) Die fixen Kosten einer Unternehmung betragen 3, die variablen Kosten für die Herstellung eines Produktes $K_v(x) = 0{,}2 \cdot x^3 - 2 \cdot x^2 + 10 \cdot x$ und die Preis-Absatz-Funktion $p_N(x) = -0{,}6 \cdot x + 9$.

2. Auf einem Markt mit polypolistischer Konkurrenz kann die Nachfrage durch die Funktion:

$$p_N(x) = 0{,}5 \cdot (36 - x^2)$$

und das Angebot durch die Funktion

$$p_A(x) = 2 \cdot (x + 1)$$

dargestellt werden.

a) Ermitteln Sie das Marktgleichgewicht in Form von Gleichgewichtspreis und Gleichgewichtsmenge und den Gesamtumsatz unter den Bedingungen des Marktgleichgewichts.

Ausgehend von den unter a) berechneten Ergebnissen ist zu analysieren, welche Marktsituation sich ergeben wird:

b) Für das Produkt soll ein staatlicher Mindestpreis von 13 GE/ME festgesetzt werden.

c) Die Ware soll mit einer Umsatzsteuer von 4 GE/ME belegt werden.
Welche Steuereinnahmen wird der Staat dann insgesamt aus dem Absatz dieser Ware von den Unternehmungen beziehen?

d) Welche Umsatzsteuer muss der Staat je ME erheben, wenn eine ME der Ware 15 GE kosten soll? Wie hoch würden in diesem Fall die Gesamtsteuereinnahmen sein?

e) Angenommen, die Ware soll mit 1 GE/ME subventioniert werden. Die Subvention soll den Anbietern zufließen. Wie viel GE würde dies den Staat an Subventionen kosten?

Die ganzrationale Funktion (GRF)

M Methodische Empfehlungen

Darstellung von Kostenfunktionen mithilfe der Tabellenkalkulation „EXCEL"

Kostenfunktionen

	A	B	C	D	E	F	G	H	I
1									
2		**Darstellung von Kostenverläufen**							
3		Kostenfunktion K(x)	Grenzkosten	Stückkosten					
4	x	$K(x) = 0{,}1 \cdot x^3 - 1{,}2 \cdot x^2 + 5 \cdot x + 4$	(K(x+s)-K(x))/s	K(x)/x					
5	0	4,00	3,90	#DIV/0!					
6	1	7,90	2,10	7,90					
7	2	10,00	0,90	5,00					
8	3	10,90	0,30	3,63					
9	4	11,20	0,30	2,80					
10	5	11,50	0,90	2,30					
11	6	12,40	2,10	2,07					
12	7	14,50	3,90	2,07					
13	8	18,40	6,30	2,30					
14	9	24,70	9,30	2,74					
15	10	34,00		3,40					
16	1	← Schrittweite s							
17									
18	**Arbeitsschritte (nur weiße Zellen bearbeiten!)**								
19	1. Schrittweite für die Kostenfunktionen in A16 eingeben.								
20	2. Funktionsterm in die Zelle B4 eintragen; z.B.: $K(x) = 2 \cdot x^2 - 3 \cdot x - 1$.								
21	3. Funktionsterm über die Menüwahl: **BEARBEITEN/KOPIEREN** und **BEARBEITEN/EINFÜGEN**								
22	aus Zelle B4 in Zelle B5 übertragen. In Zelle B5 K(x) löschen, $= 2 \cdot x^2 - 3 \cdot x - 1$ stehen lassen.								
23	4. Zelle B5 in Bereich B4:B15 kopieren: ⇒ Wertetabelle wird berechnet, Graph wird gezeichnet.								
24									
25	Bitte beachten Sie: Die Stückkostenfunktion kann wegen DIV/0 für x = 0 nicht korrekt gezeichnet werden!								

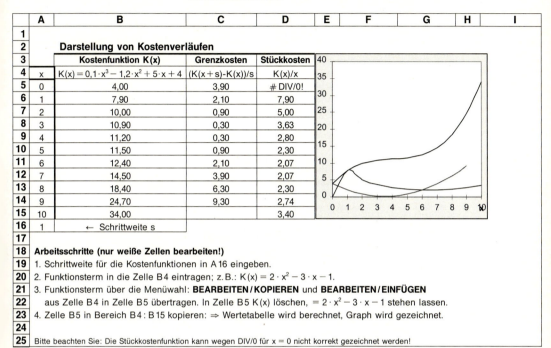

3 Die gebrochenrationale Funktion

3.1 Begriff und Eigenschaften der gebrochenrationalen Funktion

gebrochenrationale Funktion

Eine Funktion heißt **gebrochenrationale Funktion**, wenn ihr Funktionsterm der Quotient zweier ganzrationaler Funktionen ist.

$$y = f(x) = \frac{g(x)}{h(x)}, \text{mit } g(x) \text{ als Zählerpolynom und } h(x) \text{ als Nennerpolynom}$$

Das Nennerpolynom muss mindestens vom Grad 1 sein. Ganzrationale Funktionen und gebrochenrationale Funktionen bilden zusammen die rationalen Funktionen.

3.2 Die Potenzfunktion mit negativem Exponenten

Einfache gebrochenrationale Funktionen sind zum Beispiel Funktionen vom Typ:

a) $y = \dfrac{1}{x}$ b) $y = \dfrac{1}{x^2}$ c) $y = \dfrac{1}{x^3}$ d) $y = \dfrac{1}{x^4}$

Statt der Bruchschreibweise kann man auch die Potenzschreibweise wählen:

a) $y = x^{-1}$ b) $y = x^{-2}$ c) $y = x^{-3}$ d) $y = x^{-4}$

Man erkennt, dass es sich dabei um die Potenzfunktion $y = x^{-n}$, $n \in \mathbb{N}$, also um die **Potenzfunktion mit negativem Exponenten** handelt. Das heißt, für den Exponenten der Funktion $y = x^n$ darf $\mathbb{Z}$ als Grundmenge vorausgesetzt werden.
Im Folgenden sollen Eigenschaften der gebrochenrationalen Funktion aufgezeigt werden. Der Einfachheit halber werden die gebrochenrationalen Funktionen

$$y = \frac{1}{x} = x^{-1} \quad \text{und} \quad y = \frac{1}{x^2} = x^{-2}$$

betrachtet. Die am Beispiel dieser Funktionen gewonnenen Erkenntnisse können dann auf komplexere Fälle übertragen werden.
Man beginnt am besten mit der Berechnung einer Wertetabelle und der Zeichnung.

x	−5	−4	−3	−2	−1	−0,5	−0,2	−0,1	0	0,1	0,2	0,5	1	2	3	4	5
$y = \dfrac{1}{x}$	$-\dfrac{1}{5}$	$-\dfrac{1}{4}$	$-\dfrac{1}{3}$	$-\dfrac{1}{2}$	−1	−2	−5	−10	−	10	5	2	1	$\dfrac{1}{2}$	$\dfrac{1}{3}$	$\dfrac{1}{4}$	$\dfrac{1}{5}$
$y = \dfrac{1}{x^2}$	$\dfrac{1}{25}$	$\dfrac{1}{16}$	$\dfrac{1}{9}$	$\dfrac{1}{4}$	1	4	25	100	−	100	25	4	1	$\dfrac{1}{4}$	$\dfrac{1}{9}$	$\dfrac{1}{16}$	$\dfrac{1}{25}$

Die Graphen zu:

$$y = \frac{1}{x} = x^{-1} \qquad \text{und} \qquad y = \frac{1}{x^2} = x^{-2}$$

(Funktion mit ungeradem negativem Exponenten) | (Funktion mit geradem negativem Exponenten)

Man bezeichnet die Graphen der Potenzfunktionen mit negativem Exponenten als
„Hyperbeln". Die Abschnitte der Hyperbeln sind die **Hyperbeläste**.

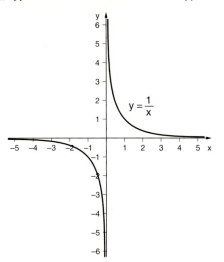
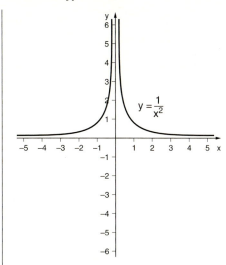

Eigenschaften

1. Definitionsbereich D

$D = \mathbb{R} \setminus \{0\}$, da $y = 1/0$
nicht definiert ist.

$D = \mathbb{R} \setminus \{0\}$, da $y = 1/0^2$
nicht definiert ist.

Es ist nun interessant, das Verhalten der Funktionen in der Umgebung der Stelle $x_0 = 0$ zu betrachten. Untersucht man den Verlauf der Funktion f(x) bei Annäherung von links an die Stelle $x_0 = 0$, etwa für

x	f(x)		x	f(x)
−1	−1		−1	1
−0,1	−10		−0,1	100
−0,01	−100		−0,01	10 000
−0,001	−1 000		−0,001	1 000 000
.	.		.	.
−0,000001	−1 000 000		−0,000001	10^{12}

... und rechts

x	f(x)		x	f(x)
1	1		1	1
0,1	10		0,1	100
0,01	$100 = 10^2$		0,01	10 000
0,001	$1 000 = 10^3$		0,001	1 000 000
.	.		.	.
0,000001	$1 000 000 = 10^6$		0,000001	10^{12}

Auswertung: Nähert sich x von links gegen die Stelle $x_0 = 0$, so geht

$f(x) = \dfrac{1}{x}$ gegen $-\infty$,	$f(x) = \dfrac{1}{x^2}$ gegen $+\infty$
oder kurz: (mit $\to$ für „gegen")	oder kurz:
$x \to -0 \Rightarrow f(x) \to -\infty$	$x \to -0 \Rightarrow f(x) \to +\infty$
... und von rechts:	
$f(x) = \dfrac{1}{x}$ gegen $+\infty$,	$f(x) = \dfrac{1}{x^2}$ gegen $+\infty$
oder kurz:	oder kurz:
$x \to +0 \Rightarrow f(x) \to +\infty$	$x \to +0 \Rightarrow f(x) \to +\infty$
(-0, $+0$ steht für die links- bzw. rechtsseitige Annäherung an die Stelle $x_0 = 0$)	
Ein Blick auf den Graphen zeigt, dass die Funktion an der Stelle $x_0 = 0$ offenbar einen „Sprung" von $-\infty$ nach $+\infty$ macht. Man spricht von einer „unendlichen Sprungstelle mit Vorzeichenwechsel" oder einem Pol 1. Ordnung.	An der Stelle $x_0 = 0$ geht $f(x)$ sowohl von links als auch von rechts gegen $+\infty$. Hier liegt eine „unendliche Sprungstelle ohne Vorzeichenwechsel" oder ein Pol 2. Ordnung vor.

Die y-Achse ($x = 0$) ist dann eine „Polgerade".
Für die Ermittlung der Polstellen von gebrochenrationalen Funktionen ist das Nennerpolynom $h(x)$ heranzuziehen. Die Polstellen erhält man, wenn man das Nennerpolynom gleich 0 setzt:

$$\boxed{h(x) = 0}$$

und nach x auflöst. Die Polgeraden, welche die Bedingung $h(x) = 0$ erfüllen, sind zur y-Achse parallele Geraden.
Die Kurve kann an der Stelle 0 nicht fortgesetzt werden; weil der Funktionswert keinen endlichen Wert als Grenzwert hat, ist $f(x)$ an dieser Stelle nicht stetig.

2. Wertebereich W

$W = \mathbb{R}$	$W = \mathbb{R}^+$

Wie verhalten sich die Funktionen für $x \to \pm\infty$?

$x \to -\infty$:

x	f(x)		x	f(x)
-1	-1		-1	1
-10	$-0,1$		-10	$0,01$
-100	$-0,01$		-100	$0,0001$
$-1\,000$	$-0,001$		$-1\,000$	$0,000001$
.			.	
$-1\,000\,000$	$-0,000001$		$-1\,000\,000$	10^{-12}

... und x → +∞

x	f(x)
1	1
10	0,1
100	0,01
1 000	0,001
.	.
1 000 000	0,000001

x	f(x)
1	1
10	0,01
100	0,0001
1 000	0,000001
.	.
1 000 000	10^{-12}

Auswertung: Nähert sich x → −∞, dann geht

$f(x) = \dfrac{1}{x}$ gegen −0,

oder kurz:

x → −∞ ⇒ f(x) → −0

$f(x) = \dfrac{1}{x^2}$ gegen +0

oder kurz:

x → −∞ ⇒ f(x) → +0

... und x → +∞:

$f(x) = \dfrac{1}{x}$ gegen +0,

oder kurz:

x → +∞ ⇒ f(x) → +0

$f(x) = \dfrac{1}{x^2}$ gegen +0

oder kurz:

x → +∞ ⇒ f(x) → +0

Die Funktionswerte nähern sich für x → ±∞ offenbar beliebig genau dem Wert 0; der Graph nähert sich demzufolge immer stärker der x-Achse, ohne sie jedoch zu berühren. Man nennt eine solche Gerade wie die x-Achse, an die sich ein Funktionsgraph für x → ±∞ anschmiegt, in der Mathematik eine **„Asymptote"**. Die Asymptote kann hier durch die Gleichung: y = 0, d.h. durch die Geradengleichung der x-Achse, beschrieben werden.
Auch die Polgeraden sind Asymptoten.

Asymptote

3. Nullstellen
Die gebrochenrationale Funktion

$y = \dfrac{g(x)}{h(x)}$ mit g(x) als Zählerpolynom und h(x) als Nennerpolynom

hat dann eine Nullstelle, wenn das Zählerpolynom

$$\boxed{g(x) = 0}$$

wird, das Nennerpolynom h(x) gleichzeitig ≠ 0 ist. Wegen

$y = f(x) = \dfrac{0}{h(x)} = 0$ wird dann der Funktionswert f(x) = 0.

Die betrachteten Funktionen waren:

$f(x) = \dfrac{g(x)}{h(x)} = \dfrac{1}{x}$

$f(x) = \dfrac{g(x)}{h(x)} = \dfrac{1}{x^2}$

Es ist: g(x) = 1 ≠ 0 für alle x ∈ D

⇒ weder die Funktion $y = \dfrac{1}{x}$ noch die Funktion $y = \dfrac{1}{x^2}$

besitzen eine Nullstelle (vgl. Graph).

4. Monotonieeigenschaften für:

$$f(x) = \frac{g(x)}{h(x)} = \frac{1}{x}$$

f(x) ist streng monoton fallend im gesamten Definitionsbereich; für alle $x_2 > x_1$ gilt: $f(x_2) < f(x_1)$.

$$f(x) = \frac{g(x)}{h(x)} = \frac{1}{x^2}$$

Für $x < 0$ gilt:

$x_2 > x_1 \Rightarrow f(x_2) > f(x_1)$,

für $x > 0$ gilt:

$x_2 > x_1 \Rightarrow f(x_2) < f(x_1)$

Links vom Ursprung hat f(x) einen streng monoton steigenden Hyperbelast, rechts vom Ursprung einen streng monoton fallenden Hyperbelast (vgl. Graph).

5. Symmetrieeigenschaften für:

$$f(x) = \frac{g(x)}{h(x)} = \frac{1}{x}$$

Wegen $-f(x) = f(-x)$ ist f(x) punktsymmetrisch bezüglich des Ursprungs. Für alle $x \in D$ gilt:

$$-\left(\frac{1}{x}\right) = -\frac{1}{x} = \frac{1}{(-x)} = \frac{1}{-x} = -\frac{1}{x}$$

$$f(x) = \frac{g(x)}{h(x)} = \frac{1}{x^2}$$

Wegen $f(-x) = f(x)$ ist f(x) achsensymmetrisch bezüglich der y-Achse. Für alle $x \in D$ gilt:

$$\frac{1}{(-x)^2} = \frac{1}{(-x) \cdot (-x)} = \frac{1}{x^2}$$

A Aufgaben

1. Berechnen Sie zu folgenden gebrochenrationalen Funktionen eine Wertetabelle, zeichnen Sie sich die Funktionen in ein Koordinatensystem und werten Sie die Funktionen – soweit möglich – unter Berücksichtigung folgender Kriterien aus:

   – Definitionsbereich und Polstellen
   – Wertebereich und Asymptoten
   – Nullstellen
   – Monotonieeigenschaften
   – Symmetrieeigenschaften

   a) $y = \dfrac{-1}{x^2}$ b) $y = \dfrac{3}{x}$ c) $y = \dfrac{1}{0{,}5 \cdot x}$ d) $y = \dfrac{2}{x} + 1$

   e) $y = \dfrac{1}{-x}$ f) $y = \dfrac{0{,}5}{x^2} - 3$

2. Gegeben ist die gebrochenrationale Funktion

$y = \dfrac{a}{x} + b, \quad a, b \neq 0.$

Untersuchen Sie anhand der Fallunterscheidungen

$a > 0$
$a < 0$
$b > 0$
$b < 0$

den Einfluss der Parameter a und b auf die Lage der Hyperbel im Koordinatensystem.

3. Welche Eigenschaften haben Potenzfunktionen

   a) mit ungeraden negativen Exponenten
   b) mit geraden negativen Exponenten

   gemeinsam?

4. Welcher Zusammenhang besteht zwischen der Funktion $y = \dfrac{a}{x}$ und der indirekten Proportionalität zweier Größen? (Zeigen Sie dies z. B. an der Formel für die Berechnung der Rechtecksfläche auf.)

3.3 Andere gebrochenrationale Funktionen

Im Folgenden sollen über die Potenzfunktionen mit ungeraden Exponenten hinaus **allgemeinere gebrochenrationale Funktionen**

$y = f(x) = \dfrac{g(x)}{h(x)}$ mit $g(x)$ als Zählerpolynom und $h(x)$ als Nennerpolynom

betrachtet werden. Die gebrochenrationalen Funktionen weisen einen großen Variantenreichtum auf. Man teilt die gebrochenrationalen Funktionen in drei Gruppen ein:

I. Grad des Zählerpolynoms m $>$ Grad des Nennerpolynoms n
II. Grad des Zählerpolynoms m $=$ Grad des Nennerpolynoms n
III. Grad des Zählerpolynoms m $<$ Grad des Nennerpolynoms n

Es gilt, die Eigenschaften jedes Funktionstyps unter besonderer Berücksichtigung folgender Aspekte zu ermitteln:

a) Definitionsbereich D und Pole
b) Wertebereich W und Verhalten für $x \to \pm \infty$ (Asymptoten)
c) Nullstellen

Dies soll mithilfe von drei Beispielen geschehen.

Zu I. Grad des Zählerpolynoms m > Grad des Nennerpolynoms n

Beispiel

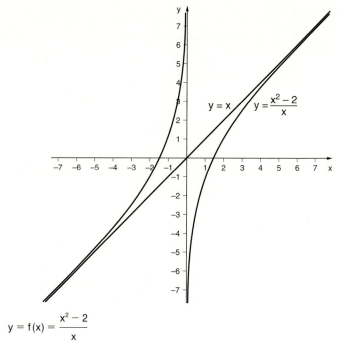

$$y = f(x) = \frac{x^2 - 2}{x}$$

$m = 2$, $n = 1$

a) Definitionsbereich D und Pole: $h(x) = 0 \Leftrightarrow x = 0$

$D = \mathbb{R} \setminus \{0\}$; die Zahl 0 gehört nicht zum Definitionsbereich, da der Nenner für diesen Fall den Wert 0 annimmt. $f(x)$ ist an der Stelle 0 nicht definiert.

Die Funktion hat an der Stelle $x_0 = 0$ einen Pol mit Vorzeichenwechsel. $f(x)$ ist an dieser Stelle nicht stetig.

b) Wertebereich W und Verhalten für $x \to \pm \infty$ (Asymptoten)

$W = \mathbb{R}$

(Um das Verhalten für $x \to \pm \infty$ zu untersuchen, empfiehlt es sich, Zähler- und Nennerpolynom durch die höchste vorkommende Nennerpotenz von x zu dividieren.)

Für $x \to \pm \infty$ kann man $f(x)$ durch Division mit x umformen:

$$y = f(x) = \frac{x^2 - 2}{x} = x - \frac{2}{x}$$

Es soll der Grenzwertbegriff lim (= lat. limes = Grenze) eingeführt werden, um das Verhalten von $f(x)$ für $x \to \infty$ festzustellen:

$$\lim_{x \to \infty} f(x) = \lim_{x \to \infty} \left(\frac{x^2 - 2}{x} \right) = \lim_{x \to \infty} \left(x - \frac{2}{x} \right) = \lim_{x \to \infty} x - \lim_{x \to \infty} \frac{2}{x} = x - 0 = x$$

Die Zerlegung $x - \frac{2}{x}$ zeigt, dass $-\frac{2}{x}$ mit wachsendem x immer kleiner wird, d.h., $-\frac{2}{x}$ strebt mit wachsendem x von links gegen 0. Dann strebt $f(x)$ mit wachsendem x gegen x — 0, also gegen x. (Für x → −∞ kann die gleiche Überlegung angestellt werden.)

Wegen $f(x) = x - \frac{2}{x} = x - 0 = x$ für $x \to \pm\infty$ ist die Gerade $y = x$ eine Asymptote der Funktion (vgl. Graph).
Beträgt die Differenz des höchsten Zähler- und Nennerexponenten m − n = 1, so erhält man eine Gerade als Asymptote. Für m − n > 2 erhält man eine Parabel vom Grad m − n als Näherungsfunktion, die so genannte Schmiegeparabel.

c) Nullstellen: $g(x) = 0 \Leftrightarrow x^2 - 2 = 0 \Leftrightarrow x_{1,2} = \pm\sqrt{2}$

$x_1 = +\sqrt{2} \approx 1{,}41; \quad x_2 = -\sqrt{2} \approx -1{,}41$

(f(x) hat 2 Nullstellen.)

Zu II. Grad des Zählerpolynoms m = Grad des Nennerpolynoms n

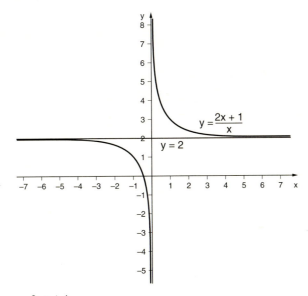

$$y = f(x) = \frac{2 \cdot x + 1}{x}$$

m = 1, n = 1

a) Definitionsbereich D und Pole: $h(x) = 0 \Leftrightarrow x = 0$

   $D = \mathbb{R} \setminus \{0\}$; die Zahl 0 gehört nicht zum Definitionsbereich, da der Nenner für diesen Fall den Wert 0 annimmt. f(x) ist an der Stelle 0 nicht definiert.

   Die Funktion hat an der Stelle $x_0 = 0$ einen Pol mit Vorzeichenwechsel. f(x) ist an dieser Stelle nicht stetig.

b) Wertebereich W und Verhalten für $x \to \pm\infty$ (Asymptoten)

   $W = \mathbb{R}$

   Für $x \to \pm\infty$ kann man f(x) durch Division mit x umformen:

   $$y = f(x) = \frac{2 \cdot x + 1}{x} = 2 + \frac{1}{x}$$

   $$\lim_{x \to \infty} f(x) = \lim_{x \to \infty} \left(\frac{2 \cdot x + 1}{x}\right) = \lim_{x \to \infty} \left(2 + \frac{1}{x}\right) = \lim_{x \to \infty} 2 + \lim_{x \to \infty} \frac{1}{x} = 2 + 0 = 2$$

Die Zerlegung $2 + \frac{1}{x}$ zeigt, dass $\frac{1}{x}$ mit wachsendem x immer kleiner wird, d.h., $\frac{1}{x}$ strebt mit wachsendem x von rechts gegen 0. Dann strebt f(x) mit wachsendem x gegen $2 + 0$, also gegen 2. (Für $x \to -\infty$ kann die gleiche Überlegung angestellt werden.)

Wegen $f(x) = 2 + \frac{1}{x} = 2 + 0 = 2$ für $x \to \pm\infty$ ist die Gerade $y = 2$ eine Asymptote der Funktion (vgl. Graph).

Beträgt die Differenz des höchsten Zähler- und Nennerexponenten $m - n = 0$, so erhält man die zur x-Achse parallele Gerade $y = a_m/b_m$ als Asymptote. (a_m, b_m sind dabei die Koeffizienten bei den höchsten Zähler- bzw. Nennerexponenten m.)

c) Nullstellen: $g(x) = 0 \Leftrightarrow 2 \cdot x + 1 = 0 \Leftrightarrow x_1 = -0,5$
 (f(x) hat 1 Nullstelle.)

Zu III. Grad des Zählerpolynoms m < Grad des Nennerpolynoms n

Beispiel

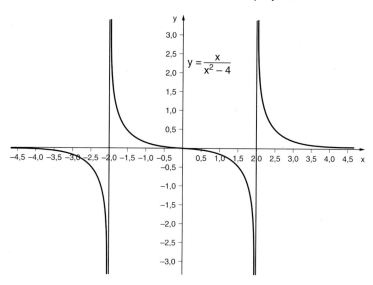

$$y = f(x) = \frac{x}{x^2 - 4}$$

$m = 1$, $n = 2$

a) Definitionsbereich D und Pole: $h(x) = 0$

$\Leftrightarrow x^2 - 4 = 0 \Leftrightarrow x^2 = 4 \;|\; \sqrt{}$
$\Rightarrow x_1 = 2; \quad x_2 = -2$

$D = \mathbb{R} \setminus \{-2; 2\}$; -2, 2 gehören nicht zum Definitionsbereich, da der Nenner für diese Fälle den Wert 0 annimmt. f(x) ist an den Stellen $x_1 = -2$; $x_2 = 2$ nicht definiert.

Die Funktion hat bei $x_1 = -2$, $x_2 = 2$ Pole mit Vorzeichenwechsel. f(x) ist an diesen Stellen nicht stetig.

b) Wertebereich W und Verhalten für x → ±∞ (Asymptoten)

W = ℝ

Für x → ±∞ kann man f(x) durch Division mit x umformen:

$$y = f(x) = \frac{x}{x^4 - 4} \quad \frac{\frac{x}{x^2}}{\frac{x^2}{x^2} - \frac{4}{x^2}} = \frac{\frac{1}{x}}{1 - \frac{4}{x^2}}$$

Die Grenzwertbetrachtung für Zähler $Z(x) = \lim\limits_{x \to \infty} \frac{1}{x} = 0$ und Nenner $N(x) = \lim\limits_{x \to \infty} \left(1 - \frac{4}{x^2}\right) = 1$ ergibt zusammengefasst: $\lim\limits_{x \to \infty} \frac{Z(x)}{N(x)} = \frac{0}{1} = 0$.

(Für x → −∞ kann die gleiche Überlegung angestellt werden.)
Wegen f(x) = 0 für x → ±∞ ist die Gerade y = 0 eine Asymptote der Funktion.
Ist die Differenz des höchsten Zähler- und Nennerexponenten m − n < 0, so erhält man die x-Achse y = 0 als Asymptote.

c) Nullstellen: g(x) = 0 ⇔ x = 0 ⇔ x_1 = 0
(f(x) hat 1 Nullstelle.)

◆ Sonderfall: Die stetig behebbare Definitionslücke

In manchen Fällen kann es bei der Division zweier ganzer rationaler Funktionen vorkommen, dass sowohl Zähler- als auch Nennerpolynom gleichzeitig 0 werden, d. h., es gilt gleichzeitig g(x) = 0 und h(x) = 0.

Beispiel

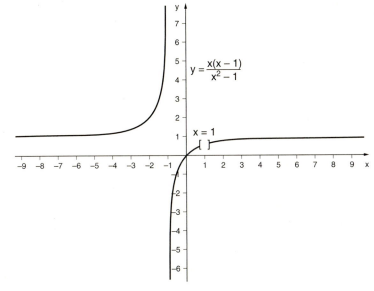

$$y = f(x) = \frac{x \cdot (x - 1)}{x^2 - 1}$$

Der Nenner kann nach der 3. binomischen Formel zerlegt werden in (x + 1) · (x − 1).

$$y = f(x) = \frac{x \cdot (x - 1)}{x^2 - 1} = \frac{x \cdot (x - 1)}{(x + 1) \cdot (x - 1)} = \frac{x}{x + 1} \quad \text{für } x \neq 1$$

Definitions-lücke

An der Stelle x = 1 werden sowohl Zähler- als auch Nennerpolynom zu 0, g(x) = h(x) = 0.
Nähert man sich von links und rechts der Stelle 1, dann strebt f(x) gegen $\frac{1}{(1+1)} = \frac{1}{2} = 0{,}5$. Bei x = 1 liegt zwar eine **Definitionslücke** vor. Diese kann man aber schließen, wenn man den Funktionswert der gekürzten Funktion als Funktionswert für diese Stelle nimmt. Man spricht hier von einer **stetig behebbaren Definitionslücke**, weil die Kurve durch Einsetzen des Funktionswerts einen stetigen Verlauf erhält, also nicht mehr unterbrochen wird. Solche Definitionslücken treten immer dann auf, wenn die Variable x in einem Faktor enthalten ist, der aus Zähler- und Nennerpolynom gekürzt werden kann.

A Aufgaben

Folgende gebrochenrationale Funktionen sind – soweit möglich – zu untersuchen im Hinblick auf:

- Definitionsbereich D und Pole
- Wertebereich W und Verhalten für x → ± ∞ (Asymptoten)
- Nullstellen

Fertigen Sie dazu auch eine Zeichnung.

a) $y = \dfrac{0{,}5 \cdot x - 2}{x}$ b) $y = \dfrac{3 \cdot x}{-x^2 - 2}$ c) $y = \dfrac{x - 4}{x + 2}$

d) $y = \dfrac{x^2 + 2}{x}$ e) $y = \dfrac{x^3 - x}{x^2}$ f) $y = \dfrac{x^2 + 3 \cdot x + 5}{2 \cdot x + 4}$

g) $y = \dfrac{10}{2 \cdot x^2 - 2}$ h) $y = \dfrac{5}{x^2 + 1}$

3.4 Gebrochenrationale Funktionen in der Kostentheorie

3.4.1 Lineare Kostenfunktionen

Eine Unternehmung bietet auf einem Markt mit polypolistischer Konkurrenz ein Produkt zum Stückpreis von 10 GE an. Der Unternehmung entstehen für Herstellung, Verwaltung und Vertrieb des Produktes fixe Kosten in Höhe von 60 000 GE. Die variablen Kosten betragen bei den Materialeinzelkosten 1 GE und bei den Fertigungseinzelkosten 3 GE je Stück. Die Kapazitätsgrenze der Unternehmung liegt bei $x_{MAX} = 30\,000$ Stück.

Die gebrochenrationale Funktion

Aufgaben:

1. Wie lauten die Erlösfunktion E(x) (x = Absatzmenge), die Kostenfunktion K(x) und die Gewinnfunktion G(x) = E(x) − K(x) in allgemeiner Form und für den vorliegenden Fall?

2. Entwickeln Sie aus den Funktionen E(x), K(x) und G(x) die Funktionen des Stückerlöses, der gesamten Stückkosten, der fixen Stückkosten und des Stückgewinnes.
Beschreiben Sie Typ und Eigenschaften dieser Funktionen.
Inwiefern kann man von einem Degressionseffekt der fixen Kosten sprechen?
Wo erreichen die fixen Stückkosten ihr Minimum und der Stückgewinn sein Maximum?

3. Berechnen Sie eine Wertetabelle für die unter 2. benannten Funktionen für $x \in [0; x_{MAX}]$ und zeichnen Sie dazu die Graphen der Funktionen.

4. Wo liegt der so genannte „Break-even-Point", d. h. der Punkt, bei welchem die Unternehmung bei diesem Produkt in die Gewinnzone eintritt? Welche Aussagen können über lang- und kurzfristige Preisuntergrenze gemacht werden?

5. Angenommen, die fixen Kosten können durch Flexibilisierungsmaßnahmen beim Vertriebspersonal um 10 % abgebaut werden, gleichzeitig steigen jedoch die Fertigungslöhne um 10 %.
Welche Auswirkungen hat dies auf die Stückfunktionen und auf den Break-even-Point? Warum ist es für eine Unternehmung empfehlenswert, mit möglichst niedrigen Fixkosten zu arbeiten?

Entwicklung eines Lösungsverfahrens:

Zu 1. Die Funktionen E(x), K(x) und G(x) sind lineare Funktionen, für die gilt:

$E(x) = p \cdot x$
$K(x) = k_v \cdot x + K_f$
$G(x) = (p - k_v) \cdot x - K_f$

Bezogen auf die Handlungssituation ergibt sich dann:

$E(x) = 10 \cdot x$ \quad (wegen p = 10)
$K(x) = 4 \cdot x + 60\,000$ \quad (wegen $k_v = 1 + 3 = 4$, $K_f = 60\,000$)
$G(x) = 6 \cdot x - 60\,000$

Zu 2. Die Stückfunktionen erhält man, indem man die unter 1. ermittelten Funktionen durch die Stückzahl x dividiert.

Stückerlös: $\dfrac{E(x)}{x} = \dfrac{p \cdot x}{x} = p = 10$ \quad (konstante Funktion)

Stückkosten: $k(x) = \dfrac{K(x)}{x} = \dfrac{k_v \cdot x + K_f}{x} = k_v + \dfrac{K_f}{x} = 4 + \dfrac{60\,000}{x}$

Die Stückkosten bezeichnet man auch als **„gesamte Durchschnittskosten"**.

Fixe Stückkosten: $k_f(x) = \dfrac{K_f}{x} = \dfrac{60\,000}{x}$

k(x) und $k_f(x)$ sind gebrochenrationale Funktionen, die an der Stelle 0 nicht definiert sind. An der Stelle 0 ist ein Pol. Sie fallen streng monoton in ihrem Definitionsbereich D =]0; 30 000]. Die Gerade k(x) = 4 ist Asymptote zu k(x).

Stückgewinn: $g(x) = \dfrac{(p - k_v) \cdot x - K_f}{x} = \dfrac{6 \cdot x - 60\,000}{x} = 6 - \dfrac{60\,000}{x}$

Der Stückgewinn ist gleich dem Saldo von Preis und Stückkosten:

$$g(x) = p - k(x)$$

g(x) ist eine gebrochenrationale Funktion, die an der Stelle 0 nicht definiert ist. An der Stelle 0 ist ein Pol. Sie steigt streng monoton in ihrem Definitionsbereich $D = \,]0;\,30\,000]$.

Unter dem Begriff „Kostendegression" versteht man die Abnahme der Kosten bei steigendem Absatz eines Produktes. Aus den Monotonieeigenschaften der Funktionen $k(x)$ und $k_f(x)$ ergibt sich, dass der Fixkostenanteil, der auf eine Produkteinheit entfällt, umso kleiner wird, je mehr Produkte abgesetzt werden.

Die fixen Stückkosten und damit die Stückkosten erreichen ihr Minimum bei $x_{MAX} = 30\,000$:

$k_{MIN}(x_{MAX}) = \dfrac{4 + 60\,000}{30\,000} = 6; \quad k_{fMIN}(x_{MAX}) = \dfrac{60\,000}{30\,000} = 2.$

Gegenläufig dazu entwickelt sich die Stückgewinnfunktion g(x). Sie erreicht ihr Maximum ebenfalls am Rand des Definitionsbereichs D bei $x_{MAX} = 30\,000$:

$g_{MAX}(x_{MAX}) = 6 - \dfrac{60\,000}{30\,000} = 4.$

Der Gesamtgewinn der Unternehmung beträgt $4 \cdot 30\,000 = 120\,000$ GE.

Zu 3. Berechnung einer Wertetabelle für p, $k(x)$, $k_f(x)$, $g(x)$

$p = 10 \qquad k(x) = 4 + \dfrac{60\,000}{x}$

$k_f(x) = \dfrac{60\,000}{x} \qquad g(x) = 6 - \dfrac{60\,000}{x}$

x	0	5 000	10 000	15 000	20 000	25 000	30 000
p	10	10	10	10	10	10	10
k(x)	–	16	10	8	7	6,4	6
$k_f(x)$	–	12	6	4	3	2,4	2
g(x)	–	–6	0	2	3	3,6	4

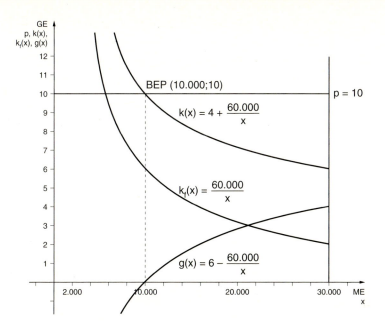

Zu 4. Der Break-even-Point ist der Punkt, bei dem die Unternehmung mit dem Absatz des Produktes in die Gewinnzone eintritt. Im Break-even-Point (BEP) ist der Stückgewinn = 0.

$$g(x) = 0 \Leftrightarrow (p - k_v) - \frac{K_f}{x} = 0 \Leftrightarrow \boxed{x_{BEP} = \frac{K_f}{p - k_v}}$$

Bei der Absatzmenge x_{BEP} tritt die Unternehmung in die Gewinnzone ein. Bezogen auf die Handlungssituation bedeutet dies:

$$g(x) = 6 - \frac{60\,000}{x} = 0 \Rightarrow x_{BEP} = 10\,000 \text{ Stück}$$

Der BEP-Menge von 10 000 Stück entsprechen Erlöse und Kosten von je $10 \cdot 10\,000 = 100\,000$ GE. Wenn jedoch auch erst ab dem BEP ein Gewinn möglich ist, so bedeutet dies nicht, dass alle Handlungsalternativen vor dem BEP betriebswirtschaftlich irrelevant sind.

Die Stückkosten im BEP informieren über die langfristige Preisuntergrenze. Um am Markt bestehen zu können, muss die Unternehmung mindestens ihre Selbstkosten decken können. Dies wird im BEP erreicht, weil hier die Bedingung Stückpreis = Stückkosten:

$$\boxed{p = k(x)}$$

erfüllt ist. Dennoch kann kurzfristig ein Verkauf unter den Selbstkosten begründet sein. Betrachtet man nämlich den so genannten ,,Deckungsbeitrag'' je Stück db mit

$$db = p - k_v,$$

dann deckt die Unternehmung so lange noch einen Teil ihrer Fixkosten, als der Deckungsbeitrag größer 0 ist. Mit der Bedingung

$$\boxed{db = 0 \Leftrightarrow p = k_v}$$

wird die kurzfristige Preisuntergrenze markiert. Sobald der Preis unter die variablen Stückkosten k_v sinkt, ist das Produkt als reiner Verlustbringer aus dem Unternehmensangebot auszuscheiden. Im vorliegenden Beispiel ist dies der Fall, sobald der Deckungsbeitrag je Stück

$$db < p - k_v = 10 - 4 = 6$$

unter 6 GE sinkt.

Zu 5. Die Kostenänderungen bei den Fixkosten und den Fertigungslöhnen führen zu folgenden Auswirkungen in GE:

K_f vorher	60 000
$- 10\% \cdot K_f$	6 000
K_f nachher	54 000

Materialeinzelkosten	1,00
+ Fertigungslöhne	3,00
= k_v vorher	4,00
+ 10 % Lohnsteigerung	0,30
= k_v nachher	4,30

$$p = 10 \qquad k(x) = 4{,}30 + \frac{54\,000}{x}$$

$$k_f(x) = \frac{54\,000}{x} \qquad g(x) = 5{,}70 - \frac{54\,000}{x}$$

Für die Break-even-Point-Menge galt:

$$\boxed{x_{BEP} = \frac{K_f}{p - k_v}} \Leftrightarrow x_{BEP} = \frac{54\,000}{5{,}70} = 9\,474 \quad \text{(ganzzahlig)}$$

Bei einer Absatzmenge von 9 474 Stück tritt die Unternehmung in die Gewinnzone ein. Diese Menge wird leichter am Markt abzusetzen sein als die Menge von 10 000 Stück. Für die Unternehmung kann es von Vorteil sein, wenn ihre Fixkosten schneller gedeckt sind. Damit verringern sich die Risiken aus einer hohen Fixkostenbelastung und die Unternehmung kann flexibler auf Nachfrageschwankungen reagieren.

Der Stückgewinn an der Kapazitätsgrenze x_{MAX} beträgt dann:

$$g(x_{MAX}) = 5{,}70 - \frac{54\,000}{30\,000} = 3{,}90.$$

Der Gesamtgewinn $3{,}90 \cdot 30\,000 = 117\,000$ GE sinkt also insgesamt um $120\,000 - 117\,000 = 3\,000$ GE. Die Steigerung der variablen Kosten „frisst" die Fixkostenminderung wieder auf.

3.4.2 Nichtlineare Kostenfunktionen

Eine Einproduktunternehmung, die ihr Produkt auf einem Markt unter den Bedingungen der vollständigen Konkurrenz anbietet, geht von folgender Erlösfunktion aus:

$$E(x) = 20 \cdot x.$$

Ihre Kostenfunktion K(x) kann durch die ganzrationale Funktion 3. Grades

$$K(x) = x^3 - 6 \cdot x^2 + 15 \cdot x + 10$$

beschrieben werden.

Aufgaben:

1. Wie lautet die Gewinnfunktion G(x) = E(x) − K(x) (x = Absatzmenge) in allgemeiner Form und für den vorliegenden Fall?

2. Entwickeln Sie aus den Funktionen E(x), K(x) und G(x) die Funktionen des Stückerlöses, der gesamten Stückkosten, der variablen Stückkosten, der fixen Stückkosten und des Stückgewinnes.
Beschreiben Sie den Typ und die Eigenschaften dieser Funktionen.

3. Berechnen Sie eine Wertetabelle für die unter 2. benannten Funktionen für $x \in [0; 8]$ und zeichnen Sie dazu die Graphen der Funktionen.

4. Wo liegen Gewinnschwelle und -grenze, d.h. die Stellen, bei welchen die Unternehmung in die Gewinnzone eintritt und die Gewinnzone verlässt? Welche Aussagen können über die Stückkostenentwicklung, lang- und kurzfristige Preisuntergrenze gemacht werden?

Entwicklung eines Lösungsverfahrens:

Zu 1. Die Gewinnfunktion ergibt sich als Differenz der linearen Funktion

$$E(x) = p \cdot x$$

mit der ganzrationalen Funktion 3. Grades

$$K(x) = a \cdot x^3 + b \cdot x^2 + c \cdot c + d$$

G(x) = E(x) − K(x)

$$\boxed{G(x) = -a \cdot x^3 - b \cdot x^2 + (p - c) \cdot x - d}$$

D.h. im vorliegenden Fall:

$$G(x) = 20 \cdot x - (x^3 - 6 \cdot x^2 + 15 \cdot x + 10)$$
$$G(x) = -x^3 + 6 \cdot x^2 + 5 \cdot x - 10$$

Zu 2. Entwicklung der stückbezogenen Funktionen

Stückerlös: $\dfrac{E(x)}{x} = \dfrac{p \cdot x}{x} = p = 20$ (konstante Funktion)

Stückkosten: $k(x) = \dfrac{K(x)}{x} = \dfrac{a \cdot x^3 + b \cdot x^2 + c \cdot x + d}{x}$

$= a \cdot x^2 + b \cdot x + c + \dfrac{d}{x}$

$= x^2 - 6 \cdot x + 15 + \dfrac{10}{x}$

Die Stückkosten bezeichnet man auch als ,,gesamte Durchschnittskosten''. Diese Stückkosten setzen sich zusammen aus den variablen mengenabhängigen Stückkosten $k_v(x)$ und den fixen Stückkosten $k_f(x)$: $k(x) = k_v(x) + k_f(x)$

$$k_v(x) = x^2 - 6 \cdot x + 15; \quad k_f(x) = \dfrac{10}{x}$$

$k(x)$ und $k_f(x)$ sind gebrochenrationale Funktionen, die an der Stelle 0 nicht definiert sind. An der Stelle 0 ist ein Pol. $k_f(x)$ geht gegen 0 für $x \to +\infty$. Die variablen Stückkosten bilden eine ganzrationale Funktion 2. Grades (Parabel). Da der Quotient $\dfrac{10}{x}$ mit zunehmendem x streng monoton fällt, werden auch die stückfixen Kosten immer kleiner, d.h. für $k(x)$:

– $k(x)$ nähert sich für wachsende x asymptotisch der Parabel $k_v(x) = a \cdot x^2 + b \cdot x + c = x^2 - 6 \cdot x + 15$;
– es existiert ein Minimum für die Stückkosten (gesamten Durchschnittskosten) und die variablen Stückkosten (variablen Durchschnittskosten). (Es ist eine spätere Aufgabe, Methoden für die Ermittlung dieses Minimums zu entwickeln.)

Der Stückgewinn $g(x)$ beträgt

$$g(x) = \dfrac{G(x)}{x} = \dfrac{-a \cdot x^3 - b \cdot x^2 + (p - c) \cdot x - d}{x}$$

$$g(x) = -a \cdot x^2 - b \cdot x + (p - c) - \dfrac{d}{x}$$

$$g(x) = -x^2 + 6 \cdot x + 5 - \dfrac{10}{x}$$

Der Stückgewinn ist gleich dem Saldo von Preis und Stückkosten:

$$\boxed{g(x) = p - k(x)}$$

$g(x)$ ist eine gebrochenrationale Funktion, die an der Stelle 0 nicht definiert ist. An der Stelle 0 ist ein Pol.

Die gebrochenrationale Funktion

Zu 3. Berechnung einer Wertetabelle für p, k(x), $k_v(x)$, $k_f(x)$, g(x)

$p = 20;$ $\qquad k(x) = x^2 - 6 \cdot x + 15 + \dfrac{10}{x}$

$k_v(x) = x^2 - 6 \cdot x + 15;$ $\qquad k_f(x) = \dfrac{10}{x}$

$g(x) = -x^2 + 6 \cdot x + 5 - \dfrac{10}{x}$

x	0	1	2	3	4	5	6	7	8
p	20	20	20	20	20	20	20	20	20
k(x)	–	20	12	9,33	9,50	12	16,67	23,43	32,25
$k_v(x)$	15	10	7	6	7	10	15	22	31
$k_f(x)$	–	10	5	3,33	2,50	2	1,67	1,43	1,25
g(x)	–	0	8	10,67	10,50	8	3,33	–3,43	–12,25

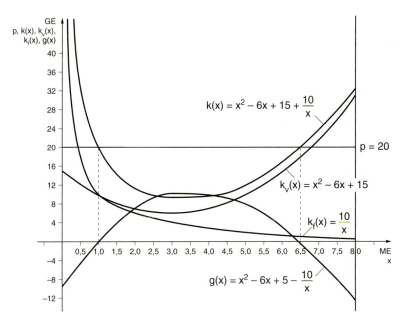

Zu 4. Berechnung der Gewinnschwelle und Gewinngrenze; an diesen Stellen gilt:

$$g(x) = -x^2 + 6 \cdot x + 5 - \frac{10}{x} = 0 \quad | \cdot x$$
$$\Leftrightarrow \quad -x^3 + 6 \cdot x^2 + 5 \cdot x - 10 = 0 \quad | \cdot (-1)$$
$$\Leftrightarrow \quad x^3 - 6 \cdot x^2 - 5 \cdot x + 10 = 0$$

Wir haben also eine ganzrationale Funktion 3. Grades zu lösen. Mit Hilfe des Horner'schen Schemas kann versucht werden, eine ganzzahlige Nullstelle zu ermitteln.

x	1	−6	−5	10
−1	1	−7	2	8
0	1	−6	−5	10
1	1	−5	−10	0
2	1	−4	−13	−16

$\Leftarrow$ Nullstelle bei $x_1 = 1$

Polynomdivision durch den Linearfaktor $(x - 1)$

$$(x^3 - 6 \cdot x^2 - 5 \cdot x + 10) : (x - 1) = x^2 - 5 \cdot x - 10$$
$$x^3 - x^2$$
$$(-) \quad (+)$$
$$\overline{}$$
$$-5 \cdot x^2$$
$$-5 \cdot x^2 + 5 \cdot x$$
$$(+) \quad (-)$$
$$\overline{}$$
$$-10 \cdot x$$
$$-10 \cdot x + 10$$
$$(+) \quad (-)$$
$$\overline{}$$
$$- \quad -$$

Diskriminante $D = (-5)^2 - 4 \cdot 1 \cdot (-10) = 25 + 40 = 65 > 0$

$\Rightarrow$ es existieren weitere Nullstellen.

$$x_{2,3} = \frac{-(-5) \pm \sqrt{65}}{2} = \frac{5 \pm 8{,}06}{2}$$

$$x_2 = \frac{5 + 8{,}06}{2} = 6{,}53; \quad x_3 = \frac{5 - 8{,}06}{2} = -1{,}53$$

(ökonomisch irrelevant, da < 0)

Gewinnschwelle bei: $x_1 = 1$ (ME)
Gewinngrenze bei: $x_2 = 6{,}53$ (ME)

Zwischen Gewinnschwelle und Gewinngrenze befindet sich der Punkt maximalen Gewinns. Die später erlernten Methoden werden es ermöglichen, diesen Punkt exakt zu bestimmen.

Die gebrochenrationale Funktion

A Aufgaben

1. Eine Unternehmung bietet auf einem Markt mit polypolistischer Konkurrenz ein Produkt zum Stückpreis von 15 GE an. Der Unternehmung entstehen für Herstellung, Verwaltung und Vertrieb des Produktes fixe Kosten in Höhe 12 000 GE. Die variablen Kosten betragen 9 GE je Stück. Die Kapazitätsgrenze der Unternehmung liegt bei $x_{MAX} = 2\,500$ Stück.

   a) Wie lauten die Erlösfunktion $E(x)$ (x = Absatzmenge), die Kostenfunktion $K(x)$ und die Gewinnfunktion $G(x) = E(x) - K(x)$?
   b) Entwickeln Sie aus der Funktion $E(x)$, $K(x)$ und $G(x)$ die Funktion des Stückerlöses, der gesamten Stückkosten und des Stückgewinnes.
   Beschreiben Sie den Typ und die Eigenschaften dieser Funktionen.
   c) Zeichnen Sie die Graphen der Funktionen für $x \in [0; x_{MAX}]$.
   d) Wo liegt der so genannte Break-even-Point, d. h. der Punkt, bei welchem die Unternehmung bei diesem Produkt in die Gewinnzone eintritt?
   e) Angenommen, die fixen Kosten erhöhen sich um 10 %, gleichzeitig sinken die variablen Stückkosten um 8 %. Welche Auswirkungen hat dies auf die Stückfunktionen und auf den Break-even-Point?

2. Die Kostenfunktion $K(x)$ einer Einproduktunternehmung kann durch die ganzrationale Funktion 3. Grades
$$K(x) = 0{,}2 \cdot x^3 - 2 \cdot x^2 + 10 \cdot x + 3$$
beschrieben werden.

   a) Entwickeln Sie aus der Funktion $K(x)$ die Funktion der gesamten Stückkosten und der variablen Stückkosten.
   Beschreiben Sie den Typ und die Eigenschaften dieser Funktionen.
   b) Zeichnen Sie die Graphen der Funktionen für $x \in [0; 10]$.
   c) Worin liegen die wesentlichen Unterschiede in der stückbezogenen Kostenrechnung zwischen linearem und s-förmigem Kostenverlauf?

4 Die Exponentialfunktion

Ein Kapital hat im Zeitpunkt t = 0 einen Wert von K(0) = 2 000 GE. Der Zinssatz p, zu dem dieses Kapital angelegt wurde und weiter angelegt werden kann, beträgt 10%.

Aufgaben:

a) Wie wird sich dieses Kapital in den nächsten 5 Jahren entwickeln, wenn die Jahreszinsen dem Kapital am Jahresende zugeschlagen werden?
b) Welchen Wert hatte dieses Kapital vor 2 Jahren?
c) Welche mathematischen Gesetzmäßigkeiten lassen sich bei einer Analyse dieses Vorgangs erkennen?

Entwicklung eines Lösungsverfahrens:

Zu a) und b):

Die Kapitalentwicklung K(t) lässt sich für die künftigen Jahre folgendermaßen ermitteln:

Ende des 1. Jahres: $K(1) = 2\,000 + \frac{10}{100} \cdot 2\,000 = 2\,200$ GE

Ende des 2. Jahres: $K(2) = 2\,200 + \frac{10}{100} \cdot 2\,200 = 2\,420$ GE
$= 2\,200 \cdot (1 + 0{,}1) \quad = 2\,420$ GE

...

Man nimmt das Kapital am Ende des Vorjahres als Ausgangswert für die Zinsberechnung des laufenden Jahres und schlägt die Zinsen dem vorhandenen Kapital zu. Als Folge ergibt sich ein Kapitalwachstum im Zeitablauf.
Natürlich kann man sich die Berechnung für die Arbeit mit dem Taschenrechner vereinfachen, indem man den Zinssatz p = 10% in einen Multiplikator umrechnet:

$$1 + \frac{p}{100} = 1 + \frac{10}{100} = 1 + 0{,}1 = 1{,}1$$

Die Multiplikatoren für die Jahre t = 0, ..., 5 lauten dann:

Jahr t = 0: $1{,}1^0$ = 1
Jahr t = 1: $1{,}1^1$ = 1,1
Jahr t = 2: $1{,}1^2$ = 1,1 · 1,1 = 1,21
Jahr t = 3: $1{,}1^3$ = 1,21 · 1,1 = 1,331
Jahr t = 4: $1{,}1^4$ = 1,4641
Jahr t = 5: $1{,}1^5$ = 1,61051

Ebenso kann der Multiplikator für die Vorjahre t = −1 und t = −2 ermittelt werden:

Jahr t = −1: $1{,}1^{-1}$ $= \frac{1}{1{,}1}$ = 0,90909

Jahr t = −2: $1{,}1^{-2}$ $= \frac{1}{1{,}1^2}$ = 0,82644

Wendet man die Multiplikatoren für die einzelnen Jahre auf das Anfangskapital K(0) = 2 000 an, dann errechnet man folgende Wertetabelle:

Zeitpunkt t	−2	−1	0	1	2	3	4	5
Kapital K(t)	1 652,89	1 818,18	2 000	2 200	2 420	2 662	2 928,20	3 221,02

Im Koordinatensystem ergibt sich das folgende Bild:

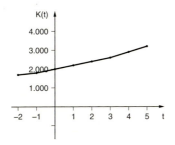

(Genau genommen bilden nur die hervorgehobenen Punkte den Graphen. Da aber beliebige reelle Zahlen zum Definitionsbereich gehören können, ist es statthaft, die Linie durchzuziehen.)

Zu c) Zur Analyse der Gesetzmäßigkeiten kann die Schrittweite bei der Kapitalentwicklung herangezogen werden. Diese Schrittweite beträgt hier ein Jahr. Von Jahr zu Jahr wächst das Kapital mit dem Faktor q = 1,1. Betrachtet man zunächst nur die Entwicklung des Wachstumsfaktors q(t), so gilt:

$$\left. \begin{array}{l} q(t) = 1{,}1^t \\ q(t+1) = 1{,}1^{t+1} = 1{,}1^t \cdot 1{,}1 \end{array} \right\} \Rightarrow q(t+1) = q(t) \cdot 1{,}1$$

Statt $q(t+1) = q(t) \cdot 1{,}1$ kann man auch schreiben: $\dfrac{q(t+1)}{q(t)} = 1{,}1$.

Das Verhältnis der Kapitalien zweier aufeinander folgender Jahre ist konstant gleich 1,1.
Die Variable t finden wir hier im Exponenten. Den Wachstumsfaktor 1,1 bezeichnen wir als Basis. Das Kapital wächst „exponentiell". Funktionen mit einer festen Basis q und einem variablen Exponenten nennt man „Exponentialfunktionen". Beziehen wir noch das Anfangskapital K(0) = 2 000 GE in unsere Überlegungen ein, dann entspricht dem Kapitalwachstum der Ausdruck:

$$K(t) = 2\,000 \cdot 1{,}1^t; \quad t = -2, -1, 0, 1, 2, 3, 4, 5,$$

oder allgemein:

$$K(t) = K(0) \cdot q^t; \quad t \in D, \; t = \text{Laufzeitvariable}.$$

◆ Die Eigenschaften der Exponentialfunktion

Gegeben sei eine Funktion vom Typ: $\boxed{y = f(x) = c \cdot a^x}$

Untersucht werden soll der Einfluss von Basis a und Faktor c auf diese Funktion. Der Einfachheit halber sei zunächst c = 1.

1. $a = 2 \Rightarrow y = 2^x$ (Diese Funktion verwendet man, um bakterielles Wachstum oder organische Zellteilungsvorgänge zu beschreiben. Hier gilt: a > 1.)

2. $a = 0{,}5 \Rightarrow y = 0{,}5^x = \left(\dfrac{1}{2}\right)^x = \dfrac{1}{2^x}$ (Diese Funktion verwendet man, um „negatives Wachstum", etwa Zerfallsprozesse bei radioaktiven Stoffen, zu beschreiben. Hier gilt: 0 < a < 1.)

x	−2	−1	0	1	2	3	4	5
$y = 2^x$	0,25	0,5	1	2	4	8	16	32
$y = 0{,}5^x$	4	2	1	0,5	0,25	0,125	0,0625	0,03125

Im Koordinatensystem ergibt sich folgendes Bild:

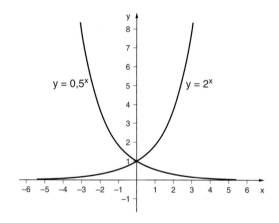

Die Funktion $y = f(x) = c \cdot a^x$ mit a > 0 and a ≠ 1, c ≠ 0 und x ∈ R heißt Exponentialfunktion. Gilt für eine Funktion: $f(x + s) = f(x) \cdot a^s$, dann handelt es sich um eine Exponentialfunktion vom Typ: $y = c \cdot a^x$.

Nachstehend werden die Eigenschaften für die beiden obigen Funktionen näher beschrieben, weil sich diese Aussagen auch verallgemeinern lassen:

$y = 2^x$
$(a > 1)$

$y = 0{,}5^x$
$(0 < a < 1)$

1. Definitionsbereich D

$D = \mathbb{R}$

$D = \mathbb{R}$

2. Wertebereich W

$W = \mathbb{R}^+$

$W = \mathbb{R}^+$

Für $x \to -\infty$ nähert sich $f(x)$ asymptotisch der x-Achse.

Für $x \to \infty$ nähert sich $f(x)$ asymptotisch der x-Achse.

3. Nullstellen: $f(x) = 0$

Es existieren keine Nullstellen auf der x-Achse, da $2^x \neq 0$ für alle $x \in D$.

Es existieren keine Nullstellen auf der x-Achse, da $0{,}5^x \neq 0$ für alle $x \in D$.

Wegen $2^0 = 1$ schneidet die Funktion die y-Achse im Punkt (0; 1).

Wegen $0{,}5^0 = 1$ schneidet die Funktion die y-Achse im Punkt (0; 1).

4. Monotonieeigenschaften

Wegen $2^{x+1} = 2^x \cdot 2 > 2^x$ für alle $x \in D$ ist $f(x)$ streng monoton steigend.

Wegen $0{,}5^{x+1} = 0{,}5^x \cdot 0{,}5 < 0{,}5^x$ für alle $x \in D$ ist $f(x)$ streng monoton fallend.

5. Symmetrieeigenschaften

Die Funktionen $y = 2^x$ und $y = 0{,}5^x$ sind zueinander achsensymmetrisch bezüglich der y-Achse. Allgemein gilt: Die Funktion $y = a^x$ ist achsensymmetrisch zur Funktion $y = \left(\dfrac{1}{a}\right)^x$ bezüglich der y-Achse. Achsensymmetrie liegt vor, wenn gilt: $f(x) = f(-x)$.

$$f(x) = a^x; \quad f(-x) = a^{-x} = \frac{1}{a^x} = \left(\frac{1}{a}\right)^x.$$

Von der Basis a hängt ab, wie stark die Funktion $y = a^x$ wächst bzw. fällt. Es sei z. B. nacheinander:

a = 2, a = 3, a = 0,5, a = 0,1

x	-2	-1	0	1	2	3	4
$y = 2^x$	0,25	0,5	1	2	4	8	16
$y = 3^x$	0,1..	0,3..	1	3	9	27	81
$y = 0,5^x$	4	2	1	0,5	0,25	0,125	0,0625
$y = 0,1^x$	100	10	1	0,1	0,01	0,001	0,0001

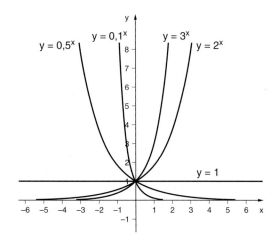

Der Faktor c hat in der Funktion $y = c \cdot a^x$ die Bedeutung einer Anfangsbedingung. Für c < 0 verläuft die Funktion unterhalb der x-Achse. Bei der Berechnung der Funktionswerte ist zu beachten, dass die Berechnung der Potenz a^x Vorrang vor der Multiplikation $c \cdot (a^x)$ hat.

Beträgt im vorliegenden Ausgangsbeispiel das Kapital 300 bzw. 7 000 GE bei p = 10 %, so ergibt sich folgende Kapitalentwicklung:

Zeitpunkt t	0	1	2	3	4	5
$K(t) = 300 \cdot 1,1^t$	300	330	363	399,3	439,23	483,15
$K(t) = 7\,000 \cdot 1,1^t$	7 000	7 700	8 470	9 317	10 248,70	11 273,57

Eine besondere Bedeutung hat die Exponentialfunktion $y = e^x$, die man auch kurz als e-Funktion bezeichnet. Statt $y = e^x$ findet man auch die Schreibweise $y = \exp(x)$, insbesondere bei der Anwendung dieser Funktion in Computerprogrammen. Die Basis e ist die sog. **Euler'sche Zahl**, benannt nach dem Mathematiker Leonhard Euler (1707–1783). Die Euler'sche Zahl e ist eine unendliche, nichtperiodische Zahl, die durch folgende Grenzwertbetrachtung ermittelt werden kann:

Euler'sche Zahl

$$e = \lim_{x \to \infty} \left[1 + \frac{1}{x}\right]^x = 2{,}718281828\ldots$$

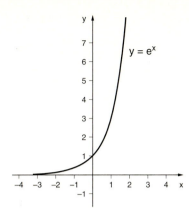

Die e-Funktion wird in den Naturwissenschaften dann verwendet, wenn es darum geht, „stetige Prozesse" zu beschreiben. Dazu gehört zum Beispiel der Zerfall radioaktiver Stoffe, bei dem von einer bestimmten Ausgangsmenge c in jedem beliebig kleinen Zeitintervall ein gewisser Anteil zerfällt. Diese Zerfallsprozesse können dann durch Funktionen der Form $y = c \cdot e^{-a \cdot x}$ abgebildet werden. Umgekehrt kann das organische Wachstum von Zellkulturen oder Bevölkerungszahlen durch Funktionen der Form $y = c \cdot e^{a \cdot x}$ beschrieben werden. c ist dabei jeweils der Ausgangswert.

Beispiel Zu den Wachstumsvorgängen ein Beispiel:

Ein Waldbestand umfasst eine Holzmenge von 12 500 Festmetern. Man geht davon aus, dass mit einem stetigen Wachstum von jährlich 5,5 % gerechnet werden kann. Wie groß wird der Holzbestand in 15 Jahren sein?

Man kann die Formel $y = c \cdot e^{a \cdot x}$ verwenden mit:

c = 12 500 Festmeter
a = 5,5 % = 0,055
x = 15 Jahre
y = ? Festmeter

Dann ist

$y = 12\,500 \cdot e^{0,055 \cdot 15} = 12\,500 \cdot e^{0,825} = 12\,500 \cdot 2,2818807 = 28\,523,51$ Festmeter

Allgemein: $y = 12\,500 \cdot e^{0,055 x}$

In den Wirtschaftswissenschaften bedient man sich der e-Funktion, um stetiges Kapitalwachstum zu beschreiben (s. dazu auch das Handlungsfeld „Finanzmathematik"). Solches Wachstum liegt vor, wenn sich die Verzinsung in „unendlich kleinen" Zeitintervallen vollzieht. Auch die Wachstumstheorie in der Volkswirtschaftslehre nimmt die e-Funktion als mathematische Grundlage für ihre Analysen.

A Aufgaben

1. a) Berechnen Sie für D = [−3; 4] zu folgenden Funktionen die Wertetabelle und zeichnen Sie dazu den Graphen (e = 2,718281):

   $y = -1{,}5^x$; $y = 0{,}5 \cdot e^x$; $y = 0{,}8^x$; $y = 2 \cdot 1{,}5^x$.

   b) Ermitteln Sie durch Probieren, für welche x gilt:

   $3^x = \dfrac{1}{9}$; $3^x = 27$; $3^x = 1$; $4 \cdot 2^x = 2$; $4^x = 16$?

2. Die Bevölkerung eines Landes mit 40 Mio. Einwohnern wächst stetig mit einer jährlichen Rate von 3 %.
   a) Welche Einwohnerzahl wird das Land dann nach 3, 5, 10 Jahren haben?
   b) Aufgrund politischer Unruhen verringert sich die Wachstumsrate ab dem Beginn des 4. Jahres um 2 %. Welche Einwohnerzahl wird das Land dann nach 5 bzw. 10 Jahren haben?

3. Ein Land hat eine jährliche Inflationsrate von 2,5 %. Das Basisjahr wird dabei mit 100 % angesetzt. Um wie viel % wird das Preisniveau nach 7 Jahren gegenüber dem Basisjahr angestiegen sein?

4. Wie entwickelt sich ein Kapital von 4 000,00 EUR, das zu 5 % angelegt werden kann in t = 2, 5, 10, 20 Jahren, wenn
   a) die Verzinsung am Ende jedes Jahres erfolgt,
   b) bei stetigem Kapitalwachstum?

5. Ein radioaktiver Stoff zerfällt in der Weise, dass nach einem Jahr nur noch ein Drittel der Ausgangsmenge vorhanden ist. Die Menge des Stoffes beträgt 18 g.
   a) Wie lautet die Gleichung der Funktion, die den Zerfall beschreibt?
   b) Welche Menge ist nach 5, 10, 20 Jahren noch vorhanden?

5 Die Logarithmusfunktion

Ein Bakterium vermehrt sich in einer Nährlösung durch Teilung alle 2 Stunden.

Aufgaben:

a) Mit welcher Funktion $f_1(x)$ kann dieser Wachstumsvorgang beschrieben werden?
b) Nach welcher Zeit sind aus einem Bakterium 8, 64, 512 Stück entstanden?
c) Mit welcher Funktion $f_2(x)$ kann der Zusammenhang von Stückzahl als unabhängige Variable und benötigter Zeit als abhängige Variable beschrieben werden?
d) Bilden Sie die Funktionen $f_1(x)$ und $f_2(x)$ in einem gemeinsamen Koordinatensystem mit $D_1 = [0; 3]$ für $f_1(x)$ und $D_2 = [1; 8]$ für $f_2(x)$ ab.
e) Welcher Zusammenhang besteht zwischen den Funktionen $f_1(x)$ und $f_2(x)$?

Entwicklung eines Lösungsverfahrens:

Zu a) Es sei $f_1(x) = y$ der Bestand der Stunde x. Die fortgesetzte Teilung führt zur Verdopplung des jeweiligen Bestandes. Das bedeutet, dass der Bestand der Stunde x + 1 gleich das 2fache des Bestandes der Stunde x ist:

$$f_1(x + 1) = f_1(x) \cdot 2 \quad \text{für alle } x \in D$$

Damit sind die Voraussetzungen für die Existenz einer Exponentialfunktion ($f(x + s) = f(x) \cdot a^s$) erfüllt. Der Wachstumsvorgang entwickelt sich bei gegebener Basis a = 2 und x als Variable für die Zeit nach der Formel

$$f_1(x): y = 2^x$$

(Wegen $2^0 = 1$ gilt dies auch bei Beginn des Prozesses; nach einer Stunde hat man $1 \cdot 2 = 2$, nach 2 Stunden $2 \cdot 2 = 4$ Exemplare usf.)

Zu b) Einen Ansatz, der sofort die Lösung erkennen lässt, hat man vorläufig nicht. Durch Probieren mit Hilfe der Funktion $f_1(x)$ findet man jedoch:

$$2^x = 8; \quad 2^x = 2 \cdot 2 \cdot 2 = 2^3$$

$\Rightarrow$ x = 3 Stunden (wegen Gleichheit von Basis und Exponent)

$$2^x = 64; \quad 2^x = 2 \cdot 2 \cdot 2 \cdot 2 \cdot 2 \cdot 2 = 2^6 \Rightarrow x = 6$$
$$2^x = 512; \quad 2^x = 2 \cdot 2 \cdot 2 \cdot 2 \cdot 2 \cdot 2 \cdot 2 \cdot 2 \cdot 2 = 2^9 \Rightarrow x = 9$$

Zu c) Ein offensichtlicher Nachteil des Probierverfahrens ist, dass nur die Exponenten ganzzahliger Potenzen ermittelt werden können. Für die Zwischenwerte z. B. $2^x = 11$ existieren sicherlich auch Lösungen; man kann diese Lösungen vorläufig jedoch nur näherungsweise bestimmen. So müsste die Lösung x für die Gleichung $2^x = 11$ wegen $2^3 = 8$ und $2^4 = 16$ zwischen 3 und 4 liegen.
Man führt daher eine neue Rechenoperation, das Logarithmieren, ein.
Der Logarithmus ist der Wert des Exponenten, mit dem eine gegebene Basis a (a > 0 und a ≠ 1) potenziert werden muss, um einen bestimmten Funktionswert (auch Numerus genannt) zu erhalten.

Logarithmus

Die Lösung der Aufgabe stellt sich dann folgendermaßen dar:

$$2^x = 8 \Rightarrow x = \log_2 8 = 3$$

Bei gegebener Wachstumsfunktion $y = 2^x$ gilt dann:

$x = \log_2 y$ (sprich: Logarithmus von y zur Basis 2)

Da der Bestand die unabhängige Variable und die Zeit die abhängige Variable sein soll, müssen noch y und x vertauscht werden und erhält man:

$$y = \log_2 x \text{ (sprich: Logarithmus von x zur Basis 2)}$$

Zu d)

x	0	1	2	3	4	8
$y = 2^x$	1	2	4	8	–	–
$y = \log_2 x$	–	0	1	–	2	3

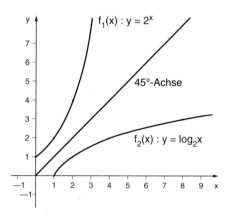

Zu e) Die Funktion $y = 2^x$ ist streng monoton steigend. Daher muss auch eine Umkehrfunktion existieren:

    1. $y = 2^x$, Auflösung nach x
⇒ 2. $x = \log_2 y$, Vertauschung der Variablen
⇒ 3. $y = \log_2 x$

Die Logarithmusfunktion ist die Umkehrfunktion der Exponentialfunktion. Dies wird auch durch den Graphen bestätigt. Die 45°-Gerade ist die Spiegelachse beider Funktionen. Allgemein gilt:

Exponential- funktion: f	Logarithmus- Umkehrfunktion: f^{-1}
f: $y = a^x$	f^{-1}: $y = \log_a x$

◆ **Die Logarithmusfunktion und ihre Eigenschaften**

Durch Umkehrung der Exponentialfunktion $y = a^x$ ($a > 0$, $a \neq 1$; $y > 0$) lässt sich zu jeder Basis a die Logarithmusfunktion log bilden:

$$y = \log_a x$$ mit: a = Basis
                                   x = Numerus

Prinzipiell kann also zu jeder Basis $a > 0$, $a \neq 1$ die Logarithmusfunktion gebildet werden. In der praktischen Mathematik kommt jedoch nur zwei Basen besondere Bedeutung zu; dies ist zum einen die Basis e der **natürlichen Logarithmen** und zum anderen die Basis 10 der **Zehnerlogarithmen** (dekadische Logarithmen, Brigg'sche Logarithmen), die auch bei den meisten Taschenrechnern vorgesehen sind. Die nichtganzzahligen Logarithmen sind irrationale Zahlen. In der Praxis

begnügt man sich bei Logarithmen oftmals mit der Genauigkeit von 5 Nachkommastellen. Die Zahl vor dem Komma ist dabei die Kennzahl, die Zahl nach dem Komma die Mantisse.
Dabei schreibt man für die **natürlichen Logarithmen**:
$$y = \log_e x = \ln(x)$$
und für die **dekadischen Logarithmen**:
$$y = \log_{10} x = \log x = \lg x.$$

Mithilfe des Taschenrechners kann eine Wertetabelle für diese beiden Logarithmusfunktionen für $x > 0$ ermittelt werden:

x	0,01	0,1	1	2	3	4	8	10	100
$y = \ln x$	−4,605	−2,302	0	0,639	1,098	1,386	2,079	2,302	4,605
$y = \lg x$	−2	−1	0	0,301	0,477	0,602	0,903	1	2

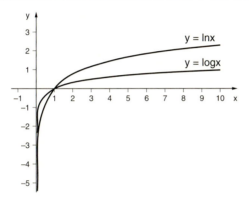

Die Eigenschaften der Logarithmusfunktion können aus Wertetabelle und Graph ersehen werden:
1. Definitionsbereich: $D = \mathbb{R}^+$
2. Wertebereich: $W = \mathbb{R}$; für $x \to 0$ gehen ln x und lg x gegen $-\infty$ mit der y-Achse als Asymptote, für $x \to \infty$ gehen ln x und lg x gegen $+\infty$.
3. Nullstellen: $\ln x = 0$ und $\lg x = 0$ für $x = 1$ (wegen: $e^0 = 1$ und $10^0 = 1$)
4. Monotonieeigenschaft: lg x und lg sind streng momoton steigend in D. Diese Monotonieeigenschaft gilt nur für Basen $a > 1$: Das Steigungsmaß ist dabei von der gewählten Basis abhängig (s. Zeichnung). Es lässt sich zeigen, dass für Basen $0 < a < 1$ die Logarithmusfunktionen streng monoton fallen. Man überprüfe diese Aussage zum Beispiel für die Basis 0,5.
5. Symmetrieeigenschaften: Die x-Achse ist Symmetrieachse der Logarithmusfunktionen
$$y = \log_a x \quad \text{und} \quad y = \log_{1/a} x$$

Die Beschränkung auf die natürlichen Logarithmen bzw. Zehnerlogarithmen scheint zu einer gravierenden Einengung der mathematischen Möglichkeiten zu führen. Diese Einengung ist jedoch unerheblich, wenn man berücksichtigt, dass sich die Logarithmen zu jeder beliebigen Basis mit Hilfe der Formeln:

$$\log_a b = \frac{\lg b}{\lg a} \quad \text{oder} \quad \log_a b = \frac{\ln b}{\ln a}$$

umrechnen lassen. So ist z. B.

$$\log_3 81 = \frac{\lg 81}{\lg 3} = \frac{1{,}90848}{0{,}47712} = 4.$$ (Probe: $3^4 = 3 \cdot 3 \cdot 3 \cdot 3 = 81$)

Die Richtigkeit dieser Umrechnung kann man wie folgt z. B. für die Basis 10 nachweisen; es sei

$\log_a b = x \Leftrightarrow a^x = b$; beiderseitiges Logarithmieren zur Basis 10

ergibt:

$\lg a^x = \lg b$. Nach den Regeln des Rechnens mit Logarithmen ist dann $x \cdot \lg a = \lg b$

und weiter: $x = \dfrac{\lg b}{\lg a} = \log_a b$.

A Aufgaben

1. Berechnen Sie für folgende Funktionen eine Wertetabelle für ein geeignetes Intervall und zeichnen Sie die Graphen:

   a) $f(x) = 2 \cdot \lg x$ b) $f(x) = \lg(2 \cdot x)$ c) $f(x) = -\ln x$ d) $f(x) = \lg x + 3$

2. a) Gegeben ist die Funktion $y = f(x) = e^{2 \cdot x}$. Bilden Sie dazu die Umkehrfunktion und zeichnen Sie die Graphen beider Funktionen.
   b) Wie lautet die Umkehrfunktion zu $f(x) = a^{n \cdot x}$?

3. Ein Kapital von 12 000 GE war zu einem Zinssatz von 4,5 % angelegt worden und erbrachte in n Jahren 4 330,34 GE an Zinseszinsen. Wie lange war das Kapital angelegt?

4. Der indische König Scheram bot dem Erfinder des Schachspiels die Erfüllung eines Wunsches an. Dieser bat den König, auf das 1. Feld des Schachbretts ein Reiskorn, auf das 2. Feld 2 Reiskörner, auf das 3. Feld 4 Reiskörner usf. zu legen. Auf dem wievielten Feld hätten dann 512, 8 192, 131 072, 8 388 608 Körner liegen müssen?

5. Bei radioaktivem Zerfall verringert sich die Masse eines Stoffes nach der Funktionsgleichung:

   $$M(t) = M_0 \cdot e^{-a \cdot t}$$

   t ist dabei die Zeit in Jahren, a eine stoffabhängige Zerfallskonstante und M_0 die Ausgangsmenge. Die Zeit, nach welcher nur noch die Hälfte des ursprünglichen Materials vorhanden ist, bezeichnet man als Halbwertszeit.
   a) Ein Stoff hat eine Halbwertszeit von 26,5 Jahren. Wie lautet die Zerfallsfunktion bei einer Ausgangsmenge von 20 g?
   b) Nach wie viel Jahren sind noch 25 %, 10 %, 1 % der Ausgangsmenge vorhanden?
   c) Welche Restmenge ist nach 100, 200, 500, 1 000 Jahren übrig?

6 Ermittlung von Funktionstermen durch Interpolation

Bisher konnten wir davon ausgehen, dass die Funktionsterme zur Beschreibung ökonomischer Prozesse bekannt werden. Es wurde nicht danach gefragt, wie diese Funktionen zustande kamen. Wir wollen nun der Frage nachgehen, wie ein Funktionsterm ermittelt werden kann, wenn bei einem Prozess nur einzelne Beobachtungswerte vorliegen. Diese Beobachtungswerte sind in Wertetabellen zusammengefasst und bilden eine Reihe nicht zusammenfallender Punkte.

Bevor man an die Auswertung mithilfe mathematischer Methoden geht, ist es oft sinnvoll, anhand von Plausibilitätsüberlegungen festzustellen, inwieweit ein bestimmter Funktionstyp überhaupt zur Beschreibung eines Ablaufes geeignet ist. Dazu gehört neben der Beherrschung der Rechenverfahren auch ein kritisches Urteilsvermögen.

In der Mathematik findet man zwei Ansätze zur Termermittlung:

1. **die Interpolation:** Man hat hier einzelne Beobachtungs- oder Messwerte und versucht eine geeignete Funktion zu ermitteln, die exakt alle Punkte durchläuft;   *Interpolation*
2. **die Regression:** Liegen viele Beobachtungs- oder Messwerte vor, die eine „Punktwolke" ohne erkennbare Struktur bilden, dann kann man mithilfe der Regression Funktionen ermitteln, die den Zusammenhang zwischen den Ergebnissen möglichst gut näherungsweise darstellen.   *Regression*

In der Mathematik fasst man beide Vorgehensweisen zur näherungsweisen Ermittlung von Funktionen aus gegebenen Werten unter dem Begriff **„Approximation"** zusammen. In diesem Abschnitt wird nur das Kapitel „Interpolation" behandelt. Die „Regression" wird im Handlungs- und Lernbereich 4 (Statistische Methoden) behandelt werden.

6.1 Die Interpolation von Beobachtungsreihen mit Hilfe ganzrationaler Funktionen

Bei der Interpolation wird von folgendem Satz, der hier nicht bewiesen werden kann, Gebrauch gemacht:

> Eine ganzrationale Funktion n-ten Grades ist durch n + 1 Punkte eindeutig bestimmt.

◆ **Die ganzrationale Funktion 1. Grades (lineare Funktion)**

Beispiel 1

Eine Gerade verläuft durch die Punkte $P_1(1; 2)$ und $P_2(3; 5)$. Wie lautet die Geradengleichung?

Lösung: Aus dem Handlungs- und Lernbereich 1 (Lineare Algebra) ist die explizite Form der Geradengleichung bekannt:
$$y = f(x) = m \cdot x + b$$
Setzt man die x- und y-Koordinaten der Punkte P_1 und P_2 in diese Gleichung ein, dann erhält man das lineare Gleichungssystem (LGS) mit den zwei Variablen m und b
$$\text{I: } 2 = m \cdot 1 + b$$
$$\text{II: } 5 = m \cdot 3 + b$$

Die Auflösung z. B. mithilfe der Umformung I: b = 2 − m und Einsetzung in II ergibt: 5 = m · 3 + 2 − m = 2 · m + 2; daraus folgt m = 1,5 und b = 0,5, also

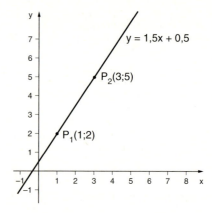

(Andere Lösungsverfahren, z. B. der Gauß'sche Algorithmus, das Determinantenverfahren, das Gleichsetzungsverfahren wären natürlich auch anwendbar.)

Hinweis:

Es muss an dieser Stelle angemerkt werden, dass eine Gerade, die von den beiden Konstanten m und b abhängig ist, eine unter vielen möglichen Funktionen darstellt, die zwei Punkte durchlaufen können. Bei Vorliegen entsprechender Informationen wäre es durchaus denkbar, z. B. nach einer Parabel $y = m \cdot x^2 + b$ zu suchen. Besteht Grund zu der Annahme, dass man es mit einer quadratischen Funktion zu tun hat, dann lautet das LGS zur Bestimmung der Konstanten m und b:

I: $2 = m \cdot 1^2 + b = m + b$
II: $5 = m \cdot 3^2 + b = 9 \cdot m + b$

mit $m = \frac{3}{8}$ und $b = \frac{13}{8}$ $\Rightarrow$ $y = 0{,}375 \cdot x^2 + 1{,}625$

Beispiel 2

Es gibt aber auch Fälle, bei denen nur Werte vorliegen, aus deren Entwicklung die Funktion abgeleitet werden soll. So entwickelt sich z. B. die Absatzmenge y eines Produktes in den Wochen x nach einer Werbeaktion wie folgt:

Woche x	1	2	3	4	5
Absatz y	45	65	85	105	125

Wie hoch wird der Absatz bei gleicher Entwicklung in den Wochen 7 und 10 sein?

Lösung: Der gleichmäßige Anstieg lässt vermuten, dass eine lineare Funktion vorliegt. Man kann die funktionalen Zuordnungen y = f(x) einer linearen Funktion mithilfe der Schrittweite 1 untersuchen; in diesem Falle muss gelten:

$f(x + 1) = f(x) + m$ oder $f(x + 1) - f(x) = m$ = konstant

Übertragen auf das Beispiel, stellt man fest:

x	1	2	3	4
f(x + 1) − f(x)	65 − 45 = 20	85 − 65 = 20	105 − 85 = 20	125 − 105 = 20

Die Differenz der Funktionswerte ist konstant und gleich dem Steigungsmaß m = 20.
Damit ist die Bedingung für die Existenz einer linearen Funktion erfüllt.
Einsetzen in die Funktionsgleichung y = f(x) = m · x + b ergibt dann z. B. x = 1:
45 = 1 · 20 + b und b = 45 − 20 = 25. Dann lautet die gesuchte Funktionsgleichung:
$$y = f(x) = 20 \cdot x + 25$$
Für die Wochen 7 und 10 ergeben sich als voraussichtliche Absatzzahlen:
$$\text{Woche } 7: \quad y = 20 \cdot 7 + 25 = 165$$
$$\text{Woche } 10: \quad y = 20 \cdot 10 + 25 = 225$$
Wir halten fest: Besteht bei einer Tabelle die Vermutung, dass der dargestellte Zusammenhang durch eine lineare Funktion beschrieben werden kann, dann kann man mit Hilfe der Schrittweiten 1 oder allgemein s wie folgt prüfen, ob eine lineare Funktion vorliegt:
$$f(x + 1) - f(x) = m \quad (= \text{konstant}) \text{ oder}$$
$$f(x + s) - f(x) = m \cdot s$$
Der dazugehörige Funktionsterm ist dann: $y = f(x) = m \cdot x + b$.

◆ Die ganzrationale Funktion 2. Grades (Parabel)

Beispiel 1

Wie lautet die Funktionsgleichung der Parabel, die durch die Punkte $P_1(-1; -4)$, $P_2(1; 2)$ und $P_3(3; -8)$ geht?

Lösung: Die Parabel kann als ganzrationale Funktion 2. Grades durch den Term:
$$y = f(x) = a \cdot x^2 + b \cdot x + c$$
beschrieben werden.
Eine Parabel, die durch die Punkte P_1, P_2, P_3 gehen soll, muss also die Gleichungen
$$\text{I.} \quad -4 = a \cdot (-1)^2 + b \cdot (-1) + c$$
$$\text{II.} \quad 2 = a \qquad\qquad + b \qquad + c$$
$$\text{III.} \quad -8 = a \cdot 3^2 \qquad + b \cdot 3 \quad + c \qquad \text{erfüllen.}$$
Man erhält ein LGS mit 3 Variablen, das mithilfe des Gauß'schen Algorithmus gelöst werden kann.

	a	b	c	
I	1	−1	1	−4
II	1	1	1	2
III	9	3	1	−8
I	1	−1	1	−4
I − II = II′	0	−2	0	−6
9 · I − III = III′	0	−12	8	−28
I	1	−1	1	−4
II′	0	−2	0	−6
6 · II′ − III′ = III″	0	0	−8	−8

Aus III″ folgt: c = 1; aus II′ folgt: b = 3; b und c in I ergeben a = −2.
Damit lautet die gesuchte Gleichung:
$$y = f(x) = -2 \cdot x^2 + 3 \cdot x + 1$$
Hier wird erkennbar, warum für eine ganzrationale Funktion vom Grad n grundsätzlich n + 1 verschiedene Punkte, auch „Stützpunkte" genannt, vorliegen müssen: Die ganzrationale Funktion n-ten Grades ist von n + 1 Konstanten abhängig. Das entstehende lineare Gleichungssystem (LGS) ist nur dann eindeutig lösbar, wenn n + 1 linear unabhängige Bestimmungsgleichungen für die n + 1 Variablen vorliegen. Liegen weniger als n + 1 Punkte für die Bestimmungsgleichungen vor, dann ist das LGS unterbestimmt, liegen mehr als n + 1 Punkte vor, dann ist das LGS überbestimmt (siehe auch: Lösbarkeit von LGS).

Beispiel 2

Von einer Funktion ist folgende Wertetabelle bekannt:

x	−1	0	1	2	3	4	5	6
y	7	2	−1	−2	−1	2	7	14

Es soll untersucht werden, ob diese Punkte auf einer Parabel (ganzrationalen Funktion 2. Grades) liegen. Ist diese Bedingung erfüllt, dann soll der Funktionsterm bestimmt werden.

Lösung: Man geht wieder vom allgemeinen Term der ganzrationalen Funktion 2. Grades aus:
$$y = f(x) = a \cdot x^2 + b \cdot x + c$$

und bildet mithilfe der Schrittweite 1 eine Wertetabelle in allgemeiner Form, in welche man die Funktionswerte, die 1. Differenz der Funktionswerte und die 2. Differenz (= Differenz der 1. Differenz) einträgt.

n sei eine ganze Zahl. Dann ist

x	y	1. Differenz	2. Differenz
.	.		.
$n-2$	$a \cdot (n-2)^2 + b \cdot (n-2) + c$		
		$a \cdot (2 \cdot n - 3) + b$	
$n-1$	$a \cdot (n-1)^2 + b \cdot (n-1) + c$		$2 \cdot a$
		$a \cdot (2 \cdot n - 1) + b$	
n	$a \cdot n^2 \quad + b \cdot b \quad + c$		$2 \cdot a$
		$a \cdot (2 \cdot n + 1) + b$	
$n+1$	$a \cdot (n+1)^2 + b \cdot (n+1) + c$		$2 \cdot a$
		$a \cdot (2 \cdot n + 3) + b$	
$n+2$	$a \cdot (n+2)^2 + b \cdot (n+2) + c$	.	.

Die Glieder der 2. Differenzenfolge jeder ganzrationalen Funktion 2. Grades sind gleich $2 \cdot a$.

Dieser Satz wird nun auf die Wertetabelle übertragen.

x	y	1. Differenz	2. Differenz
.			.
−1	7		
		$-5 = 2 - 7$	
0	2		$2 = -3 - (-5)$
		$-3 = -1 - 2$	
1	−1		$2 = -1 - (-3)$
		$-1 = -2 - (-1)$	
2	−2		$2 = 1 - (-1)$
		$1 = -1 - (-2)$	
3	−1		$2 = 3 - 1$
		$3 = 2 - (-1)$	
4	2		$2 = 5 - 3$
		$5 = 7 - 2$	
5	7		$2 = 7 - 5$
		$7 = 14 - 7$	
6	14	.	

Die Voraussetzungen für die Existenz einer Parabel sind also erfüllt. Um den Term zu berechnen, nimmt man zum Beispiel die ersten 3 Punkte und berechnet die Koeffizienten a, b, c mithilfe des Gauß'schen Algorithmus.

	a	b	c	
I	1	−1	1	7
II	0	0	1	2
III	1	1	1	−1

II und III vertauschen

	a	b	c	
I	1	−1	1	7
II	1	1	1	−1
III	0	0	1	2

	a	b	c	
I	1	−1	1	7
I − II = II′	0	−2	0	8
III	0	0	1	2

Aus III folgt: c = 2; aus II′ folgt: b = −4; b, c in I ergibt: a − (−4) + 2 = 7 ⇒ a = 7 − 6 = 1. Damit lautet die gesuchte Gleichung:

$$y = f(x) = x^2 - 4 \cdot x + 2$$

◆ Die ganzrationale Funktion 3. Grades

Das bisher angewandte, auch als Methode der Differenzenbildung bezeichnete Verfahren kann man auf ganzrationale Funktionen n-ten Grades ausdehnen. Ist die n-te Differenz der Funktionswerte gleich

$$(n - 1) \cdot (n - 2) \cdot \ldots \cdot 2 \cdot 1 \cdot a_n,$$

so liegt eine ganzrationale Funktion n-ten Grades vor. Das bedeutet, dass beispielsweise die ganzrationale Funktion 3. Grades

$$y = f(x) = a \cdot x^3 + b \cdot x^2 + c \cdot x + d$$

vorliegt, wenn die 3. Differenz konstant gleich $3 \cdot 2 \cdot 1 \cdot a = 6 \cdot a$ ist. Davon soll im letzten Beispiel zur ganzrationalen Funktion Gebrauch gemacht werden.

Beispiel Die Kostenuntersuchungen eines Unternehmung haben für ein bestimmtes Produkt zu folgenden Ergebnissen geführt:

Menge x	0	1	2	3	4	5	6	7	8	9
Kosten y	3	11,2	16,6	20,4	23,8	28,0	34,2	43,6	57,4	76,8

Es wird vermutet, dass sich die Kosten nach dem ertragsgesetzlichen Verlauf (s-förmig) gemäß einer ganzrationalen Funktion 3. Grades entwickeln. Diese Vermutung ist mithilfe der Differenzenmethode zu überprüfen. Bei Richtigkeit der Vermutung ist der Funktionsterm zu bestimmen.

Lösung:

x	y	1. Differenz	2. Differenz	3. Differenz
0	3			
		8,2		
1	11,2		−2,8	
		5,4		1,2
2	16,6		−1,6	
		3,8		1,2
3	20,4		−0,4	
		3,4		1,2
4	23,8		0,8	
		4,2		1,2
5	28,0		2,0	
		6,2		1,2
6	34,2		3,2	
		9,4		1,2
7	43,6		4,4	
		13,8		1,2
8	57,4		5,6	
		19,4		1,2
9	76,8			1,2 konstant

Die 3. Differenz ist konstant. Damit sind die Voraussetzungen für eine ganzrationale Kostenfunktion 3. Grades erfüllt.

$$y = f(x) = a \cdot x^3 + b \cdot x^2 + c \cdot x + d$$

Aus $6 \cdot a = 1{,}2$ kann $a = 0{,}2$ errechnet werden. Wegen $f(0) = 3$ folgt $d = 3$. a und d eingesetzt in die Bestimmungsgleichungen, die aus den Punkten (1; 11,2) und (2; 16,6) abgeleitet werden können, ergibt:

I $\quad 0{,}2 \cdot 1^3 + b \cdot 1^2 + c \cdot 1 + 3 = 11{,}2$
II $\quad 0{,}2 \cdot 2^3 + b \cdot 2^2 + c \cdot 2 + 3 = 16{,}6$

Daraus folgt:

I	b	+ c	=	8	$\cdot (-4)$
II	$4 \cdot b$	$+ 2 \cdot c$	=	12	
I'	$-4 \cdot b$	$-4 \cdot c$	=	-32	
II	$4 \cdot b$	$+ 2 \cdot c$	=	12	
I' + II		$-2 \cdot c$	=	-20	$: (-2)$
		c =		10	

c in I: $b + 10 = 8$; $\quad b = -2$

Die gesuchte Kostenfunktion lautet dann:

$$y = K(x) = 0{,}2 \cdot x^3 - 2 \cdot x^2 + 10 \cdot x + 3$$

6.2 Die Interpolation von Beobachtungsreihen mit Hilfe der Exponentialfunktion

Beispiel Nach anfänglicher Stagnation entwickeln sich die Absatzzahlen eines Produktes in den Jahren 0 bis 5 wie folgt:

Jahr x	0	1	2	3	4	5
Absatz y	20 000	26 000	33 800	43 940	57 122	74 259

Es ist zu untersuchen, ob sich die Absatzzahlen nach den Regeln einer Exponentialfunktion vom Typ $y = f(x) = c \cdot a^x$ entwickeln und mit welchem Absatz bei gleicher Entwicklung im 8. Jahr gerechnet werden kann.

Lösung: Die Exponentialfunktion vom Typ $y = f(x) = c \cdot a^x$ ist von den beiden Konstanten c (= Anfangswert) und a (= Basis) abhängig. Bei einer Schrittweite von 1 muss die Gleichung $f(x + 1) = f(x) \cdot a$ gelten. Umgeformt zu

$$\frac{f(x + 1)}{f(x)} = a$$

heißt dies, dass der Quotient a zweier aufeinander folgender Funktionswerte konstant sein muss.

x	0	1	2	3	4
$\dfrac{f(x + 1)}{f(x)} = a$	$\dfrac{26\,000}{20\,000} = 1{,}3$	$\dfrac{33\,800}{26\,000} = 1{,}3$	$\dfrac{43\,940}{33\,800} = 1{,}3$	$\dfrac{57\,122}{43\,940} = 1{,}3$	$\dfrac{74\,259}{57\,122} = 1{,}3$

Damit sind die Voraussetzungen für die Existenz einer Exponentialfunktion erfüllt. Die Basis der Exponentialfunktion ist 1,3. Die vorläufige Form der Funktion ist

$$y = c \cdot 1{,}3^x$$

Zur Bestimmung von c kann man das Wertepaar (1; 26 000) herausgreifen. Dann ist
$$26\,000 = c \cdot 1{,}3^1 \text{ und } c = 26\,000 : 1{,}3 = 20\,000,$$
sodass die aktuelle Funktion
$$y = 20\,000 \cdot 1{,}3^x$$
lautet. Im 8. Jahr wird der Absatz dann voraussichtlich $y = 20\,000 \cdot 1{,}3^8 = 163\,146$ Stück betragen.

A Aufgaben

1. Gegeben ist die folgende Wertetabelle:

x	1	2	3	4	5
$f_1(x)$	20	40	80	160	320
$f_2(x)$	30	50	70	90	110

Untersuchen Sie mithilfe der Schrittweite 1, in welchem Fall eine lineare Funktion bzw. eine Exponentialfunktion vorliegt, und stellen Sie die dazugehörigen Funktionsgleichungen auf.

2. Welche ganzrationalen Funktionen 2. Grades $y = a \cdot x^2 + b \cdot x + c$ laufen durch die Punkte

   a) $A(-5; 6)$, $B(-3; -4)$, $C(3; 4)$,
   b) $A(-2; 0)$, $B(2; 4)$, $C(3; 10)$,
   c) $A(-6; 4)$, $B(-3; -5)$, $C(4; 9)$,
   d) $A(-1; 10)$, $B(2; -1)$, $C(6; -3)$?

3. Die Erlöskurve eines Angebotsmonopolisten ist in folgender Wertetabelle erfasst:

Menge x	1	2	3	4	5	6	7	8	9	10
Erlös y	9	16	21	24	25	24	21	16	9	0

   a) Untersuchen Sie mithilfe der Differenzenmethode, welcher Typ von Funktion vorliegt.
   b) Wie lautet der Funktionsterm der Erlösfunktion?
   c) Welche Preis-Absatz-Funktion gilt auf diesem Markt?

4. Welche ganzrationalen Funktionen 3. Grades $y = a \cdot x^3 + b \cdot x^2 + c \cdot x + d$ laufen durch die Punkte

   a) $A(-1; 18)$, $B(0; 8)$, $C(2; 0)$, $D(3; 14)$,
   b) $A(-2; -7)$, $B(0; -5)$, $C(1; -16)$, $D(5; 0)$,
   c) $A(-3; -9)$, $B(1; 0)$, $C(4; -9)$, $D(5; -21)$?

5. Von einer ganzrationalen Funktion liegt folgende Wertetabelle vor:

x	1	2	3	4	5	6	7	8	9
y	2,5	2	3,5	10	24,5	50	89,5	146	222,5

Bestimmen Sie mithilfe der Differenzenmethode den Grad der Funktion und den Funktionsterm.

6. Bei der statistischen Erhebung der Bevölkerungsentwicklung zweier Städte A und B im Zeitraum x = 0 bis 5 wurden folgende Zahlen festgestellt:

Jahr x	0	1	2	3	4	5
Stadt A	30 000	31 200	32 448	33 746	35 096	36 500
Stadt B	50 000	49 000	48 020	47 059	46 119	45 196

Man geht davon aus, dass sich die Bevölkerung nach den Regeln einer Exponentialfunktion entwickelt.

a) Ermitteln Sie den Wachstumsfaktor für Stadt A und B in % (auf 2 Dezimalstellen gerundet) und stellen Sie die Funktion für die Bevölkerungsentwicklung auf.
b) Formulieren Sie die Bedingung für eine wachsende/abnehmende Exponentialfunktion.
c) Mit welchen Einwohnerzahlen ist für Stadt A und B voraussichtlich im Jahr 9 zu rechnen?

7 Einführung in die Differentialrechnung

7.1 Vorbemerkung: Das Tangentenproblem

Der Verlauf mancher Kurven zeigte, dass diese Kurven über ihrem Definitionsbereich bisweilen interessanten Veränderungen und Schwankungen unterlagen. Betrachtet man beispielsweise die ganzrationale Funktion 3. Grades im Graphen

$y = \frac{1}{3} \cdot x^3 - 3 \cdot x$,

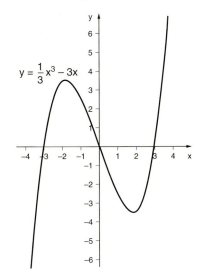

so stellt man ein **wechselhaftes Steigungsverhalten** der Funktion für $-\infty < x < \infty$ fest:

- zunächst steigt die Funktion streng monoton von $-\infty$ bis zu einem Hochpunkt,
- dann fällt die Funktion streng monoton bis zu einem bestimmten Tiefpunkt,
- dann steigt die Funktion wieder vom Tiefpunkt aus streng monoton an.

Zwei Punkte fallen dabei auf: Es sind der Hochpunkt und der Tiefpunkt der Funktion; in diesen Punkten hat die Kurve „für einen Moment" keine Steigung. In den übrigen Punkten wechselt die Kurve ständig ihre Steigung bzw. Richtung, sodass es nicht möglich ist, das Steigungsverhalten der Kurve mit einer einzigen Zahl zu beschreiben, so wie dies bei einer Geraden möglich war.
Die Formulierungen **„Hochpunkt"** und **„Tiefpunkt"** wurden bewusst gewählt. Diese Punkte wären mit „höchstem" oder „tiefstem" Punkt falsch bezeichnet, denn es gibt weitere Punkte der Funktion, die „höher" oder „tiefer" liegen als der „Hochpunkt" oder „Tiefpunkt".
Die Änderungen des Steigungsverhaltens einer Funktion können auch an einem anderen Beispiel veranschaulicht werden: Steht ein Skifahrer am Gipfel eines Berges mit unterschiedlichen Neigungen, dann werden sich der Neigungswinkel seiner Skier und seine Geschwindigkeit je nach Hanglage verändern. Der Skifahrer sollte dies bei seiner Abfahrt bedenken! Man kann sich die Hanglinie als Funktionskurve und die Skier als Tangente an die Kurve vorstellen. Offensichtlich verändert sich die Neigung bzw. der Steigungswinkel der Tangente von Punkt zu Punkt.

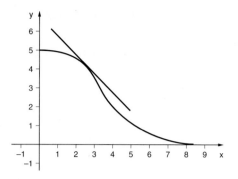

Die Untersuchung des Verhaltens von Funktionen bei **„krummem"** Verlauf, also sich ständig veränderndem Steigungsverhalten, und die Anwendung dieser Ergebnisse in der Praxis gehören zu den wichtigsten Aufgaben der Differentialrechnung. Die grundlegenden Erkenntnisse wurden unabhängig voneinander von dem englischen Physiker Isaac Newton (1645–1727) und dem deutschen Mathematiker Gottfried Wilhelm Leibniz (1646–1716) gewonnen. In der Mathematik bezeichnet man diese Aufgabenstellung als das „Tangentenproblem", weil es darum geht, das Steigungsmaß der Tangente an eine Kurve in einem Punkt zu ermitteln.
Bei den folgenden Rechnungen ist anzumerken:

1. Die Funktionen sind stetig, d.h., die Punkte einer Funktion liegen „unendlich dicht" beieinander, die Funktion kann in einem Linienzug ohne Unterbrechung gezeichnet werden. Wo diese Eigenschaft nicht vorliegt, wird darauf hingewiesen, wie z.B. bei den Polstellen gebrochenrationaler Funktionen, bei denen die Funktion Sprungstellen hat.
2. In der wirtschaftlichen Praxis gibt es genau genommen keine unteilbar kleinen Einheiten. Das soll zunächst nicht stören, weil die gewonnenen Aussagen auch unter Berücksichtigung dieser Einschränkung Gültigkeit haben.

7.2 Die 1. Ableitung einer Funktion

Am Beispiel der Funktion $y = 0{,}5 \cdot x^2$ sollen die grundlegenden Probleme und Begriffe der Differentialrechnung erklärt werden.

Aufgabe:
Welche Steigung hat die Funktion $y = 0{,}5 \cdot x^2$ an der Stelle $x_0 = 1$?

Analyse des Problems und Entwicklung des Lösungsverfahrens:
Das Steigungsmaß der Funktion an der Stelle $x_0 = 1$ entspricht dem Steigungsmaß der Tangente (Berührungsgerade) an dieser Stelle. Der Tangentialpunkt (Berührungspunkt) P_0 lässt sich berechnen: Er ist $P_0(x_0; f(x_0)) = P_0(x_0; 0{,}5 \cdot x_0^2) = P_0(1; 0{,}5 \cdot 1^2) = P_0(1; 0{,}5)$. Die Tangente kann näherungsweise in einer Zeichnung an die Kurve angelegt werden.

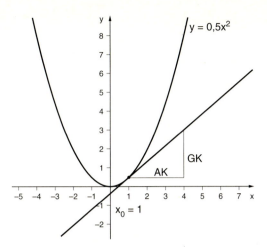

Nun könnte man zeichnerisch ein rechtwinkeliges Steigungsdreieck an die Tangente (s. Zeichnung) anlegen und das Steigungsmaß m_T der Tangente als einer Geraden und damit das Steigungsmaß der Kurve an der Stelle x_0 bestimmen.

$$m_T = \frac{\text{Gegenkathete}}{\text{Ankathete}} \approx \text{Steigung der Kurve an der Stelle } x_0$$

An diesem Lösungsversuch ist unbefriedigend, dass auf diese Weise nur eine näherungsweise Ermittlung der Kurvensteigung möglich ist. Um zu einer exakten Messung zu gelangen, muss das Verfahren verfeinert werden. Dabei kann folgende Überlegung helfen:
Man nimmt einen zweiten Punkt $P_1(x_1; f(x_1))$ in der Umgebung von P_0 auf der Kurve und verbindet P_0 und P_1 durch eine Sekante (Schnittgerade) der Kurve. Das Steigungsmaß m_S der Sekante kann mit Hilfe des Differenzenquotienten

$$m_S = \frac{f(x_1) - f(x_0)}{x_1 - x_0}$$

berechnet und als Näherungswert für die Steigung der Tangente angesehen werden. Um eine untere und obere Schranke zur Eingrenzung des gesuchten Wertes zu erhalten, kann man dieses Verfahren links und rechts von x_0 aus durchführen. Dabei kann man als Parameter (Hilfsvariable) eine positive Größe h verwenden, die man beliebig gegen 0 streben lässt. h hat also die Eigenschaft: $h > 0$ und $h \to 0$. Dies ist äquivalent mit der Aussage: $x_1 \to x_0$.
Ein links von x_0 gelegenes x_1 wird ersetzt durch $x_1 = x_0 - h$ und ein rechts von x_0 gelegenes x_1 durch $x_1 = x_0 + h$. Je kleiner h wird, desto mehr nähert sich x_1 von links oder rechts x_0. Dann ergibt sich der Differenzenquotient als Steigungsmaß der Sekante

von links $\qquad\qquad\qquad\qquad$ von rechts

$$m_{Sl} = \frac{f(x_0 - h) - f(x_0)}{-h}* \qquad m_{Sr} = \frac{f(x_0 + h) - f(x_0)}{h}**$$

(* wegen: $x_1 = x_0 - h \Rightarrow x_1 - x_0 = -h$; ** wegen $x_1 = x_0 + h \Rightarrow h = x_1 - x_0$)

Es wird deutlich, dass $h \neq 0$ sein muss, weil sonst der Differenzenquotient nicht definiert wäre. Die Eingrenzung von links und rechts führt also zu einer Intervallschachtelung mit endlichen Werten für die Sekantensteigungen von links und rechts. Für die Tangentensteigung m_T und damit die Kurvensteigung gilt:

$$m_{Sl} < m_T < m_{Sr}$$

Dieser Gedanke soll nun auf die vorliegende Aufgabe angewendet werden.

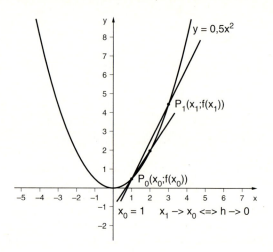

$x_0 = 1 \quad x_1 \to x_0 \Leftrightarrow h \to 0$

h durchlaufe nacheinander die Werte 1; 0,5; 0,1; 0,01. Für die Berechnung der Sekantensteigung galt:

von links		von rechts

$$m_{Sl} = \frac{f(1-h) - f(1)}{-h} \quad < m_T < \quad m_{Sr} = \frac{f(1+h) - f(1)}{h}$$

oder

$$m_{Sl} = \frac{0,5 \cdot (1-h)^2 - 0,5}{-h} \qquad\qquad m_{Sr} = \frac{0,5 \cdot (1+h)^2 - 0,5}{h}$$

1. h = 1

$f(1-h) = f(1-1) = f(0)$
$= 0,5 \cdot 0^2 = 0$

$m_{Sl} = \dfrac{0 - 0,5}{-1} = 0,5$

$f(1+h) = f(1+1) = f(2)$
$= 0,5 \cdot 2^2 = 2$

$m_{Sr} = \dfrac{2 - 0,5}{1} = 1,5$

$$\boxed{0,5 < m_T < 1,5}$$

2. h = 0,5

$f(1-h) = f(1-0,5) = f(0,5)$
$= 0,5 \cdot 0,5^2 = 0,125$

$m_{Sl} = \dfrac{0,125 - 0,5}{-0,5} = 0,75$

$f(1+h) = f(1+0,5) = f(1,5)$
$= 0,5 \cdot 1,5^2 = 1,125$

$m_{Sr} = \dfrac{1,125 - 0,5}{0,5} = 1,25$

$$\boxed{0,75 < m_T < 1,25}$$

3. h = 0,1

$$f(1-h) = f(1-0{,}1) = f(0{,}9)$$
$$= 0{,}5 \cdot 0{,}9^2 = 0{,}405$$

$$m_{Sl} = \frac{0{,}405 - 0{,}5}{-0{,}1} = 0{,}95$$

$$f(1+h) = f(1+0{,}1) = f(1{,}1)$$
$$= 0{,}5 \cdot 1{,}1^2 = 0{,}605$$

$$m_{Sr} = \frac{0{,}605 - 0{,}5}{0{,}1} = 1{,}05$$

$$\boxed{0{,}95 < m_T < 1{,}05}$$

4. h = 0,01

$$f(1-h) = f(1-0{,}01) = f(0{,}99)$$
$$= 0{,}5 \cdot 0{,}99^2 = 0{,}49005$$

$$m_{Sl} = \frac{0{,}49005 - 0{,}5}{-0{,}01} = 0{,}995$$

$$f(1+h) = f(1+0{,}01) = f(1{,}01)$$
$$= 0{,}5 \cdot 1{,}01^2 = 0{,}51005$$

$$m_{Sr} = \frac{0{,}51005 - 0{,}5}{0{,}01} = 1{,}005$$

$$\boxed{0{,}995 < m_T < 1{,}005}$$

Nach der 4. Näherung mit h = 0,01 beträgt die Abweichung von rechts- und linksseitiger Sekantensteigung $|0{,}995 - 1{,}005| = |-0{,}01| = 0{,}01$.
Man könnte dieses Verfahren beliebig lange fortsetzen. Die Intervallschachtelung würde zu einer immer geringeren Abweichung von m_{Sl} und m_{Sr} führen. Es bleibt jedoch immer ein Fehler. Da der Ansatz h = 0 unzulässig ist, muss man nach anderen Möglichkeiten suchen, um zu einer exakten Messung der Tangentensteigung zu gelangen.
Für h → 0, d. h. für beliebig klein werdende h, kann man die Entwicklung des Differenzenquotienten als Grenzwertprozess betrachten. Man betrachtet also die rechtsseitige Annäherung:

$$\lim_{h \to 0} \frac{f(x_0 + h) - f(x_0)}{h} = \lim_{h \to 0} \frac{f(1+h) - f(1)}{h} = \lim_{h \to 0} \frac{0{,}5 \cdot (1+h)^2 - 0{,}5}{h}$$

Umformung des letzten Ausdrucks ergibt:

$$\lim_{h \to 0} \frac{0{,}5 \cdot (1 + 2 \cdot h + h^2) - 0{,}5}{h} = \lim_{h \to 0} \frac{0{,}5 + h + 0{,}5 \cdot h^2 - 0{,}5}{h} = \lim_{h \to 0} \frac{h + 0{,}5 \cdot h^2}{h}$$

Nach Kürzung mit h

$\Rightarrow \lim_{h \to 0} (1 + 0{,}5 \cdot h) = 1$ (Da h nicht mehr im Nenner auftritt, ist h = 0 jetzt zulässig.)

Also ist $\boxed{\lim_{h \to 0} m_{Sr} = \lim_{h \to 0} (1 + 0{,}5 \cdot h) = 1 = m_T}$

Die Steigung der Tangente im Punkt $P_0(1; 0{,}5)$ ist also gleich dem Grenzwert der Steigung des Differenzenquotienten der Näherungssekante.
Für die linksseitige Annäherung gilt:

$$\lim_{h \to 0} \frac{f(x_0 - h) - f(x_0)}{-h} = \lim_{h \to 0} \frac{f(1-h) - f(1)}{-h} = \lim_{h \to 0} \frac{0{,}5 \cdot (1-h)^2 - 0{,}5}{-h}$$

$$\lim_{h \to 0} \frac{0{,}5 \cdot (1 - 2 \cdot h + h^2) - 0{,}5}{-h} = \lim_{h \to 0} \frac{0{,}5 - h + 0{,}5 \cdot h^2 - 0{,}5}{-h} = \lim_{h \to 0} \frac{-h + 0{,}5 \cdot h^2}{-h}$$

Nach Kürzung mit $-h$

$\Rightarrow \lim_{h \to 0} (1 - 0{,}5 \cdot h) = 1$ (Da h nicht mehr im Nenner auftritt, ist h = 0 zulässig.)

Also ist
$$\lim_{h \to 0} m_{Sl} = \lim_{h \to 0} (1 - 0{,}5 \cdot h) = 1 = m_T$$

Der linksseitige Grenzwert stimmt mit dem rechtsseitigen überein. Damit gilt für die Steigung der Tangente und der Kurve im Punkt P_0:

$$\lim_{h \to 0} m_{Sl} = \lim_{h \to 0} m_{Sr} = 1 = m_T$$

Man nennt diesen Grenzwert auch „Differentialquotienten" oder 1. Ableitung der Funktion f(x) an der Stelle x_0, kurz: $f'(x_0)$ oder y'.

Zusammenfassung:
– Gilt für eine Funktion f(x) an der Stelle x_0:

$$\lim_{h \to 0} \frac{f(x_0 - h) - f(x_0)}{-h} = \lim_{h \to 0} \frac{f(x_0 + h) - f(x_0)}{h}$$

d.h., stimmen links- und rechtsseitiger Grenzwert der Sekantensteigung überein, dann nennt man die Funktion „differenzierbar an der Stelle x_0".
– Dieser Grenzwert wird auch Differentialquotient oder 1. Ableitung der Funktion an der Stelle x_0 genannt.
– Während der Differenzenquotient die durchschnittliche Steigung einer Kurve zwischen zwei Punkten angibt, ist der Differentialquotient gleich der Steigung der Kurve in einem Punkt.
– Die 1. Ableitung wird auch zu y' oder $f'(x_0)$ abgekürzt. (Sprich: y Strich oder f Strich von x_0).
– Die Berechnung der 1. Ableitung an der Stelle x_0 durch Grenzwertermittlung des Differenzenquotienten nennt man auch **Ableiten** oder **Differenzieren** der Funktion.
– Die Tangente im Punkt P eines Funktionsgraphen ist die Gerade durch P, deren Steigung mit dem Grenzwert der Sekantensteigung übereinstimmt.

Die 1. Ableitung gibt die Steigung einer Funktion in einem bestimmten Punkt an.

♦ **Anmerkungen**

1. Ist eine Funktion an einer Stelle x_0 nicht definiert, so ist sie an dieser Stelle auch nicht differenzierbar. Die Funktion $y = \frac{1}{x}$ hat bei $x_0 = 0$ einen Pol (unendliche Sprungstelle mit Vorzeichenwechsel) und ist an dieser Stelle daher nicht differenzierbar.
2. Auch Funktionen mit endlichen Sprungstellen, z.B.

$$y = f(x) = \begin{cases} 1 & \text{für } x \leq 2 \\ x + 1 & \text{für } x > 2 \end{cases}$$

sind an der Sprungstelle $x_0 = 2$ nicht stetig und nicht differenzierbar.
3. Die Differenzierbarkeit einer stetig verlaufenden Funktion an jeder Stelle ihres Definitionsbereiches scheint selbstverständlich zu sein. Es gibt jedoch Funktionen $y = f(x)$, die an bestimmten Stellen ihres Definitionsbereiches nicht differenzierbar sind. Betrachtet wird die Funktion $y = f(x) = |x|$ an der Stelle $x_0 = 0$.

$$y = f(x) = \begin{cases} x & \text{für } x \geq 0 \\ -x & \text{für } x < 0 \end{cases}$$

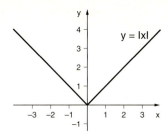

Bildung der links- und rechtsseitigen Ableitung von $y = |x|$ an der Stelle $x_0 = 0$ ergibt:

$$\lim_{h \to 0} \frac{(0-(-h))-0}{-h} \qquad\qquad \lim_{h \to 0} \frac{(0+h)-0}{h}$$

$$= \lim_{h \to 0} \frac{h}{-h} = -1 \qquad\qquad = \lim_{h \to 0} \frac{h}{h} = 1$$

Linksseitige Ableitung -1 und rechtsseitige Ableitung $+1$ sind verschieden; $y = f(x) = |x|$ ist bei $x_0 = 0$ nicht differenzierbar.

A Aufgaben

1. An den Stellen $x_0 = -2; 0; 1,5; 3$ sind die folgenden Funktionen abzuleiten (s. Hinweis):

   a) $y = 0,5 \cdot x^2$ b) $y = x^2$ c) $y = 1,5 \cdot x$ d) $y = 1,5 \cdot x + 2$
   e) $y = 2 \cdot x^2 - 3$ f) $y = x^3$ g) $y = x^4$

   Zeichnen Sie für einzelne Fälle auch die Funktionsgraphen und die Tangenten in diesen Stellen in ein Koordinatensystem.

   Folgende Fragen sind zusätzlich zu beantworten:
   I. Wo befindet sich bei der Funktion $y = x^2$ der Scheitelpunkt? Welche Steigung hat die Funktion an der Stelle $x_0 = 0$? Welche Folgerungen können aus einer waagerechten Kurventangente gezogen werden?
   II. Welchen Wert hat die Ableitung der Funktion $y = 1,5 \cdot x$ für beliebige x_0? Was kann über die 1. Ableitung einer linearen Funktion ausgesagt werden?

   Hinweis: Bei der rechts- und linksseitigen Ableitung treten Binome 2. oder höheren Grades auf. Ist die Basis einer Potenz ein Binom $(a + b)$, dann erhält man durch fortgesetzte Multiplikation

   $(a + b)^0 =$ $\qquad\qquad$ 1
   $(a + b)^1 =$ $\qquad\qquad$ $a + b$
   $(a + b)^2 =$ $\qquad\qquad$ $a^2 + 2 \cdot a \cdot b + b^2$
   $(a + b)^3 =$ $\qquad\qquad$ $a^3 + 3 \cdot a^2 \cdot b + 3 \cdot a \cdot b^2 + b^3$
   $(a + b)^4 =$ $\qquad\qquad$ $a^4 + 4 \cdot a^3 \cdot b + 6 \cdot a^2 \cdot b^2 + 4 \cdot a \cdot b^3 + b^4$

   Für den Fall $a = b = 1$ kann man die Koeffizienten aus dem „Pascal'schen Dreieck"[1] entnehmen:

---

*Blaise Pascal, 1623–1662, war ein französischer Philosoph und Mathematiker.

2. Gegeben ist eine konstante Funktion y = c mit c ∈ ℝ. Ermitteln Sie die 1. Ableitung $f'(x_0)$ an einer beliebigen Stelle x_0.

3. Gegeben sind die beiden Funktionen $y = f_1(x) = x^2$ und $y = f_2(x) = -0{,}5 \cdot x$.
   a) Berechnen Sie $f'(x_0)$ für beide Funktionen an der Stelle $x_0 = 1$.
   b) Wie lauten die Gleichungen der Tangenten an die Funktionsgraphen von $f_1(x)$ und $f_2(x)$ an der Stelle $x_0 = 1$?
   c) Welchen Wert hat die Ableitung der Funktion $y = x^2 - 0{,}5 \cdot x$ an dieser Stelle?

4. Gegeben ist die intervallweise definierte Funktion:

$$y = f(x) = \begin{cases} x & \text{für } 0 \leq x \leq 2 \\ x^2 - 1 & \text{für } 2 < x \leq 5 \end{cases}$$

Ist die Aussage: „f(x) ist an der Stelle $x_0 = 2$ nicht differenzierbar" wahr?

7.3 Ableitungsfunktion, Ableitungsregeln und höhere Ableitungen

7.3.1 Die Ableitungsfunktion

Die Ableitung der Funktion f(x) an einer Stelle x_0 kann durch Differenzieren der Funktion an dieser Stelle ermittelt werden. Das Ergebnis ist dann auch nur für diese Stelle gültig. Da sich das Steigungsverhalten einer nichtlinearen Kurve von Stelle zu Stelle ändert, stellt sich die Frage, ob es nicht sinnvoller ist, den Zusammenhang zwischen der Funktion und ihrer Ableitung in einer neuen Funktion zu erfassen.

Dabei gehen wir wieder von der Funktion $y = 0{,}5 \cdot x^2$ aus und ersetzen bei der Ermittlung des rechtsseitigen Differentialquotienten die feste Stelle x_0 durch die Variable x. Dann ist

$$y' = f'(x) = \lim_{h \to 0} \frac{f(x+h) - f(x)}{h} = \lim_{h \to 0} \frac{0{,}5 \cdot (x+h)^2 - 0{,}5 \cdot x^2}{h}$$

$$= \lim_{h \to 0} \frac{x \cdot h + h^2}{h} = \lim_{h \to 0} (x + h) = x.$$

Funktion: $y = f(x) = 0{,}5 \cdot x^2$ ⇒ Ableitungsfunktion: $y' = f'(x) = x$

$f'(x)$ ist eine Funktion von x. Das heißt, an jeder Stelle x_0 kann die 1. Ableitung $y' = f'(x)$ ermittelt werden, indem man das x-Argument in den Term $y' = x$ einsetzt. Dann hat die 1. Ableitung an der Stelle x = 1 den Wert y' = 1, an der Stelle x = 3 den Wert 3 usf. Stellt man Funktion und Ableitungsfunktion für D = [−1; 4] in einer Wertetabelle zusammen, dann ergibt sich:

x	−1	0	1	2	3	4
$y = 0{,}5 \cdot x^2$	0,5	0	0,5	2	4,5	8
$y' = x$	−1	0	1	2	3	4

Diese Werte kann man in eine Zeichnung übertragen, sodass man von den y-Koordinaten der Ableitungsfunktion das Steigungsmaß der ursprünglichen Funktion $y = 0{,}5 \cdot x^2$ ablesen kann.

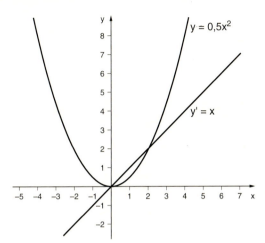

◆ **Zusammenfassung**

Unter der Ableitungsfunktion $y' = f'(x)$ einer differenzierbaren Funktion $f(x)$ ist die Funktion zu verstehen, die man durch das Differenzieren der Funktion $f(x)$ erhält:

$$y' = f'(x) = \lim_{h \to 0} \frac{f(x-h) - f(x)}{-h} = \lim_{h \to 0} \frac{f(x+h) - f(x)}{h} = \frac{dy}{dx}$$

$\frac{dy}{dx}$ ist eine häufige Schreibweise für den Differentialquotienten.

A Aufgaben

1. Bilden Sie zu folgenden Funktionen $y = f(x)$ die Ableitungsfunktionen $y' = f'(x)$ und zeichnen Sie $f(x)$ und $f'(x)$ in je ein Koordinatensystem:
   a) $y = 2$
   b) $y = x$
   c) $y = -2 \cdot x$
   d) $y = x^2$ Welche Steigung hat die Funktion bei $x = 1{,}3$?
   e) $y = -x^3$ Welche Steigung hat die Funktion bei $x = -2$?

2. a) Eine Funktion $y = f(x)$ hat in einem Intervall $[a; b]$ eine 1. Ableitung $f'(x) > 0$ für alle $x \in [a; b]$. Was kann über die Monotonieeigenschaften der Funktion $f(x)$ in diesem Intervall ausgesagt werden?
   b) Zeichnen Sie den Graphen einer beliebigen Funktion $f(x)$ in ein Koordinatensystem, der die Bedingung $f(x) < 0$ erfüllt.

7.3.2 Wichtige Ableitungsregeln

Ableitungsregeln

Die wichtigsten **Ableitungsregeln (Differentiationsregeln)**, die zur Lösung der Probleme und Handlungssituationen in diesem Buch benötigt werden, werden in diesem Abschnitt erläutert und zusammengefasst.

◆ **Die Ableitung einzelner Funktionen**

1. $y = f(x) = c$ (c ist eine beliebige reelle Zahl (Konstante))

$$y' = \lim_{h \to 0} \frac{c - c}{h} = \lim_{h \to 0} \frac{0}{h} = 0 \quad \text{(Konstantenregel)}$$

Einer konstanten Funktion entspricht eine waagerechte Gerade als Graph. Die Ableitung einer Konstanten ist immer gleich Null. Das bedeutet umgekehrt, dass eine Kurve in einem Punkt, in welchem ihre Steigung gleich 0 ist, eine waagerechte Tangente haben muss.

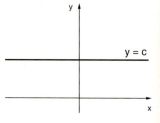

2. $y = f(x) = x$

$$y' = \lim_{h \to 0} \frac{(x + h) - x}{h} = \lim_{h \to 0} \frac{x + h - x}{h} = \lim_{h \to 0} \frac{h}{h} = \lim_{h \to 0} 1 = 1$$

Die Gerade $y = x$ hat überall im Koordinatensystem die konstante Steigung 1.

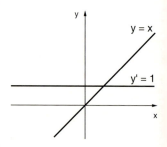

3. $y = f(x) = x^n$ ($n \in \mathbb{N} \setminus \{0, 1\}$, n ist eine natürliche Zahl $\neq 0, 1$)

Zunächst wird der Differenzenquotient verwendet, wobei h durch $x - x_0$, $x \neq x_0$ ersetzt wird; $h \to 0$ entspricht dann $x \to x_0$. Die Polynomdivision mit $x - x_0$ ergibt

$$(x^n - x_0^n) : (x - x_0) = \underbrace{x^{n-1} + x_0 \cdot x^{n-2} + x_0^2 \cdot x^{n-3} + \ldots + x_0^{n-2} \cdot x + x_0^{n-1}}_{\text{n Summanden}}$$

Der so ermittelte Quotient ist immer nennerfrei. Grenzwertbildung für $x \to x_0$ ($\Leftrightarrow h \to 0$):

$$\lim_{x \to x_0} (x^{n-1} + x_0 \cdot x^{n-2} + x_0^2 \cdot x^{n-3} + \ldots + x_0^{n-2} \cdot x + x_0^{n-1})$$

$$= x_0^{n-1} + x_0 \cdot x_0^{n-2} + \ldots + x_0^{n-2} \cdot x_0 + x_0^{n-1}$$

$$= \underbrace{x_0^{n-1} + x_0^{n-1} + \ldots + x_0^{n-1}}_{\text{n Summanden}} + x_0^{n-1}$$

$$= n \cdot x_0^{n-1}$$

Potenzregel

$$\Rightarrow \boxed{y' = f'(x) = n \cdot x^{n-1}} \quad \text{(Potenzregel)}$$

z.B.: $y = f(x) = x^2 \Rightarrow y' = f'(x) = 2 \cdot x$
$y = f(x) = x^3 \Rightarrow y' = f'(x) = 3 \cdot x^2$
$y = f(x) = x^4 \Rightarrow y' = f'(x) = 4 \cdot x^3$ ...

Die besondere Bedeutung der Potenzregel besteht darin, dass ihre Gültigkeit auf folgende Fälle ausgedehnt werden kann:

3.1 Die Potenzregel kann auch auf Potenzfunktionen mit negativem Exponenten (einfache gebrochenrationale Funktionen) vom Typ

$$y = f(x) = x^{-n} = \frac{1}{x^n}, \quad D = \mathbb{R} \setminus \{0\}$$

angewendet werden; dann ist

$$\boxed{y' = f'(x) = -n \cdot x^{-n-1} = \frac{-n}{x^{n-1}}} \quad D = \mathbb{R} \setminus \{0\}$$

z. B.

$y = f(x) = x^{-1} = \dfrac{1}{x} \Rightarrow y' = f'(x) = -1 \cdot x^{-2} = -x^{-2} = \dfrac{-1}{x^2}$

$y = f(x) = x^{-2} = \dfrac{1}{x^2} \Rightarrow y' = f'(x) = -2 \cdot x^{-3} = \dfrac{-2}{x^3}$

$y = f(x) = x^{-3} = \dfrac{1}{x^3} \Rightarrow y' = f'(x) = -3 \cdot x^{-4} = \dfrac{-3}{x^4}$

...

3.2 Die Potenzregel kann auch auf Wurzelfunktionen mit gebrochenem (rationalem) Exponenten vom Typ

$$y = f(x) = [x^m]^{\frac{1}{n}} = x^{\frac{m}{n}} \quad D = \mathbb{R} \geq 0$$

angewendet werden; dann ist

$$\boxed{y' = f'(x) = \frac{m}{n} \cdot x^{\frac{m}{n} - 1}}$$

z. B.

$y = f(x) = \sqrt{x} = x^{\frac{1}{2}} \Rightarrow y' = f'(x) = \dfrac{1}{2} \cdot x^{-\frac{1}{2}} = \dfrac{1}{2 \cdot \sqrt{x}}$

4. $y = f(x) = a^x$ (Exponentialfunktion zur Basis a)

Diese Funktion ist die Umkehrfunktion zur Funktion

$$y = \log_a x$$

Um die Ableitung zu finden, schreibt man sie in der Form

$$y = e^{x \cdot \ln a}$$

Dann ist $y' = f'(x) = e^{x \cdot \ln a} \cdot \ln a = a^x \cdot \ln a$

$$\boxed{y' = f'(x) = \ln a \cdot a^x}$$

z.B.: $y = f(x) = 2^x \Rightarrow y' = \ln 2 \cdot 2^x = 0{,}69315 \cdot 2^x$

Sonderfall: $y = e^x \Rightarrow y' = \ln e \cdot e^x = e^x$ wegen $\ln e = 1$

5. $y = f(x) = \ln x$ (natürliche Logarithmusfunktion)

(Der Nachweis kann an dieser Stelle nicht geführt werden.)

$$\boxed{y' = f'(x) = \frac{1}{x}}$$

$y = f(x) = \log_a x$ (allgemeine Logarithmusfunktion)

Exponentielle Schreibweise: $a^y = x$; beiderseits logarithmiert mit dem natürlichen Logarithmus

$$y \cdot \ln a = \ln x$$

Nach y aufgelöst:

$$y = \log_a x = \frac{\ln x}{\ln a}$$

$$\Rightarrow \boxed{y' = f'(x) = \frac{1}{x \cdot \ln a}}$$

z. B. $y = \log x = \log_{10} x \Rightarrow y' = \dfrac{1}{x \cdot \ln 10} = \dfrac{1}{x \cdot 2{,}30258} = \dfrac{0{,}43429}{x}$

◆ Ableitungsregeln bei zusammengesetzten Ausdrücken

1. $y = c \cdot f(x)$ (Faktor $c \in \mathbb{R} \cdot$ Funktion)

$$y' = \lim_{h \to 0} \frac{c \cdot f(x+h) - c \cdot f(x)}{h} = \lim_{h \to 0} c \cdot \frac{f(x+h) + f(x)}{h}$$

$$= c \cdot \lim_{h \to 0} \frac{f(x+h) - f(x)}{h} = c \cdot f'(x)$$

$$\boxed{y = c \cdot f(x) \Rightarrow y' = c \cdot f'(x)} \quad \text{(Faktorregel)}$$

z. B. $y = -3 \cdot x^2 \Rightarrow y' = (-3) \cdot 2 \cdot x = -6 \cdot x$

2. $y = f(x) \pm g(x)$ (Summe/Differenz zweier Funktionen $f(x), g(x)$)

(Die Ableitung erfolgt nur für die Summe zweier Funktionen; das Ergebnis lässt sich unschwer auf die Differenz zweier Funktionen übertragen.)

$$y' = \lim_{h \to 0} \frac{(f(x+h) + g(x+h)) - (f(x) + g(x))}{h}$$

$$= \lim_{h \to 0} \frac{f(x+h) - f(x) + g(x+h) - g(x)}{h}$$

$$= \lim_{h \to 0} \left(\frac{f(x+h) - f(x)}{h} + \frac{g(x+h) - g(x)}{h} \right)$$

$$= \lim_{h \to 0} \frac{f(x+h) - f(x)}{h} + \lim_{h \to 0} \frac{g(x+h) - g(x)}{h}$$

$$= f'(x) + g'(x)$$

Summenregel $\boxed{y = f(x) + g(x) \Rightarrow y' = f'(x) + g'(x)}$ (Summenregel)

z. B. $y = x^4 + x \Rightarrow y' = 4 \cdot x^3 + 1$

Differenzregel $\boxed{y = f(x) - g(x) \Rightarrow y' = f'(x) - g'(x)}$ (Differenzregel)

z. B. $y = x^3 - x^2 \Rightarrow y' = 3 \cdot x^2 - 2 \cdot x$

3. $y = f(x) \cdot g(x)$ (Produkt zweier Funktionen f(x), g(x))

$$y' = \lim_{h \to 0} \frac{f(x+h) \cdot g(x+h) - f(x) \cdot g(x)}{h}$$

$$= \lim_{h \to 0} \frac{f(x+h) \cdot g(x+h) - g(x+h) \cdot f(x) + g(x+h) \cdot f(x) - f(x) \cdot g(x)}{h}$$

$$= \lim_{h \to 0} g(x+h) \cdot \frac{f(x+h) - f(x)}{h} + \lim_{h \to 0} f(x) \cdot \frac{g(x+h) - g(x)}{h}$$

$$= g(x) \cdot f'(x) + f(x) \cdot g'(x)$$

$$\boxed{y = f(x) \cdot g(x) \Rightarrow y' = f(x) \cdot g'(x) + f'(x) \cdot g(x)}$$ (Produktregel)   **Produktregel**

z.B. a) $y = x^2 \cdot x^3 \Rightarrow y' = x^2 \cdot 3 \cdot x^2 + 2 \cdot x \cdot x^3 = 3 \cdot x^4 + 2 \cdot x^4 = 5 \cdot x^4$
   (nach der Potenzregel: $y = x^2 \cdot x^3 = x^5 \Rightarrow y' = 5 \cdot x^4$)
   b) $y = x \cdot e^x \Rightarrow y' = x \cdot e^x + 1 \cdot e^x = e^x \cdot (x+1)$

4. $y = \dfrac{f(x)}{g(x)}$ (Quotient zweier Funktionen f(x), g(x))

Die Ableitungsregel für den Quotienten zweier Funktionen kann aus der Produktregel entwickelt werden. Man setzt

$$y(x) = \frac{f(x)}{g(x)} \Rightarrow f(x) = y(x) \cdot g(x) \Rightarrow f'(x) = y(x) \cdot g'(x) + y'(x) \cdot g(x)$$

und

$$y'(x) \cdot g(x) = f'(x) - y(x) \cdot g'(x) \Rightarrow y'(x) = \frac{f'(x) - y(x) \cdot g'(x)}{g(x)}$$

y(x) eingesetzt

$$y'(x) = \frac{f'(x) - \dfrac{f(x)}{g(x)} \cdot g'(x)}{g(x)} \qquad \text{Auflösung des Doppelbruches:}$$

$$\boxed{y = \frac{f(x)}{g(x)} \Rightarrow y' = \frac{f'(x) \cdot g(x) - f(x) \cdot g'(x)}{[g(x)]^2}}$$ (Quotientenregel)   **Quotientenregel**

z.B. $y = \dfrac{x^2 - 1}{x} \Rightarrow y' = \dfrac{2 \cdot x \cdot x - (x^2 - 1) \cdot 1}{x^2} = \dfrac{2 \cdot x^2 - x^2 + 1}{x^2} = \dfrac{x^2 + 1}{x^2}$

5. $y = f(g(x))$ (verkettete Funktion mit f als äußerer und g als innerer Funktion)
(Die Ableitungsregel wird ohne Nachweis angegeben.)

$$\boxed{y = f(g(x)) \Rightarrow y' = f'(g(x)) \cdot g'(x)}$$ (Kettenregel)   **Kettenregel**

Die Ableitung ist das Produkt von äußerer Ableitung f'(g(x)) und innerer Ableitung g'(x).

z.B. $y = (x^2 + 2)^2 \Rightarrow y' = \underbrace{2 \cdot (x^2 + 2)}_{\text{äußere}} \cdot \underbrace{2 \cdot x}_{\text{· innere Ableitung}} = 4 \cdot x \cdot (x^2 + 2)$

Alle Regeln noch einmal in knapper Form zusammengefasst:

1. $y = f(x) = c \Rightarrow y' = 0$ (Konstantenregel)
2. $y = f(x) = x \Rightarrow y' = 1$
3. $y = f(x) = x^n \Rightarrow y' = n \cdot x^{n-1}$ (Potenzregel) $\quad n \in \mathbb{Q}$
4. $y = f(x) = a^x \Rightarrow y' = f'(x) = \ln a \cdot a^x$
5. $y = e^x \Rightarrow y' = e^x$
6. $y = f(x) = \ln x \Rightarrow y' = \dfrac{1}{x}$
7. $y = f(x) = \log_a x \Rightarrow y' = \dfrac{1}{x \cdot \ln a}$
8. $y = c \cdot f(x) \Rightarrow y' = c \cdot f'(x)$ (Faktorregel)
9. $y = f(x) + g(x) \Rightarrow y' = f'(x) + g'(x)$ (Summenregel)
10. $y = f(x) - g(x) \Rightarrow y' = f'(x) - g'(x)$ (Differenzregel)
11. $y = f(x) \cdot g(x) \Rightarrow y' = f(x) \cdot g'(x) + f'(x) \cdot g(x)$ (Produktregel)
12. $y = \dfrac{f(x)}{g(x)} \Rightarrow y' = \dfrac{f'(x) \cdot g(x) - f(x) \cdot g'(x)}{[g(x)]^2}$ (Quotientenregel)
13. $y = f(g(x)) \Rightarrow y' = f'(g(x)) \cdot g'(x)$ (Kettenregel)

A Aufgaben

1. Wie lauten die Ableitungsfunktionen zu folgenden Funktionen?
   (Nennen Sie auch die Regeln, nach denen die Ableitungsfunktionen gebildet werden.)

   a) $y = f(x) = x$ b) $y = 3$ c) $y = f(x) = x^2$
   d) $y = f(x) = -0{,}5 \cdot x + 2$ e) $y = f(x) = -x - 1$
   f) $y = f(x) = -x^3 + 2 \cdot x$ g) $y = f(x) = -x + x^2$
   h) $y = f(x) = x^2 - 2 \cdot x^3$ i) $y = f(x) = -7 \cdot x + 3 \cdot x^2$
   j) $y = f(x) = -4 \cdot x^3 - 5 \cdot x^2 + 2$ k) $y = f(x) = x^3 - x^2 + x - 4$
   l) $y = f(x) = \sqrt{x}$ m) $y = f(x) = 10^x + x$
   n) $y = f(x) = e^x - \ln x$ o) $y = f(x) = \log_2 x$
   p) $y = f(x) = \dfrac{-2}{x}$ q) $y = f(x) = \dfrac{5}{3 \cdot x - 4}$
   r) $y = f(x) = x \cdot x^2$ s) $y = f(x) = \dfrac{x^2}{(3 \cdot x + 2)}$

2. Prüfen Sie, ob die unter Aufgabe 1 ermittelten Ableitungsfunktionen an den Stellen $x_0 = -1$ und $x_0 = 2$ definiert sind, und berechnen Sie die Funktionswerte der Ableitungen an diesen Stellen.

7.3.3 Höhere Ableitungen von Funktionen

Bildet man die Ableitungsfunktion f'(x) einer Funktion f(x), dann erhält man einen Funktionsterm, der das Steigungsverhalten der Funktion f(x) in ihrem Definitionsbereich beschreibt.
Durch Ableitung (Differentiation) gemäß den Ableitungsregeln können zu Ableitungsfunktionen f'(x) $\neq$ 0 weitere Ableitungen gebildet werden. Man nennt die so ermittelten Ableitungen **„höhere Ableitungen"** und bringt dies in der Schreibweise zum Ausdruck. So ist

y'' = f''(x) die 2. Ableitung der Funktion f(x) und die 1. Ableitung von f'(x). Die 2. Ableitungsfunktion beschreibt somit das Steigungsverhalten der 1. Ableitungsfunktion. Statt der Schreibweise f''(x) findet man auch die Schreibweisen (y')' oder (f'(x))' oder f^2(x) oder

$$y'' = f''(x) = f^2(x) = \frac{d^2y}{dx^2},$$

y''' = f'''(x) = f^3(x) die 3. Ableitungsfunktion der Funktion f(x) und die 1. Ableitungsfunktion der 2. Ableitungsfunktion f''(x).

Dieses Verfahren kann fortgesetzt werden für f''''(x), f^n(x), n $\in \mathbb{N}$.
Gilt f'(x) = 0, so gilt natürlich auch f''(x) = 0 usf.

Beispiele Wie lauten die 2. und 3. Ableitungsfunktion folgender Funktionen?

1. y = f(x) = x^3

   Man geht über die 1. Ableitung y' = f'(x) = 3·x^2 und ermittelt:
   y'' = f''(x) = 3·2·x = 6·x;   y''' = f'''(x) = 6

2. y = f(x) = 3·x − 0,5·x^4
   y' = f'(x) = 3 − 0,5·4·x^3 = 3 − 2·x^3,
   y'' = f''(x) = −2·3·x^2 = −6·x^2;
   y''' = f'''(x) = −6·2·x = −12·x

3. y = f(x) = $\frac{1}{x}$

   y' = f'(x) = $\frac{-1}{x^2}$

   y'' = f''(x) = $\frac{(-1)\cdot(-2)}{x^3}$ = $\frac{2}{x^3}$

   y''' = f'''(x) = $\frac{2\cdot(-3)}{x^4}$ = $\frac{-6}{x^4}$

4. y = f(x) = a^x
   y' = f'(x) = ln a · a^x
   y'' = f''(x) = (ln a)^2 · a^x
   y''' = f'''(x) = (ln a)^3 · a^x

Aus mathematischer Sicht sind vor allem folgende Fragen von Interesse:

1. Wie oft kann eine Funktion f(x) mit Ableitungsfunktionen f'····(x) $\neq$ 0 abgeleitet (differenziert) werden?
2. Welcher Zusammenhang besteht zwischen einer Funktion f(x) und ihren Ableitungsfunktionen?

Zu 1. Bei der Potenzfunktion y = f(x) = x^n mit n $\in \mathbb{N}$ und der ganzrationalen Funktion vom Grad n ist diese Frage einfach zu beantworten:

Eine ganzrationale Funktion vom Grad n hat höchstens n Ableitungsfunktionen $f^n(x) \neq 0$. Die (n + 1)-te Ableitung ist dann gleich 0.
Die einzelnen Ableitungen für $y = x^n$ sind

$y' = n \cdot x^{n-1}$, $y'' = n \cdot (n-1) \cdot x^{n-2}$, $y''' = n \cdot (n-1) \cdot (n-2) \cdot x^{n-3}$ usf.

Nach n Ableitungen steht im Exponenten der Wert $n - n = 0$; die Ableitungsfunktion ist gleich der Konstanten:

$y^n = f^n(x) = n \cdot (n-1) \cdot (n-2) \cdot \ldots \cdot 3 \cdot 2 \cdot 1 \cdot x^\circ$, mit $x^\circ = 1$
$= n \cdot (n-1) \cdot (n-2) \cdot \ldots \cdot 2 \cdot 1 = c$

Die (n + 1)-te Ableitung ist die Ableitung einer Konstanten $y^n = c$ mit $y^{(n+1)} = 0$. Alle weiteren Ableitungen $> n + 1$ sind ebenfalls 0.
Es zeigt sich auch, dass die Ableitungen ganzrationaler Funktionen wiederum ganzrationale Funktionen niedrigeren Grades sind.
Viele Funktionen können beliebig oft $\neq 0$ abgeleitet werden, z. B.:

$y = e^x$, $y' = e^x$, $y'' = e^x$, $y''' = e^x \ldots$ usf.

Zu 2. Die Frage nach dem Zusammenhang der Funktion f(x) und ihren Ableitungsfunktionen wird im nächsten Abschnitt (7.3.4) behandelt.

A Aufgabe

Wie lautet die 2. und 3. Ableitungsfunktion zu folgenden Funktionen?

a) $y = f(x) = -0{,}2 \cdot x + 2$
b) $y = f(x) = -x^3 - 0{,}5 \cdot x^2$
c) $y = f(x) = x^3 + 2{,}5$
d) $y = f(x) = -x + x^2 - x^3$
e) $y = f(x) = 0{,}5 \cdot x^2 - 2 \cdot x^3$
f) $y = f(x) = -2{,}5 \cdot x^2 - 0{,}25 \cdot x^4$
g) $y = f(x) = -\frac{1}{3} \cdot x^3 - 5 \cdot x^2 + 2$
h) $y = f(x) = x^3 - x^2 + x - 4$
i) $y = f(x) = \sqrt{x}$
j) $y = f(x) = \frac{-2}{x}$
k) $y = f(x) = 2 \cdot x^3 - \frac{3}{x}$

7.3.4 Die Bedeutung der Ableitungen für den Verlauf einer Funktion

Die Ableitungsfunktionen resultieren aus der Differentiation bestimmter Funktionen und spiegeln Eigenschaften der Funktion wider, aus denen sie gebildet wurden.
Der Zusammenhang einer Funktion f(x) und ihrer 1. Ableitung f'(x), 2. Ableitung f''(x) und ihrer 3. Ableitung f'''(x) soll am Beispiel der Funktion

$$y = f(x) = \frac{1}{3} \cdot x^3 - 3 \cdot x$$

untersucht werden. Zunächst werden die ersten drei Ableitungsfunktionen gebildet und für diese eine Wertetabelle im Intervall $[-4; 4]$ errechnet. Der Verlauf der Funktion und ihrer drei Ableitungen kann dann aus dem Graphen ersehen werden.

$f(x): \quad y = \frac{1}{3} \cdot x^3 - 3 \cdot x, \quad d = \mathbb{R}$

$f'(x): \quad y' = x^2 - 3$

$f''(x)$: $y'' = 2 \cdot x$
$f'''(x)$: $y''' = 2$

Wertetabelle (auf 2 Dezimalstellen gerundet):

x	−4	−3	−2	−1	0	1	2	3	4
f(x)	−9,33	0	3,33	2,67	0	−2,67	−3,33	0	9,33
f'(x)	13	6	1	−2	−3	−2	1	6	13
f''(x)	−8	−6	−4	−2	0	2	4	6	8
f'''(x)	2	2	2	2	2	2	2	2	2

Die Abbildungen von $f(x)$, $f'(x)$, $f''(x)$, $f'''(x)$ im gemeinsamen Koordinatensystem:

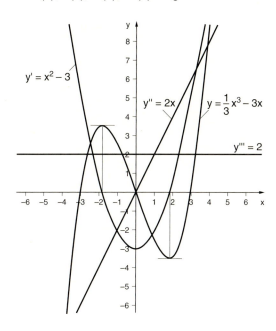

1. Der Zusammenhang von $f(x)$ und $f'(x)$ für $-\infty < x < \infty$:

Verhalten von $f'(x)$ und $f(x)$	Erläuterung
$f'(x) > 0$ für $-\infty < x < \sqrt{3}$	Positive Funktionswerte der 1. Ableitungsfunktion weisen auf eine streng monoton steigende Funktion $f(x)$ hin. $f(x)$ strebt hier einem Punkt mit waagerechter Tangente entgegen.
$f'(x) = 0 \Leftrightarrow x^2 - 3 = 0$ $x^2 = 3$ $x_{1,2} = \pm\sqrt{3}$ $x_1 = -\sqrt{3} \approx 1{,}73$ $x_2 = -\sqrt{3} \approx -1{,}73$	An der Stelle $x = -\sqrt{3} \approx -1{,}73$ hat $f'(x)$ eine Nullstelle, $f(x)$ damit die Steigung 0 und eine waagerechte Tangente. Über den Ansatz $f'(x) = 0$ können die Stellen des Definitionsbereiches ermittelt werden, für welche die 1. Ableitung zu 0 wird. Es kann jedoch keine Aussage darüber gemacht werden, ob ein

	Hoch- oder Tiefpunkt vorliegt. Die Bedingung f'(x) = 0 ist eine notwendige, aber keine hinreichende Bedingung für ein „relatives Extremum" in Form eines Hoch- oder Tiefpunktes. f'(x) wechselt das Vorzeichen, f(x) ändert die Richtung.
f'(x) < 0 für $-\sqrt{3} < x < \sqrt{3}$	Negative Funktionswerte der 1. Ableitungsfunktion weisen auf eine streng monoton fallende Funktion f(x) hin. f(x) strebt wieder einem Punkt mit waagerechter Tangente entgegen.
f'(x) = 0 ⇔ $x^2 - 3 = 0$ ⇒ $x_2 = \sqrt{3} \approx 1{,}73$ (s. o.)	An der Stelle x = $\sqrt{3} \approx 1{,}73$ hat f'(x) eine Nullstelle, f(x) damit die Steigung 0 und eine waagerechte Tangente. f'(x) wechselt das Vorzeichen, f(x) ändert die Richtung.
f'(x) > 0 für $\sqrt{3} < x < +\infty$	f(x) steigt in diesem Abschnitt streng monoton für alle x ∈ D.

2. Der Zusammenhang von f(x), f'(x), f''(x), f'''(x) für $-\infty < x < +\infty$:

f''(x), f'(x), f(x)	Erläuterung
f''(x) < 0 für $-\infty < x < 0$	f''(x) beschreibt das Steigungsverhalten von f'(x); solange f''(x) < 0 ist, fällt f'(x) streng monoton. f(x) ist rechtsgekrümmt (oder von oben gesehen konvex).
f'(x) = 0 und f''(x) < 0	f(x) hat eine waagerechte Tangente und ist zugleich rechtsgekrümmt; alle Funktionswerte in der Umgebung von $x_1 = -\sqrt{3}$ sind kleiner als $f(x_1)$ $= f(-\sqrt{3}) = \frac{1}{3}(-\sqrt{3})^3 - 3 \cdot (-\sqrt{3}) = 2 \cdot \sqrt{3}$ $\approx 3{,}47$
	Der Punkt $(-\sqrt{3}; 2 \cdot \sqrt{3})$ ist also ein Hochpunkt (HP) oder „relatives Maximum". Er ist nicht zwangsläufig das „absolute Maximum", weil die Funktion über D noch andere Funktionswerte besitzt, die größer sind als der Funktionswert $f(\sqrt{3}) \approx 3{,}47$. f''(x) < 0 ist eine hinreichende Bedingung für einen Hochpunkt, wenn f'(x) = 0 ist.

$f''(x) = 0 \Leftrightarrow 2 \cdot x = 0 \Rightarrow x_3 = 0$

An der Stelle $x_3 = 0$ geht $f(x)$ von der Rechts- in die Linkskrümmung über. $f''(x) = 0$ ist damit eine notwendige Bedingung für die Existenz eines Wendepunktes. (Allerdings gibt es auch Funktionen mit $f''(x) = 0$, welche keine Wendepunkte haben, z. B.

$f(x) = x^4$, $f'(x) = 4 \cdot x^3$
$f''(x) = 12 \cdot x^2$, $f'''(x) = 24 \cdot x$

$f''(x) = 12 \cdot x^2 = 0$ für $x = 0$
und
$f'''(x) = 24 \cdot 0 = 0$.)

Um sicherzustellen, dass tatsächlich ein Wendepunkt vorliegt, muss noch die Bedingung $f'''(x) \neq 0$ erfüllt sein. Dies ist hier der Fall:

$f''(x) = 0$ für $x = 0$ und
$f'''(x) = 2 \neq 0$ für $x = 0$

$f'''(x) = 2 \neq 0$.

Damit ist die hinreichende Bedingung für einen Wendepunkt erfüllt. Der Wendepunkt WP hat die Koordinaten:

$WP(x_3; f(x_3)) = WP(0; 0)$.

$f'(x) = 0$ und $f''(x) > 0$

$f(x)$ hat eine waagerechte Tangente und ist zugleich linksgekrümmt; alle Funktionswerte in der Umgebung von $x_2 = \sqrt{3}$ sind größer als $f(x_2)$

$= f(\sqrt{3}) = \frac{1}{3}(\sqrt{3})^3 - 3 \cdot (\sqrt{3}) = -2 \cdot \sqrt{3}$
$\approx -3{,}47$.

Der Punkt $(\sqrt{3}; -2 \cdot \sqrt{3})$ ist also ein Tiefpunkt (TP) oder „relatives Minimum". Er ist nicht zwangsläufig das „absolute Minimum", weil die Funktion über D noch andere Funktionswerte aufweist, die kleiner sind als der Funktionswert $f(\sqrt{3}) \approx -3{,}47$.

$f''(x) > 0$ ist eine hinreichende Bedingung für einen Tiefpunkt, wenn $f'(x) = 0$ ist.

◆ Zusammenfassung der Ergebnisse

1., 2. und 3. Ableitungsfunktion zeigen charakteristische Eigenschaften einer Funktion f(x) auf. Diese Eigenschaften können mithilfe folgender Kriterien ermittelt werden:

$f'(x) > 0 \Rightarrow f(x)$ steigt streng monoton
$f'(x) < 0 \Rightarrow f(x)$ fällt streng monoton

$f'(x) = 0$ und $\begin{cases} f''(x) < 0 \Rightarrow f(x) \text{ hat einen Hochpunkt} \\ f''(x) > 0 \Rightarrow f(x) \text{ hat einen Tiefpunkt} \end{cases}$

$f'(x) = 0$ und $f''(x) = 0 \Rightarrow f(x)$ hat einen Terrassenpunkt

Im Zusammenhang mit den lokalen Hoch- und Tiefpunkten sind zwei Sätze wichtig.

1. Der Satz von Rolle:

Eine im Intervall $a \leq x \leq b$ differenzierbare Funktion $y = f(x)$ mit der Eigenschaft $f(a) = f(b)$ hat im Innern des Intervalls mindestens eine Stelle x*, für die $f'(x*) = 0$ ist.

2. Mittelwertsatz der Differentialrechnung:

Eine im Intervall $a \leq x \leq b$ differenzierbare Funktion $y = f(x)$ hat im Innern des Intervalls mindestens eine Stelle x* für die

$$f'(x*) = \frac{f(x) - f(b)}{b - a} \text{ ist.}$$

Das heißt, an mindestens einer Stelle ist die Steigung der Funktion gleich der durchschnittlichen Steigung über das gesamte Intervall.

$f''(x) < 0 \Rightarrow f(x)$ hat Rechtskrümmung (von oben konvex)
$f''(x) > 0 \Rightarrow f(x)$ hat Linkskrümmung (von oben konkav)
$f''(x) = 0$ und $f'''(x) \neq 0 \Rightarrow f(x)$ hat einen Wendepunkt

Im Wendepunkt schneidet die Tangente (Wendetangente) die Kurve.

Die Berechnung der speziellen Lösungen hängt ab vom Typ der Funktionen f(x) und ihrer Ableitungsfunktionen. Da die x-Koordinaten der charakteristischen Punkte Nullstellen von Funktionen sind, ist die Beherrschung von Lösungsverfahren zur Ermittlung von Nullstellen unbedingte Voraussetzung.

In manchen Fällen genügen die oben genannten, hinreichenden Kriterien nicht zur eindeutigen Identifizierung von Extremwerten und/oder Wendepunkten, so z. B. für die Potenzfunktionen $y = f(x) = x^4$ oder $y = f(x) = x^5$. In diesen seltenen Fällen kann eine weitere Auswertung der Ableitungen erforderlich werden.

7.4 Die Ermittlung der Eigenschaften von Funktionen mit Hilfe der Kurvendiskussion

7.4.1 Kriterien für eine Kurvendiskussion

Aufgabe der Kurvendiskussion

Jede Funktion f(x) weist bestimmte, charakteristische Eigenschaften auf. Diese Eigenschaften können mit Hilfe der Differentialrechnung genauer als mit anderen Methoden, z. B. einer Wertetabelle o. Ä., ermittelt werden. Die **Aufgabe der Kurvendiskussion** ist es, eine gegebene Funktion nach bestimmten Kriterien so auszuwerten, dass alle wichtigen Erkenntnisse über den Funktionsverlauf gewonnen

werden können. Die **Methoden der Kurvendiskussion** können dann auch auf praxisorientierte Anwendungen übertragen werden.
Es werden hier noch einmal alle Punkte, die bei einer Kurvendiskussion zu beachten sein können, zusammengefasst. Die Kriterien zur Ermittlung der Funktionseigenschaften werden genannt. Die Reihenfolge der Punkte kann bei Bedarf geändert werden. Es gibt auch Aufgabenstellungen, bei denen nur einzelne Punkte der Kurvendiskussion zu beachten sind.

Schema einer Kurvendiskussion:

$$\boxed{\text{Funktionsterm } f(x) \text{ aufstellen und } f'(x), f''(x), f'''(x) \text{ bilden}}$$

1. Festlegung des Definitionsbereiches D; (bei ganzrationalen Funktionen ist $D = \mathbb{R}$).

2. Symmetrieeigenschaften

    a) Achsensymmetrie bzgl. y-Achse: b) Punktsymmetrie bzgl. Ursprung:

    $\boxed{f(x) = f(-x)}$ $\boxed{f(-x) = -f(x)}$

3. Nullstellen von f(x) auf der x-Achse:

    $$\boxed{y = f(x) = 0}$$

    Nullstellen von f(x) auf der y-Achse:

    $$\boxed{x = 0}$$

    Die Nullstelle auf der y-Achse entspricht wertmäßig dem konstanten, d. h. dem von der Variablen x freien Glied der Funktion.

4. Extremwerte (lokale Hoch- und Tiefpunkte) und Monotonieverhalten

    $\boxed{\begin{array}{l} f'(x) = 0 \text{ und } \begin{array}{l} f''(x) < 0 \Rightarrow f(x) \text{ hat einen Hochpunkt} \\ f''(x) > 0 \Rightarrow f(x) \text{ hat einen Tiefpunkt} \end{array} \end{array}}$

    $\boxed{\begin{array}{l} f'(x) > 0 \Rightarrow f(x) \text{ steigt streng monoton} \\ f'(x) < 0 \Rightarrow f(x) \text{ fällt streng monoton} \end{array}}$

5. Wendepunkte und Krümmungsverhalten

    $\boxed{f''(x) = 0 \text{ und } f'''(x) \neq 0 \Rightarrow f(x) \text{ hat einen Wendepunkt}}$

    $\boxed{\begin{array}{l} f''(x) < 0 \Rightarrow f(x) \text{ hat Rechtskrümmung (von oben konvex)} \\ f''(x) > 0 \Rightarrow f(x) \text{ hat Linkskrümmung (von oben konkav)} \end{array}}$

6. Ermittlung des Wertebereiches W, Verhalten am Rande des Definitionsbereiches D.

7. Wertetabelle und graphische Darstellung.

7.4.2 Die Diskussion ganzrationaler Funktionen

Beispiel 1

Die Funktion

$$y = f(x) = 3 \cdot x^4 - 8 \cdot x^3 + 6 \cdot x^2$$

ist zu diskutieren.

$y' = f'(x) = 12 \cdot x^3 - 24 \cdot x^2 + 12 \cdot x$
$y'' = f''(x) = 36 \cdot x^2 - 48 \cdot x + 12$
$y''' = f'''(x) = 72 \cdot x - 48$

1. Definitionsbereich: $D = \mathbb{R} = \{x \mid -\infty < x < \infty\}$

2. Symmetrieeigenschaften
   Da der höchste Exponent 4 gerade ist, ist die Achsensymmetrie bezüglich der y-Achse zu prüfen: $f(x) = f(-x)$?
   $3 \cdot x^4 - 8 \cdot x^3 + 6 \cdot x^2 = 3 \cdot (-x)^4 - 8 \cdot (-x)^3 + 6 \cdot (-x)^2$?
   Die Berechnung ergibt:
   $3 \cdot x^4 - 8 \cdot x^3 + 6 \cdot x^2 \neq 3 \cdot x^4 + 8 \cdot x^3 + 6 \cdot x^2$
   $\quad\quad - 8 \cdot x^3 \quad\quad\quad \neq \quad\quad + 8 \cdot x^3$
   ⇒ keine Achsensymmetrie bezüglich der y-Achse

3. Nullstellen: $f(x) = 0$
   $3 \cdot x^4 - 8 \cdot x^3 + 6 \cdot x^2 = x^2 \cdot (3 \cdot x^2 - 8 \cdot x + 6) = 0$
   $x^2 = 0 \Leftrightarrow x_1 = x_2 = 0$ (doppelte Nullstelle bei $x = 0$)
   $3 \cdot x^2 - 8 \cdot x + 6 = 0$ (quadratische Gleichung)
   $x_{3,4} = \dfrac{8 \pm \sqrt{64 - 72}}{6} = \dfrac{8 \pm \sqrt{-8}}{6}$ (Keine weiteren Nullstellen, da die Diskriminante $-8 < 0$ ist.)
   Nullstellen auf der y-Achse: $x = 0 \Rightarrow$ bei $y = f(0) = 0$

4. Lokale Extremwerte und Monotonieverhalten
   $f'(x) = 12 \cdot x^3 - 24 \cdot x^2 + 12 \cdot x = 0 \mid : 12$
   $x \cdot (x^2 - 2 \cdot x + 1) \quad = 0$
   $x_{E1} = 0$
   $x_{E2,3} = \dfrac{2 \pm \sqrt{4 - 4}}{2} = \dfrac{2 \pm 0}{2} = 1$
   $f''(x_{E1}) = 36 \cdot 0 - 48 \cdot 0 + 12 = 12 > 0 \Rightarrow$ Tiefpunkt bei $x_{E1} = 0$
   $f''(x_{E2,3}) = 36 \cdot 1^2 - 48 \cdot 1 + 12 = 0 \quad \Rightarrow$ Terrassenpunkt bei $x_{E2,3} = 1$
   $x_{E1} = 0$ in $f(x) \Rightarrow f(0) = 3 \cdot 0 - 8 \cdot 0 + 6 \cdot 0 = 0 \Rightarrow$ Tiefpunkt $(0/0)$
   $x_{E2,3} = 1$ in $f(x) \Rightarrow f(1) = 3 \cdot 1 - 8 \cdot 1 + 6 \cdot 1 = 1 \Rightarrow$ Terrassenpunkt $(1/1)$

   Monotonieverhalten
   $-\infty < x < \quad 0$: $f(x)$ fällt streng monoton
   $\quad 0 < x < \quad 1$: $f(x)$ steigt streng monoton
   $\quad 1 < x < +\infty$: $f(x)$ steigt streng monoton

   An den Stellen $x = 0$ und $x = 1$ verläuft die Kurve wegen $f'(x) = 0$ monoton.

5. Wendepunkte und Krümmungseigenschaften
   $f''(x) = 36 \cdot x^2 - 48 \cdot x + 12 = 0 \mid : 12$
   $\quad\quad 3 \cdot x^2 - 4 \cdot x + 1 = 0$

   $x_{WP1,2} = \dfrac{4 \pm \sqrt{(16 - 12)}}{6} = \dfrac{4 \pm 2}{6}$

   $x_{WP1} = \dfrac{6}{6} = 1; \quad x_{WP2} = \dfrac{2}{6} = \dfrac{1}{3}$

f'''(1) = 72 · 1 − 48 = 24 ≠ 0   ⇒ WP bei (1; f(1)) = WP 1 (1; 1)
f'''(1/3) = 72 · 1/3 − 48 = 24 ≠ 0 ⇒ WP bei (1/3; f(1/3)) = WP 2 (1/3; 11/27)

WP 1 ist zugleich Terrassenpunkt

Krümmungsverhalten: mit Hilfe der Gleichung

f''(x) = 36 · x² − 48 · x + 12 = 0 | : 12
3 · x² − 4 · x + 1 = 0
⇒ x = 1/3 und x = 1 kann das Krümmungsverhalten untersucht werden.

1) x < 1/3,   z.B. x = 0   ⇒ f''(0)   = 12 > 0 ⇒ Linkskrümmung
2) 1/3 < x < 1, z.B. x = 0,5 ⇒ f''(0,5) = −1 < 0 ⇒ Rechtskrümmung
3) x > 1,   z.B. x = 2   ⇒ f''(2)   = 60 < 0 ⇒ Linkskrümmung

−∞ < x < 1/3 ⇒ f''(x) > 0 ⇒ Linkskrümmung
1/3 < x < 1 ⇒ f''(x) < 0 ⇒ Rechtskrümmung
1   < x < +∞ ⇒ f''(x) > 0 ⇒ Linkskrümmung

6. Wertebereich: W = {y | 0 < y < +∞} = ℝ°⁺ das relative Minimum (Tiefpunkt) ist zugleich das absolute Minimum.

Verhalten x → +∞ ⇒ f(x) → +∞, da 3 · x⁴ positiv
Verhalten x → −∞ ⇒ f(x) → +∞, da 3 · x⁴ positiv

7. Wertetabelle und Zeichnung

x	−1	0,5	0	0,5	1	1,5	2	2,5
y	17	2,69	0	0,69	1	1,68	8	29,7

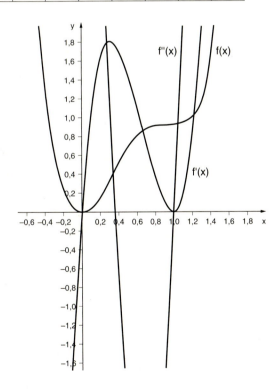

Beispiel 2

Es gibt eine Reihe von Aufgaben, bei denen man sich mit einer verkürzten Kurvendiskussion unter Berücksichtigung folgender Punkte begnügen kann:

1. Definitionsbereich D
2. Nullstellen von f(x) auf der x-Achse
3. Extremwerte (lokale Hoch- und Tiefpunkte)
4. Wendepunkte
5. Wertebereich W, Verhalten am Rande des Definitionsbereiches D
6. Graphische Darstellung

Die Funktion

$$y = f(x) = x^3 - x$$

ist in $D = [-2; 2]$ zu diskutieren.

$y' = f'(x) = 3 \cdot x^2 - 1$
$y'' = f''(x) = 6 \cdot x$
$y''' = f'''(x) = 6$

1. $D = \{x \mid -2 < x < 2\}$

2. Nullstellen: $f(x) = 0 \Leftrightarrow x^3 - x = 0 \Leftrightarrow x \cdot (x^2 - 1) = 0$
   $x_1 = 0$

   oder: $x^2 - 1 = 0$
   $\Rightarrow x_{2,3} = \pm \sqrt{1}$
   $x_2 = 1$
   $x_3 = -1$

3. Extremwerte: $f'(x) = 0 \Leftrightarrow 3 \cdot x^2 - 1 = 0$

   $\Rightarrow x_{E1} = +\sqrt{\frac{1}{3}} \approx 0{,}577 \quad x_{E2} = -\sqrt{\frac{1}{3}} \approx -0{,}577$

   $x_{E1,2}$ in $f''(x) = 6 \cdot x$
   $\Rightarrow f''(x_{E1}) \approx 6 \cdot 0{,}577 = 3{,}46 > 0 \quad \Rightarrow$ Tiefpunkt bei $x_{E1} = +0{,}577$
   $\Rightarrow f''(x_{E2}) \approx -6 \cdot 0{,}577 = -3{,}46 < 0 \Rightarrow$ Hochpunkt bei $x_{E1} = -0{,}577$

   $x_{E1,2}$ in $f(x)$:
   $\Rightarrow$ TP$(0{,}577; -0{,}385)$; HP$(-0{,}577; 0{,}385)$

4. Wendepunkte: $f''(x) = 0 \Leftrightarrow 6 \cdot x = 0 \Leftrightarrow x_{WP} = 0$
   $f'''(x) = 6 \neq 0 \Rightarrow$ Wendepunkt bei WP$(0; f(0)) =$ WP$(0; 0)$

5. Verhalten am Rand von $D = [-2; 2]$

   $y = f(-2) = -8 + 2 = -6 \Rightarrow$ linkes Randextremum für $f(x) = -6$
   $y = f(2) = 8 - 2 = 6 \Rightarrow$ rechtes Randextremum für $f(x) = 6$
   $\Rightarrow W = \{y \mid -6 < y < 6\}$

6. Graphische Darstellung

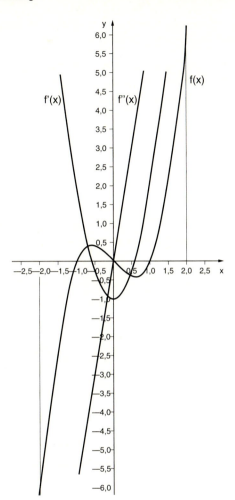

A Aufgaben

Folgende ganzrationale Funktionen sind zu diskutieren für $D = \mathbb{R}$, wenn nicht anders vorgegeben:

1. $y = f(x) = -2 \cdot x^2 + 6$ $D = [-3; 3]$
2. $y = f(x) = 0{,}4 \cdot x^2 - 2 \cdot x + 1$
3. $y = f(x) = x^3 + 2 \cdot x^2 - 13 \cdot x + 10$
4. $y = f(x) = x^3 - x^2 + 2$
5. $y = f(x) = x^3 + 2 \cdot x^2 - 8 \cdot x - 16$
6. $y = f(x) = x^3 - 3 \cdot x^2 + x$
7. $y = f(x) = x^4 - 2 \cdot x^3$ $D = [-1; 2]$
8. $y = f(x) = 4 \cdot x^2 - 2 \cdot x^4$

7.4.3 Die Diskussion gebrochenrationaler Funktionen

Die Diskussion gebrochenrationaler Funktionen kann sich umfangreicher gestalten als die Diskussion ganzrationaler Funktionen. Als Anhaltspunkt kann folgender Katalog dienen:
1. Definitionsbereich D, Definitionslücken (Pole, hebbare Lücken)
2. Nullstellen von f(x) auf der x- und y-Achse
3. Asymptoten (Verhalten für $x \to \pm\infty$)
4. Extremwerte (lokale Hoch- und Tiefpunkte)
5. Wendepunkte
6. Symmetrie
7. Wertebereich W
8. Graphische Darstellung

Beispiel Die Funktion $y = f(x) = \dfrac{g(x)}{h(x)} = \dfrac{2 \cdot x^3 + 1}{x^2}$ ist zu diskutieren.

$$y' = f'(x) = \frac{6 \cdot x^2 \cdot x^2 - 2 \cdot x \cdot (2 \cdot x^3 + 1)}{x^4} = \frac{2 \cdot x^4 - 2 \cdot x}{x^4} = \frac{2 \cdot x^3 - 2}{x^3}$$

$$y'' = f''(x) = \frac{6 \cdot x^2 \cdot x^3 - 3 \cdot x^2 \cdot (2 \cdot x^3 - 2)}{x^6} = \frac{6 \cdot x^5 - 6 \cdot x^5 + 6 \cdot x^2}{x^6}$$

$$y'' = f''(x) = \frac{6 \cdot x^2}{x^6} = \frac{6}{x^4}; \quad y''' = -\frac{24}{x^5}$$

1. Definitionsbereich D: Für $h(x) = 0 \Leftrightarrow x^2 = 0 \Leftrightarrow x = 0$ ist f(x) nicht definiert. Die Zahl 0 gehört daher nicht zum Definitionsbereich

$$D = \mathbb{R} \setminus \{0\}$$

f(x) hat an der Stelle $x = 0$ einen Pol ohne Vorzeichenwechsel, da $2 \cdot x^3 + 1 > 0$ für kleine x und $x^2 > 0$ für $x \in D$.

2. Nullstellen: $f(x) = 0 \Leftrightarrow g(x) = 2 \cdot x^3 + 1 = 0 \Rightarrow x_1 = \sqrt[3]{-0{,}5}$
$\Rightarrow x_1 \approx -0{,}79$.

3. Asymptote: $x \to \pm\infty$

$$y = f(x) = \frac{2 \cdot x^3 + 1}{x^2} = 2 \cdot x + \frac{1}{x^2} \Rightarrow y = 2 \cdot x \quad \text{für } x \to \pm\infty$$

Asymptote mit der Gleichung $y = 2 \cdot x$

4. Extremwerte (lokale Hoch- und Tiefpunkte):

$$y' = f'(x) = \frac{2 \cdot x^3 - 2}{x^3} = 0 \Leftrightarrow 2 \cdot x^3 - 2 = 0 \Leftrightarrow x_{E1} = \sqrt[3]{1} = 1$$

x_{E1} in $f''(x) \Rightarrow f''(x_{E1}) = \dfrac{6}{1^4} = 6 > 0$

$\Rightarrow$ Tiefpunkt bei $(1; f(1))$; TP$(1; 3)$

5. Wendepunkte:

$$y'' = f''(x) = \frac{6}{x^4} = 0 \Rightarrow 6 \neq 0 \Rightarrow \text{kein Wendepunkt}$$

6. Symmetrieeigenschaften: sind nicht erkennbar

7. Wertebereich: $W = \mathbb{R}$ (s. Graph)

8. Graphische Darstellung

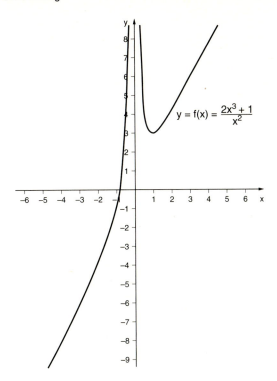

A Aufgaben

Folgende Funktionen sind zu diskutieren:

1. $y = f(x) = \dfrac{1}{x}$ 2. $y = f(x) = \dfrac{x-1}{x}$ 3. $y = f(x) = \dfrac{2 \cdot x}{2 - x}$

4. $y = f(x) = \dfrac{5}{x^2 + 1}$ 5. $y = f(x) = \dfrac{x^2 - 1}{x}$ 6. $y = f(x) = x + \dfrac{2}{x}$

7.4.4 Die Diskussion der Exponentialfunktion

Beispiel Die Funktion $y = f(x) = x \cdot e^x$ ist zu diskutieren.

Ableitungen nach der Produktregel

$y' = f'(x) = 1 \cdot e^x + x \cdot e^x = e^x \cdot (1 + x)$
$y'' = f''(x) = e^x \cdot (2 + x)$
$y''' = f'''(x) = e^x \cdot (3 + x)$

1. Definitionsbereich $D = \mathbb{R}$

2. Symmetrieeigenschaften: sind nicht erkennbar

3. Nullstellen: $f(x) = 0 \Leftrightarrow f(x) = x \cdot e^x = 0$ für $x = 0$

4. Lokale Extremwerte: $f'(x) = 0$

   $e^x(1+x) = 0 \quad e^x \neq 0 \quad$ für $x \in D$
   $\Rightarrow$ Nullstelle nur für: $(1+x) = 0 \Rightarrow x_{E1} = -1$
   $f''(-1) = e^{-1} \cdot 2 = \frac{1}{2} \cdot 2 \approx 0{,}74 > 0 \Rightarrow$ Tiefpunkt $\left(-1; -\frac{1}{e}\right) = TP(-1; -0{,}367)$

5. Wendepunkte: $f''(x) = 0 \Leftrightarrow e^x \cdot (2+x) = 0 \Rightarrow x_{WP} = -2$
   $f'''(-2) = e^{-2} \cdot (3-2) = e^{-2} \approx 0{,}135 \neq 0 \Rightarrow$ Wendepunkt
   $WP(-2; -2 \cdot e^{-2}) = WP(-2; -0{,}271)$

6. Wertebereich $W = \left\{ y \mid -\frac{1}{e} \leq y + \infty \right\} = \left[-\frac{1}{e}; +\infty \right[$
   Verhalten für $x \to \infty$: $x \to \infty$, $e^x \to \infty \Rightarrow f(x) \to \infty$
   Verhalten für $x \to -\infty$: $x \to -\infty$, $e^{-x} \to 0$
   wobei x schwächer gegen $-\infty$ geht als e^{-x} gegen 0 geht.
   $\Rightarrow f(x) \to 0$: $y = 0$ ist Asymptote für $x \to -\infty$

7. Graphische Darstellung

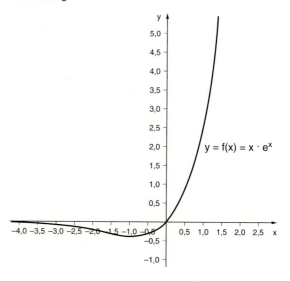

A Aufgaben

Folgende Funktionen sind zu diskutieren:

1. $y = f(x) = e^x$
2. $y = f(x) = e^{x^2}$ \qquad (Kettenregel für Ableitung anwenden)
3. $y = f(x) = x + e^{-x}$
4. $y = f(x) = e^x + e^{-x}$

7.4.5 Ermittlung von Funktionen aus vorgegebenen Eigenschaften

Die Kriterien der Kurvendiskussion ermöglichen es, aus vorgegebenen Eigenschaften von Funktionen den **Funktionsterm** einer Funktion zu ermitteln, die genau die gegebenen Bedingungen erfüllt. Dieses Vorgehen ist prinzipiell für jeden Funktionstyp anwendbar (vgl. Termbestimmung durch Interpolation). Wir beschränken uns hier auf die Termbestimmung von ganzrationalen Funktionen bis höchstens 4. Grades.

Beispiel Wie lautet der Funktionsterm der ganzrationalen Funktion 2. Grades, deren Graph folgende Bedingungen erfüllt:
1. Der Punkt P_1 (1; 4) liegt auf der Kurve.
2. Die Tangente in P_1 ist parallel zur Geraden $g : y = 4 \cdot x$.
3. An der Stelle $x_E = 0{,}75$ liegt ein Extremwert vor.

Lösung:

Die ganzrationale Funktion 2. Grades und ihre ersten beiden Ableitungen lauten in allgemeiner Form:
$$y = f(x) = a \cdot x^2 + b \cdot x + c$$
$$y' = f'(x) = 2 \cdot a \cdot x + b$$
$$y'' = f''(x) = 2 \cdot a$$

Es werden also 3 Bestimmungsgleichungen für die Konstanten a, b, c benötigt.

I. $f(1) = 4 \Leftrightarrow a + b + c = 4$ (Kurvenpunkt P_1)
II. $f'(1) = 4 \Leftrightarrow 2 \cdot a \cdot 1 + b = 4$ ($f(x) \parallel$ zu g, gleiche Steigung)
III. $f'(0{,}75) = 0 \Leftrightarrow 2 \cdot a \cdot 0{,}75 + b = 0$ (Extremwert bei x_E)

Ein lineares Gleichungssystem (LGS) entsteht, das nach dem Gauß'schen Algorithmus gelöst werden kann. Dazu entwickelt man folgende Tableaus:

	a	b	c			
I	1	1	1	4	$\cdot (-2)$	$\cdot (-1{,}5)$
II	2	1	0	4		
III	1,5	1	0	0		
I	1	1	1	4		
$-2 \cdot $ I $+$ II $=$ II'	0	-1	-2	-4		
$-1{,}5 \cdot $ I $+$ III $=$ III'	0	$-0{,}5$	$-1{,}5$	-6	$\cdot (-2)$	
I	1	1	1	4		
II'	0	-1	-2	-4		
II' $- 2 \cdot$ III' $=$ III''	0	0	1	8		

Aus III'' folgt: $c = 8$,
c in II': $-b - 2 \cdot 8 = -4 \Rightarrow b = -12$
b, c in I: $a - 12 + 8 = 4 \Rightarrow a = 8$

Der gesuchte Funktionsterm lautet:
$$\boxed{y = f(x) = 8 \cdot x^2 - 12 \cdot x + 8}$$

A Aufgaben

1. Wie lautet der Funktionsterm der ganzrationalen Funktion 2. Grades, deren Graph folgende Bedingungen erfüllt:
   I. Die Symmetrieachse ist durch $x = -2$ gegeben.
   II. Die x-Achse wird bei $x = -0,5$ unter einem Winkel von $45°$ geschnitten.

2. Wie lautet der Funktionsterm der ganzrationalen Funktion 3. Grades, deren Graph folgende Bedingungen erfüllt:
   I. Der Ursprung ist Symmetriezentrum.
   II. Bei $P(-2; -4)$ liegt ein lokaler Tiefpunkt.

3. Wie lautet der Funktionsterm der ganzrationalen Funktion 3. Grades, deren Graph folgende Bedingungen erfüllt:
   I. $x_1 = -1$ ist eine Nullstelle der Funktion.
   II. Bei $x_{WP} = -2$ hat die Funktion einen Wendepunkt.
   III. Die Gleichung der Wendetangente lautet: $y = 3 \cdot x + 2,5$.

4. Wie lautet der Funktionsterm der ganzrationalen Funktion 3. Grades, deren Graph folgende Bedingungen erfüllt:
   I. Der Ursprung liegt auf der Kurve.
   II. $W(2; 1)$ ist ein Terrassenpunkt.

5. Wie lautet der Funktionsterm der ganzrationalen Funktion 3. Grades, deren Graph folgende Bedingungen erfüllt:
   I. Die Funktion hat in $WP(1; 0)$ einen Wendepunkt.
   II. Die Funktion hat in $P_1(3; ?)$ die Gerade $y - 11 \cdot x + 27 = 0$ als Tangente.

   Die Funktion ist zu diskutieren.

6. In der Funktion $y = a \cdot x^4 + b \cdot x^2 + 4$ sollen die Konstanten a und b so bestimmt werden, dass die Kurve für $x = 1$ die Steigung 2 und für $x = \sqrt{\frac{2}{2}}$ einen Wendepunkt hat.

8 Die Ermittlung optimaler Werte in ökonomischen Handlungssituationen

Rationales Handeln von Wirtschaftssubjekten ist darauf gerichtet, eine bestimmte Zielgröße unter gegebenen Bedingungen zu optimieren, das heißt, einen bestimmten **Maximalwert**, z. B. an Gewinn, oder einen bestimmten **Minimalwert**, z. B. bei den Kosten, zu realisieren. Bei nichtlinearen Funktionsverläufen bildet die Differentialrechnung ein Hilfsmittel, solche Optimalwerte zu ermitteln.

8.1 Erlös-, Kosten- und Gewinnanalysen in der Einproduktunternehmung

Unternehmens- und Marktmodelle, die auf **nichtlinearen Funktionen** beruhen, sind sehr komplex. Um die wesentlichen Gesetzmäßigkeiten, die bei gewinnorientiertem Verhalten einer Unternehmung erkennbar sind, darstellen zu können, werden die Marktanalysen auf die Einproduktunternehmung beschränkt, die als Angebotsmonopolist oder Polypolist handelt.

8.1.1 Die Gewinnmaximierung eines Angebotsmonopolisten bei linearem Kostenverlauf

Ein junges Technologieunternehmen hat eine neue Erfindung patentieren lassen und damit ein zeitweiliges Monopol (= zeitweiliger Alleinanbieter) auf diesem Markt erworben. Marktuntersuchungen haben ergeben, dass die Nachfrage $p_N(x)$ nach dem Produkt hinreichend genau durch die lineare Funktion

$$p_N(x) = m \cdot x + b \quad \text{mit} \quad p_N(x) = -2 \cdot x + 200$$

beschrieben werden kann.

Die beschäftigungsunabhängigen (fixen) Kosten werden mit 1 000 GE kalkuliert, während die beschäftigungsabhängigen (variablen) Kosten mit 60 GE je produzierter und verkaufter Mengeneinheit zu Buche schlagen. Die Produktion kann sofort nach Bestellung ausgeführt werden, sodass keine Lagerhaltung erforderlich ist.

Die Unternehmung strebt einen möglichst hohen Gewinn aus dem Verkauf des Produktes an und möchte im Zusammenhang mit der Absatzplanung folgende Fragen beantwortet haben:

Aufgaben:
1. Welcher Bereich ist für die Mengenplanung ökonomisch sinnvoll?
2. Wie entwickeln sich Umsatz, Kosten und Gewinn in Abhängigkeit von der abgesetzten Menge?
3. In welchem Bereich erzielt die Unternehmung einen Gewinn und wie hoch fällt der Gewinn unter günstigsten Bedingungen aus? Zu welchem Preis müsste die Unternehmung das Produkt dann anbieten?

4. Die Nachfrage-, Erlös-, Kosten- und Gewinnentwicklung ist tabellarisch und graphisch darzustellen.
5. Wie hoch fallen Erlös-, Kosten- und Gewinnzuwachs pro abgesetzte Mengeneinheit aus?
6. Wie entwickeln sich der Stückerlös, die gesamten Stückkosten, die variablen und fixen Stückkosten, der Stückgewinn? Wo erreichen die Stückkosten ihr Minimum? Welche Folgerungen ergeben sich aus den Stückkostenfunktionen für die Ermittlung von Preisuntergrenzen?
7. Auch diese Zusammenhänge sind tabellarisch und graphisch darzustellen.

Analyse und Lösung:

Zu 1. Die Mengenplanung muss sich auf das Intervall erstrecken, das ökonomisch sinnvoll ist, d. h., die linke Grenze wird durch die Nichtnegativitätsbedingung $x \geq 0$ definiert mit $p_N(x) = a \cdot 0 + b = b$ als (theoretischem) Höchstpreis, der hier $b = 200$ GE beträgt.

Die Marktsättigungsmenge befindet sich an der rechten Grenze des Intervalls mit

$$p_N(x) = 0 \Leftrightarrow m \cdot x + b = 0 \Rightarrow x_0 = -\frac{b}{m} \quad \text{(Nullstelle)}$$

$$\Rightarrow x_0 = -\frac{200}{-2} = 100$$

Der Definitionsbereich D entspricht damit dem Intervall $[0\,;100]$.

Zu 2. Da die gesamte Marktnachfrage dem Monopolisten gegenübersteht, errechnet sich die Umsatz- bzw. Erlösfunktion $E(x)$ des Monopolisten nach der Formel:

$E(x) = p_N(x) \cdot x = (m \cdot x + b) \cdot x = m \cdot x^2 + b \cdot x$

$\Rightarrow E(x) = -2 \cdot x^2 + 200 \cdot x$

Die Kostenfunktion $K(x)$ setzt sich aus den variablen $K_v(x)$ und fixen Kosten K_f zusammen. Bei linearem Kostenverlauf bedeutet dies, dass die gesamten variablen Kosten $K_v(x)$ sich als Produkt der variablen (proportionalen) Stückkosten k_v mit der Produktionsmenge x ergeben.

$K(x) = K_v(x) + K_f = k_v \cdot x + K_f$

$\Rightarrow K(x) = 60 \cdot x + 1\,000$

Die Gewinnfunktion $G(x)$ ist gleich der Differenz von Erlös- und Kostenfunktion:

$G(x) = E(x) - K(x) = m \cdot x^2 + b \cdot x - (k_v \cdot x + K_f)$

$\quad\quad = m \cdot x^2 + (b - k_v) \cdot x - K_f$

$\Rightarrow G(x) = -2 \cdot x^2 + 140 \cdot x - 1\,000$

Zu 3. Zunächst gilt es, die Gewinnzone zu bestimmen, die durch Gewinnschwelle und Gewinngrenze begrenzt wird. Dazu setzt man $G(x) = 0$ und löst die Gewinngleichung nach x auf.

$G(x) = 0 \Leftrightarrow m \cdot x^2 + (b - k_v) \cdot x - K_f = 0$

$$\Rightarrow x_{1,2} = \frac{-(b - k_v) \pm \sqrt{((b - k_v)^2 - 4 \cdot m \cdot (-K_f))}}{2 \cdot m}$$

$$\Rightarrow x_{1,2} = \frac{-140 \pm \sqrt{(140^2 - 4 \cdot (-2) \cdot (-1\,000))}}{2 \cdot (-2)}$$

$$\Rightarrow x_{1,2} = \frac{-140 \pm \sqrt{(19\,600 - 8\,000)}}{-4} \approx \frac{-140 \pm 107{,}70}{-4}$$

$$\Rightarrow x_1 = \frac{-140 + 107{,}7}{-4} = 8{,}07 \approx 8 \quad (= \text{Gewinnschwelle})$$

$$\Rightarrow x_2 = \frac{-140 - 107{,}7}{-4} = 61{,}9 \approx 62 \quad (= \text{Gewinngrenze})$$

Anmerkung: Gewinnschwelle und -grenze können auch mithilfe der Erlös- und Kostenfunktion berechnet werden. An diesen Stellen muss die Bedingung $E(x) = K(x)$ oder $E(x) - K(x) = 0$ erfüllt sein. Dies entspricht dann dem Ansatz $G(x) = 0$. Die weitere Berechnung gestaltet sich dann wie oben.

Der Punkt des maximalen Gewinns kann nun mit den Hilfsmitteln der Differentialrechnung ermittelt werden. Dazu bildet man:

$G'(x) = 2 \cdot m \cdot x + (b - k_v) = 0 \Leftrightarrow \boxed{x = \dfrac{-(b - k_v)}{2 \cdot m}}$
$G''(x) = 2 \cdot m$

und prüft $G'(x)$ auf die Bedingungen $G'(x) = 0$ und $G''(x) < 0$:
$G'(x) = -4 \cdot x + 140$
$G''(x) = -4$
$G'(x) = 0 \Leftrightarrow -4 \cdot x + 140 = 0 \Rightarrow x_{opt} = (-140)/(-4) = 35$

Da $G''(x) = -4 < 0$ für alle x ist, hat die Gewinnfunktion $G(x)$ an der Stelle $x_{opt} = 35$ ein lokales Maximum. Dem entspricht dann ein Gewinn von
$G(x_{opt}) = G(35) = -2 \cdot 35^2 + 140 \cdot 35 - 1\,000 = 1\,450$ GE.

Zur Bestimmung des Angebotspreises sucht man nun auf der Nachfragefunktion den Preis $p_N(x_{opt})$, welcher dem Gewinnmaximum entspricht. Dazu wird x_{opt} in die Preis-Absatz-Funktion eingesetzt.

$p_N(35) = -2 \cdot 35 + 200 = 130$ GE

Der maximale Gewinn des Angebotsmonopolisten wird bei einem Preis von 130 GE erzielt. Den Punkt $(x_{opt}; p_N(x_{opt}))$ der Nachfragefunktion nennt man in der Wirtschaftstheorie auch den **„Cournot'schen Punkt"**, benannt nach dem französischen Nationalökonom Cournot (1800–1877).

Cournot'scher Punkt

Auch hier ließe sich das Gewinnmaximum über die Rechnung $G'(x) = E'(x) - K'(x) = 0$ und $G''(x) = E''(x) - K''(x) < 0$ etc. ermitteln.

Das Gewinnmaximum darf nicht mit dem Erlösmaximum verwechselt werden. Im Erlösmaximum müssen die Bedingungen $E'(x) = 0$ und $E''(x) < 0$ erfüllt sein.

$E(x) = -2 \cdot x^2 + 200 \cdot x$

$E'(x) = -4 \cdot x + 200$ und $E''(x) = -4 < 0$; ein Maximum existiert

$-4 \cdot x + 200 = 0 \Rightarrow x = 50$ und $E(50) = -2 \cdot 50^2 + 50 \cdot 500 = 5\,000$ GE.

Zu 4. Die Funktionen in Abhängigkeit von der Produktion x lauten:

$p_N(x) = -2 \cdot x + 200$ $\qquad E(x) = -2 \cdot x^2 + 100 \cdot x$
$K(x) = 60 \cdot x + 1000$ $\qquad G(x) = -2 \cdot x^2 + 140 \cdot x - 1000$

Dazu lässt sich über D = [0;100] folgende Wertetabelle berechnen:

x	$p_N(x)$	E(x)	K(x)	G(x)
0	200	0	1 000	−1 000
10	180	1 800	1 600	200
20	160	3 200	2 200	1 000
30	140	4 200	2 800	1 400
40	120	4 800	3 400	1 400
50	100	5 000	4 000	1 000
60	80	4 800	4 600	200
70	60	4 200	5 200	−1 000
80	40	3 200	5 800	−2 600
90	20	1 800	6 400	.
100	0	0	7 000	.

Diese Zusammenhänge können nun auch graphisch veranschaulicht werden:

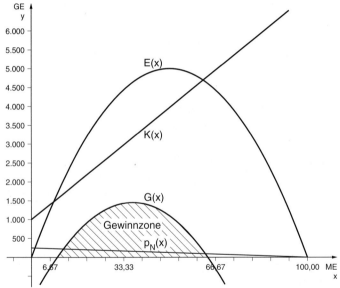

Zu 5. Bei einer eingehenden Unternehmensanalyse beschränkt man sich nicht auf die Grundfunktionen, sondern bezieht die Funktionsänderungen in die Betrachtung ein. Von besonderer Bedeutung ist dabei die Ermittlung von Grenzerlös, Grenzkosten und Grenzgewinn, d.h. jene Veränderungen der genannten Funktionen, die bei Zunahme der Produktion x um eine Einheit auf x + 1 Einheiten eintreten. Mathematisch entspricht die Grenzbetrachtung der Ermittlung der Differenzenquotienten:

$$\text{Grenzerlös } E'(x) = \frac{E(x+1) - E(x)}{x+1-x} = \frac{E(x+1) - E(x)}{1} = E(x+1) - E(x)$$
$$= [-2 \cdot (x+1)^2 + 200 \cdot (x+1)] - [-2 \cdot x^2 + 200 \cdot x]$$
$$= -2 \cdot x^2 - 4 \cdot x - 2 + 200 \cdot x + 200 + 2 \cdot x^2 - 200 \cdot x$$
$$= -4 \cdot x + 200 \text{ GE}$$

Grenzkosten $K'(x) = \dfrac{K(x+1) - K(x)}{x+1-x} = \dfrac{K(x+1) - K(x)}{1} = K(x+1) - K(x)$

$ = [60 \cdot (x+1) + 1\,000] - [60 \cdot x + 1\,000]$

$ = 60 \cdot x + 60 + 1\,000 - 60 \cdot x - 1\,000$

$ = 60\ \text{GE}$

(Anstelle von „Grenzkosten" findet man auch den Begriff „Differentialkosten".)

Grenzgewinn $G'(x) = \dfrac{G(x+1) - G(x)}{x+1-x} = \dfrac{G(x+1) - G(x)}{1} = G(x+1) - G(x)$

$ = [-2 \cdot (x+1)^2 + 140 \cdot (x+1) - 1\,000] - [-2 \cdot x^2 + 140 \cdot x - 1\,000]$

$ = -2 \cdot x^2 - 4 \cdot x - 2 + 140 \cdot x + 140 - 1\,000 + 2 \cdot x^2 - 140 \cdot x + 1\,000$

$ = -4 \cdot x + 140\ \text{GE}$

Die Grenzfunktionen $E'(x)$, $K'(x)$, $G'(x)$ beschreiben die Änderungen der Funktionen $E(x)$, $K(x)$, $G(x)$ um eine Mengeneinheit x und entsprechen den 1. Ableitungen dieser Funktionen. Die Grenzbetrachtung mit Zuwächsen von je einer Einheit ist berechtigt, weil in der Realität nur ganzzahlige Messgrößen wie Stückzahlen, Verbrauchsmengen etc. als Argumente von Funktionen auftreten.

Mathematisch lässt sich aber unschwer die Analyse auf beliebig teilbare Größen ausdehnen, sodass der Differenzenquotient durch die 1. Ableitung ersetzt werden kann. Daraus folgt dann:

$E'(x) = -4 \cdot x + 200\ \text{GE}$

$K'(x) = 60\ \text{GE}$ (Die Grenzkosten sind konstant und entsprechen den variablen Stückkosten.)

$G'(x) = -4 \cdot x + 140\ \text{GE}$

Das Gewinnmaximum wird auch hier bei $G'(x) = 0 \Leftrightarrow E'(x) = K'(x)$ realisiert. Aus $E'(x) = K'(x) \Leftrightarrow -4 \cdot x + 200 = 60$ folgt dann wieder $x_{opt} = 35$ (s. o.). Das Gewinnmaximum wird da erreicht, wo Erlös- und Kostenfunktion die gleiche Steigung bzw. parallele Tangenten haben.

Die Analyse der Unternehmenssituation kann durch eine stückbezogene Berechnung ergänzt werden. Durch Division mit der Produktionsmenge x erhält man Funktionen, die Aussagen über die Stückerlöse, Stückkosten usw. ermöglichen. Der Verlauf dieser Funktionen zeigt dann den durchschnittlichen Erlös, die durchschnittlichen Kosten usw. je Produkteinheit auf.

So ist z. B.

– die Stückerlösfunktion: $e(x) = \dfrac{E(x)}{x} = \dfrac{p_N(x) \cdot x}{x} = p_N(x) = -2 \cdot x + 2\,000$

$e(x)$ ist gleich der Nachfragefunktion und streng monoton fallend.

– die Stückkostenfunktion: $k(x) = \dfrac{K(x)}{x} = \dfrac{K_v(x) + K_f}{x} = \dfrac{k_v \cdot x + K_f}{x}$

$k(x) = k_v + \dfrac{K_f}{x} = 60 + \dfrac{1\,000}{x}$

Die Stückkostenfunktion (Durchschnittskostenfunktion) $k(x)$ ist streng monoton fallend und nähert sich für große x der Konstanten k_v, d. h. den variablen Stückkosten.

- die Funktion der variablen Stückkosten: $k_v(x) = \dfrac{K_v(x)}{x} = \dfrac{k_v \cdot x}{x} = k_v$

  $k_v(x) = k_v = 60$: konstant gleich den variablen Stückkosten.

- die Funktion der fixen Stückkosten: $k_f(x) = \dfrac{K_f}{x} = \dfrac{1\,000}{x}$

  $k_f(x)$ ist streng monoton fallend und nähert sich für große x dem Wert 0.

- die Stückgewinnfunktion: $g(x) = \dfrac{G(x)}{x} = \dfrac{-2 \cdot x^2 + 140 \cdot x - 1\,000}{x}$

  $$g(x) = -2 \cdot x + 140 - \dfrac{1\,000}{x}$$

  Für große x nähert sich die Funktion $g(x)$ der Funktion $y = -2 \cdot x$.

Für eine Unternehmung ist es unter Wirtschaftlichkeitsaspekten interessant, ihre minimalen Stückkosten zu ermitteln, weil sie an dieser Stelle am wirtschaftlichsten handelt. Aus dem Verlauf der streng monoton fallenden Stückkostenfunktion

$$k(x) = 60 + \dfrac{1\,000}{x}$$

ist zu erkennen, dass das Stückkostenminimum am Rande des Definitionsbereiches bei $x = 100$ liegt. Die Stückkosten betragen dann $k(100) = 60 + 1\,000/100 = 60 + 10 = 70$.

Der Verlauf der Stückkostenfunktion (Durchschnittskosten) $k(x)$ bestimmt die langfristige Preisuntergrenze. Gerät der Marktpreis dauerhaft unter diesen Wert, dann wird die Unternehmung verlustträchtig und scheidet aus dem Wettbewerb aus.

Der Verlauf der variablen Durchschnittskosten $k_v(x)$ bestimmt die kurzfristige Preisuntergrenze. Solange der Preis den Wert $k_v(x)$ übersteigt, wird zumindest ein Teil der fixen Kosten durch den Marktpreis abgedeckt.

Zu 7. Die Funktionen in Abhängigkeit von der Produktion x lauten:

Die 1. Ableitungen

$E'(x) = -4 \cdot x + 200$
$K'(x) = 60$
$G'(x) = -4 \cdot x + 140$

Die stückbezogenen Funktionen/Durchschnittsfunktionen

$e(x) = p_N(x) = -2 \cdot x + 200$

$k(x) = 60 + \dfrac{1\,000}{x}$

$k_v(x) = k_v = 60$

$k_f(x) = \dfrac{1\,000}{x}$

$g(x) = -2 \cdot x + 140 - \dfrac{1\,000}{x}$

Dazu lässt sich über D = [0; 100] folgende Wertetabelle berechnen:

x	Grenzfunktionen				Stückfunktionen			
	E'(x)	K'(x)	G'(x)	e(x)	k(x)	$k_v(x)$	$k_f(x)$	g(x)
0	200	60	140	200	–	60	–	–
10	160	60	100	180	160	60	100	20
20	120	60	60	160	110	60	50	50
30	80	60	20	140	93	60	33	46,7
40	40	60	– 20	120	85	60	25	35
50	0	60	60	100	80	60	20	20
60	– 40	60	– 100	80	77	60	17	3,3
70	– 80	60	– 140	60	74	60	14	– 14,3
80	– 120	60	– 180	40	72	60	12	– 32,5
90	– 160	60	– 220	20	71	60	11	– 51,1
100	– 200	60	– 260	0	70	60	10	– 70

Graph der Grenzfunktionen

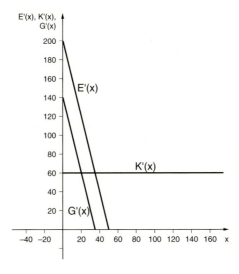

Graph der Stückfunktionen/Durchschnittsfunktionen

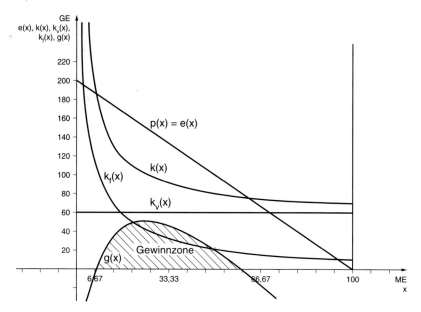

8.1.2 Die Gewinnmaximierung eines Polypolisten bei s-förmigem Kostenverlauf

Bei der Preisbildungsform des zweiseitigen Polypols steht eine große Zahl von Anbietern einer großen Zahl von Nachfragern gegenüber. Kein Teilnehmer am Wirtschaftsprozess hat genug Marktanteil, um Einfluss auf die Preisbildung nehmen zu können. Der Marktpreis p des am Markte angebotenen, homogenen Gutes ist für die Marktteilnehmer eine gegebene Größe. Die Absatzmöglichkeiten des Anbieters werden nur durch seine Kapazitätsgrenzen beschränkt. Man spricht in der Wirtschaftslehre hier auch von der Marktform der vollkommenen Konkurrenz.

Ein Polypolist stellt ein Produkt her, das zum Preis von 24 GE am Markt gehandelt wird. Er kann maximal 10 Einheiten dieses Gutes in einer Abrechnungsperiode herstellen und verkaufen.

Die Kostenanalyse hat ergeben, dass die Kosten anfänglich durch effizienten Arbeits- und Maschineneinsatz nur schwach zunehmen. Von einer bestimmten Produktion an nehmen die Kosten für Energieverbrauch, Maschinenabnutzung, Überstundenzuschläge etc. überproportional zu. Seine Gesamtkostenfunktion $K(x) = K_v(x) + K_f$ kann daher durch eine ganzrationale Funktion 3. Grades vom Typ

$$K(x) = a \cdot x^3 + b \cdot x^2 + c \cdot x + d = x^3 - 9 \cdot x^2 + 30 \cdot x + 16$$
$$\underbrace{}_{K_v(x)} \quad \underbrace{}_{K_f}$$

beschrieben werden. x ist dabei die produzierte und verkaufte Menge.

Der Polypolist strebt einen möglichst hohen Gewinn aus dem Verkauf des Produktes an.

Aufgaben:

1. Welcher Bereich ist für die Mengenplanung ökonomisch sinnvoll?
2. In welchem Bereich erzielt die Unternehmung einen Gewinn und wie hoch fällt der Gewinn unter günstigsten Bedingungen aus?
3. Die Nachfrage-, Erlös-, Kosten- und Gewinnentwicklung ist tabellarisch und graphisch darzustellen.
4. Wie entwickeln sich Grenzerlös und Grenzkosten? Welche Bedingung erfüllen Grenzerlös und Grenzkosten im Gewinnmaximum?
5. Wie entwickeln sich der Stückerlös, die gesamten Stückkosten, die variablen und fixen Stückkosten? Wo erreichen die Stückkosten ihr Minimum? Welche Folgerungen ergeben sich aus den Stückkostenfunktionen für die Ermittlung von Preisuntergrenzen?
6. Diese Zusammenhänge sind auch tabellarisch und graphisch darzustellen.

Analyse und Lösung:

Zu 1. Die Mengenplanung des Polypolisten bewegt sich zwischen 0 ME und der Kapazitätsgrenze $x_{MAX} = 10$ ME, Definitionsbereich $D = [0; 10]$.

Zu 2. Erlösfunktion $E(x)$ des Polypolisten:

$E(x) = p \cdot x \Rightarrow E(x) = 24 \cdot x$

Die Kostenfunktion $K(x)$ setzt sich aus den variablen Kosten $K_v(x)$ und den fixen Kosten K_f zusammen:

$K(x) = K_v(x) + K_f = a \cdot x^3 + b \cdot x^2 + c \cdot x + d$
$\Rightarrow K(x) = x^3 - 9 \cdot x^2 + 30 \cdot x + 16$

Die Gewinnfunktion $G(x)$ ist gleich der Differenz von Erlös- und Kostenfunktion:

$G(x) = E(x) - K(x) = p \cdot x - (a \cdot x^3 + b \cdot x^2 + c \cdot x + d)$
$ = -a \cdot x^3 - b \cdot x^2 + (p - c) \cdot x + d$
$\Rightarrow G(x) = -x^3 + 9 \cdot x^2 - 6 \cdot x - 16$

Zunächst gilt es, die Gewinnzone zu bestimmen, die durch Gewinnschwelle und Gewinngrenze eingeschlossen wird. Dazu setzt man $G(x) = 0$ und löst die Gewinngleichung nach x auf.

$G(x) = 0 \Leftrightarrow -a \cdot x^3 - b \cdot x^2 + (p - c) \cdot x + d = 0$
$\Leftrightarrow -x^3 + 9 \cdot x^2 - 6 \cdot x - 16 = 0 \, | \cdot (-1)$
$\Leftrightarrow x^3 - 9 \cdot x^2 + 6 \cdot x + 16 = 0$

Die Nullstellen dieser ganzrationalen Funktion 3. Grades können durch Probieren und Polynomdivision ermittelt werden. Probieren ergibt eine Nullstelle für $x_1 = 2$, Polynomdivision:

```
 (x³  −  9·x² +  6·x + 16) : (x − 2) = x² − 7·x − 8
  x³  −  2·x²
 (−)    (+)
 ─────────────
       − 7·x²
       − 7·x² + 14·x
        (+)    (−)
       ─────────────
              − 8·x
              − 8·x  + 16
               (+)    (−)
              ─────────────
                 −     −
```

Restpolynom: $x^2 - 7 \cdot x - 8 = 0$

$\Rightarrow x_{2,3} = \dfrac{7 \pm \sqrt{7^2 - 4 \cdot (-8))}}{2} = \dfrac{7 \pm 9}{2}$

$\Rightarrow x_2 = \dfrac{7-9}{2} = -1$ \quad (gehört nicht zu D)

$\Rightarrow x_3 = \dfrac{7+9}{2} = 8$ \quad (= Gewinngrenze)

Die Gewinnschwelle liegt bei $x = 2$, die Gewinngrenze bei $x = 8$.

Anmerkung: Gewinnschwelle und -grenze können auch mit Hilfe der Erlös- und Kostenfunktion berechnet werden. An diesen Stellen muss die Bedingung $E(x) = K(x)$ oder $E(x) - K(x) = 0$ erfüllt sein. Dies entspricht dann dem Ansatz $G(x) = 0$. Die weitere Berechnung gestaltet sich dann wie oben.

Den Punkt des maximalen Gewinns kann man nun mit den Hilfsmitteln der Differentialrechnung ermitteln. Dazu bildet man:

$G'(x) = -3 \cdot a \cdot x^2 - 2 \cdot b \cdot x + (p - c)$
$G''(x) = -6 \cdot a \cdot x - 2 \cdot b$

und prüft $G'(x)$ auf die Bedingungen $G'(x) = 0$ und $G''(x) < 0$:

$G'(x) = -3 \cdot x^2 + 18 \cdot x - 6$
$G''(x) = -6 \cdot x + 18$
$G'(x) = 0 \Leftrightarrow x^2 - 6 \cdot x + 2 = 0$

$\Rightarrow x_{E1,2} = \dfrac{6 \pm \sqrt{((-6)^2 - 4 \cdot 2)}}{2} = \dfrac{6 \pm \sqrt{28}}{2}$

$\Rightarrow x_{E1} \approx 5{,}65$
$\Rightarrow x_{E2} \approx 0{,}35$ \quad (liegt außerhalb der Gewinnzone)

Da $G''(5{,}65) = -15{,}9 < 0$ ist, hat die Gewinnfunktion $G(x)$ an der Stelle $x_{E1} = x_{opt} = 5{,}65$ ein lokales Maximum. Dem entspricht ein Gewinn von

$G(x_{opt}) = G(5{,}65) = -5{,}65^3 + 9 \cdot 5{,}65^2 - 6 \cdot 5{,}65 - 16$
$= 57{,}04 \text{ GE}.$

Auch hier ließe sich das Gewinnmaximum über die Rechnung $G'(x) = E'(x) - K'(x) = 0$ und $G''(x) = E''(x) - K''(x) < 0$ etc. ermitteln.

Zu 3. Die Funktionen in Abhängigkeit von der Produktion x lauten:

$E(x) = 24 \cdot x$
$K(x) = x^3 - 9 \cdot x^2 + 30 \cdot x + 16$
$G(x) = -x^3 + 9 \cdot x^2 - 6 \cdot x - 16$

Dazu lässt sich über D = [0;10] folgende Wertetabelle berechnen:

x	E(x)	K(x)	G(x)
0	0	16	−16
1	24	38	−14
2	48	48	0
3	72	52	20
4	96	56	40
5	120	66	54
6	144	88	56
7	168	128	40
8	192	192	0
9	216	286	−70
10	240	416	−176

Als Graphik dargestellt:

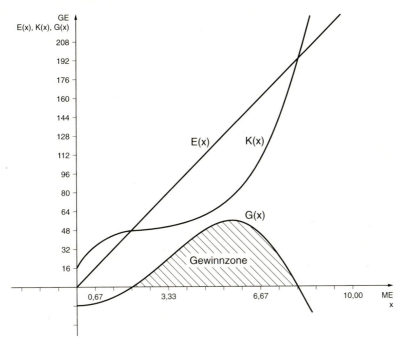

Zu 4. Der Grenzerlös ist: $E'(x) = (p \cdot x)' = p$ = konstant für $x \in D$.

$E(x) = 24 \cdot x \Rightarrow E'(x) = 24$

Die Grenzkosten (Differentialkosten) als Differenzenquotient:

Grenzkosten $K'(x) = \dfrac{K(x+1) - K(x)}{x+1-x} = \dfrac{K(x+1) - K(x)}{1} = K(x+1) - K(x)$

und als 1. Ableitung von $K(x)$:

$K'(x) = 3 \cdot x^2 - 18 \cdot x + 30$

Die Grenzkostenfunktion $K'(x)$ ist eine ganzrationale Funktion 2. Grades und beschreibt das Steigungsverhalten der Kostenfunktion $K(x)$.

Im Gewinnmaximum muss die Bedingung

$$E'(x) = K'(x) \Leftrightarrow p = K'(x)$$

erfüllt sein. Erlös- und Kostenfunktion haben dann die gleiche Steigung. In unserem Falle gilt: $K'(5,65) = 24,07 \approx 24 = p$. Damit ist die notwendige Bedingung für ein Gewinnmaximum erfüllt.

Zu 5. Stückbezogene Analyse/Durchschnittserlöse und -kosten

Durchschnittserlös: $e(x) = \dfrac{E(x)}{x} = \dfrac{24 \cdot x}{x} = 24$, konstant für $x \in D$

Stückkostenfunktion: $k(x) = \dfrac{K(x)}{x} = \dfrac{K_v(x) + K_f}{x} = \dfrac{k_v \cdot x + K_f}{x}$

$$k(x) = \dfrac{a \cdot x^3 + b \cdot x^2 + c \cdot x + d}{x}$$

$$k(x) = a \cdot x^2 + b \cdot x + c + \dfrac{d}{x}$$

$$\Rightarrow k(x) = x^2 - 9 \cdot x + 30 + \dfrac{16}{x}$$

$$\underbrace{\qquad\qquad\qquad}_{k_v(x)} \;\; k_f(x)$$

[Die Stückkostenfunktion (Durchschnittskostenfunktion) $k(x)$ ist eine gebrochenrationale Funktion mit $k_v(x)$ als Schmiegeparabel für große x.]

Variable Stückkosten: $k_v(x) = \dfrac{K_v(x)}{x} = \dfrac{a \cdot x^3 + b \cdot x^2 + c \cdot x}{x}$

$$k_v(x) = a \cdot x^2 + b \cdot x + c$$

$$\Rightarrow k_v(x) = x^2 - 9 \cdot x + 30$$

$k_v(x)$ ist eine ganzrationale Funktion 2. Grades (Parabel).

Fixe Stückkosten: $k_f(x) = \dfrac{K_f}{x} = \dfrac{d}{x} = \dfrac{16}{x}$

$k_f(x)$ ist streng monoton fallend und nähert sich für große x dem Wert 0.

Für eine Unternehmung ist es unter Wirtschaftlichkeitsaspekten interessant, ihre minimalen Stückkosten zu ermitteln, weil sie an dieser Stelle am wirtschaftlichsten handelt. Den Punkt der niedrigsten Stückkosten bezeichnet man als Betriebsoptimum. Im Betriebsoptimum (BO) gilt: $k(x) \to$ Min, d.h. $k'(x) = 0$ und $k''(x) > 0$.

$$k(x) = x^2 - 9 \cdot x + 30 + \dfrac{16}{x} = x^2 - 9 \cdot x + 30 + 16 \cdot x^{-1}$$

$$k'(x) = 2 \cdot x - 9 - 16 \cdot x^{-2}$$

$$k''(x) = 2 + 32 \cdot x^{-3} \quad > 0 \text{ für } x \to \text{Min}$$

$$k'(x) = 0 \Leftrightarrow 2 \cdot x - 9 - 16 \cdot x^{-2} = 0 \quad | \cdot x^2$$

$$2 \cdot x^3 - 9 \cdot x^2 - 16 = 0$$

(Alternativ dazu findet man in der Wirtschaftslehre die Bedingung: $k(x) = K'(x)$. Die Übereinstimmung dieser Aussagen kann mithilfe der Quotientenregel gezeigt werden. Es ist

$$k(x) = \frac{K(x)}{x} \Rightarrow k'(x) = \frac{K'(x) \cdot x - K(x)}{x^2} = 0 \Leftrightarrow K'(x) \cdot x - K(x) = 0$$

$$\Rightarrow K'(x) = \frac{K(x)}{x} = k(x) \ .)$$

Mit dem Horner-Schema als Berechnungshilfe erhält man einen Vorzeichenwechsel für $k'(x)$ zwischen $x = 4$ und $x = 5$. Die Anwendung der Regula falsi liefert als Näherungslösung $x_{BO} = 4{,}84 \approx 5$ mit $k(x_{BO}) = k(5) = 13{,}20$. Die Unternehmung arbeitet am wirtschaftlichsten bei einer Absatzmenge von 5 ME; die Durchschnittskosten und damit die langfristige Preisuntergrenze betragen 13,20 GE.

Die variablen Stückkosten betragen:
$k_v(x) = x^2 - 9 \cdot x + 30$ mit
Bedingung für ein Minimum: $k_v'(x) = 0$ und $k_v''(x) > 0$.

$k_v'(x) = 2 \cdot x - 9$
$k_v''(x) = 2 > 0$ $\Rightarrow$ Minimum existiert
$k_v'(x) = 0 \Leftrightarrow 2 \cdot x - 9 = 0 \Rightarrow x = 4{,}5$ ME.

Bei $x = 4{,}5$ ME liegt das Betriebsminimum BM. Hier betragen die variablen Stückkosten $k_v(x_{BM}) = k_v(4{,}5) = 9{,}75$ GE.

(Dasselbe Ergebnis könnte mit dem Ansatz $k_v(x) = K_v'(x)$ ermittelt werden, s. o.)

Der Verlauf der variablen Durchschnittskosten $k_v(x)$ bestimmt die kurzfristige Preisuntergrenze. Solange der Preis den Wert $k_v(x)$ übersteigt, wird zumindest ein Teil der fixen Kosten durch den Marktpreis abgedeckt.

Zu 7. Die Funktionen in Abhängigkeit von der Produktion x lauten:
Die 1. Ableitungen

$E'(x) = 24 = p$
$K'(x) = 3 \cdot x^2 - 18 \cdot x + 30$
$G'(x) = -3 \cdot x^2 + 18 \cdot x - 6$

Die stückbezogenen Funktionen/Durchschnittsfunktionen

$e(x) = 24 = p$
$k(x) = x^2 - 9 \cdot x + 30 + \dfrac{16}{x}$
$k_v(x) = x^2 - 9 \cdot x + 30$
$k_f(x) = \dfrac{16}{x}$

Dazu lässt sich über D = [0 ; 10] folgende Wertetabelle berechnen:

x	Grenzfunktionen			Stückfunktionen			
	$E'(x) = p$	$K'(x)$	$G'(x)$	$e(x) = p$	$k(x)$	$k_v(x)$	$k_f(x)$
0	24	30	− 6	24	−	30	−
1	24	15	9	24	38	22	16
2	24	6	18	24	24	16	8
3	24	3	21	24	17,3	12	5,33
4	24	6	18	24	14	10	4
5	24	15	9	24	13,2	10	3,20
6	24	30	− 6	24	14,7	12	2,67
7	24	51	− 27	24	18,3	16	2,29
8	24	78	− 54	24	24	22	2
9	24	111	− 87	24	31,8	30	1,78
10	24	150	− 126	24	41,6	40	1,60

Graph der Funktionen:

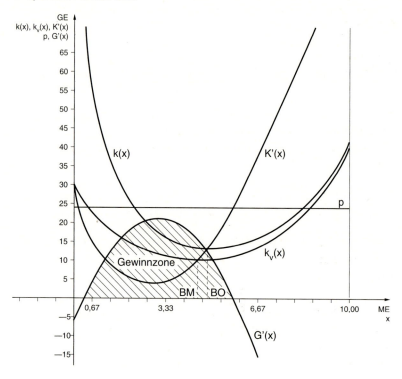

8.1.3 Die Gewinnmaximierung eines Polypolisten bei linearem Kostenverlauf

Ein Polypolist stellt ein Produkt x her, das zum Preis von 50 GE am Markt gehandelt wird. Er kann maximal 60 Einheiten dieses Gutes in einer Abrechnungsperiode herstellen und verkaufen.

Seine Gesamtkostenfunktion $K(x) = K_v(x) + K_f$ kann durch die lineare Funktion:
$K(x) = K_v(x) + K_f = k_v \cdot x + K_f = m \cdot x + b = 35 \cdot x + 300$
beschrieben werden. x ist dabei die produzierte und verkaufte Menge.

Der Polypolist strebt einen möglichst hohen Gewinn aus dem Verkauf des Produktes an.

Aufgaben:
1. Welcher Bereich ist für die Mengenplanung ökonomisch sinnvoll?
2. In welchem Bereich erzielt die Unternehmung einen Gewinn und wie hoch fällt der Gewinn unter günstigsten Bedingungen aus?
3. Die Nachfrage-, Erlös-, Kosten- und Gewinnentwicklung ist tabellarisch und graphisch darzustellen.
4. Wie entwickeln sich die Grenzkosten, gesamten Stückkosten, die variablen und fixen Stückkosten? Wo erreichen die Stückkosten ihr Minimum?
5. Auch diese Zusammenhänge sind tabellarisch und graphisch darzustellen.

Analyse und Lösung:

Zu 1. Die Mengenplanung des Polypolisten bewegt sich zwischen 0 ME und der Kapazitätsgrenze $x_{MAX} = 60$ ME, Definitionsbereich $D = [0; 60]$.

Zu 2. Dieser Fall ist der methodisch einfachste und kann auch ohne Differentialrechnung gelöst werden. Wegen der Besonderheiten, die sich aus den Randextrema ergeben, soll er hier besprochen werden.

Erlösfunktion $E(x)$:
$E(x) = p \cdot x \Rightarrow E(x) = 50 \cdot x$

Kostenfunktion $K(x)$:
$K(x) = m \cdot x + b = 35 \cdot x + 300$

Die Gewinnfunktion $G(x)$ ist gleich der Differenz von Erlös- und Kostenfunktion:
$G(x) = E(x) - K(x) = p \cdot x - (m \cdot x + b) = (p - m) \cdot x - b$
$\Rightarrow G(x) = 15 \cdot x - 300$

Zunächst gilt es, die Gewinnzone zu bestimmen, die durch Gewinnschwelle und Gewinngrenze eingeschlossen wird. Dazu setzt man $G(x) = 0$ und löst die Gewinngleichung nach x auf.
$G(x) = 0 \Leftrightarrow (p - b) \cdot x - b = 0 \Rightarrow x = b/(p - b)$
$15 \cdot x - 300 = 0 \Rightarrow x = 20$ ME   (Break-even-Point-Menge)
Die Gewinnschwelle liegt bei $x = 20$ ME, $E(20) = K(20) = 1\,000$ GE, die Gewinngrenze bei $x = 60$ ME, d.h. an der Kapazitätsgrenze x_{MAX}.

Punkt des maximalen Gewinns:
$G'(x) = 15$ (konstant für alle $x \in D$)
$G''(x) = 0$

Da die Ableitungsfunktion $G'(x) = 15 > 0$ ist, ist $G(x)$ im ganzen Definitionsbereich D streng monoton steigend. Die Gewinnfunktion erreicht ihr Maximum an der Kapazitätsgrenze bei $x_{MAX} = 60$ am Rande von D. Das Gewinnmaximum ist also ein so genannten Randmaximum oder Randextremum. Der Gewinn beträgt dort $G(x_{MAX}) = G(60) = 15 \cdot 60 - 300 = 600$.

Zu 3. Die Funktionen in Abhängigkeit von der Produktion x lauten:

$E(x) = 50 \cdot x$
$K(x) = 35 \cdot x + 300$
$G(x) = 15 \cdot x - 300$

Dazu lässt sich über D = [0;60] folgende Wertetabelle berechnen:

x	E(x)	K(x)	G(x)
0	0	300	−300
10	500	650	−50
20	1 000	1 000	0
30	1 500	1 350	150
40	2 000	1 700	300
50	2 500	2 050	450
60	3 000	2 400	600

In der Graphik:

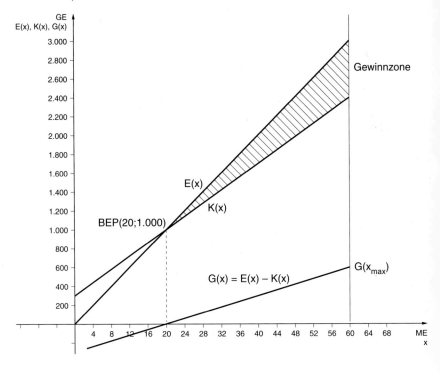

Zu 4. Die Grenzkosten sind $K'(x) = 35$ GE (konstant über D)

Stückkostenfunktion: $k(x) = \dfrac{K(x)}{x} = \dfrac{K_v(x) + K_f}{x} = \dfrac{k_v \cdot x + K_f}{x}$

$\Rightarrow k(x) = 35 + \underbrace{\dfrac{300}{x}}_{}$

$\ k_v(x)\quad k_f(x)$

[Die Stückkostenfunktion (Durchschnittsfunktion) $k(x)$ ist eine gebrochenrationale Funktion mit $y = 0$ als Asymptote für große x.]

variable Stückkosten: $k_v(x) = \dfrac{K_v(x)}{x} = \dfrac{35 \cdot x}{x} = 35 = K'(x)$

$k_v(x)$ ist eine zur x-Achse parallele Gerade.

fixe Stückkosten: $k_f(x) = \dfrac{K_f}{x} = \dfrac{300}{x}$

$k_f(x)$ ist streng monoton fallend und nähert sich für große x dem Wert 0.

$k(x)$ bestimmt die langfristige Preisuntergrenze. $k(x)$ ist streng monoton fallend und erreicht ihr Minimum bei $x_{MAX} = 60$ GE. $k(60) = 35 + 300/60 = 35 + 5 = 40$.

Der Verlauf der variablen Durchschnittskosten $k_v(x)$ bestimmt die kurzfristige Preisuntergrenze. Solange der Preis den Wert $k_v(x)$ übersteigt, wird zumindest ein Teil der fixen Kosten durch den Marktpreis abgedeckt.

Zu 5. Die Funktionen in Abhängigkeit von der Produktion x lauten:
$K'(x) = 35$
Die stückbezogenen Funktionen/Durchschnittsfunktionen
$e(x) = E'(x) = p = 50$
$k(x) = 35 + \dfrac{300}{x}$
$k_v(x) = 35 = k'(x)$
$k_f(x) = \dfrac{300}{x}$

Dazu lässt sich über $D = [0;60]$ folgende Wertetabelle berechnen:

x	K'(x)	e(x) = p	k(x)	$k_v(x)$	$k_f(x)$
0	35	50	–	35	–
10	35	50	65	35	30
20	35	50	50	35	15
30	35	50	45	35	10
40	35	50	42,5	35	7,5
50	35	50	41	35	6
60	35	50	40	35	5

Graph der Funktionen

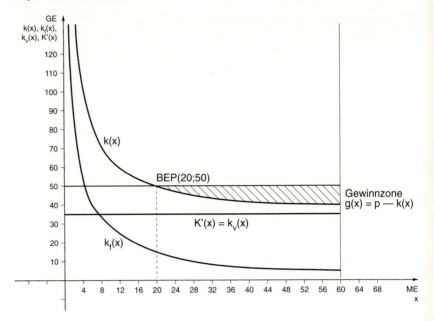

Zusammenfassung: Mathematische Kriterien zur Untersuchung der Preisbildung einer Unternehmung

Gesucht:	Bedingung	Ökonomische Bedeutung
Gewinnschwelle Gewinngrenze	$G(x) = 0$ oder $E(x) = K(x)$ vollkommene Konkurrenz: $k(x) = p$	Beginn und Ende der Gewinnzone
Gewinnmaximum	$G'(x) = 0$ und $G''(x) < 0$ $(E'(x) - K'(x) =$ und $E''(x) - K''(x) < 0)$ vollkommene Konkurrenz: $K'(x) = p$	Stelle des maximalen Gewinns; x_{opt} = gewinnmaximale Absatzmenge
Betriebsoptimum (BO)	$k'(x) = 0$ und $k''(x) < 0$ (oder $k(x) = K'(x)$)	Punkt der niedrigsten Stückkosten (Durchschnittskosten); langfristige Preisuntergrenze
Betriebsminimum (BM)	$k_v'(x) = 0$ und $k_v''(x) < 0$ (oder $k_v(x) = K_v'(x)$)	Punkt der niedrigsten variablen Stückkosten; kurzfristige Preisuntergrenze

mit:

- x = Produktions- bzw. Absatzmenge
- $p_N(x)$ = Preis-Absatz-Funktion
- $E(x)$ = Erlös
- $K(x)$ = Kosten
- $G(x) = E(x) - K(x)$ = Gewinn
- $K'(x)$ = Grenzkosten
- $K_v(x)$ = variable Kosten
- $K_f(x)$ = fixe Kosten
- $k(x)$ = Stückkosten/Durchschnittskosten
- $k_v(x)$ = variable Stückkosten
- $k_f(x)$ = fixe Stückkosten

A Aufgaben

1. Für einen Anbieter auf einem Markte mit polypolistischer Konkurrenz gilt der Marktpreis p = 42 GE. Die fixen Kosten betragen 300 GE, die variablen Stückkosten 30 GE. Die Kapazitätsgrenze liegt bei 100 Mengeneinheiten.
   a) Wie lauten die Kosten-, Erlös- und Gewinnfunktion?
   b) Zeichnen Sie die Graphen dieser Funktionen.
   c) Wo befindet sich die Gewinnzone; wann erzielt die Unternehmung ihren maximalen Gewinn und wie hoch ist dieser?
   d) Wie verändert sich die Situation der Unternehmung, wenn der Preis auf 50 GE steigt, die fixen Kosten auf 320 GE steigen und die variablen Stückkosten um 10% zunehmen?

2. Ein Angebotsmonopolist vertreibt sein Produkt auf einem Markt, der höchstens 100 Mengeneinheiten seiner Produktion aufnehmen kann; der (theoretische) Höchstpreis bei einer Angebotsmenge von 0 ME beträgt 5 000 EUR. Von seiner linearen Kostenkurve ist bekannt, dass die Gesamtkosten bei einer Ausbringung von x = 20 ME 80 000 GE und bei einer Ausbringung von x = 80 ME 116 000 GE betragen.
   a) Wie lauten die Preis-Absatz-, Erlös-, Kosten- und Gewinnfunktion?
   b) Zeichnen Sie die Graphen dieser Funktionen.
   c) Wo befindet sich die Gewinnzone; wann erzielt die Unternehmung ihren maximalen Gewinn und wie hoch ist dieser?
   d) Wie hoch sind Gesamterlös, Gesamt- und Stückkosten im Gewinnmaximum?
   e) Wo befindet sich der Cournot'sche Punkt auf der Preis-Absatz-Funktion?
   f) Wie verändert sich die Situation der Unternehmung, wenn der theoretische Höchstpreis auf 4 800 GE sinkt, die variablen Stückkosten um 5% zunehmen?

3. Ein Angebotsmonopolist rechnet mit der Preis-Absatz-Funktion $p_N(x) = -70 \cdot x + 840$. Die ertragsgesetzliche Kostenfunktion K(x) wird durch die Gleichung $K(x) = x^3 - 7 \cdot x^2 + 135 \cdot x + 1150$ beschrieben. Die maximale Kapazität beträgt 12 ME je Tag.
   a) Wie lauten die Erlös- und die Gewinnfunktion?
   b) Zeichnen Sie die Graphen der Preis-Absatz-, Erlös-, Kosten- und Gewinnfunktion.
   c) Wo befindet sich die Gewinnzone; wann erzielt die Unternehmung ihren maximalen Gewinn und wie hoch ist dieser?
   d) Wie hoch sind Gesamterlös, Gesamt- und Stückkosten im Gewinnmaximum?
   e) Wo befindet sich der Cournot'sche Punkt auf der Preis-Absatz-Funktion?
   f) Wie entwickeln sich Grenzerlös und Grenzkosten?
   g) Wo liegen das Betriebsoptimum und das Betriebsminimum?
   (Hinweis: Verwenden Sie als Hilfsmittel Horner-Schema und Polynomdivision. Zum Teil können die Ergebnisse nur näherungsweise ermittelt werden.)

4. Ein Monopolbetrieb erzielt bei einer Produktionsmenge von x Stück einen Gesamterlös von E GE, dem Kosten von K GE gegenüberstehen. Diese Werte sind in folgender Tabelle zusammengefasst:

x	E	K
0	0	20 000
100	13 200	22 000
200	24 000	24 000
300	32 400	26 000
400	38 400	28 000
500	42 000	30 000
600	43 200	32 000
700	42 000	34 000

a) Wie lauten die Erlös-, Kosten- und Gewinnfunktion?
b) Zeichnen Sie die Graphen dieser Funktionen.
c) Wo befindet sich die Gewinnzone; wann erzielt die Unternehmung ihren maximalen Gewinn und wie hoch ist dieser?
d) Wie hoch sind Gesamterlös, Gesamt- und Stückkosten im Gewinnmaximum?

5. Eine Unternehmung mit einer Produktionskapazität von 10 ME/Tag kann ihr Produkt für konstant 11,5 GE pro Stück absetzen. Ihre Kostenentwicklung wird durch die Gleichung $K(x) = 0{,}5 \cdot x^3 - 3 \cdot x^2 + 7{,}5 \cdot x + 16$ beschrieben.
a) Wie lauten die Erlös- und die Gewinnfunktion?
b) Zeichnen Sie die Graphen der Erlös-, Kosten- und Gewinnfunktion.
c) Wo befindet sich die Gewinnzone; wann erzielt die Unternehmung ihren maximalen Gewinn und wie hoch ist dieser?
d) Wie hoch sind Gesamterlös, Gesamt- und Stückkosten im Gewinnmaximum?
e) Wo liegen das Betriebsoptimum und das Betriebsminimum?

6. Von der Kostenfunktion eines Polypolisten weiß man, dass ihr in dem für die Unternehmensplanung relevanten Intervall von 0 bis 10 ME eine ganzrationale Funktion 3. Grades vom Typ $K(x) = a \cdot x^3 + b \cdot x^2 + c \cdot x + d$ entspricht. Von dieser Funktion kennt man folgende Wertepaare:

Menge x	0	2	4	6
Kosten K(x)	12	38	48	90

Die Erlösfunktion hat die Gleichung $E(x) = 19 \cdot x$.
a) Wie lautet die Kostenfunktion? (Bestimmen Sie a, b, c, d mithilfe des Gauß'schen Algorithmus.)
b) Wie lautet die Gewinnfunktion?
c) Wo befindet sich die Gewinnzone; wann erzielt die Unternehmung ihren maximalen Gewinn und wie hoch ist dieser?
d) Wie verändern sich die Ergebnisse, wenn der Verkaufspreis um 5 GE/Stück sinkt?

8.2 Die Ermittlung der optimalen Bestellmenge

Bei der Bestellungsplanung zur Sicherung der Vorräte sind folgende Arten von Kosten zu berücksichtigen:
1. **Bestellfixe Kosten:** entstehen durch die Bearbeitung der Bestellung, z. B. Angebotsprüfung, Eingangskontrollen, Terminüberwachung ...
2. **Bestellvariable Kosten:** Lagerkosten ...

Die Beschaffungsplanung steht also vor dem Problem, die Bestellmengen so zu „portionieren", dass einerseits die variablen Kosten je Bestellung nicht zu hoch werden, andererseits aber die bestellfixen Kosten nicht durch zu häufige Bestellungen anfallen.

Modellvoraussetzungen	Daten der Handlungssituation
1. Der Jahresbedarf (= gesamte Beschaffungsmenge) B ist bekannt.	1. Jahresbedarf B = 1 200 ME
2. Die Beschaffungsmenge B wird in gleich großen Bestellmengen (Losen) x angeliefert.	2. Losgröße = x
3. Das Lager wird innerhalb der Bestellperiode gleichmäßig abgebaut.	3. –
4. Die Lieferung erfolgt unverzüglich.	4. –
5. Der Einstandspreis bleibt während der Planperiode (Jahr) gleich.	4. Einstandspreis p = 3 GE/ME
6. Es treten keine Lagerengpässe und Fehlmengen auf.	6. –
7. Die Kosten je Bestellung bleiben für die Planperiode konstant.	7. Bestellfixe Kosten c = 180 GE
8. Die Lager- und Zinskosten bemessen sich nach dem durchschnittlichen im Lager gebundenen Kapital.	8. Kalkulationszinssatz 10 %; d. h., auf die Lagerbestände ist ein Lagerkostensatz von l = 0,1 zu verrechnen

Umfang x und Anzahl der Bestellungen lösen Kosteneffekte aus. Die Gesamtkostenentwicklung $K(x)$ setzt sich zusammen aus bestellfixen Kosten $K_f(x)$ und den variablen Lagerkosten $K_v(x)$.

$$K(x) = K_f(x) + K_v(x)$$

Die fixen Kosten je Los können in Abhängigkeit von Jahresbedarf B, Bestellmenge x und bestellfixen Kosten wie folgt ermittelt werden:

$$K_f(x) = \frac{B \cdot c}{x} = \frac{1\,200 \cdot 180}{x}$$

$$K_f(x) = \frac{216\,000}{x}$$

$K_f(x)$ ist eine gebrochenrationale Funktion.

Die variablen Kosten $K_v(x)$ hängen ab von der durchschnittlichen Kapitalbindung $(x \cdot p)/2$ und den dadurch entstehenden Lagerkosten:

$$K_v(x) = \frac{x \cdot p}{2} \cdot l = \frac{x \cdot 3 \cdot 0{,}1}{2}$$

$$K_v(x) = 0{,}15 \cdot x$$

$K_v(x)$ ist eine ganzrationale Funktion.

Setzt man $K_f(x)$ und $K_v(x)$ zu $K(x)$ zusammen, so ergibt sich die gebrochenrationale Funktion:

$$K(x) = K_f(x) + K_v(x) = \frac{B \cdot x}{x} + \frac{x \cdot p}{2} \cdot l = \frac{216\,000}{x} + 0{,}15 \cdot x$$

mit $x \in\,]0;\ 12\,000]$: dazu Wertetabelle und Graph:

x	0	100	500	1 000	2 000	4 000	10 000	12 000
$K_f(x)$	–	2 160	432	216	108	54	21,6	18
$K_v(x)$	0	15	75	150	300	600	1 500	1 800
$K(x)$	–	2 175	507	366	408	654	1 521,6	1 818

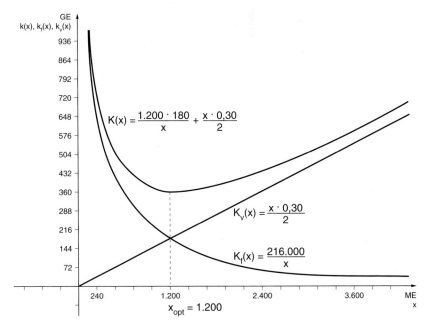

Der Graph ist in einem bestimmten Abschnitt streng monoton fallend, in einem weiteren Abschnitt streng monoton steigend, nachdem er einen Tiefpunkt (Minimum) durchlaufen hat.

Dies ergibt sich aus anfangs stark fallenden Fixkosten bei gleichzeitig geringfügig steigenden variablen Kosten. Von einem bestimmten Punkt an steigen die variablen Kosten stärker an, als die fixen Kosten fallen. Der Degressionseffekt der fixen Kosten führt zur Verteilung der fixen Kosten auf mehr Mengeneinheiten. Die fixen Kosten nähern sich asymptotisch den variablen Kosten.

Mit den Hilfsmitteln der Differentialrechnung soll nun die optimale Bestellmenge ermittelt werden. Die Zielgröße, die optimiert (minimiert) werden soll, sind die Gesamtkosten je Bestellung.

$$K(x) = K_f(x) + K_v(x) = \frac{B \cdot c}{x} + \frac{x \cdot p}{2} \cdot l \to \text{Min}$$

Die Ableitungen von $K(x)$, $K'(x)$ und $K''(x)$ lauten dann:

$$K'(x) = -\frac{B \cdot c}{x^2} + \frac{p \cdot l}{2}; \quad K''(x) = \frac{B \cdot c}{x^3} > 0 \text{ für } x > 0 \Rightarrow \text{Minimum}$$

Für ein lokales Minimum (Tiefpunkt) muss gelten:

$$K'(x) = 0 \Leftrightarrow -\frac{B \cdot c}{x^2} + \frac{p \cdot l}{2} = 0 \Leftrightarrow \frac{x^2}{B \cdot c} = \frac{2}{p \cdot l} \Leftrightarrow x^2 = \frac{2 \cdot B \cdot c}{p \cdot l}$$

Ökonomisch relevant ist nur die positive Wurzel; daraus folgt als optimale Lösung, also als optimale Bestellmenge x_{opt}:

$$x_{opt} = \sqrt{\frac{2 \cdot B \cdot c}{p \cdot l}} = \left(\frac{2 \cdot B \cdot c}{p \cdot l}\right)^{\frac{1}{2}}$$

$$\text{mit } K(x_{opt}) = \frac{B \cdot c}{x_{opt}} + \frac{x_{opt} \cdot p \cdot l}{2}$$

als minimale Bestellkosten.

Bezogen auf unser Beispiel ergibt sich:

$$x_{opt} = \sqrt{\frac{2 \cdot 1\,200 \cdot 180}{3 \cdot 0{,}1}} = \sqrt{1\,440\,000} = 1\,200 \text{ ME}$$

Die Gesamtkosten $K(x_{opt})$ betragen dann:

$$K(x_{opt}) = \frac{1\,200 \cdot 180}{1\,200} + \frac{1\,200 \cdot 3 \cdot 0{,}1}{2} = 360 \text{ GE}$$

A Aufgaben

1. Eine Unternehmung plant ein Beschaffungsprogramm für einen Artikel unter folgenden Bedingungen:
   – Jahresbedarf B = 1 800 ME
   – Bestellmenge = x ME
   – Einstandspreis p = 5,8 GE/ME
   – Bestellfixe Kosten c = 50 GE/ME
   – Lagerkostensatz von l = 0,5 GE/ME
   a) Ermitteln Sie die Funktionen der fixen Kosten, der variablen Kosten und der gesamten Kosten in Abhängigkeit von der Bestellmenge.
   b) Die Gesamtkosten einer Bestellung sollen minimiert werden. Bei welcher Bestellmenge ist dies der Fall und wie hoch sind dann die optimalen Kosten?
   c) Stellen Sie diese Zusammenhänge graphisch dar.
   d) Die Bestellhäufigkeit errechnet sich aus dem Verhältnis von B: x_{opt}. Wie viele Bestellungen müssten ausgeführt werden, wenn immer die optimale Bestellmenge geordert wird?
   e) Welche Prämissen dieses Optimierungsmodells erscheinen Ihnen wirklichkeitsfremd und daher verbesserungsbedürftig?

2. Die Funktion der fixen und variablen Bestellkosten lautet:

$$K(x) = K_f(x) + K_v(x) = \frac{200\,000}{x} + 0{,}25 \cdot x$$

   a) Bei welcher Bestellmenge x_{opt} werden die Bestellkosten minimiert? Wie hoch sind die Kosten bei x_{opt}?
   b) Wie hoch sind die optimale Bestellmenge und die Bestellkosten gegenüber a), wenn die Funktion der variablen Bestellkosten $K_v(x) = 0{,}4 \cdot x$ lautet?
   c) Wie hoch sind die optimale Bestellmenge und die Bestellkosten gegenüber a), wenn die Funktion der fixen Bestellkosten $K_f(x) = 180\,000/x$ lautet?

3. Dem Problem der optimalen Bestellmenge bei der Einkaufsplanung ist das Problem der optimalen Losgröße (Fertigungsmenge) bei der industriellen Serienfertigung verwandt.
Die optimale Losgröße ist diejenige Anzahl der in einer Serie produzierten Fertigungsmenge, bei der die Summe aus losgrößenfixen und losgrößenvariablen Kosten minimal wird.
Eine Unternehmung plant das Fertigungsprogramm für einen Artikel unter folgenden Bedingungen:
- Jahresbedarf B = 45 000 ME
- Losgröße/Fertigungsmenge = x ME
- Losgrößenfixe Kosten (z. B. Rüstkosten) c = 180 GE
- Lagerkostensatz von l = 1,5 GE/ME

a) Ermitteln Sie die Funktionen der fixen Kosten, der variablen Kosten und der gesamten Kosten in Abhängigkeit von der Losgröße.
b) Die Gesamtkosten eines Loses sollen minimiert werden. Bei welcher Menge ist dies der Fall und wie hoch sind dann die optimalen Kosten?

8.3 Rechnungen zur Minimalkostenkombination

*Soweit die Leistungen von Produktionsfaktoren gegeneinander ausgetauscht werden können, sind diese Produktionsfaktoren „**substituierbar**". Im Allgemeinen sind Produktionsfaktoren nur in bestimmten Teilbereichen („partiell") substituierbar.*

Zur Herstellung einer bestimmten Produktmenge müssen Arbeitskräfte und Maschinen eingesetzt werden. Dabei werde die benötigte Zahl an Arbeitsstunden mit x und die benötigte Zahl an Maschinenstunden mit y bezeichnet. Das Produktionsniveau von 4,5 ME kann durch die Relation x · y = 4,5 ausgedrückt werden oder, anders formuliert, durch die Produktionsisoquante:

$$I. \quad y = \frac{4,5}{x}$$

Die Kosten für eine Arbeitsstunde betragen 4, für eine Maschinenstunde 2 GE. Die Gesamtkosten für den Arbeits- und Maschineneinsatz dürfen das Budget von 12 GE nicht übersteigen. Diesem Zusammenhang entspricht die Isokostengerade:

$$II. \quad 4 \cdot x + 2 \cdot y = 12 \Leftrightarrow y = -2 \cdot x + 6$$

Unter Wirtschaftlichkeitsaspekten wird die Unternehmung versuchen, jene Kombination der Produktionsfaktoren zu ermitteln, bei der das Produktionsziel möglichst kostengünstig erreicht werden kann.

I. und II. in Wertetabelle und Koordinatensystem:

x	0	1	2	3	4	5
I	-	4,5	2,25	1,5	1,125	0,9
II	6	4	2	0	-	-

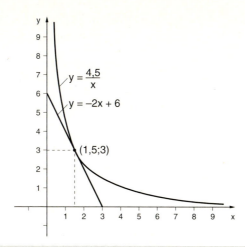

Aufgaben:

a) Existiert für die gegebene Handlungssituation eine kostenminimale Faktorkombination und, wenn ja, in welchem Punkte wird diese Kombination erreicht?
b) Kann mit dem Budget von 12 GE auch eine Produktionsmenge von 8 ME hergestellt werden oder hat diese Produktionsmenge Auswirkungen auf das Kostenbudget?
c) Das Budget muss aus Gründen der Kostendämpfung auf 10 GE reduziert werden. Welche Produktion kann dann in der Minimalkostenkombination nur noch realisiert werden?
d) Der Preis für eine Arbeitsstunde verringert sich auf 3,5 GE, während sich der Preis für eine Maschinenstunde auf 2,5 GE erhöht. Wie wirkt sich dies auf die Minimalkostenkombination beim Produktionsniveau 4,5 und auf die Kosten K aus?
e) Stellen Sie die Zusammenhänge a) bis d) in allgemeiner Form dar, wobei P das Produktionsniveau, K das Kostenbudget, p_1 der Preis für eine Arbeitsstunde und p_2 der Preis für eine Maschinenstunde ist.

Analyse und Lösungsvorschlag:

Zu a) Falls eine Minimalkostenkombination der Produktionsfaktoren existiert, dann kann diese durch Gleichsetzen der Produktionsisoquante mit der Isokostengerade ermittelt werden.

I. $y = \dfrac{4,5}{x}$ II. $4 \cdot x + 2 \cdot y = 12 \Leftrightarrow y = -2 \cdot x + 6$

I. = II.: $\dfrac{4,5}{x} = -2 \cdot x + 6 \quad |\cdot x \Rightarrow 4,5 = -2 \cdot x^2 + 6 \cdot x \quad |:(-2)$

$x^2 - 3 \cdot x + 2,25 = 0 \Rightarrow x_{1,2} = \dfrac{3 \pm \sqrt{(9 - 4 \cdot 2,25)}}{2} = \dfrac{3 \pm 0}{2} = 1,5$ Std.

$\Rightarrow y = 4,5/1,5 = 3$ Std.

Bei einem Arbeitseinsatz von $x = 1,5$ Std. und einem Maschineneinsatz von $y = 3$ Std. wird die Minimalkostenkombination verwirklicht. Es existiert nur eine Lösung, die beide Gleichungen erfüllt. Der kostenminimalen Kombination der Produktionsfaktoren entspricht der Tangentialpunkt (1,5; 3); im Tangentialpunkt haben beide Funktionen das gleiche Steigungsmaß.

Zu b) Versucht wird wieder der Ansatz: I. = II.

I. = II.: $\frac{8}{x} = -2 \cdot x + 6 \quad |\cdot x \Rightarrow 8 = -2 \cdot x^2 + 6 \cdot x \quad |:(-2)$

$x^2 - 3 \cdot x + 4 = 0 \Rightarrow x_{1,2} = \frac{3 \pm \sqrt{(9 - 4 \cdot 4)}}{2} = \frac{3 \pm \sqrt{-7}}{2}$

Da die Diskriminante $-7 < 0$ ist, existiert hier keine Lösung. Die Produktionsisoquante $x \cdot y = 8$ liegt „über" der Isoquante $x \cdot y = 4{,}5$. Das vorhandene Budget reicht nicht aus, um 8 ME herzustellen und muss daher angepasst werden.

Da die kostengünstigste Faktorkombination im Tangentialpunkt der beiden Kurven eintritt, müssen hier die Steigungsmaße der Funktionen, also ihre 1. Ableitungen gleich sein:

I'. $y' = \frac{-8}{x^2} \qquad y'' = \frac{16}{x^3} > 0 \qquad$ für $x > 0 \Rightarrow$ Min

II'. $y' = -2 \quad$ (konstant für alle x)

Um Punkte gleicher Steigung zu ermitteln, setzt man: I'. = II'.

$\frac{-8}{x^2} = -2 \quad |\cdot x^2 \Rightarrow x^2 = 4 \Rightarrow x_1 = 2\,\text{Std.} \quad$ oder $\quad x_2 = -2 < 0$

Ökonomisch sinnvoll ist nur die Lösung $x_1 = 2 > 0$. Die Minimumbedingung $y''(x_1) = 16/2^3 = 2 > 0$ ist erfüllt. Dem entspricht $y = 8/2 = 4$ Std. Die Minimalkostenkombination kann im Punkt $(2;4)$ realisiert werden. Das dafür notwendige Budget K lässt sich mithilfe der Isokostenfunktion ermitteln:
$K = 4 \cdot x + 2 \cdot y = 4 \cdot 2 + 2 \cdot 4 = 8 + 8 = \underline{16\,\text{GE.}}$

Zu c) Die kostengünstigste Faktorkombination tritt im Tangentialpunkt der beiden Kurven ein. Die Produktionsmenge P ist jedoch unbekannt, d. h. für die Isoquante:

I. $y = \frac{P}{x}$

I'. $y' = \frac{-P}{x^2}$

II'. $y' = -2 \quad$ (konstant für alle x)

Um Punkte gleicher Steigung zu ermitteln, setzt man: I'. = II'.

$\frac{-P}{x^2} = -2 \quad |\cdot x^2 \Rightarrow x^2 = P/2 \Rightarrow x_1 = +\sqrt{(P/2)} \qquad$ für $x > 0$

Dem entspricht $y = P/(\sqrt{P/2}) = \sqrt{(2 \cdot P)}$ Std. Die Minimalkostenkombination wird im Punkt $(\sqrt{(P/2)}\,;\,\sqrt{(2 \cdot P)})$ realisiert. Die in diesem Punkt bei gegebenem Budget mögliche Produktionsmenge P lässt sich mit Hilfe der Isokostenfunktion ermitteln:

$4 \cdot x + 2 \cdot y = 4 \cdot \sqrt{(P/2)} + 2 \cdot \sqrt{(2 \cdot P)} = 10$

$\Leftrightarrow \sqrt{P} \cdot (4/\sqrt{2} + 2 \cdot \sqrt{(2 \cdot P)}) = 10 \Leftrightarrow \sqrt{P} \cdot (2 \cdot \sqrt{2} + 2 \cdot \sqrt{2}) = 10$

$\Leftrightarrow 4 \cdot \sqrt{P} \cdot \sqrt{2} = 10 \Leftrightarrow \sqrt{(2 \cdot P)} = 2{,}5 \quad |^2$

$\Leftrightarrow 2 \cdot P = 6{,}25 \Rightarrow \boxed{P = 3{,}125\,\text{ME}}$

Damit ergibt sich als Produktionsisoquante:

I. $y = \dfrac{3{,}125}{x}$

und als kostenminimale Faktorkombination der Punkt:

$(\sqrt{(P/2)}\,;\sqrt{(2 \cdot P)}) = (1{,}25\,;\,2{,}5)$

Zu d) Durch die Preisänderungen und den unbekannten Kapitalbedarf K ergibt sich eine neue Isokostengerade II.:

II. $3{,}5 \cdot x + 2{,}5 \cdot y = K \Leftrightarrow y = -1{,}4 \cdot x + K/2{,}5$

Im Tangentialpunkt von I. und II. müssen die Steigungsmaße beider Funktionen, also ihre 1. Ableitungen gleich sein:

I. $y = \dfrac{4{,}5}{x}$

I'. $y' = \dfrac{-4{,}5}{x^2}$

II'. $y' = -1{,}4$ (konstant für alle x)

Man setzt: I'. = II'.

$\dfrac{-4{,}5}{x^2} = -1{,}4 \Rightarrow x_1 \approx 1{,}8$ Std. $(x_2 \approx -1{,}8)$

$y = \dfrac{4{.}5}{1{,}8} = 2{,}5$ Std.

Die Minimalkostenkombination wird im Punkt (1,8 ; 2,5) realisiert. Dieser Faktorkombination entspricht dann die Isokostenfunktion:
$3{,}5 \cdot 1{,}8 + 2{,}5 \cdot 2{,}5 = 6{,}3 + 6{,}25 = 12{,}55$ GE.

$\boxed{\text{II. } 3{,}5 \cdot x + 2{,}5 \cdot y = 12{,}55 \Leftrightarrow y = -1{,}4 \cdot x + 5{,}02}$

Zu e) Die Produktionsisoquante und die Isokostengerade unserer Handlungssituation lauten in verallgemeinerter Form:

I. $y = \dfrac{P}{x}$ $\quad\bigg|\quad$ II. $p_1 \cdot x + p_2 \cdot y = K \Leftrightarrow y = -\dfrac{p_1}{p_2} \cdot x + \dfrac{K}{p_2}$

$\Rightarrow \boxed{y = c_1 \cdot x + c_2 \text{ mit } c_1 = -p_1/p_2,\ c_2 = K/p_2}$

I'. $y' = \dfrac{-P}{x^2}$; $\quad\bigg|\quad$ II'. $y' = \dfrac{-p_1}{p_2} = c_1$ (konstant für alle x)

$y'' = \dfrac{2 \cdot P}{x^3} \Rightarrow$ Min für P, x > 0

Zwei Fälle sind zu unterscheiden:
1. Eine kostenminimale Faktorkombination existiert und kann durch Gleichsetzen I. = II. (Isoquante = Isokostengerade) ermittelt werden.
2. Eine kostenminimale Faktorkombination existiert nicht; dann sind wiederum 2 Möglichkeiten denkbar:
   2.1 Das Kostenbudget ist bezüglich einer gegebenen Produktionsmenge zu minimieren.
   2.2 Zu einem gegebenen Kostenbudget soll das maximale Produktionsniveau ermittelt werden.

Lösung zu 1.: I. = II.

$$\frac{P}{x} = c_1 \cdot x + c_2 \quad | \cdot x$$

$$\Rightarrow c_1 \cdot x^2 + c_2 \cdot x - P = 0$$

Diese quadratische Gleichung hat die eindeutige reelle Lösung und damit die kostenminimale Faktorkombination,

$$\boxed{x = \frac{-c_2}{2 \cdot c_1} = \frac{K}{2 \cdot p_1} \quad y = \frac{2 \cdot P \cdot p_1}{K}}$$

wenn die Diskriminante $c_2^2 - 4 \cdot c_1 \cdot (-P) = 0$ ist.

Lösung zu 2.1: Man macht von den Ableitungen Gebrauch und setzt zur Ermittlung eines Tangentialpunktes I'. = II'.

$$I'. = II'. \quad \Leftrightarrow \quad \frac{-P}{x^2} = c_1 \quad \Leftrightarrow \quad x^2 = -P/c_1$$

Tangentialpunkt und optimale Faktorkombination liegen dann im Punkt:

$$x = \sqrt{(-P/c_1)} \quad \text{und} \quad y = P/x = \sqrt{(-P \cdot c_1)}$$

$$\boxed{x = \sqrt{\left(P \cdot \frac{p_2}{p_1}\right)} \quad \text{und} \quad y = \sqrt{\left(P \cdot \frac{p_1}{p_2}\right)}}$$

x und y eingesetzt in die Isokostengerade ergibt das notwendige Budget K:

$$K = p_1 \cdot \sqrt{(P \cdot p_2/p_1)} + p_2 \cdot \sqrt{(P \cdot p_1/p_2)}$$
$$= \sqrt{P} \cdot (p_1 \cdot \sqrt{(p_2/p_1)} + p_2 \cdot \sqrt{(P \cdot p_1/p_2)})$$
$$= \sqrt{P} \cdot (\sqrt{(p_1 \cdot p_2)} + \sqrt{(p_1 \cdot p_2)})$$

$$\boxed{K = 2 \cdot \sqrt{(P \cdot p_1 \cdot p_2)}}$$

Lösung zu 2.2.: Vgl. 2.1, d.h., Tangentialpunkt und optimale Faktorkombination werden bestimmt:

$$\boxed{x = \sqrt{\left(P \cdot \frac{p_2}{p_1}\right)} \quad \text{und} \quad y = \sqrt{\left(P \cdot \frac{p_1}{p_2}\right)}}$$

x und y eingesetzt in die Isokostengerade ergibt:

$$K = 2 \cdot \sqrt{(P \cdot p_1 \cdot p_2)} \Leftrightarrow K^2 = 4 \cdot P \cdot p_1 \cdot p_2$$

Aufgelöst nach P erhält man:

$$\boxed{P = \frac{K^2}{4 \cdot p_1 \cdot p_2}}$$

A Aufgabe

Zur Herstellung von 8 ME eines Produktes sind die beiden Produktionsfaktoren „Arbeit" im Umfang x und „Betriebsmittel" im Umfang y erforderlich. Untersuchungen der Produktionstechnik haben ergeben, dass das angestrebte Produktionsniveau von 8 ME durch die Funktion

$$y = f(x) = \frac{8}{x} \quad x \in \,]0\,;8]$$

beschrieben werden kann. Eine ME x kostet 2 GE, eine ME y 4 GE. Für die Produktion steht ein Budget von 16 GE zur Verfügung.

a) Ermitteln Sie die Isokostenfunktion und zeichnen Sie Produktionsisoquante und Isokostenfunktion in ein Koordinatensystem ein.
b) Bei welcher Faktorkombination findet die Unternehmung die Minimalkostenkombination?
c) Welche Auswirkungen ergeben sich auf
   ca) das Budget in GE und %, wenn das Produktionsniveau auf 10 ME steigen soll,
   cb) die kostenminimale Faktorkombination und das Budget K, wenn eine ME y 3 GE kostet?
d) Ersetzen Sie $y = \frac{8}{x}$ durch $y = \frac{P}{x}$ und stellen Sie die Abhängigkeit des Budgets K von der Produktionsmenge P dar. Zeichnen Sie die Isoquanten- und Isokostenschar für P = 6, 10, 12, 15 in ein Koordinatensystem.

8.4 Weitere Extremwertaufgaben mit Nebenbedingungen und ökonomischen Bezügen

Extremwertaufgaben mit Nebenbedingungen lassen sich folgendermaßen charakterisieren:

1. Eine Zielgröße, die durch eine Zielfunktion beschrieben werden kann, soll **optimiert**, also maximiert oder minimiert werden. Die Zielgröße kann von mehreren Variablen abhängen.
2. Die Zielgröße unterliegt bestimmten Nebenbedingungen (**Restriktionen**) technischer oder wirtschaftlicher Natur; die Nebenbedingungen entsprechen den Beziehungen zwischen den Variablen der Zielfunktion. Die Nebenbedingungen werden als Gleichungen formuliert. Zur Reduzierung der Variablen der Zielfunktion werden die Nebenbedingungen in die Zielfunktion eingesetzt, sodass die Zielfunktion nur noch von einer Variablen abhängig ist. Der Definitionsbereich wird festgelegt.
3. Die Zielfunktion wird auf **lokale Extremwerte** untersucht. Abschließend wird geprüft, ob ein lokaler Extremwert im Inneren oder ein Randwert absoluter Extremwert des Definitionsbereiches ist.

Die Modellstruktur ist ähnlich der der linearen Optimierung, allerdings mit dem Unterschied, dass nun nichtlineare Funktionen dem Problem zugrunde liegen.
Die Lösung dieser Aufgaben erfordert in vielen Fällen die Kenntnis gewisser Formeln wie z. B. Rechtecksumfang, Rechtecksfläche, Kreisumfang, Kreisfläche, Quadervolumen und -oberfläche, Zylindervolumen und -oberfläche (s. Anhang, S. 266).

Die Fertigungsabteilung einer Unternehmung steht vor folgendem Problem:

Aus einem rechteckigen Stück Walzblech mit der Länge 15 m und der Breite 10 m soll ein oben offener Container in der Form eines Quaders mit maximalem Fassungsvermögen hergestellt werden. Diese Form soll erreicht werden, indem an den Ecken jeweils eine quadratische Fläche herausgeschnitten wird und die Seitenstücke hochgebogen werden.

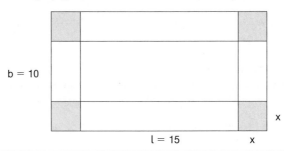

Aufgaben:
a) Welche Abmessungen muss der Container mit dem maximalen Volumen haben?
b) Wie groß ist das maximale Volumen?
c) Wie groß ist der Materialausschussanteil (Verschnitt) in % am Materialeinsatz pro Container?

Analyse und Lösung:
Zielfunktion: Volumen $V = a \cdot b \cdot x \to$ Max
Nebenbedingungen: $a = 15 - 2x$; $b = 10 - 2x$

$\Rightarrow$ $V = (15 - 2x)(10 - 2x)x \to$ Max
$V = 150x - 50x^2 + 4x^3$
$V' = 150 - 100x + 12x^2 \stackrel{!}{=} 0$
$V'' = -100 + 24x$
$\Rightarrow x_1 = 6{,}37$, $V''(x_1) = 52{,}88 > 0 \Rightarrow$ kein Maximum
$ x_2 = 1{,}96$, $V''(x_2) = -52{,}88 < 0 \Rightarrow$ Maximum

a) Abmessungen:
Länge $a = 11{,}08$ m, Breite $b = 6{,}08$ m, Höhe $c = 1{,}96$ m

b) Maximales Volumen:
$V_{max} = a \cdot b \cdot x = 11{,}08 \cdot 6{,}08 \cdot 1{,}96 = 132{,}08$ m^3

c) Ausschussanteil/Verschnitt:
Fläche: $\quad\quad\quad\quad\quad\quad 15 \cdot 10 = 150 \quad$ m^2
Verschnittfläche: $4 \cdot 1{,}96^2 \quad\quad = 15{,}36$ m^2

Verschnitt $= \dfrac{15{,}36 \cdot 100}{150} = 10{,}24 \%$

A Aufgaben

Fertigen Sie zunächst eine Skizze.

1. Abwandlung der Handlungssituation

   Aus einem quadratischen Karton von 1 m Länge soll eine oben offene Schachtel mit maximalem Fassungsvermögen hergestellt werden. Diese Form soll erreicht werden, indem an den Ecken jeweils eine quadratische Fläche herausgeschnitten wird und die Seitenstücke hochgebogen werden.
   a) Welche Abmessungen muss die Schachtel mit dem maximalen Volumen dann haben?
   b) Wie groß ist das maximale Volumen?

2. In einem Sportstadion soll eine ovale 400-m-Laufbahn, bestehend aus 2 parallelen Geraden und 2 angesetzten Halbkreisen angelegt werden. In der Mitte des Ovals soll ein rechteckiges Fußballfeld entstehen. Wie sind die Abmessungen zu wählen, wenn das eingeschlossene Fußballfeld eine möglichst große Fläche einnehmen soll?

3. Bei einer Möbelproduktion fallen Holzbretter in Form rechtwinkeliger Dreiecke mit den Kathetenlängen a = 80 cm und b = 70 cm an. Aus diesen Brettern sollen für die weitere Verarbeitung rechteckige Stücke von möglichst großem Flächeninhalt herausgesägt werden. Bei welchen Abmessungen der Rechtecke wird dies erreicht?

4. Ein quaderförmiger, allseitig geschlossener Behälter mit quadratischer Grundfläche soll einen Kubikmeter Flüssigkeit fassen. Welche Form muss der Behälter erhalten, damit der Materialverbrauch minimal wird?

5. Eine Weißblechkonservendose in zylindrischer Form soll ein Volumen (Fassungsvermögen) von 1 Liter (1 000 ccm) haben. Welche Maße müssen für Radius und Höhe gewählt werden, damit der Verbrauch an Blech möglichst gering ausfällt?

6. Ein Kanal soll einen Querschnitt in Form eines auf der Spitze stehenden gleichschenkeligen Dreiecks erhalten. Aus bautechnischen Gründen darf die Summe von Kanalbreite x und Kanaltiefe y nicht größer als 23 m sein. Welche Maße müssen für x und y gewählt werden, wenn der Querschnitt des Kanals möglichst groß werden soll?

7. In einen halbkreisförmigen Mauerbogen soll ein rechteckiges Fenster mit möglichst großer Fensterfläche eingesetzt werden. Wie groß müssen Höhe und Breite des Fensters angesetzt werden, wenn der Durchmesser des Mauerbogens 1,2 m beträgt?

8. Aus einer rechteckigen Glasscheibe von 100 cm Länge und 60 cm Breite ist beim Verladen eine Ecke in Form eines rechtwinkeligen Dreiecks herausgebrochen. An der Bruchstelle beträgt die Seitenlänge des fünfeckigen Rests noch 80 und die Breite noch 52 cm. Daraus soll wiederum eine rechteckige Scheibe von möglichst großer Fläche geschnitten werden. Berechnen Sie die Maßzahlen für Länge, Breite und Flächeninhalt. Welche besondere Problematik enthält diese Aufgabe?

9. Durch einen Berg soll ein Kanal für einen Staudamm getrieben werden, der die Form eines Halbkreises mit aufgesetztem Rechteck besitzt. Der Gesamtumfang soll 20 m betragen. Wie sind die Abmessungen zu wählen, wenn der Querschnitt für den Wassertransport möglichst groß werden soll?

10. Die Tragfähigkeit T eines rechteckigen Balkens kann nach der Formel $T = m \cdot x \cdot y^2$ berechnet werden. m ist dabei eine Materialkonstante, die aus Gründen der Einfachheit mit m = 1 angesetzt werden soll, x die Breite und y die Höhe des Balkens.
Welche Abmessungen muss ein Balken mit maximaler Tragfähigkeit haben, der aus einem zylindrischen Baumstamm mit 20 cm Durchmesser herausgeschnitten werden kann?

Anhang:
Einige Grundformeln aus der Geometrie

Dreiecksfläche:	$F = \dfrac{g \cdot h}{2}$	g = Grundlinie, h = Höhe
Rechtecksumfang:	$U = 2 \cdot (l + b)$	l = Länge, b = Breite
Rechtecksfläche:	$F = l \cdot b$	
Kreisumfang:	$U = 2 \cdot r \cdot \pi$	r = Kreisradius,
Kreisfläche:	$F = r^2 \cdot \pi$	π = Kreiszahl $\approx 3{,}1416$
Quadervolumen:	$V = l \cdot b \cdot h$	h = Höhe
Quaderoberfläche:	$O = 2 \cdot (l \cdot b + l \cdot h + b \cdot h)$	
Zylindervolumen:	$V = r^2 \cdot \pi \cdot h$	
Zylinderoberfläche:	$O = 2 \cdot r \cdot \pi (r + h)$	
Satz des Pythagoras:	$a^2 + b^2 = c^2$	a, b = Katheten c = Hypotenuse

1 Finanzmathematische Handlungsfelder bei kurzfristiger Betrachtung

Die Finanzmathematik ist ein Teilgebiet der angewandten Mathematik. Die Finanzmathematik liefert das methodische Rüstzeug für die Behandlung langfristiger Kapitalleistungen, so z. B. Kreditaufnahmen, Verzinsung und Rückzahlung von Kapital. Sie untersucht insbesondere den Einfluss der Zinseszinsentwicklung auf Kapitalbewegungen, vergleicht Barwerte zukünftiger Leistungen oder berechnet den Zukunftswert regelmäßiger Zahlungen (Renten).
Andererseits stellt die Finanzmathematik Methoden bereit, bei denen auch kurzfristige Erfolgs- und Vergleichsrechnungen eine Rolle spielen, genannt seien hier Rentabilitätsberechnungen und Effektivverzinsungen mit kurzen Laufzeiten, ohne dass Zinseszinsprobleme berücksichtigt werden.

Finanzmathematik

Wenn in den folgenden Absätzen Rentabilitäten berechnet werden, dann geschieht das in aller Regel auf der Basis von Jahresabschlüssen, wie sie in Unternehmen üblich sind. Man hat es also mit Rentabilitätsberechnungen in kurzfristigen (jährlichen) Zeitabständen zu tun.
Bei den hier beschriebenen Problemen der Effektivverzinsung werden grundsätzlich Wertveränderungen auf der Basis einfacher Zinsrechnungen berücksichtigt; im Prinzip werden also Verzinsungen in jährlichen Abständen berechnet, d. h. in kurzfristigen Zeitintervallen. Auch bei langfristigen Restlaufzeiten von Anleihen werden die Effektivzinssätze immer auf die kurzfristige Jahresbasis umgerechnet.

1.1 Rentabilität als Kriterium für wirtschaftlichen Erfolg

Mit Hilfe der Rentabilitätsrechnung wird die erwirtschaftete Kapitalverzinsung für ein geldwertes Engagement ermittelt, meist für den Zeitraum von einem Jahr. Als Bezugsgrößen für den Kapitaleinsatz können das Eigenkapital, das Gesamtkapital und/oder der Periodenumsatz in Frage kommen.

Rentabilitätsrechnung

1.1.1 Eigenkapitalrentabilität

Hier geht es um die Höhe der Verzinsung des eingesetzten Eigenkapitals. Dies bedeutet, dass der zu ermittelnde Gewinn auf das Eigenkapital bezogen werden muss:

$$\text{Rentabilität des Eigenkapitals} = \frac{\text{Gewinn (Jahresüberschuss)} \cdot 100}{\text{Eigenkapital}}$$

Beispiel Jahresüberschuss: 3 000 000,00 EUR
Eigenkapital: 30 000 000,00 EUR

$$\text{Rentabilität des Eigenkapitals} = \frac{3\,000\,000 \cdot 100}{30\,000\,000} = 10\,\%$$

1.1.2 Gesamtkapitalrentabilität

Hier gilt:

> Rentabilität des Gesamtkapitals =
> $$\frac{(\text{Gewinn/Jahresüberschuss} + \text{Fremdkapitalzinsen}) \cdot 100}{\text{Gesamtkapital}}$$

Beispiel Gewinn: 3 000 000,00 EUR
Fremdkapitalzinsen: 960 000,00 EUR
Gesamtkapital: 42 000 000,00 EUR

$$\text{Rentabilität des Gesamtkapitals} = \frac{(3\,000\,000 + 960\,000) \cdot 100}{42\,000\,000} = 9{,}42\,\%$$

Die Fremdkapitalzinsen stehen im Zähler. Dies wird sofort einsichtig, wenn man das Gesamtkapital als aus Eigen- und Fremdkapital zusammengesetzt betrachtet und berücksichtigt, dass auch das Fremdkapital zum wirtschaftlichen Erfolg beigetragen hat und mindestens die Fremdkapitalzinsen, den Kapitaldienst, erwirtschaften muss.

1.1.3 Umsatzrentabilität

Die Umsatzrentabilität berechnet sich wie folgt:

> $$\text{Rentabilität des Umsatzes} = \frac{\text{Gewinn/Jahresüberschuss} \cdot 100}{\text{Umsatzerlöse}}$$

Beispiel Gewinn: 3 000 000,00 EUR
Umsatz: 45 000 000,00 EUR

$$\text{Rentabilität des Umsatzes} = \frac{3\,000\,000 \cdot 100}{45\,000\,000} = 6{,}6\,\%$$

Pro umgesetzte 100,00 EUR wird ein Gewinn von 6,60 EUR erwirtschaftet.

1.2 Effektivverzinsung als Vergleichskriterium unterschiedlicher Anlage- und Kreditangebote

Die Effektivverzinsung einer Restschuld oder Kapitalanlage ist eine Vergleichsgröße, die es ermöglicht, unterschiedliche Angebotskonditionen bei Anlage- oder Kreditgeschäften zu beurteilen.

Rendite Der Effektivzinssatz (in %) gibt an, wie hoch der tatsächliche Ertrag **(Rendite)** einer Kapitalanlage bzw. einer Restschuld pro Jahr ist unter Berücksichtigung sämtlicher Einzahlungen und Auszahlungen, die bei einem Finanzierungsgeschäft anfallen.

1.2.1 Bruttorendite einer Anleihe mit festem Rückzahlungstermin

In einer Unternehmung wird ein Cashflow von 500 000,00 EUR ausgewiesen, der zinsgünstig angelegt werden soll:
Zur Auswahl steht eine Anleihe mit folgenden Konditionen:
Emissionskurs: 96 %
Zinssatz (nominell): 6 %
Rückzahlung der Anleihe: zu pari (100 %) am Ende der 10-jährigen Laufzeit

Aufgabe:
Wie hoch ist die Effektivverzinsung (Rendite)?

Lösung:

Kurswert:	96,00 EUR
Zinsertrag in EUR:	6,00 EUR (auf Nennwert von 100,00 EUR)
Rückzahlungsgewinn:	4,00 EUR
d.h. pro Jahr $^4/_{10}$	0,40 EUR
= jährlicher Ertrag in EUR:	6,40 EUR

$$\text{Effektivverzinsung (Rendite)} = \frac{6{,}4 \cdot 100}{96} = 6{,}66\,\%$$

1.2.2 Bruttorendite einer Anleihe mit fortlaufender Tilgung

500 000,00 EUR Cashflow sollen alternativ angelegt werden.
Von folgenden Konditionen wird ausgegangen:

Emissionskurs:	98 %
Zinssatz:	6 % (nominell auf Nennwert)
Rückzahlungskurs:	100,5 %
Laufzeit:	12 Jahre mit jährlicher Tilgung von $\frac{1}{10}$ der Anleiheschuld, 2 Jahre sind tilgungsfrei, sodass die 1. Tilgung am Ende des 3. Jahres stattfindet und die letzte am Ende des 12. Anleihejahres.

Aufgabe:
Wie hoch ist die Effektivverzinsung?

Lösung:
Es ergibt sich folgende Rechnung:

Kurswert:	98,00 EUR
Zinsertrag:	6,00 EUR (6 % nominell von 100,00 EUR)
Rückzahlungsgewinn:	2,50 EUR (100,5 − 98,0)

Zur Berechnung der Effektivverzinsung stellt sich die Frage, welche Laufzeit zugrunde gelegt werden muss.

Da offensichtlich während der Laufzeit regelmäßig Tilgungen stattfinden, ändert sich fortlaufend der Kapitalbetrag (abnehmende Restschuld).
Die Zinsformel

$$Z = \frac{K \cdot P \cdot t}{100 \cdot 360}$$

geht aber von einem konstanten Kapital aus, das während der gesamten Laufzeit in unveränderter Höhe zur Verfügung steht (es finden also keine Tilgungen statt).
Hierzu gilt die folgende Aussage:
„Die Tilgung von Teilbeträgen zu unterschiedlichen Terminen ist gleichbedeutend mit der Tilgung des Gesamtbetrages zu einem mittleren (durchschnittlichen) Termin." Das kaufmännische Rechnen kennt diesen Sachverhalt als Berechnung der „mittleren Verfallzeit".

Daraus folgt für das vorliegende Beispiel:
Kurswert: 98,00 EUR
Zinsertrag: 6,00 EUR
Rückzahlungsgewinn: 2,50 EUR

mittlerer Tilgungszeitraum = $\dfrac{1.\text{ Tilgung} + 10.\text{ Tilgung}}{2}$ = 5,5 Jahre

+ 2 Jahre tilgungsfreier Zeitraum   = 7,5 Jahre

Zinsertrag insgesamt: 6,00 EUR jährlicher Zinsertrag
+ Rückzahlungsgewinn
  pro Jahr $\dfrac{2,50}{7,5}$ = 0,33 EUR

Verzinsung in EUR insgesamt: 6,33 EUR pro Jahr

Bruttorendite = $\dfrac{6,33 \cdot 100}{98}$ = 6,45 %

1.2.3 Bruttorendite von Aktien

Alternativ zu den festverzinslichen Anlageformen bietet sich eine Anlage in Aktien an. Auch hier stellt sich die Frage nach der Bruttorendite, die unmittelbar vom Ankaufskurs und der Dividendenauszahlung abhängt.

Aufgabe:
Wie hoch ist die Effektivverzinsung?

Lösung:
Die effektive Verzinsung (Rendite) errechnet sich demnach:

$$p_{\text{eff}} = \frac{\text{Dividende} \cdot 100}{\text{Ankaufswert}}$$

Provisionen, Gebühren und ein möglicher Kursgewinn beim Verkauf bleiben unberücksichtigt.

Jahresdividende: 10,00 EUR je Aktie
Ankaufskurs: 400,00 EUR

Rendite: $r = \dfrac{10 \cdot 100}{400} = 2,5\%$

1.2.4 Effektivverzinsung von Kreditgeschäften

1.2.4.1 Effektivverzinsung ohne Tilgung während der Laufzeit

Folgendes Kreditangebot soll auf seine Effektivverzinsung untersucht werden:
8,5% Nominalzinssatz
$^1/_4$% Provision je angefangenen Monat
2% Bearbeitungsgebühr
Laufzeit: 20.05.20.. – 25.11.20.. = 185 Tage
Tilgung am Ende der Laufzeit

Lösungsansatz:

fiktiver Kreditbetrag:	100,00 EUR
Laufzeit:	185 Tage

Zinsaufwand: $Z = \dfrac{100 \cdot 8,5 \cdot 185}{100 \cdot 360}$

$Z =$ 4,36 EUR
Provision: $7 \cdot 0,25 = 1,75$ EUR
Bearbeitungsgebühr: 2,00 EUR

effektive Kreditkosten: 8,11 EUR
bezogen auf 100,00 EUR = 8,11% für 185 Tage

$p_{effektiv} = \dfrac{8,11 \cdot 360}{185} = 15,78\%$ p.a.

1.2.4.2 Effektivverzinsung mit Tilgung während der Laufzeit

Das Angebot einer Bank für einen Konsumentenkredit über 6 000,00 EUR hat folgende Konditionen:

Verzinsung:	*0,65% je Monat von der vereinbarten Kreditsumme*
Bearbeitungsgebühr:	*1% von der Kreditsumme*
Laufzeit:	*6 Monate*
monatliche Rate:	*1 049,00 EUR*

Aufgabe:
Wie hoch ist die Effektivverzinsung?

Lösungsansatz:

Zinsen:	6 · 0,65% von 6 000,00 EUR = 234,00 EUR
Bearbeitungsgebühr:	60,00 EUR
Kreditkosten:	294,00 EUR

Bei Anwendung der einfachen Zinsformel ergibt sich auch hier, wie unter 1.2.2 erläutert, das Problem der durch Tilgung abnehmenden Restschuld.
Die Kreditsumme in der Höhe von 6 000,00 EUR ist also auf eine mittlere Laufzeit von $\boxed{t_{mittle} = \dfrac{n+1}{2}}$ Perioden zu beziehen.

Daraus folgt:

$$p_{effektiv} = \dfrac{294 \cdot 100 \cdot 12}{6\,000} = 16{,}8\,\%$$

1.2.4.3 Effektivverzinsung unter Berücksichtigung eines Disagios

Zwei Kreditangebote sind zu vergleichen:
Darlehenssumme: 400 000,00 EUR.
Disagio ist der Unterschiedsbetrag zwischen Kreditsumme und Auszahlungsbetrag.

Angebot 1		**Angebot 2**	
Nominalzinssatz:	9 %	Nominalzinssatz:	8 %
Disagio:	2 %	Disagio:	3 %
		Bearbeitungsgebühr:	0,25 %
Laufzeit:	4 Jahre	Laufzeit:	4 Jahre

Zusatzbedingung: Während der Laufzeit erfolgt keine Tilgung; die Tilgung der Kreditsumme erfolgt am Ende der Laufzeit in einer Summe (Festbetragsdarlehen).

Lösungsverfahren:

Angebot 1: Das Disagio beträgt 2 % von 400 000,00 EUR = 8 000,00 EUR
Zinsen und anteiliges Disagio für 1 Jahr:
Zinsen 9 % von 400 000,00   36 000,00 EUR
Disagio 8 000,00 : 4   2 000,00 EUR

Insgesamt   38 000,00 EUR
Auszahlungsbetrag: 362 000,00 EUR

$\boxed{P = \dfrac{Z \cdot 100 \cdot 360}{K \cdot T}}$; $P = \dfrac{38\,000 \cdot 100 \cdot 360}{362\,000 \cdot 360} = 10{,}4\,\%$

Angebot 2: Das Disagio beträgt 3 % von 400 000,00 EUR = 12 000,00 EUR
Zinsen und anteiliges Disagio für 1 Jahr:
Zinsen 8 % von 400 000,00   32 000,00 EUR
Disagio 12 000,00 : 4   3 000,00 EUR
anteilige Gebühr 1 000,00 : 4   250,00 EUR

Insgesamt   35 250,00 EUR
Auszahlungsbetrag: 364 750,00 EUR

$$P = \dfrac{35\,250 \cdot 100 \cdot 360}{364\,750 \cdot 360} = 9{,}6\,\%$$

1.2.4.4 Effektivverzinsung bei Leasinggeschäften

Investitionsentscheidungen implizieren die Frage nach deren Finanzierung.
Drei Finanzierungsvarianten sollen dabei verglichen werden:
1. Barkauf (Eigenfinanzierung)
2. Kreditfinanzierung (Fremdfinanzierung)
3. Leasinggeschäft

Aus **finanzmathematischer Sicht** geht es dabei um die Effektivverzinsung der drei Alternativen:
1. *Eigenfinanzierung durch Barkauf*
   Anschaffungskosten: 1 200 000,00 EUR; Nutzungsdauer 8 Jahre; kalkulatorische Eigenkapitalverzinsung: 6 %
2. *Fremdfinanzierung durch Teilzahlungskredit*
   Abzahlungsdarlehen: 1 250 000,00 EUR bei 96 % Auszahlung, Laufzeit 8 Jahre, Zinssatz 9 % von der jeweiligen Restschuld, Kredittilgung in 8 gleichen Jahresraten
3. *Leasing zu folgenden Bedingungen*
   Grundmietzeit: 4 Jahre, Abschlussgebühr 10 % vom Anschaffungswert, Leasingrate pro Monat 2,5 % vom Anschaffungswert

Lösungsansatz:

Zu 1. Barkauf
Da die Eigenfinanzierung keine Tilgungsprobleme enthält, entspricht die Effektivverzinsung dem kalkulatorischen Zinssatz.

Zu 2. Kreditkauf
Wegen der Restschuldverzinsung ist für die Laufzeit ein Tilgungsplan aufzustellen.

Jahr	Restschuld Jahresbeginn	Zinsen	Tilgung	Zinsen und Tilgung
1	1 250 000,00 EUR	112 500,00 EUR	156 250,00 EUR	268 750,00 EUR
2	1 093 750,00 EUR	98 437,50 EUR	156 250,00 EUR	254 687,50 EUR
3	937 500,00 EUR	84 375,00 EUR	156 250,00 EUR	240 625,00 EUR
4	781 250,00 EUR	70 312,50 EUR	156 250,00 EUR	226 562,50 EUR
5	625 000,00 EUR	56 250,00 EUR	156 250,00 EUR	212 500,00 EUR
6	468 750,00 EUR	42 187,50 EUR	156 250,00 EUR	198 437,50 EUR
7	312 500,00 EUR	28 125,00 EUR	156 250,00 EUR	184 375,00 EUR
8	156 250,00 EUR	14 062,50 EUR	156 250,00 EUR	170 312,50 EUR
Summe		**506 250,00 EUR**	**1 250 000,00 EUR**	**1 756 250,00 EUR**

Kapital = Auszahlungsbetrag = 1 200 000,00 EUR
Disagio: 50 000,00 EUR
Zinsen: 506 250,00 EUR
Kreditkosten: 556 250,00 EUR

Laufzeit: mittlere Laufzeit, da fortlaufende Tilgung $= \dfrac{n+1}{2}$
(Erläuterung siehe oben unter 1.2.2)

$$P_{\text{effektiv}} = \dfrac{556\,250 \cdot 100}{1\,200\,000 \cdot 4,5} = 10,30\,\%\text{ effektiv}$$

Zu 3. Leasinggeschäft
2,5 % von 1 200 000,00 EUR = 30 000,00 EUR; für 48 Monate = 1 440 000,00 EUR
Abschlussgebühr: 10 % von 1 200 000,00 EUR = 120 000,00 EUR

Kapitaldienst = Verzinsung des Leasinggeschäfts
bei 1 200 000,00 EUR Anschaffungswert: 1 560 000,00 EUR
− 1 200 000,00 EUR
= 360 000,00 EUR

Da mit den Leasingraten auch der Anschaffungswert amortisiert wird, liegt hier ein Finanzierungsgeschäft mit fortlaufender Tilgung vor, dessen Effektivverzinsung über die mittlere Laufzeit berechnet werden muss.

$$P_{\text{effektiv}} = \dfrac{360\,000 \cdot 100 \cdot 12}{1\,200\,000 \cdot 24,5} = 14,7\,\%$$

A Aufgaben

1. Die Solarmodulfabrik „Phönix", die sich auf den Bau von Sonnenkollektoreinheiten spezialisiert hat, stellt vierteljährlich 600 Module her. „Solaris", das Konkurrenzunternehmen, produziert im gleichen Zeitraum 450 Einheiten.
Ermitteln Sie die Eigenkapitalrentabilitäten der Betriebe, wenn Phönix über ein Eigenkapital von 12 Mio. EUR und Solaris über eines von 9 Mio. EUR verfügt. Beide Unternehmen erzielen einen durchschnittlichen Gewinn von 500,00 EUR je Modul.

2. Eigenkapital: 400 000,00 EUR
Fremdkapital: 200 000,00 EUR
Gewinn: 50 000,00 EUR   Berechnen Sie die Rentabilität des
Fremdkapitalzinsen: 12 000,00 EUR   Eigenkapitals und Gesamtkapitals.

3. Ein Mitarbeiter kauft ein Eigenheim für 440 000,00 EUR. 100 000,00 EUR kann er selbst aufbringen. 60 000,00 EUR erhält er vom Arbeitgeber als zinsgünstiges Darlehen mit 3 %.
Weitere 100 000,00 EUR müssen als I. Hypothek zu 8 % aufgenommen werden.
Der Rest muss mit einer II. Hypothek finanziert werden.
Zu welchem Zinsfuß darf die II. Hypothek höchstens aufgenommen werden, wenn der Mitarbeiter für sämtliche Kredite monatlich nicht mehr als 1 600,00 EUR aufbringen möchte?

4. Für einen kurzfristigen Kredit in Höhe von 10 000,00 EUR verlangt die ABC-Bank für den Zeitraum vom 1. März bis 17. September 13,25 % und eine Bearbeitungsgebühr von 2 % der Kreditsumme. Welcher Effektivverzinsung entspricht die gesamte Kreditbelastung?

5. Der Kostenvoranschlag für die Erweiterung einer Gemeinschaftspraxis beläuft sich auf 600 000,00 EUR. Die durch den Ausbau hinzugewonnenen Praxisräume können für jährlich 60 000,00 EUR vermietet werden. Zwei ebenfalls hinzugewonnene Appartements können zu 800,00 bzw. 600,00 EUR vermietet werden. Die Abschreibung beträgt 2 %. Für Instandhaltung, Steuern, Versicherungen u. a. sind halbjährlich 6 000,00 EUR zu zahlen. Für die Finanzierung der Erweiterung muss eine Hypothek von 280 000,00 EUR zu 8 % aufgenommen werden.
Lohnt sich der Umbau, wenn das zu investierende Kapital bei einer anderen Anlagemöglichkeit 9 % abwerfen würde?

6. Lieferantenkredit oder Bankkredit?
Ein Großhändler kann den Kauf von Waren durch einen Lieferantenkredit und einen Bankkredit finanzieren. Die Rechnungssumme beläuft sich auf 199 000,00 EUR. Das Rechnungsdatum ist der 10. 07. Zahlungsziel 30 Tage. Stundung des Kaufpreises bis zum 10. 12.
Lieferantenkredit: Verzugszinsen 9 %, Bearbeitungsgebühr 1 %.
Bankkredit: Fälligkeitsdarlehen 200 000,00 EUR, Auszahlung 99,5 %, Zinssatz 10 %.
a) Welches Finanzierungsangebot ist günstiger?
b) Wie hoch ist der Effektivzinssatz in beiden Fällen?

2 Finanzmathematische Handlungsfelder bei langfristiger Betrachtung

2.1 Die Zinseszinsrechnung

2.1.1 Aufzinsen einmaliger Zahlungen bei ganzjährigen Zinsperioden

Ein Anfangskapital K_0 wird mit 4% p.a. verzinst. Im zweiten Jahr werden auf das verzinste Anfangskapital erneut 4% Zinsen aufgeschlagen usw., wie die folgende Übersichtstabelle zeigt.

Lösungsverfahren:
Die Lösung des Problems kann schrittweise erfolgen, indem der Zinsbetrag eines jeden Jahres ermittelt und dem bestehenden Guthaben hinzugeschlagen wird. Sodann wird aus diesem Betrag der neue Zinsbetrag errechnet usw. So ergibt sich für das Anfangskapital im Jahre 0 mit $K_0 = 800\,000{,}00$ EUR z.B. am Ende des 3. Jahres ein Guthaben von $K_3 = 899\,891{,}20$ EUR und nach 5 Jahren ein Endkapital von $K_5 = 973\,322{,}31$ EUR. Dies unter der Annahme, dass der Kassenüberschuss mit 4% verzinst wird.

Ende des Jahres	Jahres-anfangsguthaben	Zinsen	Jahres-endguthaben
$0 = K_0$			800 000,00 EUR
$1 = K_1$	800 000,00	32 000,00	832 000,00 EUR
$2 = K_2$	832 000,00	33 280,00	865 280,00 EUR
$3 = K_3$	865 280,00	34 611,20	899 891,20 EUR
$4 = K_4$	899 891,20	35 995,65	935 886,84 EUR
$5 = K_5$	935 886,84	37 435,47	973 322,31 EUR

Tabelle 2.1.: Schrittweise Lösung der Zinseszinsrechnung
(Der Index in $K_0, K_1, K_2, \ldots K_5$ gibt an, welches Jahr gemeint ist. Für ein beliebiges n-tes Jahr schreibt man K_n.)

Natürlich ist ein solcher Lösungsweg zwar einsichtig, aber schon bei größeren Zeiträumen wird er umständlich und zeitraubend, sodass es Sinn macht, einen einfacheren Weg zu suchen.
Bezeichnet man den Zinssatz mit p, der in Prozent angegeben ist, so errechnet sich der Zinsbetrag des ersten Jahres zu

$$Z_1 = K_0 \cdot \frac{p}{100}$$ (in Zukunft steht für $\frac{p}{100} = i$).

Das Endkapital des ersten Jahres, K_1, ergibt sich damit aus der Summe von Anfangskapital und Zinsen.
Man schreibt:
$K_1 = K_0 + K_0 \cdot i$ Anfangskapital K_0 + Zinsbetrag vom Anfangskapital $K_0 \cdot i = K_1$

Der gemeinsame Faktor auf der rechten Seite wird ausgeklammert und man erhält:
$K_1 = K_0(1 + i)$. Es ist dann
$K_2 = K_0(1 + i) \cdot (1 + i) = K_0(1 + i)^2$
$K_3 = K_0(1 + i) \cdot (1 + i) \cdot (1 + i) = K_0(1 + i)^3$

...
$K_5 = K_0(1 + i)^5$

Wie aus der Formelentwicklung ersichtlich ist, stimmen Jahresindex K_n und der Exponent n überein.
Für ein beliebiges Jahr „n" ergibt sich damit die Formel $\boxed{K_n = K_0(1 + i)^n}$.[1]
Den Faktor $(1 + i)$ nennt man auch „Aufzinsungsfaktor", der abgekürzt mit q bezeichnet wird: $q = 1 + i$. Es gibt hierzu Tabellenwerke, aus denen die Aufzinsungsfaktoren q^n für beliebige Jahre und Zinssätze abgelesen werden können. Darüber hinaus verfügt heute jeder mathematische Taschenrechner über entsprechende Funktionstasten.

$$\boxed{K_n = K_0 \cdot q^n}$$

ist die Grundformel der Zinseszinsrechnung.
Überprüfen Sie die Verzinsung des Kassenüberschusses: $K_5 = 800\,000{,}00$ $(1 + 0{,}04)^5$ bzw. $800\,000{,}00 \cdot 1{,}04^5$.
Ein Anfangskapital wird über die Jahre **aufgezinst**:

K_0	K_1	K_2		K_5
800 000,00	832 000,00	865 280,00	...	973 322,31 > t
0	1	2	...	5

Am Ende des 5. Jahres verfügt das Unternehmen über einen Betrag von 973 322,31 EUR.

2.1.2 Abzinsen einmaliger Zahlungen bei ganzjährigen Zinsperioden

Welcher Betrag müsste heute angelegt werden, um nach 5 Jahren eine Investition in einer Größenordnung von 800 000,00 EUR tätigen zu können. Gefragt ist nach dem Gegenwarts- oder Barwert. Das heißt, hier erfolgt eine Abzinsung des gewünschten Endkapitals auf den Gegenwartswert, auch Zeitwert genannt. Es wird bei einem gegebenen Endkapital nach dem Anfangskapital K_0 gefragt.

Lösungsverfahren:
Für die Lösung benutzt man die bekannte Grundformel $\boxed{K_n = K_0 \cdot q^n}$ und löst sie nach der gesuchten Größe auf:
Es ist $\boxed{K_n = K_0 \cdot q^n}$, daraus folgt für $\boxed{K_0: K_0 = \dfrac{K_n}{q^n}}$.

$\dfrac{1}{q^n}$ ist der Abzinsungsfaktor, der ebenfalls einschlägigen Tabellenwerken entnommen werden kann oder per Taschenrechner ermittelt wird.
Der Zukunftswert von 800 000,00 EUR entspricht einem Gegenwarts- oder Barwert von 657 541,60 EUR bei n = 5 Jahren und p = 4 %.

---
[1] *Eine mathematisch exakte Herleitung der Formel erfolgt über die vollständige Induktion, auf die hier verzichtet werden soll.*

2.1.3 Die Ermittlung von Zeit und Zinssatz

2.1.3.1 Laufzeitberechnungen

In wie viel Jahren ist ein Kapital von 12 000,00 EUR auf den Zukunftswert von 17 762,00 EUR angewachsen?
Der Zinssatz betrage 4 %.

Lösungsverfahren:
Ausgehend von $K_n = K_0 \cdot q^n$, wird nach n aufgelöst:
$q^n = \dfrac{K_n}{K_0}$, daraus folgt: $n \cdot \lg q = \lg K_n - \lg K_0$ und $n = \dfrac{\lg K_n - \lg K_0}{\lg q}$.

Es gilt $n = \dfrac{\lg 17\,762{,}93 - \lg 12\,000{,}00}{\lg 1{,}04}$, d. h. $n = \dfrac{4{,}24951 - 4{,}07918}{0{,}01703} = 10$

Ein Taschenrechner mit Zehnerlogarithmenbelegung liefert die entsprechenden Werte. Das Anfangskapital ist in 10 Jahren auf den angegebenen Zeitwert angewachsen.

2.1.3.2 Zinssatzberechnungen

Ausgegangen wird wieder von $K_n = K_0 \cdot q^n$ und nach q umgestellt:
$q^n = \dfrac{K_n}{K_0}$, daraus folgt: $q = \sqrt[n]{\dfrac{K_n}{K_0}}$. *Aus $q = 1 + i$ lässt sich i unmittelbar ablesen und p bestimmen.*

Aufgabe:
Überprüfen Sie diese Formel am Beispiel der vorausgegangenen Aufgabenstellung:
Gegeben waren $n = 10$ Jahre; $K_n = 17\,762{,}93$ EUR und $K_0 = 12\,000{,}00$ EUR. Gesucht ist p.

2.1.4 Unterjährliche Verzinsung

Hinter den Bezeichnungen „Monatsgeld" oder „Dreimonatsgeld" verbirgt sich regelmäßig der Wunsch des Bankkunden, ‚freie' Gelder kurzfristiger als ein Jahr anlegen zu wollen. So kann Liquidität bei Bedarf flexibler mobilisiert werden.
Wenn die Verzinsungsperioden kürzer als ein Jahr sind, so spricht man von unterjährlicher oder **relativer Verzinsung**. Ist das Jahr in „m" gleich lange Zinsperioden unterteilt und beträgt der Jahreszins p %, so beträgt der unterjährliche Zinssatz p/m % (= relativer Zinssatz). Der Jahreszins von p % ist der nominelle Zinssatz.
Die Anzahl der Zinsperioden beträgt bei n Jahren $m \cdot n$ Perioden.
Für die unterjährliche Verzinsung mit m Zinsperioden pro Jahr gilt für das

Endkapital nach n Jahren: $K_n = K_0 \cdot \left(1 + \dfrac{p}{100 \cdot m}\right)^{m \cdot n}$. Da $\dfrac{p}{100} = i$, folgt für

$K_n = K_0 \cdot \left(1 + \dfrac{i}{m}\right)^{m \cdot n}$.

Beispiel $K_0 = 800\,000{,}00$ EUR, $p = 4\%$ nominell, quartalsmäßige Verzinsung, Laufzeit $n = 5$ Jahre;
$K_n = 800\,000{,}00 \cdot \left(1 + \dfrac{0{,}04}{4}\right)^{4 \cdot 5}$; $K_n = 976\,152{,}03$ EUR.

Bei einer unterjährlichen Verzinsung ergibt sich eine höhere effektive Verzinsung als bei der jährlichen Verzinsung. Sie können dies überprüfen, wenn Sie an anderer Stelle auf den Kassenüberschuss schauen, den wir jährlich verzinsen ließen. Im Übrigen leuchtet dies sofort ein, denn je mehr Zinszuschläge unterjährlich erfolgen, desto höher ist das Endkapital im Vergleich zum bloßen jährlichen Zinszuschlag.

Der **effektive Zinssatz** $p_{eff}\%$ ist gleichwertig (äquivalent) dem relativen unterjährlichen Zinssatz bei $p\%$ nominellem Zinssatz. Setzen wir für $\dfrac{p_{eff}}{100}$ wieder i_{eff}, dann

gilt für den **effektiven Zinssatz**: $\boxed{i_{eff} = \left(1 + \dfrac{i}{m}\right)^m - 1}$.

Soll die unterjährliche Zinsberechnung, auf das Jahr bezogen, effektiv nicht zu einer höheren nominellen (Jahres-)Verzinsung führen, so muss unterjährlich statt des relativen der so genannte konforme (äquivalente) Zinssatz verwendet werden. Dieser konforme Zinssatz wird p^0 bzw. i^0 genannt und ergibt sich aus folgendem Ansatz:

$K_0 \cdot (1 + i^0)^m = K_0 \cdot (1 + i)$
$(1 + i^0)^m = 1 + i$
$1 + i^0 = \sqrt[m]{1 + i}$
$i^0 = \sqrt[m]{1 + i} - 1$

Beispiel Ein Kapital wird mit 8% verzinst. Die Zinsgutschrift erfolgt monatlich.
 a) Welcher effektive Jahreszins ergibt sich?
 b) Wie lautet der konforme Zinssatz?

Zu a) $i_{eff} = \left(1 + \dfrac{i}{m}\right)^m - 1$, daraus folgt: $i_{eff} = \left(1 + \dfrac{0{,}08}{12}\right)^{12} - 1$
$\qquad\qquad\qquad\qquad\qquad\qquad\qquad\quad i_{eff} = 1{,}00666^{12} - 1$
$\qquad\qquad\qquad\qquad\qquad\qquad\qquad\quad i_{eff} = 0{,}0829$

zu b) $i^0 = \sqrt[m]{1 + i} - 1$, daraus folgt: $i^0 = \sqrt[12]{1 + 0{,}08} - 1$
$\qquad\qquad\qquad\qquad\qquad\qquad\quad i^0 = 1{,}00643 - 1$
$\qquad\qquad\qquad\qquad\qquad\qquad\quad i^0 = 0{,}00643$

A Aufgaben

1. Ein Kapital von 73 000,00 EUR wird 5 Jahre lang mit 5 %, danach 2 Jahre lang mit 5,5 % und schließlich noch weitere 2 Jahre mit 6 % verzinst. Wie hoch ist das Endkapital?

2. Sie nennen 150 000,00 EUR Ihr Eigen. Davon legen Sie 100 000,00 EUR zu 6,5 % auf Zinseszinsen an. Nach 12 Jahren lassen Sie sich am Ende eines jeden folgenden Jahres die Jahreszinsen ausbezahlen. Welchen Zinsbetrag erhalten Sie?

3. Jemand legt am Anfang eines Jahres 500 000,00 EUR zu 6 % auf Zinseszinsen. Auf wie viel EUR ist der Betrag in 10 Jahren angewachsen?

4. Beim Verkauf eines Oldtimers werden 3 Angebote gemacht:
Angebot A: 280 000,00 EUR in bar
Angebot B: 200 000,00 EUR in bar, 90 000,00 EUR nach 3 Jahren
Angebot C: 240 000,00 EUR in bar, 60 000,00 EUR nach 5 Jahren
Für die ausstehende Restzahlung wird ein Zinssatz von 6 % angenommen. Welches Angebot ist für Sie das vorteilhafteste?

5. Eine allein erziehende Mutter will für ihren Sohn ein Sparkonto anlegen. Der Sohn, der heute vor dem 8. Geburtstag steht, soll nach Vollendung des 18. Lebensjahres über 150 000,00 EUR verfügen können. Welchen einmaligen Betrag hat der unterhaltspflichtige Vater einzuzahlen, wenn eine jährliche Verzinsung von 8 % vereinbart wird?

6. Zu welchem Zinssatz muss ein Kapital auf Zinseszinsen stehen, damit es sich bei jährlicher Verzinsung in 10 Jahren verdoppelt?

7. Ein Darlehen von 150 000,00 EUR soll durch zwei gleich hohe Raten zurückgezahlt werden. Die erste Rate ist nach 3 Jahren und die zweite nach 5 Jahren (vom Zeitpunkt der Darlehensaufnahme gesehen) fällig. Die jährliche Verzinsung beträgt 7 %. Wie hoch sind die beiden Raten?

8. In wie viel Jahren wachsen 340 000,00 EUR bei jährlicher Verzinsung zu 6 % auf den doppelten Betrag an?

9. In wie viel Jahren verdreifacht sich ein Kapital bei einer jährlichen Verzinsung von 6 %?

10. Auf welchen Endbetrag wächst ein Kapital von 350 000,00 EUR bei halbjährlicher Verzinsung in 4 Jahren an, wenn der Jahreszinssatz 6 % beträgt?

11. Auf welchen Betrag wachsen 20 000,00 EUR bei quartalsmäßiger relativer Verzinsung in 3 Jahren an, wenn der nominelle Zinssatz 6 % beträgt?

12. Wie hoch ist der konforme Zinssatz
    a) $p = 6\%$, $m = 2$,
    b) $p = 6\%$, $m = 4$?

2.2 Rentenrechnung

In der Finanzmathematik bezeichnet man alle periodisch auftretenden Geldleistungen in gleich bleibender Höhe als Rente.
Ist die Laufzeit einer solchen Rentenzahlung nach oben begrenzt, spricht man von endlichen Renten. Rentenzahlungen ohne zeitliche Begrenzung bezeichnet man als unendliche oder ewige Rente.
Ein- oder Auszahlungen von Renten können am Ende oder am Anfang eines Zeitabschnitts erfolgen. Findet die Rentenzahlung am Ende einer Periode statt, liegt eine nachschüssige Rente vor, anderenfalls handelt es sich um eine vorschüssige Rente.
Folgende Symbole werden vereinbart:

Rente

Nachschüssige endliche Renten:	Vorschüssige endliche Renten:
– nachschüssiger Rentenendwert = R_n	– vorschüssiger Rentenendwert = $R \cdot n$
– nachschüssiger Rentenbarwert = R_o	– vorschüssiger Rentenbarwert = $R \cdot o$

Die einzelnen Zahlungen einer Rente bezeichnet man als Rentenrate oder Rate r. Die auflaufenden Kapitalien werden über $q = 1 + i$ verzinst, wie aus der Zinseszinsrechnung bekannt ist.
Die Aufgabe der Rentenrechnung besteht darin, End- und Gegenwartswerte von Renten zu berechnen und zu vergleichen.

Rentenrate

2.2.1 Nachschüssige endliche Renten

Nehmen Sie an, dass ein Mitarbeiter am Ende eines jeden abgelaufenen Jahres 1 000,00 EUR (= Rentenrate r) auf das Konto einer Versicherungsgesellschaft einzahlt, die eine Verzinsung von 8 % jährlich garantiert. Bei einer Laufzeit von 6 Jahren zeigt die folgende Rechnung die Kapitalentwicklung:

Jahre	Einzahlungen am Ende des Jahres	Zinsen	Kapital	verallgemeinert geschrieben
1	1 000,00	–	1 000,00	$R_1 = r$
2	1 000,00	80,00	2 080,00	$R_2 = r \cdot q + r$
3	1 000,00	166,40	3 246,40	$R_3 = r \cdot q^2 + r \cdot q + r$
4	1 000,00	259,71	4 506,11	$R_4 = r \cdot q^3 + r \cdot q^2 + r \cdot q + r$
5	1 000,00	360,49	5 866,60	$R_5 = r \cdot q^4 + r \cdot q^3 + r \cdot q^2 + r \cdot q + r$
6	1 000,00	469,33	7 335,93	$R_6 = r \cdot q^5 + r \cdot q^4 + r \cdot q^3 + r \cdot q^2 + r \cdot q + r$

Tab. 2.2.1: Endguthaben bei nachschüssiger Verzinsung

Wenn das allgemeine Ergebnis in der letzten Spalte der Tab. 2.2.1 auf n Jahre bezogen wird, also auf beliebig viele Jahre, so lässt sich Folgendes feststellen:
– die zuletzt gezahlte Rate wird nicht mehr verzinst: r
– die Rate des vorletzten (n − 1)-ten Jahres wird ein Jahr lang (das n-te Jahr) verzinst: $r \cdot q$
– die Rate des (n − 2)-ten Jahres wird 2 Jahre (das n-te und das (n − 1)-te Jahr) verzinst: $r \cdot q^2$
...
– die Rate des 1. Jahres wird (n − 1) Jahre verzinst: $r \cdot q^{n-1}$

Das gesamte Endkapital entsteht demnach aus der Summe der errechneten Einzelbeträge:

(1) $R_n = r + r \cdot q + r \cdot q^2 + r \cdot q^3 + \ldots + r \cdot q^{n-1}$

Wenn nun der Wert R_n formelmäßig berechnet werden soll, so multipliziert man die Gleichung (1) zunächst mit q und erhält:

(2) $q \cdot R_n = r \cdot q + r \cdot q^2 + r \cdot q^3 + \ldots + r \cdot q^n$

Wenn man jetzt die Gleichung (2) und (1) so untereinander schreibt, dass immer die gleichen Potenzen von q untereinander stehen, und dann von der ersten Gleichung die zweite abzieht, so entsteht der folgende Ausdruck:

(2) $q \cdot R_n = r \cdot q + r \cdot q^2 + r \cdot q^3 + \ldots + r \cdot q^{n-1} + r \cdot q^n$
(1) $ R_n = r + r \cdot q + r \cdot q^2 + r \cdot q^3 + \ldots + r \cdot q^{n-1}$

$q \cdot R_n - R_n = r \cdot q^n - r$ oder ausgeklammert: $R_n(q - 1) = r(q^n - 1)$

Nach R_n umgestellt, ergibt sich dann die Formel

$$\boxed{R_n = r \cdot \frac{q^n - 1}{q - 1}}$$ für den Rentenendwert.

$\frac{q^n - 1}{q - 1}$ ist der nachschüssige Rentenendwertfaktor, der in einschlägigen Tabellen oder mithilfe des Taschenrechners ermittelt werden kann.

Wird die gewonnene Formel für das vorliegende Beispiel benutzt, so ergibt sich:

$$R_6 = 1\,000{,}00 \cdot \frac{1{,}08^6 - 1}{1{,}08 - 1}$$
$$R_6 = 1\,000{,}00 \cdot 7{,}3359$$
$$R_6 = 7\,335{,}93$$

Häufig entsteht die Frage nach dem gegenwärtigen Wert aller Raten, den man als Rentenbarwert R_0 aller nachschüssig gezahlten Rentenraten bezeichnet.

Der Rentenbarwert ergibt sich aus der Fragestellung:

Welches Kapital ist zum gegenwärtigen Zeitpunkt t_0 zinseszinsmäßig zu p% anzulegen, um eine Rentenzahlung in Zukunft termingerecht realisieren zu können? Der Rentenbarwert errechnet sich durch Abzinsen des Rentenendwertes um n Jahre auf den Gegenwartszeitpunkt.

$$R_0 = \frac{R_n}{q^n}$$
$$R_0 = \frac{r}{q^n} \cdot \frac{q^n - 1}{q - 1}$$

Beispiel 1

Ein Mitarbeiter erhält am Ende eines jeden Jahres eine Erfindervergütung in Höhe von 30 000,00 EUR, befristet auf 10 Jahre. Welcher Kapitalbetrag (Rentenbarwert) muss verfügbar sein, wenn diese Rente termingerecht bei einer Verzinsung von 5% ausgezahlt werden soll?

$$R_0 = \frac{30\,000}{1{,}05^{10}} \cdot \frac{1{,}05^{10} - 1}{1{,}05 - 1}$$
$$R_0 = 18\,417{,}40 \cdot 12{,}5779$$
$$R_0 = 231\,652{,}07$$

Beispiel 2

Jemand hat gegenüber einer Versicherungsgesellschaft den Anspruch erworben, ab heute eine nachschüssige Rente von jährlich 120 000,00 EUR zu erhalten. Laufzeit 10 Jahre. Da er auf diese Rente jetzt nicht angewiesen ist, möchte er sie in eine andere Rente umwandeln.

Sie soll erstmals nach 4 Jahren und dann insgesamt 8 Jahre lang nachschüssig ausgezahlt werden. Welcher Rentenbetrag kann erwartet werden, wenn eine Verzinsung von 5% vereinbart ist?

Zwei unterschiedliche Renten sind gleichwertig zu einem gemeinsamen Kalkulationszeitpunkt, z. B. t_0, zu bewerten:

$$R_1 = 120\,000{,}00 \cdot \frac{1{,}05^{10} - 1}{1{,}05 - 1}$$

$$R_2 = r \cdot \frac{1{,}05^8 - 1}{1{,}05 - 1}$$

bezogen auf gemeinsamen Zeitpunkt t_0:

$$\frac{R_1}{1{,}05^{10}} = R_0; \quad \frac{R_2}{1{,}05^{12}} = R_0$$

$$\frac{120\,000}{1{,}05^{10}} \cdot \frac{1{,}05^{10} - 1}{0{,}05} = r \cdot \frac{1}{1{,}05^{12}} \cdot \frac{1{,}05^8 - 1}{1{,}05 - 1}$$

$73\,669{,}59 \cdot 12{,}5779 = r \cdot 0{,}5568 \cdot 9{,}5491$
$926\,608{,}73 = r \cdot 5{,}3169$
$r = 174\,276{,}12$

2.2.2 Vorschüssige endliche Renten

Wenn die Ratenzahlungen für die Rente bereits zu Beginn eines jeden Jahres erfolgen, so verzinsen sich die gesamten Rentenzahlungen einmal mehr und man erhält die Formel für den vorschüssigen Rentenendwert:

$$\boxed{R_n^* = r \cdot q \cdot \frac{q^n - 1}{q - 1}}$$

Beispiel Als Beispiel für diese Formel wählen wir eine Mitarbeiterin aus, die beabsichtigt, am Anfang eines jeden Jahres 1 000,00 EUR auf ein Konto einzuzahlen. Dies 8 Jahre lang und mit 8,5 % Verzinsung. Welchen Betrag können Sie ihr für das Endguthaben nennen?

$$R_8^* = 1\,000{,}00 \cdot 1{,}055 \cdot \frac{1{,}055^8 - 1}{1{,}055 - 1}, \quad R_8^* = 10\,256{,}00 \text{ EUR}$$

Natürlich gibt es auch einen vorschüssigen Rentenbarwert. Wenn man den Rentenendwert einer vorschüssigen Rente, die n Jahre gezahlt wird, um n Jahre abzinst, so ergibt sich:

$$\boxed{R_0^* = \frac{r \cdot q}{q^n} \cdot \frac{q^n - 1}{q - 1}} \quad \text{bzw.} \quad \boxed{R_0^* = \frac{r}{q^{n-1}} \cdot \frac{q^n - 1}{q - 1}}$$

Beispiel Jemand erhält am Anfang eines jeden Jahres 10 Jahre lang 5 000,00 EUR. Die Verzinsung beträgt 4,5 %. Ermitteln Sie den Barwert dieser Rente.

$$R_0^* = \frac{5\,000}{1{,}045^9} \cdot \frac{1{,}045^{10} - 1}{1{,}045 - 1}; \quad R_0^* = 41\,343{,}93$$

2.2.3 Ewige Renten

Der Vollständigkeit halber sei noch erwähnt, dass es auch so genannte ewige Renten gibt, deren nach- bzw. vorschüssigen Barwerte ermittelt werden können. Da eine ewige Rente zu keinem Ende kommt, interessiert hier nur der Barwert. Erinnert sei hier an die Zinserträge aus Stiftungen, wie z. B. die Alfred-Nobel-Stiftung, aus deren Stiftungskapital alljährlich die Nobelpreise finanziert werden.

Die Formel für den Barwert einer nachschüssigen ewigen Rente lautet:

$$R_{ew} = \frac{r}{q-1}$$

und die für eine vorschüssige ewige Rente:

$$R_{ew}^* = q \cdot \frac{r}{q-1}$$

Auf die ausführliche Herleitung wird hier verzichtet, da hierfür eine Grenzwertbetrachtung erforderlich ist, die aber in der Differenzialrechnung zu behandeln ist.

2.2.4 Kapitalaufbau und Kapitalabbau

Neben der Zinseszinsrechnung und der Rentenrechnung tritt häufig die Situation auf, dass ein konstantes Anfangskapital um zusätzliche Rentenzahlungen aufgestockt wird bzw. durch regelmäßige Auszahlungen aufgezehrt wird. Hier handelt es sich um eine Kombination aus Zinseszinsrechnung und Rentenrechnung.

Beispiel 1

Ein Kapital $K_0 = 30\,000{,}00$ EUR, das zinseszinsmäßig angelegt wird, wird durch jährliche Einzahlungen in der Höhe von $2\,000{,}00$ EUR 12 Jahre lang aufgestockt. Zinssatz: 4 %.
Das Kapital $K_0 = 30\,000{,}00$ wächst in 12 Jahren auf $K_{12} = 30\,000{,}00 \cdot 1{,}04^{12}$.
$K_{12} = 48\,030{,}97$
Die Rentenzahlung in der Höhe von $2\,000{,}00$ EUR ergibt einen Rentenendwert

$$R_{12} = 2\,000{,}00 \cdot \frac{1{,}04^{12} - 1}{1{,}04 - 1}$$

$R_{12} = 30\,051{,}61$
Nach 12 Jahren steht ein Gesamtguthaben $G_{12} = K_{12} + R_{12}$ zur Verfügung:

$G_{12} = 78\,082{,}58$

Allgemein gilt also:
Wird ein Anfangskapital von K_0 (EUR) n Jahre lang zu einem Zinssatz von p % auf Zinseszinsen angelegt und durch jährliche Einzahlungen von r (EUR) vermehrt, dann ist das Guthaben am Ende der Laufzeit

(1) bei nachschüssiger Einzahlung: (2) bei vorschüssiger Einzahlung:

$$G_n = K_0 \cdot q^n + r \cdot \frac{q^n - 1}{q - 1}$$
$$G_n^* = K_0 \cdot q^n + r \cdot q \cdot \frac{q^n - 1}{q - 1}$$

(Sparkassenformel)

Beispiel 2

Ein Guthaben von $40\,000{,}00$ EUR wird mit 6 % zinseszinsmäßig angelegt; regelmäßig zu Beginn eines Jahres werden $5\,000{,}00$ EUR abgehoben. Wie hoch ist das Restguthaben nach 5 Jahren?
Das Kapital $K_0 = 40\,000{,}00$ wächst in 5 Jahren auf $K_5 = 40\,000{,}00 \cdot 1{,}06^5$.
Die jährlichen Abhebungen entsprechen einem Kapitalwert von

$$R_5 = 5\,000{,}00 \cdot \frac{1{,}06^5 - 1}{1{,}06 - 1}.$$

Das Guthaben G_5 beträgt nach 5 Jahren $G_5 = K_5 - R_5$.
$G_5 = 53\,529{,}02 - 28\,185{,}46$
$G_5 = 25\,343{,}56$

Allgemein gilt:

Wird ein Anfangskapital von K_0 (EUR) n Jahre lang zu einem Zinssatz von p % zinseszinsmäßig angelegt und werden zusätzlich aus dem jeweiligen Guthaben jährlich Auszahlungen von r (EUR) vorgenommen, dann ist das Guthaben am Ende der Laufzeit

(1) bei nachschüssiger Auszahlung:

$$G_n = K_0 \cdot q^n - r \cdot \frac{q^n - 1}{q - 1}$$

(2) bei vorschüssiger Auszahlung:

$$G_n = K_0 \cdot q^n - r \cdot q \cdot \frac{q^n - 1}{q - 1}$$

A Aufgaben

1. Es werden folgende Rentenzahlungen zum Ende eines jeden Jahres vereinbart. Wie hoch ist das Kapital nach Ablauf von n Jahren bei p %iger Verzinsung:
   a) r = 1 500,00   p = 5 %   n = 7
   b) r = 20 000,00   p = 7 %   n = 5

2. Ein Mitarbeiter schließt einen Bausparvertrag ab, der mit 3 % pro Jahr verzinst wird. Zu Beginn eines jeden Jahres zahlt er 2 000,00 EUR ein und erhält am Ende jeden Jahres eine Zuzahlung aus Wertpapierbesitz in Höhe von 600,00 EUR. Wie hoch ist sein Guthaben nach 8 Jahren?

3. Ein Architekt zahlt über 12 Jahre lang am Ende eines jeden Jahres 3 000,00 EUR bei einer Versicherungsgesellschaft ein, um sich das Anrecht auf eine Rente zu sichern. Die Laufzeit beträgt 10 Jahre und soll 3 Jahre nach der letzten Einzahlung beginnen. Der Zinssatz beträgt 6 %. Die Rentenzahlungen sollen am Jahresanfang erfolgen. Wie hoch ist die Rentenrate?

4. Welchen Betrag muss ein Mitarbeiter am Ende eines jeden Jahres bei seiner Sparkasse über 10 Jahre zu 5 % anlegen, wenn er am Ende des 10. Jahres über 250 000,00 EUR verfügen will?

5. Eine nachschüssige Jahresrente von 5 500,00 EUR hat bei einer jährlichen Verzinsung von 6 % einen Barwert von 53 417,00 EUR. Wie lange wird die Rente ausbezahlt?

6. Ein Steuerberater hat sich das Recht auf eine 15-jährige vorschüssige Rente in Höhe von 5 000,00 EUR erworben. Wie hoch ist der Wert der Rente, wenn sie sofort in einer Summe ausbezahlt wird? Zinssatz 5 %.

7. Wie hoch ist der Barwert einer nachschüssigen ewigen Rente von 6 000,00 EUR bei einer jährlichen Verzinsung von 6 %?

2.3 Abschreibungen

Handelsrechtliche und steuerrechtliche Bewertungsvorschriften zwingen einen Unternehmer im Rahmen eines Jahresabschlusses, die Anschaffungs- oder Herstellungskosten eines Gutes des Anlagevermögens planmäßig auf die voraussichtliche Nutzungsdauer des Anlagegutes zu verteilen.

Abschreibung

Das Handelsrecht spricht von **Abschreibungen** und überlässt dem Unternehmer weitgehende Freiheiten beim Ansatz der Nutzungsdauer. Das Steuerrecht (Einkommensteuergesetz = EStG) spricht von **Absetzung für Abnutzung (AfA)** und bezieht sich bei der Bewertung der „betriebsgewöhnlichen" Nutzungsdauer auf so genannte AfA-Tabellen mit rechtsverbindlichem Charakter.
Grundsätzlich kann man zwei Methoden der Abschreibung bzw. AfA unterscheiden:
1. Abschreibungen (AfA) in gleichen (konstanten) Jahresbeträgen
2. Abschreibung (AfA) in ungleichen (in der Regel fallenden) Jahresbeträgen

Man spricht von linearer und degressiver Abschreibung (AfA).
Die lineare und die (geometrisch) degressive Abschreibung (AfA) sollen im Rahmen der Finanzmathematik erörtert werden.

2.3.1 Abschreibung in gleich bleibenden Beträgen

Die lineare Abschreibung nennt man auch konstante Abschreibung, da die jährlichen Wertminderungsbeträge gleich hoch sind; d.h., jedes Jahr wird ein **gleich bleibender Prozentsatz** des Anschaffungswertes abgeschrieben.
Der Anschaffungswert A wird auf n Jahre gleichmäßig verteilt, indem man den Anschaffungswert AW durch die Nutzungsdauer N dividiert.

Jährliche Abschreibung in GE: $\boxed{a = \dfrac{A}{n}}$

Beispiel Anschaffungswert AW = 20 000,00 EUR
Nutzungsdauer n = 8 Jahre

$$a = \frac{20\,000{,}00}{8} = 2\,500{,}00 \text{ EUR}$$

Die jährlich konstante Abschreibung lässt sich auch als %-Satz vom Anschaffungswert ausdrücken.

Hierbei gilt: $\boxed{p\% = \dfrac{100\%}{n}}$

Für das obige Beispiel erhalten wir: $p\% = \dfrac{100\%}{8} = 12{,}5\%$.

Der jährliche Abschreibungsbetrag ergibt sich aus $a = A \cdot \dfrac{p}{100}$; für $\dfrac{p}{100}$ setzen wir wieder i; daraus folgt $a = A \cdot i$.
Eine Formel zur Berechnung des Restbuchwertes R_n nach n Jahren linearer Abschreibung ergibt sich wie folgt:

Ende Nutzungsjahr	Restbuchwert
1	$R_1 = A - A \cdot i = A(1-i)$
2	$R_2 = R_1 - A \cdot i = A(1-i) - A \cdot i = A(1-i-i)$
3	$R_3 = R_2 - A \cdot i = A(1-2i) - A \cdot i = A(1-3i)$
....	...
N	$R_n = A \cdot (1 - n \cdot i)$

Die Restwertformel bei linearer Abschreibung lautet:
$$R_n = A \cdot (1 - N \cdot i)$$
In manchen Fällen kann man davon ausgehen, dass nach Ablauf der Nutzungsdauer das Anlagegut nicht völlig wertlos ist, sondern einen noch verwertbaren Restwert, den Schrottwert S, besitzt.
Der Schrottwert S ist dann mit dem Restwert R_n gleichzusetzen:
$$R_n = S = A \cdot (1 - N \cdot i)$$
Mithilfe dieser Formel kann der Abschreibungsprozentsatz unter Berücksichtigung eines Schrottwertes abgeleitet werden:

$$S = A - A \cdot n \cdot i$$
$$A \cdot n \cdot i = A - S$$

$$\boxed{i_s = \frac{A - S}{A \cdot n}}$$

Beispiel Anschaffungswert A = 20 000,00, Nutzungsdauer: 8 Jahre; geschätzter Schrottwert nach Ablauf der Nutzungsdauer: 2 000,00.

$$i_s = \frac{20\,000 - 2\,000}{20\,000 \cdot 8}; \quad i_s = 0{,}1125$$
$$p = 11{,}25\,\%$$

2.3.2 Abschreibung in fallenden Beträgen

§ 7 Absatz 2 EStG:
„Bei beweglichen Wirtschaftsgütern des Anlagevermögens kann der Steuerpflichtige statt der Absetzung für Abnutzung in gleichen Jahresbeträgen die Absetzung für Abnutzung in fallenden Beträgen bemessen.
Die Absetzung für Abnutzung in fallenden Beträgen kann nach einem unveränderlichen Hundertsatz vom jeweiligen Buchwert (Restwert) vorgenommen werden; der dabei anzuwendende Hundertsatz darf höchstens das Dreifache des bei der Absetzung für Abnutzung in gleichen Beträgen in Betracht kommenden Hundertsatz betragen und 30 vom Hundert nicht übersteigen ..."

Finanzmathematisch interessant sind vier Berechnungsvarianten:
1. Wie hoch ist der Restwert nach k Jahren? (k ≤ n)
2. Wie hoch ist der Abschreibungsbetrag im k-ten Jahr? (k ≤ n)
3. Wie hoch ist der degressive AfA-Satz?
4. Nach wie viel Jahren ist ein Restbuchwert R_k erreicht?

Zu 1) Für die Restbuchwertberechnung gilt:
$$R_1 = A - A \cdot i = A(1 - i)$$
$$R_2 = R_1 - R_1 \cdot i = R_1(1 - i) = A(1 - i)(1 - i) = A(1 - i)^2$$
$$R_3 = R_2 - R_2 \cdot i = R_2(1 - i) = A(1 - i)^2(1 - i) = A(1 - i)^3$$
...
$$R_k = \qquad\qquad\qquad A(1 - i)^k$$
...

$$\boxed{R_n = A(1 - i)^n}$$

Zu 2) Für den Abschreibungsbetrag im Jahre k gilt:
$$a_k = R_{k-1} \cdot i; \quad R_{k-1} = A(1 - i)^{k-1}$$
$$\boxed{a_k = A(1 - i)^{k-1} \cdot i} \quad (k \leq N)$$

Zu 3) Nach der Restwertformel $R_n = A(1-i)^n$ gilt:

$\frac{R_n}{A} = (1-i)^n$, daraus folgt: $1-i = \sqrt[n]{\frac{R_n}{A}}$, wegen $1-i > 0$ gilt:

$$i = 1 - \sqrt[n]{\frac{R_n}{A}}$$

Zu 4) Für den Restbuchwert R_k gilt $R_k = A(1-i)^k$, daraus folgt für R_k:

$\frac{R_k}{A} = (1-i)^k$

$k \cdot \lg(1-i) = \lg R_k - \lg A$

$$k = \frac{\lg R_k - \lg A}{\lg(1-i)}$$

§ 7 Absatz 3 EStG:

„Der Übergang von der Absetzung für Abnutzung in fallenden Beträgen zur Absetzung in gleichen Jahresbeträgen ist zulässig. In diesem Fall bemisst sich die Absetzung für Abnutzung vom Zeitpunkt des Übergangs an nach dem dann noch vorhandenen Restwert und der Restnutzungsdauer ..."

Wenn auch nach dem Wortlaut des Gesetzes der Zeitpunkt des Wechsels zur linearen AfA im Prinzip frei wählbar ist, so stellt sich aus unternehmerischer Sicht die Frage nach dem günstigsten (optimalen) Jahr, in dem der Wechsel zu vollziehen ist.

Es ist der Zeitpunkt zu wählen, der einen höheren linearen Abschreibungsbetrag liefert als die vergleichbare degressive Abschreibung.

Die folgende Tabelle zeigt beide Methoden im Überblick.

				Nutzungsdauer	15 Jahre
	Anschaffungswert:	80 000,00 EUR		Schrottwert:	500,00 EUR
	Degressive Abschreibung			Lineare Abschreibung	
Jahr	AfA	Restwert		AfA	Restwert
1	15 900,00 EUR	64 100,00 EUR		5 300,00 EUR	74 700,00 EUR
2	12 820,00 EUR	51 280,00 EUR		5 300,00 EUR	69 400,00 EUR
3	10 256,00 EUR	41 024,00 EUR		5 300,00 EUR	64 100,00 EUR
4	8 204,80 EUR	32 819,20 EUR		5 300,00 EUR	58 800,00 EUR
5	6 563,84 EUR	26 255,36 EUR		5 300,00 EUR	53 500,00 EUR
6	5 251,07 EUR	21 004,29 EUR		5 300,00 EUR	48 200,00 EUR
7	4 200,86 EUR	16 803,43 EUR		5 300,00 EUR	42 900,00 EUR
8	3 360,69 EUR	13 442,74 EUR		5 300,00 EUR	37 600,00 EUR
9	2 688,55 EUR	10 754,20 EUR		5 300,00 EUR	32 300,00 EUR
10	2 150,84 EUR	8 603,36 EUR		5 300,00 EUR	27 000,00 EUR
11	1 720,67 EUR	6 882,69 EUR	Wechsel	5 300,00 EUR	21 700,00 EUR
12	1 595,67 EUR	5 287,01 EUR	zur linearen	5 300,00 EUR	16 400,00 EUR
13	1 595,67 EUR	3 691,34 EUR	Restabschrei-	5 300,00 EUR	11 100,00 EUR
14	1 595,67 EUR	2 095,67 EUR	bung	5 300,00 EUR	5 800,00 EUR
15	1 595,67 EUR	500,00 EUR		5 300,00 EUR	500,00 EUR

Anmerkung zur Tabelle:
1. Bei einer Nutzungsdauer von 15 Jahren ergibt sich ein maximaler degressiver AfA-Satz von $P = \dfrac{100\%}{15} = 6{,}66666$. Das 3fache ergibt 20% degressiver AfA-Satz.
2. Bei Beibehaltung der degressiven Abschreibung würde sich im Jahre 12 ein Betrag von 1 376,54 EUR ergeben (< 1 595,67 EUR).
3. Der Wechsel von der degressiven zur linearen Restabschreibung kann auch nach folgender Formel berechnet werden:

$$\boxed{n > N - \left(\dfrac{1}{i} - 1\right)}^{1},$$
wobei n das Jahr des Methodenwechsels bestimmt, N ist die Gesamtnutzungsdauer, i ist der degressive AfA-Satz.

Auf das Beispiel angewandt ist $N - \left(\dfrac{1}{i} - 1\right) = 11$, d. h. $n > 11$, im 12. Jahr erfolgt der Wechsel.

A Aufgaben

1. Im Januar 1998 ist eine Maschine gekauft und in Betrieb genommen worden, die 800 000,00 EUR gekostet hat. Nutzungsdauer 8 Jahre.
   Bei konstanter Abschreibung beträgt der Abschreibungssatz $12\tfrac{1}{2}\%$ des Anschaffungswertes, bei degressiver Abschreibung der Höchstsatz 30% vom jeweiligen Restwert. Stellen Sie zu diesem Sachverhalt mit Hilfe der Tabellenkalkulation unter MS-Excel eine Lösungstabelle auf.

2. Ein Betriebs-Pkw, der 100 000,00 EUR gekostet hat, soll in 5 Jahren auf einen Schrottwert von 10 000,00 EUR abgeschrieben werden. Berechnen Sie
   a) den Prozentsatz der linearen Abschreibung,
   b) den jährlichen Abschreibungsbetrag,
   c) die Buchwerte am Ende eines jeden Jahres.

3. Wie hoch muss der Abschreibungssatz für den Betriebs-Pkw aus der Aufgabe 2 sein, um ihn nach 5 Jahren geometrisch-degressiv auf den Schrottwert abzuschreiben.
   Stellen Sie dazu eine Abschreibungstabelle zusammen.

2.4 Tilgungsrechnen

2.4.1 Grundbegriffe des Tilgungsrechnens

Kredite mit langfristiger Laufzeit werden in der Regel in Teilbeträgen zurückgezahlt; man spricht dann von einer Tilgungs- oder Annuitätenschuld.
Über die Art und Weise der Rückzahlung werden i. d. R. **Tilgungspläne** in tabellarischer Form aufgestellt, aus der **Tilgung**, der **Zinsbetrag** und die **Restschuld** abgelesen werden können. Werden Tilgung und Zinsbelastung zu einem Betrag

---

[1] *Auf die Herleitung der Formel soll hier verzichtet werden.*

Annuität zusammengefasst, spricht man von einer Annuität, die ebenfalls in den Tilgungsplan aufgenommen wird.

Grundsätzlich unterscheidet man zwei Arten von Tilgungsrechnung:
1. **Die Ratentilgung**
   Hierbei bleibt die jährliche Tilgungsrate während des gesamten Tilgungszeitraums konstant. Die Verzinsung der Restschuld wird von Jahr zu Jahr geringer.
2. **Die Annuitätentilgung**
   Die Annuitätentilgung ist ein Tilgungsvorgang, bei dem eine konstante Summe aus Tilgungsanteil und Zinsanteil (konstante Annuität) zurückgezahlt wird.
   Innerhalb der Annuität kommt es nur zu einer Verschiebung: In dem Maße, wie der Zinsanteil auf eine geringer werdende Restschuld berechnet wird und abnimmt, nimmt der Tilgungsanteil um eben diesen Betrag zu.

2.4.2 Ratentilgung

Ein Kredit in der Höhe von K = 4 000 000,00 EUR soll in 5 Jahren mit konstanter Tilgungsrate zurückgezahlt werden; der Zinssatz beträgt 10 %.

Aufgabe:
Erstellen Sie den Tilgungsplan.

Lösungsverfahren:

Tilgung T: $\boxed{T = \dfrac{K}{n}}$

$$T = \dfrac{4\,000\,000}{5} = 800\,000,00$$

Jahr	Restschuld am Anfang des k-ten Jahres	Zinsen am Ende des k-ten Jahres	Tilgung am Ende des k-ten Jahres	Annuität am Ende des k-ten Jahres
1	4 000 000,00	400 000,00	800 000,00	400 000,00 + 800 000,00 = 1 200 000,00
2	3 200 000,00	320 000,00	800 000,00	320 000,00 + 800 000,00 = 1 120 000,00
3	2 400 000,00	240 000,00	800 000,00	240 000,00 + 800 000,00 = 1 040 000,00
4	1 600 000,00	160 000,00	800 000,00	160 000,00 + 800 000,00 = 960 000,00
5	800 000,00	80 000,00	800 000,00	80 000,00 + 800 000,00 = 880 000,00
		1 280 000,00	4 000 000,00	

Finanzmathematisch interessante Fragen zur Ratentilgung:
1. Wie hoch ist die Restschuld nach k Jahren (k $\Leftarrow$ n)?
2. Wie hoch sind die Zinsen im k-ten Jahr bei einer Gesamtlaufzeit von n Jahren?
3. Wie hoch ist die Gesamtzinsbelastung während der Laufzeit?

Beispiel:
Schuldsumme: 100 000,00 EUR
Zinssatz: 5 %
Tilgungsdauer: 25 Jahre

Aufgabe:
Berechnen Sie die jährliche Tilgung, die Restschuld nach 16 Jahren, die Zinsen im 17. Jahr und die Gesamtzinsbelastung.

Lösungsverfahren:

(1) Tilgung T: $\boxed{T = \dfrac{K}{n}}$, daraus folgt für $T = \dfrac{100\,000}{25} = 4\,000{,}00$ EUR

(2) Restschuld nach 16 Jahren RS_{16}:
Bei konstanter Ratentilgung ergibt sich die Restschuld nach k Jahren aus der Differenz zwischen Schuldsumme K und k Tilgungsraten:

$$\boxed{RS_k = K - k \cdot T}$$
$RS_{16} = 100\,000{,}00 - 16 \cdot 4\,000{,}00$
$RS_{16} = 36\,000{,}00$ EUR

(3) Zinsanteil im 17. Jahr:
In einer einfachen Zinsrechnung ist der Jahreszinssatz auf die Restschuld des Vorjahres zu beziehen:
$$5\,\%\text{ von }36\,000{,}00 = 1\,800{,}00 \text{ EUR}$$

(4) Die gesamte Zinsbelastung ist die Addition der einzelnen Jahreszinsen. Bei längeren Laufzeiten bedient man sich der Summenformel einer arithmetischen Reihe (siehe Kapitel 3, S. 298).

$$\boxed{Z_{ges} = \dfrac{n}{2}(Z_1 + Z_n)}$$

$Z_{ges} = \dfrac{25}{2}(5\,000{,}00 + 200{,}00); \quad Z_{ges} = 65\,000{,}00$ EUR

2.4.3 Annuitätentilgung

Eine Schuld in der Höhe von 20 000,00 EUR soll in 10 Jahren mit gleich bleibenden Annuitäten getilgt werden. Der Zinssatz beträgt 7 %.

Aufgaben:
1. Bestimmen Sie die Annuität.
2. Stellen Sie einen Tilgungsplan auf.

Lösungsverfahren:
Zu 1)
Das Kapital K_0 in der Höhe von 20 000,00 EUR verzinst sich in 10 Jahren bei 7 % auf:
$K_{10} = 20\,000{,}00 \cdot 1{,}07^{10}$
$K_{10} = 39\,343{,}03$ EUR

Dieser Betrag K_{10} ist durch gleich bleibende jährliche nachschüssige Zahlungen zu tilgen. Der Endwert dieser Ratenzahlungen r muss nach n Jahren den gleichen Wert haben wie der Endwert der Gesamtschuld.

Es gilt also allgemein:
$$K_n = K_0 \cdot q^n \text{ und gleichzeitig}$$
$$K_n = r \cdot \frac{q^n - 1}{q - 1}.$$

Die Rate r ist also gleichbedeutend mit der Annuität A aus der Aufgabenstellung. Daraus folgt:

$$K_0 \cdot q^n = r \cdot \frac{q^n - 1}{q - 1}, \text{ für r wird das Symbol für die Annuität A gesetzt.}$$

dann gilt:
$$K_0 \cdot q^n = A \cdot \frac{q^n - 1}{q - 1},$$

und weiter:
$$A = K_0 \cdot q^n \cdot \frac{q - 1}{q^n - 1}.$$

Für obiges Beispiel gilt somit:
$$A = 20\,000{,}00 \cdot 1{,}07^{10} \cdot \frac{1{,}07 - 1}{1{,}07^{10} - 1}$$
$$A = 2\,847{,}55 \text{ EUR}$$

Zu 2)
Im 2. Teil der Aufgabe war ein Tilgungsplan zu erstellen.

Tilgungsplan

Jahr n	Schuld am Anfang des Jahres	7% Zinsen	Tilgungsanteil	Annuität
1	20 000,00	1 400,00	1 447,55	2 847,55
2	18 552,45	1 298,67	1 548,88	2 847,55
3	17 003,57	1 190,25	1 657,30	2 847,55
4	15 346,27	1 074,24	1 773,31	2 847,55
5	13 572,96	950,11	1 897,44	2 847,55
6	11 675,52	817,29	2 030,26	2 847,55
7	9 645,26	675,17	2 172,38	2 847,55
8	7 472,88	523,10	2 324,45	2 847,55
9	5 148,43	360,39	2 487,16	2 847,55
10	2 661,27	186,28	2 661,27	2 847,55
Summe	–	8 475,50	20 000,00	28 475,50

Interessant an diesem Tilgungsplan ist, den Zusammenhang zwischen Zinsersparnis und Tilgungszunahme allgemein zu untersuchen: $\left(\frac{p}{100} = i\right)$

Jahr n	Zinsersparnis	Tilgungsanteil
1	–	T_1
2	$T_1 \cdot i$	$T_2 = T_1(1 + i) = T_1 \cdot q$
3	$T_2 \cdot i$	$T_3 = T_2(1 + i) = T_2 \cdot q = T_1 \cdot q^2$
4	$T_3 \cdot i$	$T_4 = T_3(1 + i) = T_3 \cdot q = T_1 \cdot q^3$
...	...	...
n	$T_{n-1} \cdot i$	$T_n = T_{n-1}(1 + i) = T_{n-1} \cdot q = T_1 \cdot q^{n-1}$

Aus dieser Tabelle lässt sich unmittelbar ablesen, dass für die Annuitätentilgung gilt:
Eine beliebige Tilgungsrate T_k kann berechnet werden:

$$\boxed{T_k = T_1 \cdot q^{k-1}}$$

T_1 lässt sich meist aus der Annuität, abzüglich der Zinsen für die Anfangsschuld, berechnen.

Andernfalls gilt:
Die Anfangsschuld beträgt $K_0 = T_1 + T_2 + ... + T_n$ (Summe aller Tilgungsraten).
Gemäß obiger Tabelle ergibt sich für $K_0 = T_1 + T_1 \cdot q + T_1 \cdot q^2 + ... + T_1 \cdot q^{n-1}$, analog zur Herleitung der Rentenformel folgt nunmehr:

$$\boxed{K_0 = T_1 \cdot \frac{q^n - 1}{q - 1}} \quad \text{und}$$

$$\boxed{T_1 = K_0 \cdot \frac{q - 1}{q^n - 1}}$$

Häufig sollen in einem Tilgungsplan die Angaben über die Höhe der Restschuld eines Jahres k und die Zinsen für ein beliebiges Jahr k ergänzt werden. Dazu sind weitere Formeln herzuleiten:

(1) Restschuld RS_k nach k Perioden:
Das Anfangskapital (Schuldsumme) K_0 beträgt nach k Jahren:

$$\boxed{K_k = K_0 \cdot q^k}$$

Da die bis dahin bereits geleisteten Annuitätenzahlungen bekanntlich als Rentenzahlungen aufgefasst werden können, betragen die Annuitäten nach k Jahren:

$$\boxed{S_k = A \cdot \frac{q^k - 1}{q - 1}}$$

Die Restschuld RS_k ist der Unterschied zwischen verzinstem Anfangskapital und bereits geleisteten Annuitäten:

$$\boxed{RS_k = K_0 \cdot q^k - A \cdot \frac{q^k - 1}{q - 1}}$$

Die Restschuld RS_k kann auch wie folgt berechnet werden:

$$RS_k = K_0 - (T_1 + T_2 + ... + T_k)$$
$$RS_k = K_0 - (T_1 + T_1 \cdot q + ... + T_q \cdot q^{k-1})$$
$$RS_k = K_0 - T_1 \cdot \frac{q^k - 1}{q - 1}$$

Setzt man für $K_0 = \dfrac{A}{q^n} \cdot \dfrac{q^n - 1}{q - 1}$ und für $T_1 = \dfrac{A}{q^n}$, dann gilt für RS_k

$$RS_k = \dfrac{A}{q^n} \cdot \dfrac{q^n - 1}{q - 1} - \dfrac{A}{q^n} \cdot \dfrac{q^k - 1}{q - 1}, \text{ daraus folgt:}$$

$$RS_k = A \cdot \dfrac{(q^n - 1) - (q^k - 1)}{q^n(q - 1)}, \text{ und schließlich:}$$

$$\boxed{RS_k = A \cdot \dfrac{q^n - q^k}{q^n(q - 1)}}$$

(2) Zinsberechnung für ein beliebiges Jahr k:
Für die Zinsen Z_k am Ende des k-ten Jahres gilt:
$\boxed{Z_k = K_k \cdot i}$, wobei K_k die Restschuld am Anfang des k-ten Jahres ist;
wegen $A = Z_k + T_k$ gilt auch: $Z_k = A - T_k = A - T_1 \cdot q^{k-1}$.

◆ **Zusammenfassung der Formelwerkzeuge zur Annuitätentilgung**
Wenn eine Schuldsumme in der Höhe von K_0 (EUR) mit p% verzinst wird und durch n konstante Annuitäten getilgt wird, dann gilt:

1. Annuität: $\boxed{A = K_0 \cdot q^n \cdot \dfrac{q - 1}{q^n - 1}}$ bzw. $\boxed{A = T_1 \cdot q^n}$

2. Am Ende der Periode k betragen:

   2.1 die Restschuld $\boxed{RS_k = K_0 \cdot q^k - A \cdot \dfrac{q^k - 1}{q - 1}}$ bzw. $\boxed{RS_k = A \cdot \dfrac{q^n - q^k}{q^n(q - 1)}}$

   2.2 die Zinsen $\boxed{Z_k = K_k \cdot i}$ bzw. $\boxed{Z_k = A - T_1 \cdot q^{k-1}}$

   2.3 die Tilgungsrate $\boxed{T_k = T_1 \cdot q^{k-1}}$

   2.4 die Summe aller Tilgungen bis zum Jahre k: $\boxed{T_{sk} = T_1 \cdot \dfrac{q^k - 1}{q - 1}}$

A Aufgaben

1. Entwerfen Sie einen Tilgungsplan für ein aufgenommenes Darlehen in Höhe von 20 000,00 EUR, das in 6 Jahren bei 6% Zinsen und gleich bleibender Annuität getilgt werden soll.

2. Ein Kredit in Höhe von 240 000,00 EUR, der jährlich mit 8% verzinst wird, soll in 8 Jahren durch gleich hohe Tilgungsraten zurückgezahlt werden. Erstellen Sie den Tilgungsplan.

3. Ein Baudarlehen in Höhe von 110 000,00 EUR wird in 15 Jahren durch gleich hohe Annuitäten getilgt. Die jährliche Verzinsung beträgt 5%.
   a) Erstellen Sie den Tilgungsplan für die ersten 5 Jahre.
   b) Wie hoch ist die Restschuld an Ende des 10. Jahres?

4. Ein Bausparer schließt einen Bausparvertrag in Höhe von 80 000,00 EUR mit der Verpflichtung ab, am Anfang eines jeden Jahres 2 880,00 EUR einzuzahlen. Die Einzahlungen werden mit 3% verzinst.

a) Wann sind mindestens 40 % der Bausparsumme eingezahlt, die zur Zuteilung der Gesamtsumme notwendig sind?
b) Wie hoch müsste eine einmalige Sonderzahlung beim Anschluss des Vertrages sein, wenn die notwendige Ansparsumme bereits nach 5 Jahren unter sonst gleichen Bedingungen erreicht werden soll?
c) Durch Zuteilung des Vertrages erhält der Bausparer ein Darlehen in Höhe von 48 000,00 EUR. Wie viel Prozent betragen die Darlehenszinsen, wenn von nun an die jährliche Belastung durch Zinsen und Tilgung 5 760,00 EUR beträgt und im ersten Jahr das Darlehen mit 3 360,00 EUR getilgt wird?
d) Wie hoch müsste die jährliche Zahlung sein, wenn das Bauspardarlehen bereits in 10 Jahren getilgt werden soll?

5. Eine Schuld von 250 000,00 EUR soll durch gleich große Tilgungsraten in Höhe von 15 % des ursprünglichen Schuldkapitals getilgt und mit 8 % verzinst werden. Erstellen Sie den Tilgungsplan.

6. Eine Schuld von 2 000 000,00 EUR soll in 10 Jahren durch gleich hohe jährliche Annuitäten getilgt werden. Die Verzinsung beträgt jährlich 6 %. Nach Ablauf von 4 Jahren wird der Zinssatz auf 7 % erhöht.
a) Erstellen Sie einen Tilgungsplan für die ersten 4 Jahre.
b) Wie hoch ist die Annuität vom 5. Jahr an, wenn von der gleichen ursprünglichen Tilgungsdauer ausgegangen werden kann?

7. Ein Darlehen in Höhe von 1 600 000,00 EUR soll gemäß Darlehensvertrag mit 6 % verzinst und mit 1 % der Anfangsschuld getilgt werden.
Zur Verkürzung der Laufzeit wird eine Annuitätentilgung vereinbart.
a) Bestimmen Sie die Annuität.
b) Berechnen Sie die Laufzeit des Darlehens (ganzzahlig gerundet).
c) Aufgrund finanzieller Engpässe des Darlehensnehmers setzt die Bank nach 18 Jahren die Tilgung für zwei Jahre aus.
Wie hoch sind in den restlichen Jahren die Annuitäten, wenn das Darlehen nach Ablauf der ursprünglichen Laufzeit (siehe b) getilgt sein soll?

8. Ein Darlehen in Höhe von 800 000,00 EUR wird mit 5 % verzinst und soll durch jährliche Annuitäten innerhalb von 30 Jahren getilgt werden.
a) Wie hoch ist die Annuität und die erste Tilgungsrate?
b) Berechnen Sie das Restkapital und die Tilgungsrate zum Ende des 20. Jahres.
c) Berechnen Sie den durch die ersten 10 Jahre getilgten Schuldbetrag.
d) Welcher Zinsbetrag ist am Ende des 25. Jahres zu zahlen?

9. Ein Kapital in Höhe von 120 000,00 EUR soll in 8 Jahren durch Annuitäten zurückgezahlt werden und mit 6 % verzinst werden.
a) Stellen Sie für die ersten 4 Jahre einen Tilgungsplan auf.
b) Welcher Betrag wird in den ersten 4 Jahren allein durch Tilgung zurückgezahlt?
c) Wie viel Jahre würde die Rückzahlung des Kredits dauern, wenn eine Annuität von 15 000,00 EUR vereinbart worden wäre?

10. Für die Realisierung einer Immobilieninvestition ist eine Hypothek in Höhe von 530 000,00 EUR aufzunehmen. Der Kredit soll durch Annuitäten in 15 Jahren getilgt und mit 7 % verzinst werden.
    a) Wie hoch ist die Annuität?
    b) Wie hoch ist die Restschuld nach 7 Jahren?
    c) Wie hoch ist die Zinsbelastung am Ende des 8. Jahres?

11. Für die Rückzahlung eines Darlehens stehen jährliche Annuitäten in Höhe von 15 000,00 EUR für einen Zeitraum von 10 Jahren zur Verfügung.
    Wie hoch ist die maximal mögliche Darlehensschuld bei einem Zinssatz von 4 %?

12. Ein Kredit in Höhe von 30 000,00 EUR soll durch Annuitäten in 12 Jahren bei einem Zinssatz von 4 % getilgt werden.
    a) Bestimmen Sie die Annuität.
    b) Bestimmen Sie die Restschuld nach 7 Jahren.
    c) Wie hoch ist die nach 10 Jahren zu leistende Tilgungsrate?
    d) In welcher Höhe ist nach 6 Jahren der Kredit zurückgezahlt worden?
    e) Welche Zinsbelastung ist für das 8. Tilgungsjahr zu berechnen?

13. Nach wie viel Jahren ist eine Hypothek in Höhe von 230 000,00 EUR abgetragen, wenn mit 8 % Zinsen und 6 % Tilgung zuzüglich ersparter Zinsen zu rechnen ist?

14. Eine Immobilie ist mit einer Hypothek in Höhe von 40 000,00 EUR belastet. Die Hypothek ist mit einer Tilgungsquote von 1 % zuzüglich ersparter Zinsen und 7 % Verzinsung zu amortisieren.
    a) In wie viel Jahren ist die Hypothek abgetragen?
    b) Wie lange würde die Tilgung dauern, wenn nach 5 Jahren der Zinssatz nur noch 4 % betragen würde und die ursprünglich vereinbarte Annuität beibehalten würde?
    c) Wie hoch wäre die Annuität vom 6. Jahr an, wenn bei 4 % Verzinsung die ursprüngliche Laufzeit (siehe a) beibehalten würde?

3 Exkurs: Die Lehre von den Folgen und Reihen

Die Lehre von den Folgen und Reihen – speziell die arithmetischen und geometrischen Folgen und Reihen – bilden die mathematisch-theoretischen Grundlagen für finanzmathematische Rechenoperationen.

> Grundsätzlich ist eine Zahlenfolge definiert als eine beliebige Aneinanderreihung von Zahlen.

Beispiel a) 5; 4,7; 1,11; 7   b) 1; 1/2; 1/4; 1/8; 1/16 ...   c) 2; 5; 9; 14; 20 ...
d) 2; 2; 2; 2; 2   e) 1; −2; 4; −8; 16 ...

Die Glieder einer jeden Folge etwas genauer betrachtet, lassen sich Unterschiede bzw. Besonderheiten ausmachen:

1. Es gibt endliche Folgen (Beispiel a und d) und unendliche Folgen (Beispiel b und c).
2. Konstante Folgen, wie z. B. d.
3. Fallende Folgen, bei denen das folgende Glied stets kleiner als das vorhergehende ist (Beispiel b).
4. Steigende Folgen, bei denen das folgende Glied stets größer als das vorhergehende ist (Beispiel c).
5. Alternierende Folgen, in denen die Vorzeichen von Glied zu Glied wechseln.

Aus einer Zahlenfolge wird eine Zahlenreihe, also eine Summe, wenn zwischen den Gliedern ein „Plus" gesetzt wird. Bezogen auf die obigen Beispiele also:
a) 5 + 4,7 + 1,11 + 7   b) 1 + 1/2 + 1/4 + 1/8 + 1/16   c) 2 + 5 + 9 + 14 + 20
d) 2 + 2 + 2 + 2 + 2   e) 1 − 2 + 4 − 8 + 16. Die Besonderheiten, die wir für Zahlenfolgen festgestellt haben, gelten auch für die Reihen.
Mit der Abkürzung S_n ist stets der Wert der Summe der ersten n-Glieder einer Reihe gemeint.
Für 5 + 4 + 7 + 1 + 11 + 7 ... ist dann z. B. S_4 = 5 + 4 + 7 + 1 = 17.
Von besonderem Interesse sind aber zwei Folgen bzw. Reihen, bei denen bestimmte Gesetzmäßigkeiten auftreten.

3.1 Arithmetische Folgen und Reihen

> Von einer arithmetischen Folge (Reihe) spricht man, wenn die Differenz zweier aufeinander folgender Glieder stets gleich groß ist.

Beispiele a) 1; 2; 3; 4; 5; 6; ... – jedes folgende Glied entsteht durch die Addition von 1.
b) 3; 5; 7; 9; 11; 13; 15; ... – jedes folgende Glied entsteht durch die Addition von 2.

Wenn das erste Glied einer arithmetischen Folge mit a_1 und die Differenz mit d bezeichnet wird, so kann man die folgende Anordnung wählen:

a	a + d	a + 2d	a + 3d ...
a_1	a_2	a_3	a_4

Für das n-te Glied ergibt sich dann: $a_n = a + (n - 1) \cdot d$.
Im obigen Beispiel unter b) kann man nun zum Beispiel a_6 berechnen:
1. Glied   2. Glied   3. Glied   4. Glied
$a_6 = 3 + (6 - 1) \cdot 2 = 13$.

Nach der getroffenen definitorischen Vereinbarung erhalten wir eine arithmetische Reihe, wenn die Glieder einer arithmetischen Folge addiert werden:
a + (a + d) + (a + 2d) + (a + 3d) + ...(a + (n − 1) · d) + ...
Eine Formel für die Summe S_n der ersten n-Glieder einer arithmetischen Reihe kann ermittelt werden, indem man zunächst die Summe S_n bis zum n-ten Glied und darunter dieselbe Summe, aber in umgekehrter Reihenfolge, aufschreibt und dann addiert:

S_n = a   + a + d   + a + 2d   +   + a + (n − 1)d
S_n = a + (n − 1)d + a + (n − 2)d + a + (n − 3) + ... + a   +

Durch Addition ergibt sich:
$2S_n$ = (a + a + (n − 1)d) + (a + d + a + (n − 2)d) + (a + 2d + a + (n − 3)d)
     + ... + (a + a + (n − 1)d)
    = (a + a + (n − 1)d) + (a + a + (n − 1)d) + (a + a + (n − 1)d) + ... + (a + a + (n − 1)d)

Es wird also n-mal der gleiche Ausdruck addiert:
$2S_n$ = n(a + a + (n − 1)d)

Wenn nach S_n aufgelöst wird, so erhält man:

$$S_n = \frac{n}{2} + (2a_1 + (n-1) \cdot d)$$

Bereits bekannt ist der Ausdruck a_n = a + (n − 1)d, sodass die Formel S_n auch so geschrieben werden kann:

$$S_n = \frac{n}{2} + (a_1 + a_n)$$

3.2 Geometrische Folgen und Reihen

Bei der Zinseszinsrechnung wurde folgende Kapitalentwicklung beobachtet:
Bei einem Zins von 7 % ergibt sich jedes folgende Glied aus der Multiplikation mit der konstanten Zahl 1,07.

> Eine solche Folgenkonstellation wird geometrische Folge genannt. In ihr ist der Quotient von zwei aufeinander folgenden Gliedern konstant gleich groß.

Beispiel 10 700/10 000 = 1,07 oder 11 449/10 700 oder 13 107,96/12 250,43 = 1,07.

Der Quotient q ist also hier 1,07.
Allgemein kann eine geometrische Folge so geschrieben werden:
a;   a · q;   a · q^2;   a · q^3;   a · q^4;   ...
Für das n-te Glied gilt dann: a_n = a · q^n − 1. Noch einige Beispiele:
a) 1, 2, 4, 8, 16, ...   q = 2
b) 27, 9, 3, 1, 1/3, ...   q = ?
c) + 8, − 12, + 18, − 27, 40$\frac{1}{2}$, ...   q = ?
Natürlich kann man auch hier auf die Eigenschaften geometrischer Folgen (Reihen) schließen, je nachdem, wie sich q darstellt:

> q > 1 ergibt eine steigende geometrische Folge
> q = 1 ergibt eine konstante Folge
> q < 1 ergibt eine fallende geometrische Folge
> q < 0 ergibt eine alternierende geometrische Folge

Die Formel für die Summe einer geometrischen Reihe wurde bereits an anderer Stelle entwickelt. Es galt:

$$R_n = r \cdot \frac{q^n - 1}{q - 1}$$

Man kann also wiederholen:
$S_n = a + aq + aq^2 + aq^3 + \ldots + aq^{n-1}$, und damit

$$S_n = a \cdot \frac{q^n - 1}{q - 1}; \quad q \neq 1$$

A Aufgaben

1. Wie viel Glieder hat eine arithmetische Reihe, die mit 12 beginnt und mit 144 endet, wenn ihre Summe 1 014 beträgt?

2. Wie viel Glieder hat eine arithmetische Reihe mit der Summe 578, der Differenz − 3 und dem Anfangsglied 58?

3. Das 7. Glied einer arithmetischen Folge ist 13, das 8. Glied 15. Wie heißt das erste Glied?

4. Zwischen $3\frac{1}{2}$ und $28\frac{1}{2}$ sollen 9 Glieder so eingeschaltet werden, dass eine arithmetische Reihe entsteht. Wie heißt das 5. Zwischenglied?

5. Schalten Sie zwischen die Glieder 4 und 19 einer arithmetischen Folge vier weitere Glieder ein.

6. Jemand vererbt sein Vermögen von 100 000,00 EUR auf zwei Kinder, jedes von diesen seinen Anteil wieder auf zwei Kinder usw.
   a) Wie viel erbt ein Nachkomme der 10. Generation, wenn die Erben ihr Erbteil nur erhalten und nicht vermehren?
   b) Wie viel erbt er, wenn jeder einzelne Erbe sein Erbteil verdreifacht?

7. Zwischen 1/9 und 2 187 sind 8 Zahlen so einzuschalten, dass eine geometrische Reihe entsteht. Welche Glieder hat die Reihe und wie groß ist die Summe?

8. Wie heißt eine geometrische Reihe, wenn ihr 4. Glied 13, ihr 6. Glied 117 und ihr Endglied 9 477 beträgt?

9. Berechnen Sie das 5. Glied einer geometrischen Folge, die mit 2; 12; 72; ... beginnt.

10. Die ersten beiden Glieder einer geometrischen Folge heißen 2 und 8. Berechnen Sie das 5. Glied und die Summe der ersten 5 Glieder.

11. Wie groß ist die Summe einer 32-gliedrigen geometrischen Folge, deren Anfangsglied 1 und deren Quotient $1\frac{1}{2}$ ist?

M Methodische Empfehlungen

1. Regen Sie an, dass ein Vertreter einer Bausparkasse zum Thema ,,Effektivverzinsung bei Bausparverträgen" in den Unterricht kommt.

2. Vergleichen Sie Finanzierungsmodelle am Beispiel
   a) Autofinanzierung
   b) Grundstückskauf
   c) Möbelkauf

3. Bewerten Sie verschiedene Kapitalanlagevarianten.
   Berücksichtigen Sie besonders Aktienkäufe, Investmentanlagen, Anleihen. Bedienen Sie sich u. a. der Zeitschrift ,,Finanztest".

4. Erörtern Sie betriebswirtschaftliche, finanzierungstechnische und steuerrechtliche Aspekte der Abschreibung.

5. Beschaffen Sie sich AfA-Tabellen, auch über Internet.

6. Besuchen Sie eine Schuldnerberatung bei den Verbraucherorganisationen und lassen Sie sich über den aktuellen Verschuldungsgrad privater Haushalte informieren; informieren Sie sich über Konsequenzen des neuen Insolvenzrechts.

7. Bearbeiten Sie Angebote von Versicherungsgesellschaften, die im Sog der allgemeinen Befürchtung, dass die staatlichen Renten gefährdet seien, vielfältige Offerten bereithalten.

8. Recherchieren Sie bei privaten Rentenversicherungsträgern und bitten Sie um Rentenrechnungsmodelle mit Verzinsungsgarantien.

1 Beschreibende Statistik, Auswertung von Vergangenheitsdaten für ökonomische Anwendungen

1.1 Vorbemerkung: Ziele und Grundbegriffe der Statistik

Die **Statistik** wird vielfach als „Lehre von der Analyse von Massenerscheinungen" definiert. Dabei ist der Begriff „Masse" nicht im Sinne einer ungeheuer großen Anzahl zu verstehen. Vielmehr sollte er als Sammelbegriff für eine Anzahl von mehreren Beobachtungen bestimmter Phänomene gebraucht werden.

Statistik

Die Daten, die für statistische Zwecke gewonnen und ausgewertet werden, können allen Bereichen der Wirtschaft, Politik, Technik, Gesellschaft entstammen. Diese Daten sind nach bestimmten Kriterien für Entscheidungen aufzubereiten und auszuwerten. Daher ist zum Beispiel die Statistik neben Buchhaltung und Kostenrechnung ein weiterer wichtiger Zweig des betrieblichen Rechnungswesens und hat für die Unternehmensplanung besondere Bedeutung.

Bislang wurden nur Probleme behandelt, für die mithilfe eines bestimmten Vorrats an Verfahren Aussagen zur Lösbarkeit des Problems gemacht werden konnten. Die Beziehungen von unabhängigen und abhängigen Variablen konnten eindeutig durch Gleichungen oder Ungleichungen beschrieben werden. Die Anwendung eines geeigneten Lösungsalgorithmus führte dann zu einem methodisch begründeten, nachprüfbaren Ergebnis.

Ein Merkmal statistischer Datenreihen hingegen ist, dass sie von Einflüssen geprägt sind, die sich nicht ohne weiteres durch einen bestimmten funktionalen Zusammenhang beschreiben lassen. Die wirkenden Einflüsse sind nicht vollständig erkennbar und bisweilen irregulär.

Will man daher zu begründeten Ergebnissen gelangen, so erfordert dies den Einsatz neuer Methoden, die den Besonderheiten der Aufgabenstellung gerecht werden, die bei der Beobachtung von Einzelindividuen oder Einzelerscheinungen nicht mit hinreichender Sicherheit bemerkt und nachgewiesen werden können.

Die **Aufgaben der Statistik** können folgendermaßen zusammengefasst werden:

Aufgaben der Statistik

1. Zahlenmäßige Erfassung und Aufbereitung von Daten nach bestimmten Merkmalen.
2. Die Auswertung des erfassten Zahlenmaterials für bestimmte Zwecke, z. B. unternehmerische Entscheidungen.
3. Der Versuch, hinter den Daten bestimmte Wirkungszusammenhänge zu erkennen und auf der Grundlage dieser Erfahrungen begründete Prognosen für künftige ähnliche Prozesse abzugeben.

Einige Grundbegriffe, die bei statistischen Beobachtungen immer wieder gebraucht werden, müssen an dieser Stelle erläutert werden.

> **Grundgesamtheit:** Menge aller Elemente, die einer statistischen Untersuchung zugrunde gelegt werden.
>
> **Stichprobe:** Teilmenge der Grundgesamtheit, mit der Rückschlüsse auf Merkmale der Grundgesamtheit gezogen werden können. Die Stichprobe soll „repräsentativ" für die Grundgesamtheit sein. Die Anzahl der ausgewählten Elemente heißt „Stichprobenumfang".
>
> **Merkmal:** Eigenschaft der Grundgesamtheit, die zur statistischen Auswertung herangezogen wird.

1.2 Tabellen und Diagramme als Erfassungs- und Darstellungsmittel statistischer Zusammenhänge

1.2.1 Aufbau und Struktur von Tabellen

Der erste Schritt zum Aufbau einer Statistik ist die **Erhebung** bzw. **Erfassung** der Primärdaten. Dies können zum Beispiel die Warenbestände zu einem bestimmten Zeitpunkt, die Umsatzzahlen für Waren oder Warengruppen für einen bestimmten Zeitraum, die Einkommensverhältnisse nach Regionen, der Ausschussanteil je Mitarbeiter etc. sein. Zunächst sind also

1. der **Erfassungszweck** zu benennen,
2. die **Erfassungsmasse (Grundgesamtheit)** abzugrenzen und
3. das/die **Erfassungsmerkmal(e)** festzulegen.
   Insbesondere ist zu klären, ob artmäßige (qualitative) Merkmale wie Beruf, Geschlecht, Konfession … oder zahlenmäßige (quantitative) Merkmale wie Gewinn, Umsatz, Vermögen, Kurs … erfassungsrelevant sind.

Im einfachsten Fall können die Primärdaten bei Zählungen in **Strichlisten** ||| erfasst werden. Ein beliebtes Verfahren ist dabei die Zusammenfassung der gezählten Einheiten zu Fünfergruppen: ╫╫ ╫╫ |||.

Beispiel für eine Strichliste:

Inventurliste zum 31.12.20..	
Gegenstand	Einheiten lt. Primärerfassung
Ware I	╫╫ ╫╫ ╫╫ ||
Ware II	╫╫	
Ware III	╫╫ ╫╫ |||
…	…

Eine Strichliste eignet sich zwar für eine Primärerhebung der Daten, ist jedoch für die weitere Verwendung zu unübersichtlich. Im nächsten Schritt wird aus der Strichliste eine Tabelle entwickelt, aus der die Zahlen für die Erhebungsmerkmale sofort abgelesen werden können. Eine Tabelle ist ein rechteckiges Schema, das nach Zeilen (waagrecht) und Spalten (senkrecht) gegliedert ist. (Vergleiche dazu auch die Matrizen in Handlungs- und Lernbereich I.) Die aus obiger Strichliste abgeleitete Tabelle könnte dann wie folgt aussehen:

Beispiel

Inventurliste zum 31.12.20..	
Gegenstand	Menge/Anzahl
Ware I	17
Ware II	6
Ware III	13
…	…

Da die Zahlen aus einer vorliegenden Primärstatistik gewonnen wurden, kann man bei der Tabelle bereits von einer Sekundärstatistik sprechen.
Da eine Statistik Zeit beansprucht und Kosten verursacht, wird man die Datenerfassung nicht nur an einem Erhebungsmerkmal orientieren, sondern oft gleichzeitig mehrere Merkmale bei der Grundgesamtheit abfragen. Gegebenenfalls werden gleichzeitig weitere Daten ermittelt.

Beispiel einer nach den Merkmalen Filiale, Umsatz, Kosten, Personal gegliederten Tabelle; zugleich werden Gewinn, Umsatzrendite und Gewinn je Beschäftigten ermittelt:

Filiale	Umsatz	Kosten	Gewinn	Umsatzrendite	Personal	Gewinn/Besch.
1	200 000,00	180 000,00	20 000,00	10,00 %	10	2 000,00
2	350 000,00	320 000,00	30 000,00	8,57 %	13	2 307,69
3	250 000,00	260 000,00	− 10 000,00	− 4,00 %	12	− 833,33
4	400 000,00	370 000,00	30 000,00	7,50 %	15	2 000,00
5	420 000,00	400 000,00	20 000,00	4,76 %	16	1 250,00
Summen	1 620 000,00	1 530 000,00	90 000,00	5,55 %	66	1 363,63

1.2.2 Graphische Darstellungsformen

Tabellen sind die wichtigsten Arbeitsmittel zur Erfassung statistischer Zusammenhänge. Zahlenkolonnen bleiben aber unanschaulich. Durch **Diagramme** können Tabellen bildhaft aufbereitet und bei Präsentationen auf anschauliche Weise dem Betrachter vermittelt werden. Moderne Tabellenkalkulationen enthalten bereits die Präsentationssoftware, mit der sich aus Tabellen geeignete Diagramme erstellen lassen. In der kaufmännischen Praxis haben sich drei Grundformen von Diagrammen herauskristallisiert, die den Bedürfnissen des Geschäftslebens in besonderer Weise entsprechen. Dies sind:

1. Kurvendiagramm
2. Säulendiagramm
3. Kreisdiagramm

Zu jedem Diagramm gibt es Varianten, die eine teilweise gefälligere Präsentation ermöglichen; bei der Vorstellung der speziellen Diagrammart werden diese Varianten erwähnt.
Es ist auch möglich, verschiedene Diagramme in einer Graphik miteinander zu verbinden. Man sollte die Diagrammform wählen, die dem Darstellungszweck am besten dient.

Der Geschäftsbericht einer Textilfabrik GmbH nennt für die letzten 7 Wirtschaftsjahre folgende Umsatzzahlen:

Jahr	1	2	3	4	5	6	7
Umsatz in Mio. GE	132	138	122	140	154	145	142

Aufgabe:
Die Umsatzentwicklung ist durch

a) ein Kurvendiagramm
b) ein Säulendiagramm

darzustellen. Dabei ist die Zeit auf der waagerechten Achse, die Umsatzhöhe auf der senkrechten Achse einzutragen, sodass einem Bildpunkt das geordnete Paar (Jahr; Umsatz) entspricht. Die Skalierung ist so zu wählen, dass die Abstände zwischen den Einzelwerten mit hinreichender Genauigkeit erkennbar sind.

Lösungsvorschlag:

Zu a) Kurvendiagramm

Für die Maßeinheit „1 Jahr" setzen wir als Längeneinheit (LE) = 1 cm, für die Maßeinheit „20 Mio. GE" als LE = 1 cm. Die Bildpunkte werden in das Diagramm eingezeichnet und durch einen Linienzug miteinander verbunden. Das Diagramm entspricht dem I. Quadranten eines rechtwinkeligen Koordinatensystems.

Umsatz in Mio. GE

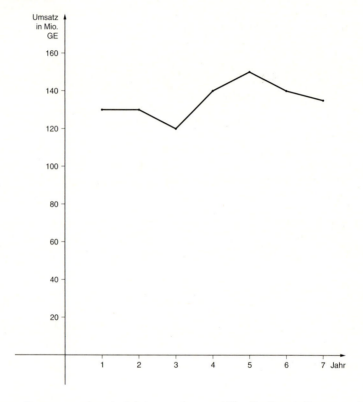

Das Kurvendiagramm eignet sich besonders gut für die Darstellung von Entwicklungen im Zeitablauf. Es wird bisweilen auch als **„Liniendiagramm"** bezeichnet. Es kann mehrere Kurven gleichzeitig aufnehmen und erlaubt dann, die Entwicklung verschiedener Größen miteinander zu vergleichen. Die Kurven können auch flächig verbreitert werden, sodass ein dreidimensionaler, räumlicher Effekt entsteht. Als weitere Gestaltungselemente können passende Bilder (Bildstatistiken und Kartogramme) hinzugefügt werden, wie das zum Beispiel in den Wirtschaftsteilen von Zeitungen zu beobachten ist.

M Methodische Empfehlungen

Kurvendiagramm mit der Tabellenkalkulation „EXCEL"

Graphische Darstellung statistischer Sachverhalte

Eingabe in die weißen Zellen

Jahr	Umsatz
1	40 000
2	70 000
3	60 000
4	60 000
5	80 000
6	110 000
7	105 000
8	120 000
9	115 000
10	105 000

Diagrammaufbau
1. Quellbereich B7:C16 markieren.
2. **EINFÜGEN/DIAGRAMM/Auf dieses Blatt**; Diagrammbereich zeichnen, Diagrammassistenten aktivieren und die Hinweise des Assistenten beachten.
3. **Punkt (XY)** und **Nr. 2** wählen; das Diagramm kann nach Wunsch bearbeitet werden, wenn das zu bearbeitende Objekt angeklickt wird. Ein bestehender Blattschutz ist zuvor aufzuheben.

Zu b) Säulendiagramm

Für das Säulendiagramm gelten hinsichtlich der Achsenbeschriftung und Skalierung die Erläuterungen zum Kurvendiagramm. Man nimmt jetzt die Achsenskalierung als Mitte der Grundlinie eines Rechtecks („Säule") und errichtet darüber ein Rechteck mit der Höhe des Ordinatenwertes.

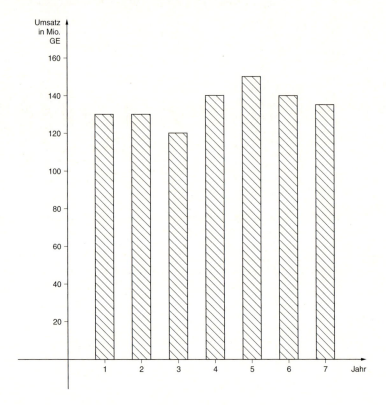

Das Säulendiagramm bietet ebenfalls weitere Gestaltungsmöglichkeiten, z. B.:
– Einteilung der Säulen in einzelne Abschnitte
– zusätzliche Staffelung der Säulen in die Tiefe
– dreidimensionale Darstellung in Form von Quadern
– Vertauschung von Abszisse und Ordinate („Balkendiagramm")
– Reduzierung der Säulen auf einen Strich („Strichdiagramm" oder „Histogramm")

M Methodische Empfehlungen

Säulendiagramm mit der Tabellenkalkulation „EXCEL"

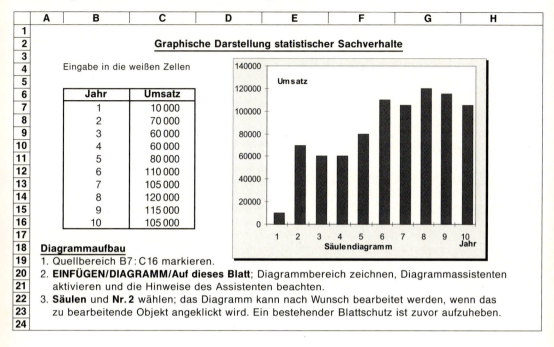

Diagrammaufbau
1. Quellbereich B7:C16 markieren.
2. **EINFÜGEN/DIAGRAMM/Auf dieses Blatt**; Diagrammbereich zeichnen, Diagrammassistenten aktivieren und die Hinweise des Assistenten beachten.
3. **Säulen** und **Nr. 2** wählen; das Diagramm kann nach Wunsch bearbeitet werden, wenn das zu bearbeitende Objekt angeklickt wird. Ein bestehender Blattschutz ist zuvor aufzuheben.

Die Gesamtkosten einer Unternehmung betragen 200 000 GE und setzen sich wie folgt zusammen:

1. Materialkosten	60 000
2. Personalkosten	80 000
3. Abschreibungen	40 000
4. Zinsen	10 000
5. Steuern	10 000
Summe	200 000

Aufgabe:

Die Kostenanteile der einzelnen Kostenarten sind als Prozentanteile an den Gesamtkosten zu ermitteln und in einem **Kreisdiagramm** abzubilden.

Lösungsvorschlag zum Kreisdiagramm:

Man errechnet die Prozentanteile der einzelnen Kostenarten und ihren Gradanteil am Vollkreis von 360°. Sodann zeichnet man die Anteile als Kreissegmente in den Vollkreis.

Kostenart	Betrag	Prozent	Grad
1. Materialkosten	60 000	30,0	108
2. Personalkosten	80 000	40,0	144
3. Abschreibungen	40 000	20,0	72
4. Zinsen	10 000	5,0	18
5. Steuern	10 000	5,0	18
Summe	200 000	100,0	360

Ermittlung von Prozent- und Gradanteil zum Beispiel für die Materialkosten:

Prozentanteil: $\dfrac{60\,000 \cdot 100}{200\,000} = 30\,\%$

Gradanteil: $\dfrac{60\,000 \cdot 360°}{200\,000} = 108°$

Dann erhält man als Kreisdiagramm:

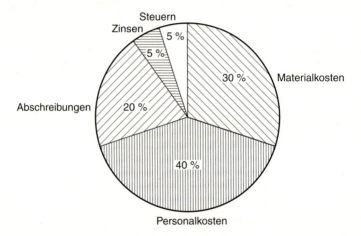

Das Kreisdiagramm eignet sich besonders gut, um den quantitativen Anteil eines Merkmals an einer Gesamtheit sichtbar zu machen. Auch für das Kreisdiagramm sind verschiedene Varianten möglich:
- als **Ringdiagramm** (bei dem auch mehrere Ringe ineinander gesetzt werden können);
- in dreidimensionaler Aufbereitung als ,,**Tortendiagramm**'', bei welchem ein Sektor noch hervorgehoben werden kann.

M Methodische Empfehlungen

Kreisdiagramm mit der Tabellenkalkulation „EXCEL"

	A	B	C	D	E	F	G	H
1								
2			Graphische Darstellung statistischer Sachverhalte					
3								
4		Eingabe in die weißen Zellen						
5								
6		**Kostenart**	**Betrag**	**%**				
7		Personal	80 000	22,22				
8		Energie	70 000	19,44				
9		Zinsen	60 000	16,67				
10		Abschreibg.	60 000	16,67				
11		Werbung	80 000	22,22				
12		Steuern	10 000	2,78				
13		**Summe**	**360 000**	**100**				
14								
15								
16								
17		**Diagrammaufbau**						
18		1. Quellbereich B7:C16 markieren.						
19		2. **EINFÜGEN/DIAGRAMM/Auf dieses Blatt**; Diagrammbereich zeichnen, Diagrammassistenten						
20		aktivieren und die Hinweise des Assistenten beachten.						
21		3. **Kreis** und **Nr. 7** wählen; das Diagramm kann nach Wunsch bearbeitet werden, wenn das						
22		zu bearbeitende Objekt angeklickt wird. Ein bestehender Blattschutz ist zuvor aufzuheben.						
23		Dieser Diagrammtyp ist für die Veranschaulichung von Strukturen besonders geeignet.						
24								

A Aufgaben

1. Ein großer Computerhersteller wies für die abgelaufenen Geschäftsjahre folgende Aufwendungen für Forschung und Entwicklung aus:

Jahr	1994	1995	1996	1997	1998	1999
Aufwand in Mio. GE	156	197	254	323	385	427

Fertigen Sie für den Computerhersteller ein Kurven- und ein Säulendiagramm mit folgender Skalierung:

Zeitachse (waagerecht): 1 Jahr = 1,5 cm
Aufwand: 50 Mio. GE = 1 cm

2. Die 7 Filialen einer Kaufhauskette erzielten im Jahr 20.. folgende Umsätze in Tsd. GE je Mitarbeiter:

Filiale	A	B	C	D	E	F	G
Umsatz/Mitarbeiter	162	174	158	149	167	180	172

Erstellen Sie ein Kurven- und ein Säulendiagramm.

3. Die Handelsbilanz eines Landes zeigte in den vergangenen 8 Jahren folgende Entwicklung in Mrd. GE:

Jahr	1	2	3	4	5	6	7	8
Ausfuhren	480	420	380	400	420	450	440	410
Einfuhren	430	450	410	420	450	410	410	390

Zeichnen Sie ein gemeinsames Kurvendiagramm für die Einfuhren, die Ausfuhren und den Außenbeitrag (= Ausfuhren – Einfuhren) mit geeigneter Skalierung.

4. Ein Automobilhersteller schlüsselt seine Absatzzahlen nach Regionen auf. Im abgelaufenen Geschäftsjahr verkaufte er in Tsd. Stück:
   – im Inland 170
   – im europäischen Ausland 80
   – in die USA 50
   – nach Fernost 20
   – in die übrige Welt 30

Fertigen Sie für den Automobilhersteller ein Kreisdiagramm.

1.3 Auswertung von Tabellen

1.3.1 Absolute und relative Häufigkeiten

Die Auswertung von Tabellen nach bestimmten Merkmalen ergibt, dass ein Merkmal meist nicht mit gleicher Häufigkeit in der betrachteten Grundgesamtheit auftritt. Die Anzahl der Merkmalsbeobachtungen in der Grundgesamtheit bezeichnet man als „**absolute Häufigkeit**", den Quotienten aus absoluter Häufigkeit eines Merkmals und Anzahl der Elemente der Grundgesamtheit bezeichnet man als „**relative Häufigkeit**"; diese drückt man häufig auch in Prozent aus.

Die Teilnehmer an einer Prüfung und ihre Prüfungsleistungen wurden wie folgt aufgelistet:

Nr.	Prüfling	Note
1	A	3
2	B	2
3	C	6
4	D	2
5	E	1
6	F	3
7	G	4
8	H	4
9	I	2
10	J	5
11	K	2
12	L	3
13	M	3
14	N	1
15	O	3

Beschreibende Statistik, Auswertung von Vergangenheitsdaten für ökonomische Anwendungen

Aufgabe:

Erstellen Sie eine Übersicht, aus der die absoluten und relativen Häufigkeiten (als Bruchteil mit 3 Nachkommastellen und in % mit 2 Nachkommastellen) der Prüfungsnoten ersichtlich sind.

Lösung:

Note	absolute Häufigkeit (a.H.)	relative Häufigkeit (r.H.)	%
1	2	0,133	13,33
2	4	0,266	26,66
3	5	0,333	33,33
4	2	0,133	13,33
5	1	0,066	6,66
6	1	0,066	6,66
Summe	15	1,000	100

◆ **Zusammenfassung**

Absolute Häufigkeit (a.H.) = Anzahl der Beobachtungen in der Grundgesamtheit

$$\text{Relative Häufigkeit (r.H.)} = \frac{\text{Absolute Häufigkeit (a.H.)}}{\text{Anzahl der Elemente der Grundgesamtheit}}$$

Die auf Häufigkeiten basierenden Tabellen können natürlich auch mit Diagrammen gekoppelt werden.

A Aufgabe

Die Mitarbeiter einer Abteilung wurden nach Geburtsjahren aufgelistet:

Mitarbeiter	Geburtsjahr
A	1957
B	1960
C	1958
D	1963
E	1962
F	1963
G	1962
H	1957
I	1958
J	1963
K	1970
L	1972
M	1960
N	1958
O	1972
P	1957

Erstellen Sie eine Übersicht, aus der die absoluten und relativen Häufigkeiten (als Bruchteil mit 4 Nachkommastellen und in % mit 2 Nachkommastellen) der Lebensalter im Jahr 1998 ersichtlich sind.

1.3.2 Messzahlen

Jede Messzahl basiert auf einer sachlichen Fragestellung, die auf eine quantitative Beschreibung eines Sachverhaltes abzielt. Die sachliche Fragestellung ist primär; aus ihr sind die Kriterien für die Bildung einer Messzahl abzuleiten. In vielen Fällen eignen sich so genannte „Verhältniszahlen" besonders gut als Messzahlen. Bei diesen Verhältniszahlen werden zwei Größen, die für einen Sachverhalt charakteristisch sind, miteinander in Beziehung gesetzt. Man wählt einen geeigneten Basiswert, auf den die übrigen Beobachtungswerte umgerechnet werden. Der Basiswert bildet die Grundlage für die Standardisierung der übrigen Werte.

Für ökonomische Statistiken sind folgende Mess- bzw. Verhältniszahlen besonders aussagekräftig und daher wichtig:

1. Gliederungszahlen
2. Beziehungszahlen
3. Indexzahlen

Der Statistiker kann jedoch nur die Daten auswerten. Es ist Aufgabe dessen, der zu entscheiden hat, diese Ergebnisse zu interpretieren und daraus Informationen für Entscheidungen zu gewinnen.

1.3.2.1 Gliederungszahlen

Um die Anteile einzelner Größen an einer Gesamtheit zu ermitteln und auszudrücken, berechnet man „Gliederungszahlen".

Ein Unternehmen weist folgende zusammengefasste Bilanz aus:

Aktiva	Bilanz (in Tsd. GE)		Passiva
Anlagevermögen	100	Eigenkapital	150
Umlaufvermögen	250	Fremdkapital	200
	350		350

Aufgabe:
Berechnen Sie die prozentualen Anteile der Bilanzposten an der Bilanzsumme und veranschaulichen Sie diese Zusammenhänge mit Hilfe eines Säulendiagramms.

Analyse und Lösungsvorschlag:
Der Prozentanteil des Anlagevermögens kann zum Beispiel wie folgt ermittelt werden:

$$\%\text{-Anteil des AV} = \frac{\text{Anlagevermögen} \cdot 100}{\text{Bilanzsumme}} \quad \text{usw.}$$

Man erhält eine aufbereitete Bilanz:

Aktiva	Bilanz (in Tsd. GE und %)				Passiva	
Anlagevermögen	100	28,57	Eigenkapital		150	42,86
Umlaufvermögen	250	71,43	Fremdkapital		200	57,14
	350	100			350	100

Säulendiagramm mit %-Anteil der Bilanzposten

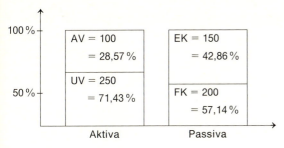

Gliederungszahlen drücken das Verhältnis eines Teils zum Ganzen aus. Gliederungszahlen werden meist in Prozent angegeben.

A Aufgaben

1. Die Bilanz einer Unternehmung wurde für die Auswertung vorbereitet und weist folgende Zahlen aus:

Aktiva		Bilanz (in Tsd. GE)		Passiva
I. Anlagevermögen		200	I. Eigenkapital	180
Grundstück	90			
BGA	70		II. Fremdkapital	270
Fuhrpark	40		langfristig 150	
			kurzfristig 120	
II. Umlaufvermögen		250		
Vorräte	120			
Forderungen	80			
Zahlungsmittel	50			
		450		450

Ermitteln Sie mit Hilfe von Gliederungszahlen: Wie hoch ist der Anteil in % (2 Nachkommastellen Genauigkeit)
a) der Hauptgruppen (I., II.) an der Bilanzsumme,
b) der einzelnen Bestände an ihren Hauptgruppen?

2. Der Betriebsabrechnungsbogen (BAB) einer Industrieunternehmung enthält folgende Kostenarten in Tsd. GE für die Jahre 0 und 1:

	Jahr 0	Jahr 1
Gehälter	200	180
Steuern	50	60
Zinsen	70	80
Abschreibungen	150	130
Energie	100	120
Instandhaltung	80	100

Wie hoch sind die Kostenanteile jeder Kostenart in % in beiden Jahren an den Gesamtkosten? Erstellen Sie auch ein Säulendiagramm für beide Jahre mit 10 % = 1 cm und vergleichen Sie die Entwicklung in beiden Jahren.

M Methodische Empfehlungen

Diagramm zu Gliederungszahlen mit Hilfe der Tabellenkalkulation „EXCEL"

	A	B	C	D	E	F	G	H
1								
2			Graphische Darstellung statistischer Sachverhalte					
3								
4								
5		Eingabe in die weißen Zellen						
6								
7	Aktiva		Bilanz zum 31.12.20..		Passiva			
8	AV	350		EK	500			
9	UV	250		FK	100			
10		600			600			
11								
12								
13								
14	**Diagrammaufbau**							
15	1. Für ein geeignetes Diagramm Daten wie							
16	folgt anordnen: B29 = B9, B30 = B8,							
17	C29 = D9; C30 = D8 und Bereich B29:C30							
18	markieren.							
19	2. **EINFÜGEN/DIAGRAMM/Auf dieses Blatt**; Diagrammbereich zeichnen, Diagrammassistenten							
20	aktivieren und die Hinweise des Assistenten beachten.							
21	3. **Säulen** und **Nr. 5** wählen; das Diagramm kann nach Wunsch bearbeitet werden, wenn das							
22	zu bearbeitende Objekt angeklickt wird. Ein bestehender Blattschutz ist zuvor aufzuheben.							
23	Dieser Diagrammtyp ist für die Darstellung von Gliederungszahlen besonders geeignet.							
24								
25								
26								

1.3.2.2 Beziehungszahlen

Oft ist es sinnvoll, eine Messzahl zwischen verschiedenen Größen herzustellen, die in einer gewissen Weise voneinander abhängig sind, wie z. B. Gewinn und Eigenkapital, Gewinn und Umsatz, Ausfallzeiten von Maschinen und Kapazitätsauslastung.

Das Eigenkapital und der Reingewinn (jeweils in Tsd. GE) einer Industrieunternehmung in den vergangenen 6 Jahren sind in folgender Tabelle zusammengefasst:

Jahr	1	2	3	4	5	6
Eigenkapital	1 200	1 250	1 180	1 200	1 220	1 260
Reingewinn	60	68	72	57	50	46

Aufgabe:
Ermitteln Sie die Eigenkapitalrentabilitäten für die einzelnen Jahre und veranschaulichen Sie die Entwicklung durch ein Kurvendiagramm.

Analyse und Lösungsvorschlag:

$$\text{Eigenkapitalrentabilität} = \frac{\text{Reingewinn} \cdot 100}{\text{Eigenkapital}} \quad \text{(in Prozent)}$$

Jahr	1	2	3	4	5	6
Eigenkapital	1 200	1 250	1 180	1 200	1 220	1 260
Reingewinn	60	68	72	57	50	46
Eigenkapitalrentabilität (%)	5,00	5,55	6,10	4,75	4,10	3,65

Kurvendiagramm

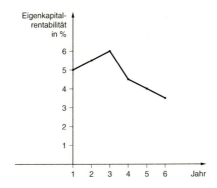

> Beziehungszahlen drücken das Verhältnis zweier Zahlen aus, die zueinander in einer sinnvollen sachlichen Beziehung stehen. Meist gibt man die Beziehungszahlen in Prozent an.

A Aufgabe

Folgende Bilanz ist mithilfe von Beziehungszahlen in Form von Bilanzkennziffern zu analysieren:

Aktiva		Bilanz (in Tsd. GE)		Passiva
I. Anlagevermögen		200	I. Eigenkapital (EK)	180
Grundstück	90			
BGA	70		II. Fremdkapital (FK)	270
Fuhrpark	40		langfristig 150	
			kurzfristig 120	
II. Umlaufvermögen		250		
Vorräte	120			
Forderungen	80			
Zahlungsmittel	50			
		450		450

a) Ermitteln Sie

$$\text{Anlagendeckung I} = \frac{\text{Eigenkapital} \cdot 100}{\text{Anlagevermögen}}$$

$$\text{Anlagendeckung II} = \frac{(\text{Eigenkapital} + \text{langfristiges FK}) \cdot 100}{\text{Anlagevermögen}}$$

$$\text{Liquidität I} = \frac{\text{Zahlungsmittel} \cdot 100}{\text{kurzfristige Verbindlichkeiten}}$$

$$\text{Liquidität II} = \frac{(\text{Zahlungsmittel} + \text{Forderungen}) \cdot 100}{\text{kurzfristige Verbindlichkeiten}}$$

$$\text{Liquidität III} = \frac{(\text{Zahlungsmittel} + \text{Forderungen} + \text{Vorräte}) \cdot 100}{\text{kurzfristige Verbindlichkeiten}}$$

$$\text{Eigenkapitalquote} = \frac{\text{Eigenkapital} \cdot 100}{\text{Gesamtkapital}}$$

$$\text{Fremdkapitalquote} = \frac{\text{Fremdkapital} \cdot 100}{\text{Gesamtkapital}}$$

$$\text{Anlagevermögensintensität} = \frac{\text{Anlagevermögen} \cdot 100}{\text{Gesamtvermögen}}$$

b) Welche dieser Kennziffern sind horizontale Kennziffern, die sich auf verschiedene Bilanzseiten beziehen, welche vertikale Kennziffern, die sich auf dieselbe Bilanzseite beziehen?
c) Für welche Zwecke werden Kennziffern benötigt?

1.3.2.3 Indexzahlen

Absolute Zahlen erschweren in vielen Fällen den unmittelbaren Vergleich der Entwicklung verschiedener Größen bzw. Merkmale im Zeitablauf. Man kann zum Zwecke eines besseren Vergleichs ein Glied der Beobachtungsreihe gleich 100 oder gleich 100 % setzen, d. h., man nimmt dieses Jahr als Basisjahr. Die anderen Daten der Reihe werden dann auf diesen Ausgangswert bezogen und in Indexzahlen (Messzahlen im engeren Sinne) umgerechnet. Das Verfahren eignet sich besonders zur Analyse der Datenentwicklung im Zeitablauf.

Ein Konzern macht in seinem Geschäftsbericht für die letzten 6 Jahre bezüglich der Umsatz-, Personalkosten- und Mitarbeiterzahlen folgende Angaben:

Jahr	1	2	3	4	5	6
Umsatz (in Mrd. GE)	1 200	1 150	1 300	1 200	1 170	1 100
Personalkosten (in Mrd. GE)	200	210	215	220	210	205
Mitarbeiter (in Tsd.)	300	280	275	275	260	250

Aufgabe:

Die Werte des 1. Jahres (Basisjahr) sollen gleich 100 gesetzt werden. Die absoluten Zahlen der Tabelle sind bezüglich dieser Ausgangswerte in Indexzahlen umzurechnen und in ein gemeinsames Kurvendiagramm einzutragen. Dabei soll die Ordinate (Indexachse) bei der Teilung von 80 beginnen.

Analyse und Lösungsvorschlag:

Indexzahlberechnung:	$\dfrac{\text{Wert des Jahres } i \ (i = 2, \ldots, 6) \cdot 100}{\text{Wert des Jahres 1}}$

Jahr	1	2	3	4	5	6
Umsatz (in Mrd. GE)	100	95,8	108,3	100,0	97,5	91,6
Personalkosten (in Mrd. GE)	100	105,0	107,5	110,0	105,0	102,5
Mitarbeiter (in Tsd.)	100	93,3	91,6	91,6	86,6	83,3

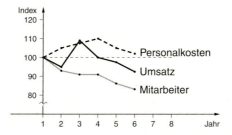

Indexzahlen eignen sich besonders zur Analyse und zum Vergleich bestimmter Entwicklungen im Zeitablauf. Man setzt die Daten für ein Basisjahr = 100 (%) und bezieht die übrigen Daten der Reihe auf diese Basis.

A Aufgaben

1. Nachfolgende Tabelle zeigt die Außenhandelsstatistik eines Landes in Mrd. GE.

Jahr	1	2	3	4	5	6
Ausfuhren	250	230	260	270	275	267
Einfuhren	240	245	250	230	220	235

Ermitteln Sie zunächst den Außenbeitrag (= Ausfuhren − Einfuhren) und rechnen Sie vom Basisjahr 1 = 100 aus die Ausfuhren, die Einfuhren und den Außenbeitrag in Indexzahlen um. Übertragen Sie die Ergebnisse dann in ein Kurvendiagramm.

2. Ermitteln Sie zu nachfolgender Tabelle die Indexzahlen, ausgehend vom Basisjahr 1 = 100, und erstellen Sie ein Kurvendiagramm. Welche Größen entwickeln sich in gleicher Richtung, welche Größen entwickeln sich gegenläufig? Welche Gründe könnten dafür ausschlaggebend sein?

Jahr	1	2	3	4	5	6
Bruttosozialprodukt in Mrd.	950	940	930	950	970	980
Arbeitslose in Mio.	3,5	3,7	3,8	3,6	3,5	3,6
Inflationsrate in %	2,5	2,2	1,8	2,0	2,3	2,6

1.3.2.4 Preisindizes

Zu den Informationen aus dem Wirtschaftsleben, die für alle Einwohner eines Landes wichtig sind, gehört die Kenntnis über die Entwicklung der Preise und damit der Kaufkraft im Zeitablauf. Inflation zum Beispiel führt zu einer Verschlechterung der Kaufkraft und damit zu einer Einschränkung der Konsummöglichkeiten eines Haushaltes.

Die Preisindizes werden von Behörden ermittelt und in den Medien veröffentlicht. In Deutschland ist dafür das Statistische Bundesamt in Wiesbaden zuständig.

Für die Beurteilung der wirtschaftlichen Lage sind folgende Preisindizes von Interesse, z. B. der Preisindex

– der privaten Haushalte,
– der 4-Personen-Haushalte von Angestellen und Beamten mit höherem Einkommen,
– der 4-Personen-Arbeitnehmer-Haushalte mit mittlerem Einkommen,
– der 2-Personen-Haushalte von Renten- und Sozialhilfeempfängern,
– für die einfache Lebenshaltung eines Kindes.

Ein wichtiger Indikator für die Gesamtwirtschaft ist der Preisindex für das Sozialprodukt.

Die Preisindizes gehen von einem Basisjahr (z. B. 2000) und einem „Warenkorb", also einer bestimmten Gütermengennachfrage, aus. Die Ermittlung von Preisindizes ist nicht unproblematisch, weil sowohl Preisentwicklungen als auch Veränderungen im Güterangebot und den Nachfragegewohnheiten in dieser Größe erfasst und abgebildet werden müssen.

In der Wirtschaftstheorie wurden zwei Indexformeln vorgeschlagen:

1. die Laspeyres-Preisindexformel[1]: $\dfrac{\sum_i q_i^0 \cdot p_i^1}{\sum_i q_i^0 \cdot p_i^0}$;

und

2. die Paasche-Preisindexformel[2]: $\dfrac{\sum_i q_i^1 \cdot p_i^1}{\sum_i q_i^1 \cdot p_i^0}$;

0 für Basisjahr,
1 für Vergleichsjahr
q_i (i = 1, ..., n): Warenkorb
$\sum_i$ Summenoperator

Die Mengenkomponente q_i sorgt in beiden Fällen dafür, dass die Preise mit den tatsächlichen Verbrauchsmengen gewichtet in die Formeln eingehen.

In der statistischen Praxis wird der Laspeyres-Formel der Vorzug gegeben, weil man hier die Indexberechnung auf einen gleich bleibenden Warenkorb stützen kann. Änderungen der Mengennachfrage bleiben außer Acht, nur Preisänderungen werden erfasst.

Eine Marktuntersuchung auf einem Lebensmittel-Wochenmarkt hat ergeben, dass folgende Warenmengen zu folgenden Preisen im Basisjahr t = 0 und im Vergleichsjahr t = 1 von einem durchschnittlichen Käufer gekauft wurden:

---

[1] Laspeyres, 1834–1913, Statistiker und Nationalökonom an der Universität Gießen.
[2] Paasche, 1851–1922, Politiker und Nationalökonom.

Ware i	Menge q in kg	Preis p in t = 0 je kg in GE	Preis p in t = 1 je kg in GE
1. Obst	1	2,00	2,50
2. Brot	2	4,00	5,00
3. Fleisch	1,5	9,00	8,00
4. Käse	0,5	3,00	3,30
5. Gemüse	3	2,80	3,20

Aufgabe:
Ermitteln Sie den Preisindex für die Preisänderungen von t = 0 zu t = 1 nach der Formel von Laspeyres.

Analyse und Lösungsvorschlag:
Der Warenkorb umfasst n = 5 Güter, d. h. i = 1, 2, 3, 4, 5.

$$\sum_i q_i^0 \cdot p_i^0 = 1 \cdot 2 + 2 \cdot 4 + 1,5 \cdot 9 + 0,5 \cdot 3 + 3 \cdot 2,80 = 33,40$$

$$\sum_i q_i^0 \cdot p_i^1 = 1 \cdot 2,50 + 2 \cdot 5 + 1,5 \cdot 8 + 0,5 \cdot 3,30 + 3 \cdot 3,20 = 35,75$$

Laspeyres-Preisindexformel: $\dfrac{\sum q_i^0 \cdot p_i^1}{\sum q_i^0 \cdot p_i^0} = \dfrac{35,75}{33,40} = 1,07035$

Die Teuerung dieses Warenkorbs vom Basisjahr t = 0 bis zum Vergleichsjahr t = 1 beträgt also 7,035 % und verdeutlicht das Ausmaß der inflationären Entwicklung.

A Aufgaben

1. a) Wie hoch ist der Preisindex nach Laspeyres bei folgendem Warenkorb für die Jahre 1 und 2 (0 = Basisjahr)?

Gut i	Menge q in 100 kg	Preis p in GE/100 kg		
		t = 0	t = 1	t = 2
1	5	200	210	200
2	2	300	270	280
3	1	250	260	250
4	3	200	210	205
5	4	180	200	190
6	10	80	75	76
7	5	120	140	130

b) Berechnen Sie den Laspeyres-Index für das Jahr 2 unter der Annahme der Basisfortschreibung, d. h., für die Ermittlung des Preisindex in t = 2 wird als Basisjahr t = 1 genommen.

c) Vergleichen Sie die Ergebnisse von a) und b) für das Vergleichsjahr 2. Welches Konzept erscheint für die langfristige Betrachtung der Preisentwicklung zweckmäßiger? Welches Konzept liegt in der Regel der Berichterstattung für die Öffentlichkeit zugrunde?

2. Diskutieren Sie folgende Themen:
   a) Unter welchen Bedingungen kann der Laspeyres-Preisindex zu einer verzerrten Betrachtung der wirtschaftlichen Realität führen?
   b) Welcher Mangel haftet dem Paasche-Preisindex an?

2 Parameter zur Beschreibung von Grundgesamtheiten und ihrer Entwicklung

2.1 Mittelwerte

Bei der Auswertung von Datenreihen sind nicht nur die absoluten oder relativen Häufigkeiten bestimmter Merkmale von Bedeutung. Vielmehr interessiert man sich oft auch für einen Wert, der das beobachtete Merkmal „möglichst gut" repräsentiert. Untersucht beispielsweise ein Marktforschungsinstitut die Kaufgewohnheiten in einer Region, dann wird es nicht nur Daten wie Familienstand, Einkommen, Alter etc. erfragen, sondern möchte auch etwas über die durchschnittlichen Lebensverhältnisse der Familie, das Durchschnittseinkommen etc. erfahren. Die so ermittelten Durchschnittswerte sind in ihrer knappen Form oft aussagefähiger und können besser mit den Durchschnittswerten anderer Regionen verglichen werden als die absoluten Häufigkeiten der Einzelwerte.

2.1.1 Mittelwert: Einfaches und gewogenes arithmetisches Mittel (einfacher und gewogener Durchschnittswert)

2 Wohnobjekte sind zu vergleichen:
In Objekt I mit insgesamt 600 qm Wohnfläche werden 5 gleich große Wohnungen vermietet:

	Jahresmiete (kalt) in GE
Wohnung 1	12 000
Wohnung 2	13 000
Wohnung 3	10 000
Wohnung 4	11 500
Wohnung 5	15 000

Objekt II mit 4 Wohnungen befindet sich noch in der Bauphase; die geplanten qm-Mieten und die Wohnflächen betragen:

	Jahresmiete (kalt) in GE/qm	Wohnfläche in qm
Wohnung 1	100	120
Wohnung 2	120	140
Wohnung 3	105	100
Wohnung 4	95	90

Aufgaben:
a) Wie hoch ist die durchschnittliche Jahresmiete pro Wohnung und pro qm Wohnfläche bei Objekt I?
b) Wie hoch ist die durchschnittliche Jahresmiete pro Wohnung und pro qm bei Objekt II?
c) Wie können die Durchschnittswerte bei a) und b) ermittelt werden? Wann sind Durchschnittswerte nach der Methode a), wann nach der Methode b) zu ermitteln?

Analyse und Lösungsvorschlag:

Zu a) $$\text{Durchschnittliche Jahresmiete} = \frac{\text{Summe der Mieten}}{\text{Anzahl der Wohnungen}}$$

	Jahresmiete (kalt) in GE
Wohnung 1	12 000
Wohnung 2	13 000
Wohnung 3	10 000
Wohnung 4	11 500
Wohnung 5	15 000
Summe	61 500

Durchschnittliche Jahresmiete je Wohnung =

$$\frac{\text{Summe der Mieten}}{\text{Anzahl der Wohnungen}} = \frac{61\,500}{5} = \underline{12\,300 \text{ GE}}$$

(Probe: $5 \cdot 12\,300 = 61\,500$ GE)

Durchschnittliche Jahresmiete je qm Wohnfläche =

$$\frac{\text{Summe der Mieten}}{\text{Wohnfläche}} = \frac{61\,500}{600} = \underline{102{,}50 \text{ GE}}$$

Zu b)

	Miete/qm	·	Wohnfläche	=	Jahresmiete
Wohnung 1	100	·	120	=	12 000
Wohnung 2	120	·	140	=	16 800
Wohnung 3	105	·	100	=	10 500
Wohnung 4	95	·	90	=	8 550
	Summen		450		47 850

Durchschnittliche Jahresmiete je qm Wohnfläche =

$$\frac{\text{Summe der Mieten}}{\text{Anzahl der Wohnungen}} = \frac{47\,850}{4} = \underline{11\,962{,}50 \text{ GE}}$$

Dabei bleibt jedoch die Größe der Wohnungen außer Acht. Offensichtlich ist es notwendig, der unterschiedlichen Wohnungsgröße Rechnung zu tragen, indem man die qm-Mieten mit den Wohnflächen „gewichtet":

$\Rightarrow$ Durchschnittliche qm-Miete $= \dfrac{47\,850}{450} = \underline{106{,}33 \text{ GE}}$

Zu c) Im Falle a) wurde das „einfache arithmetische Mittel", auch „einfacher Durchschnitt" genannt, berechnet. Bezeichnet man die n Einzelwerte einer Gesamtheit mit x_i, ($i = 1, \ldots, n$), dann errechnet sich das einfache arithmetische Mittel m wie folgt:

$$m = \frac{x_1 + x_2 + \ldots + x_n}{n} = \sum_{i=1}^{n} \frac{x_i}{n} = \frac{1}{n} \sum_i x_i$$

Es gilt: $n \cdot m = \sum_i x_i = x_1 + x_2 + \ldots + x_n$.

Die Formel für das einfache arithmetische Mittel ist immer dann anzuwenden, wenn die Beobachtungsmerkmale zahlenmäßig messbar sind und gleich häufig in der Grundgesamtheit vertreten sind.

Man nennt das arithmetische Mittel mit einer gewissen Berechtigung auch „Mittelwert", weil es im Allgemeinen einen Wert repräsentiert, der „in der Mitte" der Grundgesamtheit liegt.

Der Mittelwert selbst muss nicht unbedingt unter den gemessenen Werten vertreten sein. Man kann zeigen, dass sich im Mittelwert alle Abweichungen der Einzelwerte nach oben und unten ausgleichen. Insofern nimmt der Mittelwert unter allen Werten einer Grundgesamtheit eine bevorzugte Stellung ein.

Zu bedenken ist allerdings auch, dass man den Mittelwert nicht allzu unkritisch als repräsentativen Wert für eine Grundgesamtheit hinnehmen sollte. Ragen Einzelwerte aus der Masse der Daten besonders heraus, so lässt der Mittelwert dies später nicht mehr erkennen. Die Einzelwerte gehen im Mittelwert unter.

Der Gebrauch des einfachen arithmetischen Mittels führt zu falschen Ergebnissen, wenn die Einzelwerte mit unterschiedlichen Häufigkeiten in der Grundgesamtheit vertreten sind.

Die Einzelwerte müssen in diesen Fällen mit der absoluten Häufigkeit ihres Auftretens G_i (i = 1, ..., n) in der Grundgesamtheit gewichtet werden; die Summe der gewichteten Einzelwerte dividiert durch die Summe der Gewichte G_i (i = 1, ..., n) ergibt als „Mittelwert" dann das „gewogene arithmetische Mittel" bzw. den „gewogenen Durchschnitt".

Gewogenes arithmetisches Mittel:

$$m = \frac{x_1 \cdot G_1 + x_2 \cdot G_2 + \ldots + x_n \cdot G_n}{G_1 + G_2 + \ldots + G_n} = \frac{\Sigma x_i \cdot G_i}{\Sigma G_i}$$

n = Anzahl der Einzelwerte (i = 1, ..., n)
x_i = gemessene Einzelwerte
G_i = absolute Häufigkeit der Messwerte

2.1.2 Median (Zentralwert) und Modus (häufigster Wert)

Als Zentralwert z bezeichnet man den in der Mitte liegenden Wert einer nach der Größe geordneten Grundgesamtheit. Besteht die Datenreihe aus n Gliedern, so befindet sich der Median an der Position

$$\frac{n + 1}{2}.$$

Ist n ungerade, dann existiert der Median unter den gegebenen Daten, ist n gerade, dann befindet er sich zwischen den beiden mittleren Werten der Datenreihe. Der Median teilt also die Datenreihe in eine „obere" und eine „untere" Hälfte.

Modus

Der in einer Datenreihe am häufigsten auftretende Wert ist der so genannte „Modus" oder „Modalwert" h. Er wird nicht durch Berechnung, sondern durch Abzählen ermittelt. Liegen alle Werte sehr dicht beieinander, so kann der Modus als Anhaltspunkt für den Mittelwert genommen werden. Will man zum Beispiel Aussagen über Kundenpräferenzen auf Märkten machen, dann kann der Modus eine Orientierungshilfe sein.

In den i = 1, ..., 9 Lebensmittelgeschäften einer Kleinstadt wird ein Kilogramm Rinderfilet zu folgenden Preisen p_i angeboten:

Geschäft Nr.	Preis in GE/kg
1	9,50
2	9,20
3	10,20
4	9,80
5	8,90
6	9,50
7	9,70
8	9,50
9	10,10

Aufgabe:
Ermitteln Sie Median z, Modus h und Mittelwert m.

Lösungsvorschlag:
Wir ordnen die Werte p_i von unten nach oben der Größe nach; bei gleichen Werten werden die Glieder der Datenreihe fortlaufend weitergezählt.

Gegebene Daten ⇒ Geordnete Daten

Geschäft Nr.	Preis in GE/kg	Geschäft Nr.		Preis in GE/kg
1	9,50	5	1.	8,90
2	9,20	2	2.	9,20
3	10,20	1	3.	9,50
4	9,80	6	4.	9,50
5	8,90	8	5.	9,50
6	9,50	7	6.	9,70
7	9,70	4	7.	9,80
8	9,50	9	8.	10,10
9	10,10	3	9.	10,20
		Summe		86,40

Ermittlung von z, h, m:

Position von z: $\dfrac{n+1}{2} = \dfrac{9+1}{2} = 5$: $z = p(5) = z = 9{,}50$ GE/kg

Modus h: $p = 9{,}50$ GE/kg (3-mal vertreten)

Mittelwert m: $m = \dfrac{86{,}40}{9} = 9{,}60$ GE/kg

2.1.3 Das geometrische Mittel

Eine Bank bietet ein so genanntes „Wachstumssparen" für Spareinlagen von mindestens 5 000 GE für 5 Jahre bei folgender Verzinsung an:

Jahr i	1	2	3	4	5
Zinssatz p_i (%)	3	4	5	6	7

Aufgaben:
a) Wie hoch ist das Endguthaben bei einer Einlage von K = 5 000 GE nach n = 5 Jahren?
b) Welcher Durchschnittszinssatz liegt dem Wachstumssparen zugrunde?
c) Entwickeln Sie aus dem Ergebnis von b) eine Formel.

Analyse und Lösungsvorschlag:

Zu a) Aus der Finanzmathematik ist die Formel für die Ermittlung des Endkapitals bei konstantem Zinssatz p bekannt:

$$K_n = K \cdot \left(1 + \frac{p}{100}\right)^n = K \cdot q^n \quad \text{mit} \quad q = 1 + \frac{p}{100} \quad \text{als Aufzinsungsfaktor}$$

Bei jährlich wechselnden Zinssätzen gilt dann:
$$K_n = K \cdot q_1 \cdot q_2 \cdot \ldots \cdot q_n$$

Daher werden die Zinssätze zunächst in Aufzinsungsfaktoren umgerechnet:

Jahr i	1	2	3	4	5
Zinssatz p_i %	3	4	5	6	7
Aufzinsungsfaktor q_i	1,03	1,04	1,05	1,06	1,07

Das Endkapital beträgt dann
$K_5 = 5\,000 \cdot 1{,}03 \cdot 1{,}04 \cdot 1{,}05 \cdot 1{,}06 \cdot 1{,}07 = \underline{6\,378{,}51\text{ GE}}$

Zu b) Es erscheint nahe liegend, als Durchschnittszinssatz das arithmetische Mittel (3 % + 4 % + 5 % + 6 % + 7 %)/5 = 25 %/5 = 5 % zu nehmen. Die Kontrollrechnung
$K_5 = 5\,000 \cdot 1{,}05^5$ ergibt jedoch: $K_5 = 6\,381{,}41$ GE,
sodass die Durchschnittsverzinsung das arithmetische Mittel 5 % offenbar unterschreitet.

Zum Vergleich:
$1{,}03 \cdot 1{,}04 \cdot 1{,}05 \cdot 1{,}06 \cdot 1{,}07 = 1{,}275702; \quad 1{,}05^5 = 1{,}276281$

Den richtigen Durchschnittszinssatz findet man, indem man aus dem Produkt von n Faktoren die n-te Wurzel zieht. Dieser Ansatz basiert auf der Annahme, das Produkt der Aufzinsungsfaktoren entspreche dem Potenzwert einer unbekannten Basis x:

$1{,}03 \cdot 1{,}04 \cdot 1{,}05 \cdot 1{,}06 \cdot 1{,}07 = 1{,}275702 = x^5 \Leftrightarrow x = \sqrt[5]{1{,}275702}$
$\Rightarrow x = 1{,}049904 < 1{,}05!$ Der „mittlere" Zinssatz ist 4,9904 %.
(Probe: $K_5 = 5\,000 \cdot 1{,}049904 = 6\,378{,}59$ GE)

Zu c) Bei Wachstumsprozessen (Kapitalwachstum, organischem Wachstum) stellt das arithmetische Mittel nicht den geeigneten Mittelwert für die Wachstumsrate dar. In diesen Fällen verwendet man stattdessen das so genannte geometrische Mittel m_g der n-ten Wurzel von n Faktoren:

$$m_g = \sqrt[n]{x_1 \cdot x_2 \cdot x_3 \cdot \ldots \cdot x_n}$$

Es gilt stets: $m_g \leq m$, d.h., das geometrische Mittel ist nie größer als das arithmetische Mittel.

A Aufgaben

1. Ein Pkw-Hersteller verzeichnete in den letzten 7 Jahren folgende Produktions- und Umsatzzahlen:

Jahr i	1	2	3	4	5	6	7
Pkw in Tsd. Stück	120	140	135	130	132	138	142
Umsatz in Mrd. GE	3,98	4,76	4,55	4,26	4,30	4,60	4,80

   a) Wie hoch waren Produktion und Umsatz im Durchschnitt während dieser 7 Jahre?
   b) Zeichnen Sie jeweils ein Kurvendiagramm, in welchem der Durchschnittswert durch eine zur Zeitachse parallele Gerade markiert wird.

2. Zwei Klassen eines Jahrgangs wollen wissen, welche Klasse im Durchschnitt größer ist. Die Messung ergab folgende Werte (in m):

Schüler i	1	2	3	4	5	6	7	8	9	10	11
Klasse 1	1,71	1,65	1,86	1,90	1,73	1,80	1,70	1,75	1,59	1,64	1,68
Klasse 2	1,92	1,80	1,71	1,66	1,68	1,72	1,83	1,74	1,75	1,80	

   Ermitteln Sie für jede Klasse Mittelwert m, Median z und häufigsten Wert h.

3. In einer Unternehmung wurden im Laufe eines Jahres folgende Mengen zu folgenden Preisen eingekauft:
   1. 2 000 kg zu je 5,00 GE/kg
   2. 5 000 kg zu je 4,80 GE/kg
   3. 4 000 kg zu je 5,10 GE/kg
   4. 3 000 kg zu je 5,20 GE/kg
   5. 2 500 kg zu je 5,50 GE/kg

   Von den eingekauften Vorräten sind noch 1 500 kg übrig, die nach der Durchschnittsmethode zu bewerten sind. Mit welchem Wert sind diese Vorräte dann in der Bilanz anzusetzen?

4. Der Kapitalmarkt verzeichnete in den letzten 5 Jahren folgende Zinssätze:

Jahr i	1	2	3	4	5
Zinssatz p %	5	4	3,5	4,5	5,5

   a) Ein Anleger legte zu Beginn des ersten Jahres 7 500,00 (10 000,00) EUR an. Welches Endkapital hatte er nach 5 Jahren zur Verfügung?
   b) Zu welchem Durchschnittszinssatz hätte er diesen Betrag anlegen müssen, um dasselbe Endkapital zu erhalten?

c) Wie wird sich sein Kapital in den nächsten 3 Jahren entwickeln, wenn man von den Verhältnissen der Vergangenheit ausgeht?

5. Der Umsatz einer Unternehmung entwickelte sich in den letzten 5 Jahren wie folgt:

Jahr i	1	2	3	4	5
Umsatz in Mrd. GE	1,5	1,65	1,82	1,90	1,91

a) Ermitteln Sie die einzelnen Wachstumsfaktoren und den mittleren Wachstumsfaktor.
b) Wie hoch wird der Umsatz in weiteren 3 Jahren sein, wenn man das bisherige durchschnittliche Wachstum zugrunde legt?

2.2 Streuungsmaße

Statistische Datenreihen zeigen, dass ein untersuchtes Merkmal von Messung zu Messung unterschiedlich ausgeprägt sein kann. Man kann daher die Verteilung dieses Merkmals in der Grundgesamtheit nicht allein durch den Mittelwert beschreiben, sondern muss auch die Abweichungen der Einzelwerte vom Mittelwert, d.h. das Maß ihrer Streuung um den Mittelwert, als eine weitere charakteristische Eigenschaft des untersuchten Merkmals berücksichtigen.

2.2.1 Varianz, Standardabweichung (Streuung) und Variationskoeffizient

In einer Zuckerfabrik werden an mehreren Verpackungsmaschinen Zuckertüten mit einem Inhalt von 500 g abgefüllt. Bei der Abfüllung ist eine Toleranz von $\pm 2\%$ nach oben und unten zulässig, der gewogene Inhalt darf sich also abweichend vom Sollinhalt 500 g zwischen 490 g und 510 g bewegen. Bei der Qualitätskontrolle wurden von einer älteren Maschine M_1 und einer neu installierten Maschine M_2 je eine zufällige Stichprobe vom Umfang n = 10 gezogen.
Die Messergebnisse der Stichproben sind in nachfolgender Tabelle zusammengefasst:

| Messung Nr. | Gewichte in g | |
	Maschine M_1	Maschine M_2
1	495	498
2	492	502
3	508	500
4	506	501
5	499	498
6	502	497
7	493	502
8	495	503
9	509	500
10	491	498

Aufgaben:
a) Wo liegen die Gewichtsmittelwerte m_1 und m_2 für Anlage M_1 und M_2?
b) Ermitteln Sie die Abweichungen der Einzelwerte vom jeweiligen Mittelwert. Wie kann aus diesen Ergebnissen ein brauchbares Maß für die Abweichungsanalyse abgeleitet werden?
c) Berechnen Sie die Quadrate der Abweichungen und die Summen der Quadrate. Die „Varianz" s^2 erhält man, indem man diese Summen durch die Anzahl $n = 10$ der Elemente dividiert.
d) Aus der Varianz ist die „Streuung" s oder „Standardabweichung" als Quadratwurzel der Varianz zu berechnen. Weiterhin ist der „Variationskoeffizient" $d = s/m$ zu ermitteln.
e) Was ergibt die Auswertung der Ergebnisse? Beurteilen Sie die Tauglichkeit von Varianz s^2, Standardabweichung s und Variationskoeffizient s/m als Mittel der statistischen Abweichungsanalyse.
(Die Stichprobe ist hier mit der Grundgesamtheit identisch. In der Praxis dienen Stichproben natürlich dem Zweck, ein repräsentatives Bild von der wirklichen, aber nicht vollständig erfassten Grundgesamtheit zu erhalten.)

Analyse und Lösungsvorschlag:
Zu a), b), c): Man berechnet die Summen, den Mittelwert m, die Abweichungen sowie deren Quadrate.

Nr. i	x_i in g M_1	M_2	M_1 $x_i - m_1$	M_2 $x_i - m_2$	M_1 $(x_i - m_1)^2$	M_2 $(x_i - m_2)^2$
1	495	498	−4	−2	16	4
2	492	502	−7	2	49	4
3	508	500	9	0	81	0
4	506	501	7	1	49	1
5	499	498	0	−2	0	4
6	502	497	3	−3	9	9
7	493	502	−6	2	36	4
8	495	503	−4	3	16	9
9	509	500	10	0	100	0
10	491	499	−8	−1	64	1
Summen	4 990	5 000	0	0	420	36

Für den Mittelwert galt: $m = \frac{1}{n} \sum_{i=1}^{n} x_i$

⇒ als Mittelwerte: $m_1 = \frac{4\,990}{10} = 499$ g; $m_2 = \frac{5\,000}{10} = 500$ g.

Bei der Ermittlung der wirklichen Abweichungen von ihrem Mittelwert zeigt sich, dass die Summe der Abweichungen $\Sigma(x_i - m) = 0$ ergibt. Die Abweichungen gleichen sich also im Mittelwert aus, sodass $\Sigma(x_i - m)$ nicht als Maß für eine Abweichungsanalyse geeignet ist.

Zu d)

Durch die Bildung der Quadrate der Abweichungen wird der Einfluss des Vorzeichens von $x_i - m$ ausgeschaltet. $\Sigma (x_i) - m)^2$ liefert den Ausgangswert für die Ermittlung der Streuung oder Standardabweichung s. Somit gilt:

$$\text{Varianz } s^2 = \frac{1}{n} \sum_{i=1}^{n} (x_i - m)^2 \Rightarrow \text{Standardabweichung } s = \sqrt{\text{Varianz}} = \sqrt{s^2}$$
(Streuung)

$$\text{Variationskoeffizient } v = \frac{\text{Standardabweichung (Streuung)}}{\text{Mittelwert}} = \frac{s}{m} \text{ (ggf. in \%)}$$

Dann ist: Varianz $s_1^2 = \frac{420}{10} = 42$; Varianz $s_2^2 = \frac{36}{10} = 3{,}6$

Standardabweichung $s_1 = \sqrt{42} = 6{,}481$ g; $s_2 = \sqrt{3{,}6} = 1{,}897$ g

Variationskoeffizient $v_1 = \frac{6{,}481}{499} = 0{,}0129$; $v_2 = \frac{1{,}897}{500} = 0{,}0037$

$= 1{,}29\%$ $\qquad\qquad = 0{,}37\%$

„Im Mittel" schwankt das Gewicht bei Maschine M_1 zwischen $m_1 \pm s_1$, also zwischen $499 \pm 6{,}481$ g $\approx 492{,}5$ bis $505{,}5$ g und bei Maschine M_2 zwischen $500 \pm 1{,}897$ g $\approx 498{,}1$ bis $501{,}9$ g.

Zu e)

Die Auswertung der Ergebnisse zeigt: Maschine M_2 erfüllt die Norm besser als Maschine M_1. Das Risiko von Regressansprüchen ist bei M_2 erheblich geringer. Allerdings liegt bei der gezogenen Stichprobe M_1 auch noch innerhalb der Toleranz von 500 g $\pm 2\%$. Die laufende Qualitätsüberwachung muss darauf achten, ab wann die Sollnorm nicht mehr gewährleistet ist. Dies dürfte dann der Fall sein, wenn der Mittelwert zu stark von 500 abweicht und/oder die Streuung zu groß wird, z. B. $s > 10$.

Das dargestellte Verfahren beruht auf den Voraussetzungen, dass das Merkmal der Untersuchung quantitativ messbar ist und dass bei Vergleichen auch jeweils die gleichen Maßeinheiten für Mittelwert und Streuung verwendet werden.

Mittelwert und Standardabweichung haben die gleiche Maßeinheit. Der Mittelwert hat die besondere Eigenschaft, dass er die kleinste Standardabweichung der Beobachtungswerte besitzt (Minimumseigenschaft des arithmetischen Mittels).

◆ Zusammenfassung

Für den Mittelwert galt: $m = \frac{1}{n} \sum_{i=1}^{n} x_i$ (arithmetisches Mittel)

Man berechnet die Summe der Quadrate der Abweichungen:
$$\text{Varianz } s^2 = \frac{1}{n} \sum_{i=1}^{n} (x_i - m)^2 \Rightarrow \text{Standardabweichung } s = \sqrt{\text{Varianz}} = \sqrt{s^2}$$
(Streuung)

$$\text{Variationskoeffizient } v = \frac{\text{Standardabweichung (Streuung)}}{\text{Mittelwert}} = \frac{s}{m} \text{ (ggf. in \%)}$$

2.2.2 Durchschnittliche Abweichung, Spannweite, größter und kleinster Wert

In einer Zuckerfabrik werden an einer Verpackungsmaschine Zuckertüten mit einem Inhalt von 500 g abgefüllt. Bei der Qualitätskontrolle wurde von der Maschine eine zufällige Stichprobe vom Umfang n = 9 gezogen. Außerdem wurden 9-mal die Ausfallzeiten in min ermittelt.
Die Ergebnisse sind in nachfolgender Tabelle zusammengefasst:

Messung Nr.	Gewicht g	Ausfall min
1	494	12
2	492	3
3	508	10
4	506	6
5	502	15
6	493	8
7	495	9
8	509	5
9	491	12

Aufgaben:
a) Wo liegen die Mediane (Zentralwerte) der Messergebnisse?
b) Ermitteln Sie die Abweichungen der Einzelwerte vom jeweiligen Median. Wie kann aus diesen Ergebnissen ein brauchbares Maß für die Abweichungsanalyse abgeleitet werden?
c) Berechnen Sie die durchschnittliche Abweichung von den Medianen, indem Sie die Summe der Beträge der Abweichungen durch die Anzahl n = 9 der Messungen dividieren.
d) Wie groß ist die Spanne der Abweichungen und der größte und kleinste Wert jeder Messreihe? Wie groß ist der durchschnittliche Streuungskoeffizient v'?
e) Was ergibt die Auswertung der Ergebnisse? Beurteilen Sie die Tauglichkeit von durchschnittlicher Abweichung, größtem und kleinstem Wert als Mittel der statistischen Abweichungsanalyse.

Analyse und Lösungsvorschlag:
Zu a), b), c): Man berechnet die Mediane, die Abweichungen und deren Beträge.

Mediane (Zentralwerte): $z_1 = 495$ g; $z_2 = 9$ min;

(jeweils an Position $\dfrac{n+1}{2} = \dfrac{9+1}{2} = 5$ der nach Größe geordneten Werte)

Nr. i	x_i g	min	g x_i-z_1	min x_i-z_2	g $|x_i-z_1|$	min $|x_i-z_2|$
1	494	12	−1	3	1	3
2	492	3	−3	−6	3	6
3	508	10	13	1	13	1
4	506	6	11	−3	11	3
5	502	15	7	6	7	6
6	493	8	−2	−1	2	1
7	495	5	0	−4	0	4
8	509	9	14	0	14	0
9	491	12	−4	3	4	3
Summen			35	−1	55	27

Die Ermittlung der Abweichungen von ihrem Median ergibt, dass sich positive und negative Abweichungen teilweise aufheben.
Durch die Bildung der Beträge der Abweichungen wird der Einfluss des Vorzeichens von $x_i - z$ ausgeschaltet. $\Sigma |x_i - z|$ liefert den Ausgangswert für die Ermittlung der durchschnittlichen Abweichung. Somit gilt:

$$\text{Durchschnittliche Abweichung } d = \frac{1}{n} \sum_{i=1}^{n} |x_i - z|$$

$$\text{Durchschnittlicher Streuungskoeffizient } v' = \frac{\text{Durchschnittliche Abweichung}}{\text{Median (Zentralwert)}} = \frac{d}{z} \text{ (ggf. in \%)}$$

Dann ist: $d_1 = \dfrac{55}{9} = 6{,}111$ g; $\quad d_2 = \dfrac{27}{9} = 3$ min

Streuungskoeffizient $v'_1 = \dfrac{6{,}111}{495} = 0{,}0123$; $\quad v'_2 = \dfrac{3}{9} = 0{,}\overline{3}$
$\phantom{\text{Streuungskoeffizient } v'_1} = 1{,}23\,\%;\phantom{\dfrac{6{,}111}{495}} = 33{,}33\,\%.$

„Im Mittel" schwankt das Gewicht zwischen $495 \pm 6{,}111$ g $\approx 488{,}9$ bis $501{,}1$ g und die Ausfallzeiten bewegen sich zwischen 9 ± 3, also zwischen 6 und 12 Minuten.

Zu d)

	Gewicht g	Ausfallzeiten min
Größter Wert x_{MAX}	509	15
Kleinster Wert x_{MIN}	491	3
Spannweite $w = x_{MAX} - x_{MIN}$	18	12

Zu e)

Die Auswertung zeigt: Die durchschnittliche Abweichung d ist ein brauchbares Maß zur Messung der Schwankungsbreite. Es ist unter Umständen nicht so genau wie die Standardabweichung, dafür aber einfacher zu berechnen. Die Spannweite w und der größte und kleinste Wert, x_{MAX} und x_{MIN} liefern zusätzliche Informationen über die Ausschläge der Einzelwerte nach oben und unten.
Median und durchschnittliche Abweichung haben die gleiche Maßeinheit. Der Median hat darüber hinaus die Eigenschaft, dass er zur kleinsten durchschnittlichen Abweichung führt (Minimumseigenschaft des Medians).

◆ Zusammenfassung

Durchschnittliche Abweichung $d = \dfrac{1}{n} \sum_{i=1}^{n} |x_i - z|$

(Statt des Medians z nimmt man in statistischen Berechnungen auch den Mittelwert m.)

Durchschnittlicher Streuungskoeffizient $v' = \dfrac{\text{Durchschnittliche Abweichung}}{\text{Median (Zentralwert)}} = \dfrac{d}{z}$ (ggf. in %)

Spannweite (Variationsbreite) $w = x_{MAX} - x_{MIN}$

M Methodische Empfehlungen

Statistische Auswertungen mit Hilfe der Tabellenkalkulation „EXCEL"

	A	B	C	D	E	F	G
1							
2			Statistische Auswertungen einer Grundgesamtheit				
3							
4		**Monat**	**Umsatz**				
5		Januar	100 000				
6		Februar	110 000				
7		März	105 000		Arithmetisches Mittel:	111 666,67	
8		April	100 000		Varianz:	117 888 888,89	
9		Mai	100 000		Standardabweichung:	10 857,66	
10		Juni	110 000				
11		Juli	115 000				
12		August	117 000				
13		September	125 000				
14		Oktober	130 000				
15		November	128 000				
16		Dezember	100 000				
17		**Summe**	134 000				
18							
19		**Hinweise zur Benutzung des Funktionsassistenten fx**					
20		1. Zielzelle markieren (z. B. F6 für das arithmetische Mittel, F7 für die Varianz ...).					
21		2. Cursor in Bearbeitungsleiste positionieren und **fx** anklicken; **Kategorie Statistik** wählen.					
22		3. **Funktion** wählen: **1. MITTELWERT, 2. VARIANZEN, 3. STABWN, 4. MEDIAN, 5. MODALWERT,**					
23		**6. MAX, 7. MIN**; mit **Weiter** zu Schritt 2 des Funktionsassistenten übergehen.					
24		4. Bei Schritt 2 des Funktionsassistenten für **Zahl 1**: **c5:c16** eingeben. Mit **Ende** den					
25		Funktionsassistenten verlassen. Danach mit **Strg + Umschalt + Enter** Berechnung ausführen.					
26							
27							

A Aufgaben

1. Ein Automobilhersteller legt die monatlichen Absatzzahlen eines Jahres für Pkw und Lkw in Tsd. vor.

Monat	Fahrzeug	
	Pkw	Lkw
Januar	185	12
Februar	230	16
März	270	15
April	260	20
Mai	225	21
Juni	210	25
Juli	215	26
August	208	24
September	205	20
Oktober	190	18
November	180	16
Dezember	183	19

Berechnen Sie die Mittelwerte m, die Varianzen s^2, die Standardabweichungen (Streuungen) s und die Variationskoeffizienten v für beide Fahrzeugtypen. Vergleichen Sie s und v bei beiden Fahrzeugtypen. Welche Folgerungen kann die Unternehmung daraus ziehen?

2. Eine Betriebsstatistik weist für die 6 Monate des 1. Halbjahres folgende Produktionszahlen in Stück und folgende Umsatzzahlen in Tsd. GE aus:

Monat	Stück	Umsatz
Januar	3010	880
Februar	2670	850
März	3380	970
April	3590	1060
Mai	3760	1110
Juni	3150	980

Berechnen Sie die Mittelwerte m, die durchschnittliche Abweichung d, die durchschnittlichen Streuungskoeffizienten v', die Standardabweichung (Streuung) s und die Variationskoeffizienten v für beide Datenreihen.

Welche statistischen Maßeinheiten sind für einen Vergleich beider Datenreihen geeignet, welche Maßeinheiten haben keinen Aussagewert?

3. Zwei Nachbarfilialen einer Handelskette weisen in einer Woche folgende Tagesumsätze in Tsd. GE aus:

Tag	Filiale U	Filiale W
Montag	28	19
Dienstag	31	25
Mittwoch	36	38
Donnerstag	34	35
Freitag	38	41
Samstag	37	46

Berechnen Sie
a) den mittleren Tagesumsatz m,
b) die Spannweite w,

c) die durchschnittliche Abweichung d,
d) die durchschnittlichen Streuungskoeffizienten v' für beide Filialen und
e) vergleichen und beurteilen Sie die Ergebnisse.

2.3 Die Analyse von Zeitreihen

Bei der Betrachtung mancher Datenreihen im Zeitablauf ist die Annahme, sie folgten langfristig einem „glatten" Verlauf, einem bestimmten Trend, durchaus berechtigt. Allerdings ist dieser Trend nicht eindeutig erkennbar, weil er von Unregelmäßigkeiten verschiedener und nicht eindeutig erklärbarer Natur überlagert wird. Daraus ergibt sich der Wunsch, die irregulären Schwankungen zu eliminieren, um ein Bild von den „eigentlichen" Zusammenhängen zu erhalten.
Bei den folgenden Ansätzen zur Analyse von Entwicklungen im Zeitablauf gehen wir daher von folgenden Voraussetzungen aus:
1. Es handelt sich um Entwicklungen im Zeitablauf. Die Zeit wird als sozusagen unabhängige Variable x angenommen. Die Ergebnismessungen erfolgen zu jeweils gleich weit entfernten (äquidistanten) Zeitpunkten.
2. Die Ergebnisse hängen bis auf zufällige Abweichungen hinreichend genau linear von der Zeit ab. Daher kann der Versuch unternommen werden, langfristige Entwicklungen und Tendenzen auf eine „**Trendgerade**" zurückzuführen und das Geschehen auf der Basis dieser „Trendgeraden" zu interpretieren. Zufallsbedingte oder saisonale Einflüsse sind zuvor zu eliminieren.

Saisonale Schwankungen lassen sich in der Praxis nur über einen längeren Zeitraum mit ausreichend vielen Messungen erkennen. Sprechen augenscheinliche Gründe gegen die Annahme eines linearen Trends, dann darf die Zeitreihenanalyse auf der Grundlage eines linearen Trends nicht angewendet werden.

2.3.1 Die Bereinigung von Saisoneinflüssen

In der folgenden Tabelle sind die Quartalsumsätze in Mio. GE einer Unternehmung über einen Zeitraum von 4 Jahren (4. Jahr = letztvergangenes Jahr) aufgezeichnet:

Jahr	Quartal = x_j	Umsatz y_j
01	1 2 3 4	82 88 80 89
02	5 6 7 8	86 93 83 95
03	9 10 11 12	90 98 87 101
04	13 14 15 16 = n	95 104 93 104

Die Unternehmung will wissen, ob einzelne Spitzenwerte als „Ausreißer" zu betrachten sind oder ob sich dahinter eine gewisse Regelmäßigkeit mit unterjährigen Saisonschwankungen verbirgt. Wie würden die Umsatzzahlen bei Ausschluss der Saisonschwankungen lauten?

Quelle: Männel: Algebra für Wirtschaftsschulen, 26. Aufl. Bad Homburg v.d.H., 1991.

Aufgaben:

a) Zunächst sind die Umsatzwerte zu glätten. Zufallsbedingte Einflüsse auf die Einzelwerte sollen eliminiert werden. Dazu ist aus 3 aufeinander folgenden Ursprungswerten y_i der Mittelwert m_j

$$m_j = \frac{y_1 + y_2 + y_3}{3}; \quad m_{j+1} = \frac{y_2 + y_3 + y_4}{3} \quad \text{usw. für } j = 2, \ldots, n-1$$

zu bilden. Die m_j sind dem mittleren der 3 Werte y_j zuzuordnen. Die Mittelwerte m_j bezeichnet man als „gleitende Durchschnitte".

b) Berechnung der Saisonschwankungen s_j (= Saisonkomponente) als Differenz von Ursprungswert und gleitendem Durchschnitt:

$$s_j = y_j - m_j; \quad j = 2, \ldots, n-1$$

c) Anschließend sind die trendbereinigten Ursprungswerte z_j

$$z_j = \frac{y_j}{m_j}; \quad j = 2, \ldots, n-1$$

zu ermitteln.

d) Von den trendbereinigten Werten gleicher Quartale werden die bereinigten Mittelwerte m_{bk} berechnet.

$$m_{b1} = \frac{m_5 + m_9 + m_{13}}{3}; \quad m_{b2} = \frac{m_2 + m_6 + m_{10} + m_{14}}{3} \quad \text{usw. für } k = 1, 2, 3, 4$$

(Für die Eckwerte y_1 und y_{16} haben wir keine gleitenden Durchschnitte.)

e) Aus den bereinigten Mittelwerten m_{b1} bis m_{b4} ist der gemeinsame Mittelwert m zu bilden.

$$m = \frac{m_{b1} + m_{b2} + m_{b3} + m_{b4}}{4}$$

f) Nun sind die saisonbereinigten Werte y_j' zu ermitteln, mit:

$$y_j' = y_j \cdot \frac{m}{m_{bk}}; \quad \frac{m}{m_{bk}}; \quad k = 1, \ldots, 4 \text{ werden den entsprechenden Quartalen zugeordnet.}$$

g) Erstellen Sie ein Kurvendiagramm der Ursprungswerte y_j und der saisonbereinigten Werte y_j'. Die Ordinate beginnt bei 70.

Lösungsvorschlag: (J = Jahr; Q = Quartal); Ermittlung saisonbereinigter Werte.

Man berechnet folgende Wertetabelle nach obigen Formeln:

J	x_j	Q	y_j	m_j	$s_j = y_j - m_j$	$z_j = y_j : m_j$				$y'_j = y_j \cdot \dfrac{m}{m_{bk}}$
						1	2	3	4	
01	1	1	82							86
	2	2	88	83	5		1,06			83
	3	3	80	86	− 6			0,93		87
	4	4	89	85	4				1,05	84
02	5	1	86	89	− 3	0,97				90
	6	2	93	87	6		1,07			88
	7	3	83	90	− 7			0,92		90
	8	4	95	89	6				1,07	90
03	9	1	90	94	− 4	0,96				94
	10	2	98	92	6		1,07			92
	11	3	87	95	− 8			0,92		95
	12	4	101	94	7				1,07	95
04	13	1	95	100	− 5	0,95				99
	14	2	104	97	7		1,07			98
	15	3	93	100	− 7			0,93		101
	16 = n	4	104							98
Quartalsummen der z_j						2,88	4,27	3,7	3,19	
Mittelwerte m_{bk} der z_j						0,96	1,068	0,925	1,063	m = 1,004

Erläuterungen zu einzelnen Rechenschritten

Zu a) Gleitende Durchschnitte (gerundet)

$$m_j = \frac{y_1 + y_2 + y_3}{3}; \quad m_{j+1} = \frac{y_2 + y_3 + y_4}{3} \quad \text{usw. für } j = 2, \ldots, n-1$$

z.B. $m_2 = \dfrac{82 + 88 + 80}{3} = 83; \quad m_3 = \dfrac{88 + 80 + 89}{3} = 86 \quad$ usw.

Zu b) Saisonschwankungen $\quad s_j = y_j - m_j; \quad j = 2, \ldots, n-1$

z.B. $s_2 = y_2 - m_2 = 88 - 83 = 5$
$s_3 = y_3 - m_3 = 80 - 86 = -6$
usw.

Zu c) Trendbereinigte Ursprungswerte $z_j = y_j : m_j; \quad j = 2, \ldots, n-1$

z.B. $z_2 = y_2 : m_2 = 88 : 83 = 1,06 \quad$ (auf zwei Nachkommastellen gerundet)
$z_3 = y_3 : m_3 = 80 : 86 = 0,93$
usw.

Zu d) Berechnung der Mittelwerte m_{bk} von den trendbereinigten Werten gleicher Quartale

$$m_{b1} = \frac{m_5 + m_9 + m_{13}}{3}; \quad m_{b2} = \frac{m_2 + m_6 + m_{10} + m_{14}}{4}; \quad k = 1, 2, 3, 4$$

z.B.

$$m_{b1} = \frac{0,97 + 0,96 + 0,95}{3} = \frac{2,88}{3} = 0,96$$

usw.

Zu e) Gemeinsamer Mittelwert aus den bereinigten Mittelwerten m_{b1} bis m_{b4}

$$m = \frac{m_{b1} + m_{b2} + m_{b3} + m_{b4}}{4} = \frac{0{,}96 + 1{,}068 + 0{,}925 + 1{,}063}{4} = \frac{4{,}016}{4} = 1{,}004$$

Zu f) Saisonbereinigte Werte y'_j

$$y'_j = y_j \cdot \frac{m}{m_{bk}} \qquad \frac{m}{m_{bk}}; \quad k = 1,\ldots,4 \text{ werden den entsprechenden Quartalen zugeordnet.}$$

z. B. $y'_1 = 82 \cdot \dfrac{1{,}004}{0{,}96} = 85{,}75 \approx 86; \quad y'_2 = 88 \cdot \dfrac{1{,}004}{1{,}06} = 83{,}35 \approx 83$

(gerundete Werte)

Zu g) Kurvendiagramm in Mio. GE:

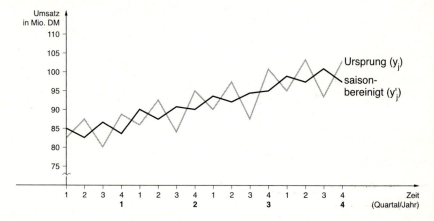

◆ **Zusammenfassung**

Die Methode der gleitenden Durchschnitte ist ein Verfahren zur Ausschaltung irregulärer und zufälliger Schwankungen, wenn man von vornherein keine genaue Kenntnis vom eigentlichen Verlauf der Kurve besitzt. Die einzelnen Berechnungsschritte sind:

a) gleitende Durchschnitte m_j
b) Saisonschwankungen s_j
c) trendbereinigte Ursprungswerte z_j
d) Mittelwerte von den trendbereinigten Werten m_{bk}
e) gemeinsamer Mittelwert m aus den bereinigten Mittelwerten m_{bk}
f) saisonbereinigte Werte y'_j

A Aufgabe

Ein Unternehmer, der während des Jahres auf den verschiedenen Volksfesten und Jahrmärkten Fahrten mit der Achterbahn anbietet, hat in den vergangenen 3 Jahren die nachfolgenden Quartalsumsätze in Tsd. GE erzielt:

Jahr	Quartal = x_i	Umsatz y_i
01	1	30
	2	140
	3	200
	4	50
02	5	40
	6	160
	7	210
	8	40
03	9	20
	10	120
	11	170
	12 = n	15

a) Ermitteln Sie nach der Methode der gleitenden Durchschnitte die saisonbereinigten Werte zu den Ursprungswerten y_j.
b) Zeichnen Sie ein Kurvendiagramm mit Ursprungswerten, bereinigten Ursprungswerten und Saisonabweichungen.

2.3.2 Die Ermittlung einer linearen Trendfunktion

Die Zahlen für die Berechnung der Saisonschwankungen werden zum Ausgangspunkt einer weiteren Fragestellung genommen:

Jahr	Quartal = x_i	Umsatz y_i
01	1	82
	2	88
	3	80
	4	89
02	5	86
	6	93
	7	83
	8	95
03	9	90
	10	98
	11	87
	12	101
04	13	95
	14	104
	15	93
	16 = n	104

Die kontinuierliche Aufwärtsentwicklung der Umsätze gibt Anlass zu der Vermutung, dass hinter dieser Entwicklung ein langfristiger, linearer Trend steht. Daher soll die lineare Trendgleichung

$$y = a \cdot x + b$$

ermittelt werden, die diese Tendenz hinreichend genau repräsentieren kann. Mithilfe der Trendgeraden sollen die ungefähren mittleren Umsatzzahlen für die vier Quartale des Jahres 05 prognostiziert werden. Außerdem sollen die trendbereinigten Werte des 4. Jahres sowie die Abweichungen der tatsächlichen Daten von den Trendwerten ermittelt werden.

Aufgaben:

a) Ermitteln Sie die Trendgerade $y = a \cdot x + b$ mithilfe folgender Formeln:

$$\text{I.} \quad \sum_{i=1}^{n} y_i = \sum_{i=1}^{n} a \cdot x_i + n \cdot b$$

$$\text{II.} \quad \sum_{i=1}^{n} (x_i \cdot y_i) = \sum_{i=1}^{n} a \cdot x_i^2 + \sum_{i=1}^{n} b \cdot x_i$$

Dieses Gleichungssystem scheint auf den ersten Blick sehr kompliziert zu sein, verliert jedoch seinen Schrecken, wenn man sich vor Augen hält, dass alle x_i, y_i, $i = 1, \ldots, n$ Konstante sind, deren Summenwerte mithilfe einer erweiterten Tabelle berechnet werden können. Es bleiben dann nur die Variablen a und b zu bestimmen. (Siehe auch den Abschnitt „Regression".)

b) Tragen Sie die Ursprungswerte und die Trendgerade in ein Kurvendiagramm ein. Die Ordinatenskalierung beginnt bei 70.

x_i	y_i	$x_i \cdot y_i$	x_i^2
1	82	82	1
2	88	176	2
3	80	240	9
4	89	356	16
5	86	430	25
6	93	558	36
7	83	581	49
8	95	760	64
9	90	810	81
10	98	980	100
11	87	957	121
12	101	1 212	144
13	95	1 235	169
14	104	1 456	196
15	93	1 395	225
16 = n	104	1 664	256
Σ 136	1 468	12 892	1 496

Es galt: I $\quad \sum y_i = \sum a \cdot x_i + n \cdot b$
II $\quad \sum (x_i \cdot y_i) = \sum a \cdot x_i^2 + \sum x_i \cdot b$

Dies kann man auch so schreiben:

I $\quad \sum y_i = a \cdot \sum x_i + n \cdot b$
II $\quad \sum (x_i \cdot y_i) = a \cdot \sum x_i^2 + b \cdot \sum x_i$

Nun ist: $\sum y_i = 1\,468$; $\sum x_i = 136$
$\sum (x_i \cdot y_i) = 12\,892$; $\sum x_i^2 = 1\,496$

In I, II ergibt das Gleichungssystem:

I: $\quad 1\,468 = a \cdot 136 + 16 \cdot b$
II: $\quad 12\,892 = a \cdot 1\,496 + b \cdot 136$

$\Rightarrow$ nach Auflösung: $a \approx 1{,}2$; $b \approx 81{,}4$

und als Trendgerade: $\boxed{y = 1{,}2 \cdot x + 81{,}4}$

Damit würden die Umsatzprognosen nach der Trendgeraden für die vier Quartale des Jahres 05 ohne Saisoneinflüsse lauten:

Jahr	Quartal	Berechnung	Umsatz (geschätzt)
05	1	$y_{17} = 1{,}2 \cdot 17 + 81{,}4$	101,8
	2	$y_{18} = 1{,}2 \cdot 18 + 81{,}4$	103
	3	$y_{19} = 1{,}2 \cdot 19 + 81{,}4$	104,2
	4	$y_{20} = 1{,}2 \cdot 20 + 81{,}4$	105,4

Trendwerte und Trendabweichungen im Jahr 04:

Jahr	Quartal	Istumsatz y_i	Trendumsatz y	Abweichung $y_i - y$
04	1	95	97	−2
	2	104	98,2	5,8
	3	93	99,4	−6,4
	4	104	100,6	3,4
	Σ	396	395,2	+0,8

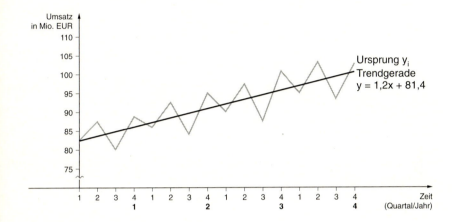

◆ **Zusammenfassung**

Hat man eine über mehrere Zeitabschnitte x_i reichende Datenreihe y_i, dann kann man eine lineare Trendfunktion

$$y = a \cdot x + b$$

mithilfe des linearen Gleichungssystems:

$$\text{I.} \quad \sum_{i=1}^{n} y_i = \sum_{i=1}^{n} a \cdot x_i + n \cdot b$$

$$\text{II.} \quad \sum_{i=1}^{n} (x_i \cdot y_i) = \sum_{i=1}^{n} a \cdot x_i^2 + \sum_{i=1}^{n} b \cdot x_i$$

ermitteln. Die Variable a ist das Steigungsmaß, die Variable b der Ordinatenabschnitt der Trendfunktion. Die Summe $\sum x_i$ usw. können mithilfe einer erweiterten Tabelle als Konstante berechnet werden.

M Methodische Empfehlungen

Zeitreihen und Trendgerade mithilfe der Tabellenkalkulation „EXCEL"

Zeitreihe – Trendgerade

Statistische Auswertungen: Trendgerade $y = m \cdot x + b$ und Trendwert

Monat	Umsatz
1	100 000
2	110 000
3	100 000
4	100 000
5	100 000
6	70 000
7	60 000
8	117 000
9	125 000
10	130 000
11	128 000
12	80 000
Summe	**1 220 000**

Arithmetisches Mittel:	101 666,67
Varianz:	463 722 222,22
Standardabweichung:	21 534,21

Trendgerade: $y = m \cdot x + b = 1\,111{,}88 \cdot x + 94\,439{,}39$	
Parameter m	Parameter b
1 111,89	94 439,39
Trendwert (13)	**95 551,28**

Hinweise zur Benutzung des Funktionsassistenten fx

1. Zielzellen markieren (z. B. E12 und F12 für die Regressionsparameter, F13 für den Trend).
2. Cursor in Bearbeitungsleiste positionieren und **fx** anklicken; **Kategorie Statistik** wählen.
3. **Funktion** wählen: **1. RGP, 2. TREND**; mit **Weiter** zu **Schritt 2** des Funktionsassistenten übergehen.
4. Bei Schritt 2 des Funktionsassistenten für **Y-Werte**: c5:c16, für **X-Werte**: b5:b16 eingeben.
   Mit **Ende** den Funktionsassistenten verlassen.
   Danach mit **Strg+Umschalt+Enter** Berechnung ausführen! (Diagramm.)

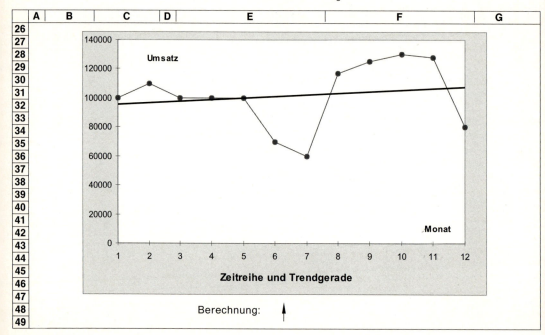

Zeitreihe – Trendgerade

Zeitreihe und Trendgerade

Berechnung:

A Aufgaben

1. Folgende gerundeten Daten (in Billionen DM) stammen aus den Veröffentlichungen des Statistischen Bundesamtes der Bundesrepublik Deutschland für die Jahre 1991 bis 1997:

Jahr i (1991 = 1 usf.)	1	2	3	4	5	6	7
Bruttoinlandsprodukt	2,8	3,1	3,2	3,3	3,4	3,5	3,6
Volkseinkommen	2,2	2,4	2,4	2,5	2,6	2,7	2,7

a) Zeichnen Sie die Zahlenreihen in ein Kurvendiagramm, bei dem die Ordinatenachse bei 2 Billionen beginnt und 0,2 Bio. = 1 cm entspricht.
b) Durch welche Trendgeraden können die Entwicklungen von Bruttoinlandsprodukt (BIP) und Volkseinkommen (VE) repräsentiert werden? Zeichnen Sie die Trendgeraden ins Diagramm ein.
c) Wie werden BIP und VE berechnet?
d) Vergleichen Sie die Steigungen der Trendgeraden. Versuchen Sie, aus den wirtschaftspolitischen Rahmenbedingungen der Bundesrepublik Deutschland zu erklären, warum BIP und VE sich unterschiedlich entwickelt haben.
e) Welchen Wert werden BIP und VE bei jeweils gleichem Trend in den Jahren 1998 bis 2000 vermutlich erreichen?

2. Ein Möbelfabrikant hatte in den letzten 4 Jahren folgende Quartalsumsätze in Mio. GE:

Jahr	Quartal = x_i	Umsatz y_i
01	1	24,1
	2	25,3
	3	24,0
	4	25,1
02	5	23,2
	6	24,2
	7	23,1
	8	24,4
03	9	22,2
	10	23,1
	11	22,5
	12	23,0
04	13	21,3
	14	22,3
	15	21,4
	16 = n	22,3

a) Wie lautet die lineare Trendfunktion?
b) Wie werden sich trendgemäß die Umsätze im Jahr 05 entwickeln?
c) Zeichnen Sie dazu ein Kurvendiagramm mit Ursprungswerten und Trendgerade.

2.4 Die Analyse zweier Merkmale: Regression und Korrelation

Die bisherigen statistischen Rechnungen beschäftigten sich mit der Analyse eines einzelnen Merkmals. Diese isolierte Betrachtung reicht für die Beurteilung von komplexen Problemen nicht aus. In der Realität wirken oft mehrere Faktoren zusammen. Zur Untersuchung solcher Zusammenhänge bedarf es dann geeigneter Methoden. Statistische Daten sind meist durch viele Einflüsse „verunreinigt". Es ist dann nicht sinnvoll und oft auch nicht möglich, durch Interpolation (s. Handlungs- und Lehrbereich 3, Kapitel 2.8) eine Funktion zu bestimmen, welche allen Messdaten eindeutig entspricht.

Zur Analyse von Problemen, deren Ergebnisse von mehreren Faktoren abhängig sind, erscheint ein Ansatz sinnvoller, der darauf verzichtet, „größte Genauigkeit" da zu erzielen, wo diese Genauigkeit keinen nachweisbaren Aussagewert mehr besitzt. Es ist stattdessen vernünftiger, den Blick auf die Strukturen des Problems zu richten. Diese Strukturen sollen sichtbar werden. Der Fehler, mit dem das Ergebnis dann behaftet ist, sollte so klein als möglich gehalten werden. Die **Regressionsanalyse** geht von diesem Prinzip aus.

Regressionsanalyse

Um zu überprüfbaren Aussagen zu gelangen, werden jeweils zwei Merkmale einer Grundgesamtheit mit ihren Ausprägungen betrachtet. Diese Beschränkung erlaubt es, Rückschlüsse auf die statistischen Zusammenhänge zwischen diesen beiden Größen zu ziehen.

In der folgenden Tabelle sind die Körpergröße x_i und das Gewicht y_i von $n = 11$ Personen zusammengefasst:

Person Nr. i	1	2	3	4	5	6	7	8	9	10	11
Größe in cm	165	167	168	173	173	174	179	181	182	184	190
Gewicht in kg	58	60	62	69	78	70	65	72	76	65	95

Aufgaben:

a) Die Messzahlen sind als geordnete Paare $(x_i; y_i)$ in ein Koordinatensystem zu übertragen: Die x-Achse für die Größe kann bei $x = 150$ [cm], die y-Achse für das Gewicht kann bei 50 [kg] beginnen.

b) Eine weit verbreitete Meinung behauptet, dass zwischen der Körpergröße und dem Körpergewicht eines Menschen ein Zusammenhang besteht: Im Allgemeinen sollen große Personen demnach schwerer sein als kleine Personen. Die obige Tabelle scheint diese These nicht zwingend zu bestätigen.
Daher soll eine Regressionsanalyse unter der Annahme durchgeführt werden, dass der Zusammenhang von Größe und Gewicht hinreichend genau durch die Regression (= Rückführung) auf eine Gerade vom Typ

$$y = a \cdot x + b$$

abgebildet werden kann. Die Regression erfolgt nach der Variablen x. Die Koeffizienten a und b können mithilfe folgender Formeln ermittelt werden:

$$a = \frac{s_{xy}}{s_x^2} = \frac{\sum_{i=1}^{n}(x_i - \bar{x})\cdot(y_i - \bar{y})}{\sum_{i=1}^{n}(x_i - \bar{x})^2} \qquad \frac{1}{n} \text{ entfällt durch Kürzen.}$$

(s_x^2 = Varianz von x_i, a = Regressionskoeffizient, s_{xy} = Kovarianz von x und y)

$$\bar{x} = \frac{1}{n}\sum_{i=1}^{n} x_i \qquad \bar{y} = \frac{1}{n}\sum_{i=1}^{n} y_i$$

$\bar{x}$, $\bar{y}$ sind die Mittelwerte (arithmetischen Mittel) für die Körpergröße und das Gewicht. Man nennt sie auch die empirischen Mittelwerte, da sie aus den beobachteten Messreihen ermittelt wurden.

$$b = -a\cdot\bar{x} + \bar{y} = -a\cdot\frac{1}{n}\sum_{i=1}^{n}\bar{x}_i + \frac{1}{n}\sum_{i=1}^{n}\bar{y}_i$$

a und b können mithilfe erweiterter Tabellen ermittelt werden.
Welches Gewicht entspräche nach dieser Regressionsgeraden einer Person mit der Größe von 1,70 m bzw. 1,95 m?
(Den mathematischen Beweis für die Richtigkeit des Verfahrens können Interessierte am Schluss dieses Abschnitts nachlesen.)
c) Zeichnen Sie die Regressionsgerade ins Koordinatensystem.
d) Die Regressionsanalyse soll auch nach der Variablen y durchgeführt werden.

$$y = a'\cdot x + b'$$

Die Koeffizienten a' und b' können mithilfe folgender Formeln berechnet werden:

$$a' = \frac{s_{xy}}{s_y^2} = \frac{\sum_{i=1}^{n}(x_i - \bar{x})\cdot(y_i - \bar{y})}{\sum_{i=1}^{n}(y_i - \bar{y})^2}$$

(a' = Regressionskoeffizient bzgl. der Variablen y)

$$b' = -a'\cdot\bar{x} + \bar{y} = -a'\cdot\frac{1}{n}\sum_{i=1}^{n}\bar{x}_i + \frac{1}{n}\sum_{i=1}^{n}\bar{y}_i$$

Ermitteln Sie das Gewicht, das nach dieser Regressionsgeraden einer Größe von 1,70 m und 1,95 m entspräche.
e) Zeichnen Sie auch diese Regressionsgerade ins Koordinatensystem ein.
f) Vergleichen Sie beide Regressionsgeraden im Hinblick auf:
   – gemeinsame Punkte,
   – Steigungsverhalten,
   – Beziehung zwischen den Einzelwerten und den Regressionsgeraden.

g) Der so genannte Korrelationskoeffizient

$$r = \frac{s_{xy}}{s_x \cdot s_y} \quad \text{mit } -1 \leq r \leq 1$$

kann berechnet werden, um die Stärke des linearen Zusammenhangs von x und y zu untersuchen. Berechnen Sie r und vergleichen Sie das Ergebnis mit den zuvor ermittelten Resultaten. Es gilt:

$r \approx 0 \quad \Rightarrow$ die Variablen sind unkorreliert, es besteht kein linearer Zusammenhang

$|r| \approx 1 \quad \Rightarrow$ die Variablen korrelieren stark. Dies lässt auf einen starken linearen Zusammenhang der Variablen x und y schließen.

Die Korrelation zweier Variablen sagt nichts über die Gründe für ihren Zusammenhang aus. Sie darf auch nicht mit einer Abhängigkeit der Variablen gleichgesetzt werden.

Analyse und Lösungsvorschlag:

Zu a) In das Koordinatensystem werden die Messwerte als geordnete Paare $(x_i; y_i)$ eingetragen. Das Ergebnis ist eine Anzahl unregelmäßig verteilter Punkte, eine ,,Punktwolke". Ein funktionaler Zusammenhang zwischen Größe und Gewicht ist – wenn überhaupt – nur schwach erkennbar.

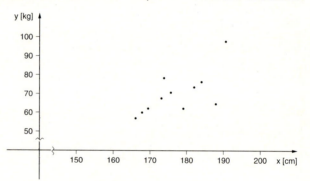

Zu b), d): Ermittlung der Regressionsgeraden
nach der Variablen x: $y = a \cdot x + b$
nach der Variablen y: $y = a' \cdot x + b'$

Die Koeffizienten a, b, a′, b′ können in einem Rechengang ermittelt werden. Dafür wird folgende Tabelle angelegt:

i	x_i cm	y_i kg	$x_i - \bar{x}$	$y_i - \bar{y}$	$(x_i - \bar{x})^2$	$(y_i - \bar{y})^2$	$(x_i - \bar{x}) \cdot (y_i - \bar{y})$
1	165	58	−11	−12	121	144	132
2	167	60	−9	−10	81	100	90
3	168	62	−8	−8	64	64	64
4	173	69	−3	−1	9	1	3
5	173	78	−3	8	9	64	−24
6	174	70	−2	0	4	0	0
7	179	65	3	−5	9	25	−15
8	181	72	5	2	25	4	10
9	182	76	6	6	36	36	36
10	184	65	8	−5	64	25	−40
11	190	95	14	25	196	625	350
Σ	1936	770	0	0	618	1088	606

Mittelwerte:

$$\bar{x} = \frac{1936}{11} = 176 \text{ cm}; \quad \bar{y} = \frac{770}{11} = 70 \text{ kg}$$

Varianzen:

$$s_x^2 = \frac{1}{n} \Sigma (x_i - \bar{x}) = \frac{618}{11} = 56{,}18; \quad s_y^2 = \frac{1}{n} \Sigma (y_i - \bar{y}) = \frac{1088}{11} = 98{,}91$$

Streuungen:

$$s_x = \sqrt{56{,}18} = 7{,}495 \qquad s_y = \sqrt{98{,}91} = 9{,}945$$

Kovarianz (verbundene Varianz: Maß für die gegenseitige Abhängigkeit der Abweichungen von x und y)

$$s_{xy} = \frac{1}{n} \Sigma (x_i - \bar{x}) \cdot (y_i - \bar{y}) = \frac{606}{11} = 55{,}09$$

Regression nach x	Regression nach y
$a = \dfrac{606}{618} = 0{,}98$	$a' = \dfrac{606}{1088} = 0{,}56$
$b = -0{,}98 \cdot 176 + 70 = -102{,}48$	$b' = -0{,}56 \cdot 176 + 70 = 28{,}56$
$g_1: y = 0{,}98 \cdot x - 102{,}48$	$g_2: y = 0{,}56 x - 28{,}56$

Bei einer Größe von 170 bzw. 195 cm ergeben sich folgende Gewichte bei Regression nach der Größe x:
$g_1: y(170) = 0{,}98 \cdot 170 - 102{,}48 = 64{,}12$ kg
$g_1: y(195) = 0{,}98 \cdot 195 - 102{,}48 = 88{,}62$ kg

oder nach Regressionsgerade g_2
$g_2: y(170) = 0{,}56 \cdot 170 - 28{,}56 = 66{,}64$ kg
$g_2: y(195) = 0{,}56 \cdot 195 - 28{,}56 = 80{,}64$ kg

Die Gewichtsdifferenzen zwischen den Gewichten sind bei beiden Regressionsgeraden nicht übermäßig groß. Die Regressionsgeraden bestätigen den vermuteten Zusammenhang: Je größer eine Person ist, desto höher ist ihr Körpergewicht.

Zu c) und e)

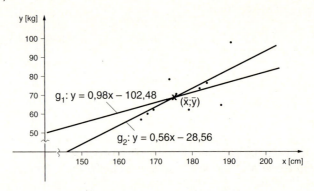

Zu f) Die beiden Regressionsgeraden haben $(\bar{x}; \bar{y})$ als gemeinsamen Punkt (Schnittpunkt). Die Mittelwerte sind die Schnittpunktskoordinaten der Regressionsgeraden. Man nennt diesen Punkt auch Schwerpunkt der Punktwolke.
Die Regressionsgeraden unterscheiden sich bezüglich der Steigung. Es öffnet sich eine so genannte „Regressionsschere". Die Weite dieser Öffnung ist ein Indiz dafür, wie stark der funktionale Zusammenhang zwischen den gemessenen Wertepaaren ist. Ist die Regressionsschere eng, dann ist der funktionale Zusammenhang der Messdaten sehr stark, ist die Regressionsschere weit, dann ist der funktionale Zusammenhang sehr schwach, im Extremfall besteht überhaupt keine Beziehung zwischen den Messwerten. Je stärker sich die Punktwolke der Geraden nähert, desto aussagekräftiger wird die Regressionsanalyse sein. Bei der Datenauswahl sollte man darauf achten, dass die Messwerte nicht zu nahe beieinander liegen, da sonst das Ergebnis zu ungenau wird.

Zu g) Berechnung des Korrelationskoeffizienten r

$$r = \frac{s_{xy}}{s_x \cdot s_y} = \frac{55{,}09}{7{,}495 \cdot 7{,}908} = 0{,}929$$

r liegt nahe bei 1. Damit wird der enge funktionale Zusammenhang von Körpergröße und -gewicht nochmals bestätigt.

Anmerkung: Die Ermittlung von Trendgeraden bei Zeitreihen ist im Grunde auch eine Regressionsanalyse nach nur einer Variablen, nämlich der Zeit. Die Berechnung der Trendgeraden erfolgt nach denselben Grundsätzen wie die Berechnung der Regressionsgerade nach x.

Für Interessierte: Der mathematische Beweis für die Richtigkeit der Regressionsanalyse

Die Regressionsgerade $y = a \cdot x + b$ soll nach der „Methode der kleinsten Fehlerquadratsumme" bezüglich der Variablen x berechnet werden. Als „Fehler" nimmt man die Abweichung

$$d_i = y_i - (a \cdot x_i + b) = y_i - a \cdot x_i - b$$

eines Messergebnisses y_i vom Wert der Regressionsgeraden $a \cdot x_i + b$.

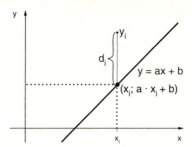

Die Methode der kleinsten Fehlerquadratsumme (nach Gauß) fordert nun, den Gesamtfehler zu minimieren, um die bestmögliche Annäherung der Einzelwerte an die gesuchte Gerade $y = a \cdot x + b$ mit den unbekannten Koeffizienten a und b zu erzielen.

$$D = \sum_{i=1}^{n} (y_i - a \cdot x_i - b)^2 \to \text{Min}$$

(Von nun an wird bei der Summe Σ auf die wiederholte Angabe der summierenden Variablen i verzichtet.)
Für die Ermittlung des Minimums müssen die (partiellen) Ableitungen nach den gesuchten Größen a und b gleich 0 gesetzt werden (notwendige Bedingung).

I. $\dfrac{dD}{da} = -2 \cdot \Sigma (y_i - a \cdot x_i - b) \cdot x_i = 0$; II. $\dfrac{dD}{db} = -2 \cdot \Sigma (y_i - a \cdot x_i - b) = 0$

$\Leftrightarrow$ I. $\Sigma (y_i - a \cdot x_i - b) \cdot x_i = \Sigma (x_i \cdot y_i - a \cdot x_i^2 - b \cdot x_i) = 0$
$\phantom{\Leftrightarrow \text{I. }}\Sigma x_i \cdot y_i - a \cdot \Sigma x_i^2 - b \cdot \Sigma x_i = 0$
$\Leftrightarrow$ II. $\Sigma (y_i - a \cdot x_i - b) = 0$

Es ist: $\Sigma b = n \cdot b$; $\Sigma x_i = n \cdot \bar{x}$; $\Sigma y_i = n \cdot \bar{y}$

Aus II. folgt: $\Sigma y_i - a \cdot \Sigma x_i = n \cdot b \,|\, :n \Rightarrow$ $\boxed{b = \bar{y} - a \cdot \bar{x}}$

(Die gesuchte Gerade läuft also durch den Punkt $(\bar{x}; \bar{y})$ mit den Mittelwerten als Koordinaten.)

b in I.: $\Sigma x_i \cdot y_i - a \cdot \Sigma x_i^2 - b \cdot \Sigma x_i = 0$
$\phantom{\text{b in I.: }}\Sigma x_i \cdot y_i - a \cdot \Sigma x_i^2 - (\bar{y} - a \cdot \bar{x}) \cdot \Sigma x_i = 0$
$\phantom{\text{b in I.: }}\Sigma x_i \cdot y_i - a \cdot \Sigma x_i^2 - (\bar{y} - a \cdot \bar{x}) \cdot n \cdot \bar{x} = 0$
$\phantom{\text{b in I.: }}a \cdot (\Sigma x_i^2 - n \cdot \bar{x}^2) = \Sigma x_i \cdot y_i - n \cdot \bar{x} \cdot \bar{y}$

$\Rightarrow$ $\boxed{a = \dfrac{\Sigma x_i \cdot y_i - n \cdot \bar{x} \cdot \bar{y}}{\Sigma x_i^2 - n \cdot \bar{x}^2}}$

Es ist nun noch zu zeigen, dass (s. o.)

$a = \dfrac{\Sigma (x_i - \bar{x}) \cdot (y_i - \bar{y})}{\Sigma (x_i - \bar{x})^2} = \dfrac{\Sigma x_i \cdot y_i - n \cdot \bar{x} \cdot \bar{y}}{\Sigma x_i^2 - n \cdot \bar{x}^2}$ ist.

Es ist: $\Sigma (x_i - \bar{x}) \cdot (y_i - \bar{y}) = \Sigma x_i \cdot y_i - \bar{x} \cdot \Sigma y_i - \bar{y} \cdot \Sigma x_i + n \cdot \bar{x} \cdot \bar{y}$
$\phantom{\text{Es ist: }\Sigma (x_i - \bar{x}) \cdot (y_i - \bar{y})} = \Sigma x_i \cdot y_i - \bar{x} \cdot n \cdot \bar{y} - \bar{y} \cdot n \cdot \bar{x} + n \cdot \bar{x} \cdot \bar{y}$
$\phantom{\text{Es ist: }\Sigma (x_i - \bar{x}) \cdot (y_i - \bar{y})} = \Sigma x_i \cdot y_i - n \cdot \bar{x} \cdot \bar{y}$

und $\Sigma (x_i - \bar{x})^2 = \Sigma x_i^2 - 2 \cdot \bar{x} \cdot \Sigma x_i + n \cdot \bar{x}^2$
$\phantom{\text{und }\Sigma (x_i - \bar{x})^2} = \Sigma x_i^2 - 2 \cdot \bar{x} \cdot n \cdot \bar{x} + n \cdot \bar{x}^2$
$\phantom{\text{und }\Sigma (x_i - \bar{x})^2} = \Sigma x_i^2 - n \cdot \bar{x}^2$ (w. z. b. w.)

Auch die hinreichende Bedingung ist erfüllt.

A Aufgaben

1. In der folgenden Tabelle sind die Kurse zweier Aktien innerhalb von 10 Wochen angegeben. Das Unternehmen, welches Aktie A emittiert hat, produziert Fahrzeuge, das Unternehmen B, welches Aktie B emittiert hat, Mineralöle:

Woche i	1	2	3	4	5	6	7	8	9	10
Aktie A	240	250	235	255	250	260	250	280	265	270
Aktie B	150	140	130	130	140	145	160	155	150	140

a) Führen Sie eine Regressionsanalyse nach x (= Aktie A) und y (= Aktie B) durch, indem Sie die Regressionsgeraden

$$y = a \cdot x + b \quad \text{und} \quad y = a' \cdot x + b'$$

ermitteln. Vergleichen Sie die Steigungen der Regressionsgeraden.
b) Ermitteln Sie auch den Korrelationskoeffizienten r und interpretieren Sie das Ergebnis.

2. In der folgenden Tabelle sind die Durchschnittskurse von Aktien und Zinspapieren im Laufe von 10 Wochen angegeben:

Woche i	1	2	3	4	5	6	7	8	9	10
Aktien	280	270	270	265	260	250	240	245	235	240
Zinspapiere	90	95	97	100	102	103	105	107	109	110

a) Überprüfen Sie anhand dieser Kurse die Hypothese:
 ,,Zwischen Aktienkursen und den Kursen von festverzinslichen Wertpapieren (Zinspapieren) besteht kein Zusammenhang.''
 Führen Sie dazu eine Regressionsanalyse nach x (Aktienkurse) und y (Kurse der Zinspapiere) durch, indem Sie die Regressionsgeraden

$$y = a \cdot x + b \quad \text{und} \quad y = a' \cdot x + b'$$

ermitteln. Vergleichen Sie die Steigungen der Regressionsgeraden. Welche Schlüsse kann ein Kapitalanleger daraus ziehen?
b) Ermitteln Sie auch den Korrelationskoeffizienten r und interpretieren Sie das Ergebnis.

3. In der folgenden Tabelle sind die Belastungsquoten (BQ) mit öffentlichen Abgaben und die Sozialleistungsquoten (SQ), jeweils in % des Bruttoinlandsproduktes, von 15 Ländern der Europäischen Union im Jahre 1995 aufgelistet:

Land	B	DK	D	EL	E	F	IRL	I	L	NL	A	P	FIN	S	UK
BQ %	46	52	39	43	34	45	35	42	44	44	42	34	46	50	35
SQ %	30	34	29	21	22	31	20	25	25	32	30	21	33	36	28

Auf volle % gerundet. *Quelle: NWB Nr. 39 v. 21.9.1998, S. 3144.*

a) Überprüfen Sie anhand dieser Daten die Hypothese:
 ,,Je höher die Belastungsquote, desto höher die Sozialleistungen in einem Land.''
 Führen Sie dazu eine Regressionsanalyse nach x (= BQ) durch, indem Sie die Regressionsgerade

$$y = a \cdot x + b$$

ermitteln.

b) Ermitteln Sie auch den Korrelationskoeffizienten r und interpretieren Sie das Ergebnis.

4. Um festzustellen, ob zwischen den Leistungen von Schülern einer Klasse in den Fächern Deutsch (D) und Englisch (E) ein Zusammenhang besteht, wurden die Leistungsnoten von i = 1, ..., 16 Schülern notiert:

i	1	2	3	4	5	6	7	8	9	10	11	12	13	14	15	16
D	1	1	2	2	2	3	3	3	3	3	4	4	4	4	5	5
E	1	3	2	1	3	2	4	3	3	2	5	3	4	2	5	4

Ermitteln Sie den Korrelationskoeffizienten r und beurteilen Sie mithilfe von r, ob ein Zusammenhang zwischen den Leistungen in diesen beiden Fächern festgestellt werden kann.

Verwendete und weiterführende Literatur

Bär, Jürgen/Bauder, Irene: EXCEL 5, Profi-Know-how, VBA-Programmierung, 1. Auflage 1994, Düsseldorf
Basler, Herbert: Grundbegriffe der Wahrscheinlichkeitsrechnung und Statistischer Methodenlehre, 10. Auflage 1989, Heidelberg
Beckmann/Künzi: Mathematik für Ökonomen, Band I und II, Berlin–Heidelberg–New York 1973
Engel, Arthur: Wahrscheinlichkeitsrechnung und Statistik, 1. Auflage 1973, Stuttgart
Grauert/Lieb, Differential- und Integralrechnung I, Berlin–Heidelberg–New York 1970
Keil/Kratz/Müller/Wörle: Die Infinitesimalrechnung, 1. Auflage 1989, München
Kornmann/Krupar/Sauer: Mathematik für Höhere Berufsfachschulen, Typ Wirtschaft und Verwaltung, Band I und II, 1990 Köln–München
Krüger/Pilz: Algebra für Wirtschaftsschulen, 3. Auflage 1979, Paderborn
Lehrbuch der Mathematik für Wirtschaftswissenschaften, 3. Auflage 1975, Opladen
Leierer, Gudrun-Anna: EXCEL 5, 2. Auflage 1994, Düsseldorf
Männel: Algebra für Wirtschaftsschulen, 26. Auflage 1991, Bad Homburg v. d. Höhe
Pfanzagl, Johann: Allgemeine Methodenlehre der Statistik I und II, 1972 (Bd. I) und 1968 (Bd. II), Berlin
Schick, Karl: Mathematik und Wirtschaftswissenschaft, 4. Auflage 1974, Frankfurt am Main–Berlin–München
Schick, Karl: Lineares Optimieren, 2. Auflage 1975, Frankfurt am Main–Berlin–München
Schilling, Klaus: Analysis – anschaulich und verständlich, 2. Auflage 1993, Bad Homburg v. d. Höhe
Schöwe/Knapp/Borgmann: Analysis/Lineare Algebra – Wirtschaft, 1. Auflage 1998, Berlin
Sommer/Sommer/Höflin: Mathematik für Wirtschaftsgymnasien – Analysis, 8. Auflage, Bad Homburg v. d. Höhe
Stierhof, Klaus: Wahrscheinlichkeitsrechnung und Statistik 1975, Bad Homburg v. d. Höhe

Mathematische Zeichen und Symbole in diesem Buch

Zeichen (Symbol)	Bedeutung, Aussprache	Beispiel, Erläuterung, Verwendung
$+$	plus, und	$2 + 3 = 5$
$-$	minus, weniger	$7 - 3 = 4$
$\cdot$	multipliziert, mal	$6 \cdot 3 = 18$
$/ - :$	dividiert, geteilt durch	$15 : 3 = 5$
$\sqrt[n]{}$	n-te Wurzel aus (n = 2: Quadratwurzel aus)	$\sqrt[3]{81} = 3$
$=$	gleich	$2 + 5 = 7$
$\neq$	ungleich, nicht gleich	$5 \neq 4$
$\approx$	ungefähr, nahezu gleich	$\frac{2}{3} \approx 0{,}66$
$<$	kleiner als	$6 < 8$
$>$	größer als	$4 > 3$
$\leq$	kleiner als oder gleich	
$\geq$	größer als oder gleich	
$\Rightarrow$	daraus folgt; aus ... folgt ...; folglich ist ...	$B = \{2, 4, 7\}\ 7 \in B$
$\Leftrightarrow$	... gilt genau dann, wenn ...; ... ist äquivalent mit ...; ... ist gleichwertig mit ...	
A, B, C	Namen (Symbole) für Mengen	$A = \{1, 3, 5, 7\}$
L	Lösungsmenge	
$\{a, b, c\}$	Menge mit den Elementen a, b, c	
$\{x \mid \ldots\}$	Menge aller x, für die gilt:	$\{x \mid x > 0\}$
$\mathbb{N}$	Menge der natürlichen Zahlen	$\mathbb{N} = \{0, 1, 2, 3, \ldots\}$
$\mathbb{Z}$	Menge der ganzen Zahlen	$\mathbb{Z} = \{\ldots, -2, -1, 0, 1, 2, \ldots\}$
$\mathbb{Q}$	Menge der rationalen Zahlen	$\mathbb{Q} = \left\{\frac{a}{b} \mid a, b \in \mathbb{Z};\ b \neq 0\right\}$
$\mathbb{R}$	Menge der reellen Zahlen	
$\{\ \}$	leere Menge	Die leere Menge hat kein Element
$\in$	ist Element von	$2 \in \mathbb{N}$
$\notin$	ist nicht Element von	$0{,}5 \notin \mathbb{Z}$
$\subset$	ist Teilmenge von	$\mathbb{N} \subset \mathbb{R}$
$[a, b]$	abgeschlossenes Intervall von a bis b	$[a, b] = \{x \mid a \leq x \leq b\}$
$]a; b[$	offenes Intervall von a bis b	$]a, b[= \{x \mid a < x < b\}$
$]a; b]$	linksseitig offenes und rechtsseitig abgeschlossenes Intervall von a bis b	$]a, b] = \{x \mid a < x \leq b\}$
$[a, b[$	rechtsseitig offenes und linksseitig abgeschlossenes Intervall von a bis b	$[a, b[= \{x \mid a \leq x < b\}$
$]-\infty, b]$	linksseitig unbeschränktes Intervall bis b	$]-\infty, b] = \{x \mid -\infty < x \leq b\}$
$(a; b)$	geordnetes Zahlenpaar mit den Zahlen für a und b	$(2; 5)$
$P(x; y)$	Punkt der reellen Zahlenebene mit den Koordinaten x und y	$P(3; 4)$
f	Funktion	$f: f(x) = x + 1$
f^{-1}	Umkehrfunktion zu f; f hoch minus 1	$f^{-1}: f^{-1}(x) = \sqrt{x - 1}$;
$D(f)$	Definitionsbereich von f; D von f	$D(f) = \mathbb{R}^{\geq 0}$
$W(f)$	Wertebereich von f; W von f	$W(f) = \mathbb{R}^{\geq 1}$
$\mapsto$	Funktionsbildungsoperator; wird abgebildet auf	$f: x \mapsto x^2 + 1$ ist die Funktion, die jedes x auf das zugehörige $x^2 + 1$ abbildet.
$\rightarrow$	gegen, nähert sich, konvergiert nach	$x \rightarrow x_0,\ x_0 \in \mathbb{R};\ x \rightarrow \infty$
$\lim_{x \rightarrow x_0}$	Limes, Grenzwert; limes f(x) für x gegen x_0	$\lim_{x \rightarrow x_0} f(x) = b$

$\|\ \|$	absoluter Betrag; Betrag von	$\|x\| = \begin{cases} x, & \text{wenn } x \geq 0 \Rightarrow \|\ 3\| = 3 \\ -x, & \text{wenn } x < 0 \Rightarrow \|-3\| = 3 \end{cases}$	
sgn	Signum von x	$\text{sgn } x = \begin{cases} 1, & \text{wenn } x > 0 \Rightarrow \text{sgn } 2 = 1 \\ 0, & \text{wenn } x = 0 \Rightarrow \text{sgn } 0 = 0 \\ -1, & \text{wenn } x < 0 \Rightarrow \text{sgn}(-3) = -1 \end{cases}$	
$\sum_{x=1}^{n} x_i$	Summenoperator	$\sum_{i=1}^{4} i = 1 + 2 + 3 + 4 = 10$	
$[\ ]$	Integerfunktion; größte ganze Zahl kleiner oder gleich	$[3,7] = 3; [-3,45] = -4$	
∞	unendlich	$\mathbb{R} = (-\infty; \infty)$	

Sachwortverzeichnis

A

Ableitung (einer Funktion) 206ff.
Ableitungen, höhere 219
Ableitungsfunktion 212
Ableitungsregeln 218
Abschreibung
– degressive Abschreibung 286f.
– lineare Abschreibung 287f.
– Methodenwechsel 288f.
Absolutbetrag 139
Absolute Häufigkeit 310
Abszisse 25
Achse (x-, y-) 25
Achsenabschnitt 29
Achsenabschnittsform 47
Achsensymmetrie 130
Addition 9
Additionsverfahren 36
Äquivalenzumformung 10
Algorithmus 36f.
– Simplex-Algorithmus 119ff.
Angebotsmonopol(-ist) 235ff.
Approximation 197
Argument 23
Asymptote 172ff.

B

Basis 188, 194
Basislösung 115, 119
Betrag einer Zahl 139
Beziehungszahlen 314
Break-even-point 179
Bruch 10, 14

C

Cournot'scher Punkt 237

D

Definitionsbereich, -menge 16, 22, 128
Definitionslücke 175
Determinante (zweireihig) 40
Determinantenverfahren 39ff.
Diagramm
– Kreis- 308
– Kurven- 304
– Säulen- 306
Differenz 9
Differenzenquotient 28, 207
Differenzialkosten 239

Differenzialquotient 210
Differenzialrechnung 205ff.
Diskriminante 144
Dividend 10
Division 10
Divisor 10
Dreisatz 14
Durchschnittliche Abweichung 329

E

Ebene 25f.
– Hyperebene 119
– im n-dimensionalen Raum 119
Effektivverzinsung
– bei Aktien 270
– bei Anleihen 269
– bei Kreditgeschäften 271, 272
– bei Leasinggeschäften 273f.
– bei Zinseszinsberechnung 279
– Definition 268
Engpass 120
Euler'sche Zahl 190
Exponent 133, 134
Extremum, relatives 222
Extremwerte ... 263ff.

F

Faktor 10
Falk'sche Anordnung 69, 76
Folgen und Reihen
– arithmetische 287, 298
– geometrische 298, 299
Freiheitsgrad 114
Funktion
– Begriff der 22, 128
– eineindeutige 23
– empirische 23
– Erlös- 158f.
– e-Funktion 190
– Exponential- 186ff.
– explizit 22
– ganzrationale 140ff.
– gebrochenrationale 166ff.
– Gewinn- 158f.
– Kosten- 158f., 176f., 181
– lineare 23
– Logarithmus- 193ff.
– Nachfrage 30

– nichtlinear 126f.
– Nullstellen einer 31, 129
– Potenz- 132
– Preis-Absatz- 30
– quadratische 142ff.
– -sgleichung 21
– Umkehr- 135, 194
– Wurzel- 135
Funktionswert 23

G

Ganzrationale Funktion 140ff.
Gebrochenrationale Funktion 166ff.
Gauß'scher Algorithmus 36ff., 97
– a. Eliminationsverfahren 100
– erweiterter 102
– Gauß-Jordan-Verfahren 104
– Gauß-Transformation 37, 100, 110
Geometrisches Mittel 324
Geordnete (Werte-)Paare 23
Gerade 26
Geradengleichung
– Achsenabschnittsform 47
– Punkt-Steigungsform 32
– Zwei-Punkte-Form 32
Gewinnzone 161
Gleichsetzungsverfahren 34f.
Gleichung 10
– gemischt-quadratische 143
– lineare 141
– rein-quadratische 142
Gleichungssystem
– homogenes (LGS) 116
– inhomogenes (LGS) 98, 113
– lineares (LGS) 34
Gliederungszahlen 312
Graph 26
Grenzerlös 238
Grenzgewinn 239
Grenzkosten 239
Grundgesamtheit 301
Grundmenge 14, 16

H

Hauptnenner 13, 14
Hochpunkt 222f.
Hornerschema 156f.

I

Indexzahlen 316
Input 56
Input-Output-Modell
– Handelsunternehmung 70ff.
– mit unternehmensinternem Leistungsaustausch 89ff.
– Produktionsunternehmung 80ff.
Input-Output-System, offenes 56
Intervallschachtelung 138
Interpolation 197ff.
Iso-Gewinngerade 48
Iso-Kostengerade 50
Iteration 97, 120

K

Kehrwert 14
kgV 13, 14
Koeffizient 29, 39, 98
– Bewertungs- 118, 122f.
Koeffiziententableau 102
Koordinatensystem (Kartesisches) 25
Korrelation(-skoeffizient) 344
Krümmung 222f.
– Linkskrümmung 222, 224
– Rechtskrümmung 222, 224
Kurvendiskussion 224ff.

L

Lineare Abhängigkeit 110
Lineare Optimierung
– mehr als zwei Variable 118ff.
– mit zwei Variablen 46ff.
Lineare Unabhängigkeit 111
Linearfaktor(-darstellung) 141ff.
Linearkombination 112
Lösung 10, 31, 96
– Basis- 115, 119
– Freiheitsgrad 114
– nicht-triviale 116
– optimale 46ff., 119ff.
– triviale 116
Lösungsmenge 18, 19, 114
Lösungsraum 47, 49, 119ff.
Logarithmus 194
– dekadischer 194
– natürlicher 194

M

Maximalwert 235
Matrix 57
– Basis- 115
– Diagonal- 59
– Dreiecksform (obere) der 100, 111
– Einheits- 59
– Elemente einer 58
– erweiterte 113
– Input- 73
– inverse/Inverse 104f.
– Koeffizienten- 98, 113
– Leontief- 93
– Leontief-Inverse 109
– nicht-negativ 58
– Null- 58
– positiv 58
– Produkt- 75
– quadratisch 59
– Rang einer 110
– reguläre 104
– semipositiv 58
– singuläre 104
– Skalar- 59
– s-Multiplikation 66
– Technologie- 57, 73
– transponierte 59
– Verflechtungs- 73
Matrizen
– Addition, Subtraktion 63f.
– Multiplikation 75
– s-Multiplikation 66
Median (Zentralwert) 322
Merkmal 301
Messzahlen 312ff.
Minimalkostenkombination 258ff.
Minimalwert 235
Minuend 9
Mittelwert 320f.
Modell 30, 126
Modus (Häufigster Wert)
Monotonie(-eigenschaften) 129
Multiplikation 10

N

Nenner 10
Nebenbedingung 47, 118
Nullstelle 31, 129, 141ff.

O

Operand(en) 9
Operator(en) 9
Optimale Bestellmenge 255ff.
Optimierung
– linear, 2 Variable 46ff.
– linear, mehr als 2 Var. 118ff.
Ordinate 25
Output 56

P

Parabel
– kubische 133
– Normal- 132
– n-ten Grades 134
Parallelverschiebung 29
Pascal'sches Dreieck 211
Pfeildiagramm 22, 57, 73
Pivot
– -element 120
– -spalte 119
– -zeile 120
Platzhalter 9
Pol 168
Polgerade 168
Polynom 140
– Zähler- 169
– Nenner- 169
Polynomdivision 148ff.
Polypolistische Konkurrenz 160, 242ff.
Potenzfunktion 132
Preisindex 318
Primärstatistik 320
Produkt 10
Produktionskoeffizient 73
– relativer 92
Proportion 14
Proportionalität 14
– direkt 14
– indirekt 14
Punkt 25
Punktsymmetrie 131

Q

Quadratwurzel 135
Quotient 10

R

Rang einer Matrix 110ff.
rationale Zahl 14, 22
reelle Zahl 137
Regula falsi 151
Regressionsanalyse 342
Regressionsgerade 342f.
Relative Häufigkeit 310
Relatives Maximum 222
Relatives Minimum 223
Rentabilität
– Eigenkapitalrentabilität 267
– Gesamtkapitalrentabilität 268
– Umsatzrentabilität 268
Rentenrechnung
– ewige Rente 283f.
– nachschüssige Rente 281
– Rentenbarwert 282
– Rentenendwert 281
– vorschüssige Rente 283

Restriktion (Nebenbedingung) 47, 118
Reziprokwert 14, 104

S

Saisoneinflüsse, Bereinigung 333
Schranke
– obere 138
– untere 138
Sekante 207
Sekundärstatistik 302
Simplex-Algorithmus 119ff.
– -tableau 121f.
Skalar 58, 111
Skalarprodukt 69
Spannweite 329
Sparkassenformel 284
Standardabweichung 328
Standard-Maximum-Aufgabe 118
Steigungsmaß, -faktor 28
Stelle 25
Stichprobe 301
Streuung 328
Stück-
– erlös(-funktion) 239
– kosten(-funktion) 239
– gewinn(-funktion) 240
Subtrahend 9
Subtraktion 9
Summand 9
Summe 9
Symmetrie(-eigenschaften) 130f.

T

Tableau(s)
– Anfangs- 99
– Folge- 99
– Koeffizienten 100
– Simplex- 121f.
Tangente 206
Tangentialpunkt 206
Terassenpunkt 224
Term 10
Tiefpunkt 223
Tilgungsrechnen
– Annuitätentilgung 290ff.
– Grundbegriffe 289
– Ratentilgung 290ff.
– Restschuldberechnung 289, 293f.
Trendfunktion, -gerade 337

U

Ungleichung, linear 17
Ungleichungssystem, linear 118
Umkehrfunktion 135

V

Variable 9
– Basis- 119

– Durchschnittskosten 247
– Form- 28
– Nichtbasis- 119
– Schlupf- 119
Varianz 328
Variationskoeffizient 328
Vektor
– Basis 111
– Bestellmengen- 80, 86
– Einheits- 61, 111
– Engpass- 118
– Ergebnis- 98
– -gleichung 112
– Komponente 60
– Kosten- 81
– Lösungs- 98, 115
– Null- 61
– Output- 109
– Preis- 80
– Reingewinne 82
– Spalten- 61
– summierender 61
– Stückkosten- 80
– Zeilen- 60
Vektorraum
– Basis (kanonische) 111
– Dimension 111
– Rang 111
Vergleichsoperator 17
Verhältnisgleichung 14

W

Wendepunkt 223
Wertemenge 22, 128
Wertetabelle 22
Wurzelfunktion 135

Z

Zahlen
– irrationale 138
– reelle 137
– rationale 14, 22
Zahlenebene 25f.
Zähler 10
Zahlengerade 17
Zahlenmenge Q 10
Zahlentripel 96
Zeitreihen 333f.
Zielfunktion, -größe 47f., 118
Zielwert 48
Zinseszinsrechnung
– Anfangskapitalberechnung 277
– Definition 276
– effektive Verzinsung 279
– Endkapitalberechnung 277
– konformer Zinssatz 279
– Laufzeitberechnung 278
– relative Verzinsung 278
– unterjährige Verzinsung 278f.
– Zinssatzberechnung 278